Maya
材质灯光渲染的艺术

◎ 杨桂民 张义键 编著

清華大學出版社
北京

内 容 简 介

本书作者具有多年从事艺术设计、制作和教学的经验，深知读者在学习中会遇到什么样的问题，在编撰本书过程中挑选了现今商业生产中常用的技术知识点，采用通俗易懂的语言将制作思路、制作过程展示出来，授人以鱼不如授人以渔。

本书共 10 章。前 3 章主要是有关艺术设计制作的基础知识。首先认识现实中的光、软件对现实中光源的模拟、不同光的特点和属性；其次是材质的概念，不同材质的特点和特性，以及在 Maya 中模拟这些材质所使用的工具。第 4 章介绍了 UV 的概念和 Maya 软件中拆分 UV 的工具。第 5 章通过一个具体的静物案例介绍了现实中常见的玻璃、木质相框、金属、纸张、陶瓷等材质的制作。第 6 章通过一个卡通角色案例讲解了 UVlayout 软件拆分 UV 方法的步骤、Mudbox 软件的使用方法和角色贴图的绘制和调试。第 7 章通过一个角色头部案例讲解 mental ray3S 皮肤材质的原理和制作调试方法。第 8 章讲解 mental ray 天光的原理和制作方法，并通过一个室外场景案例具体地介绍天光工具的运用和其他辅助光在场景制作中的用法。第 9 章通过室内场景案例讲解 Final Gathering 的运用。第 10 章讲解在生产流程中广泛采用的分层渲染技术。

本书可作为大中专院校影视动画、艺术设计等相关专业的教材，也可作为模型渲染人员和其他初学者的学习参考书。

图书在版编目(CIP)数据

Maya 材质灯光渲染的艺术/杨桂民，张义键编著. —北京：清华大学出版社，2016（2023.1重印）
ISBN 978-7-302-43698-0

Ⅰ. ①M… Ⅱ. ①杨… ②张… Ⅲ. ①三维动画软件 Ⅳ. ①TP391.41

中国版本图书馆 CIP 数据核字(2016)第 084729 号

责任编辑：付弘宇 王冰飞
封面设计：刘 键
责任校对：胡伟民
责任印制：刘海龙

出版发行：清华大学出版社
网 址：http://www.tup.com.cn，http://www.wqbook.com
地 址：北京清华大学学研大厦 A 座 **邮 编**：100084
社 总 机：010-83470000 **邮 购**：010-62786544
投稿与读者服务：010-62776969，c-service@tup.tsinghua.edu.cn
质量反馈：010-62772015，zhiliang@tup.tsinghua.edu.cn
课件下载：http://www.tup.com.cn,010-62795954
印 装 者：涿州汇美亿浓印刷有限公司
经 销：全国新华书店
开 本：210mm×285mm **印 张**：19 **字 数**：595 千字
版 次：2016 年 10 月第 1 版 **印 次**：2023 年 1 月第7 次印刷
印 数：8301～9100
定 价：69.00 元

产品编号：068288-01

计算机软硬件技术的发展带动了影视行业的大发展，作为影视行业的一个分支，动画产业也随之壮大。在我们平时的观影中，影片中各种爆炸、烟雾、光效等酷炫的镜头，牢牢地吸引了我们的眼球。这也吸引了更多的人群关注，希望进入这样的一个有趣、酷炫的行业。

如果将兴趣作为职业，那种新鲜感就会慢慢消解，随之而来的是辛苦的学习和练习。所以这里给将要进入这个行业的未来同仁们说一些体会。

其实兴趣是最好的老师，在进入这个行业后，我们会心甘情愿地为我们的兴趣付出时间、精力，在学习进行到一个阶段，每个人都会进入到瓶颈期，这个时候兴趣是我们最大的内在驱动力，有了它一切困难都不是困难。

对于软件的学习，由于界面的英文、软件的架构逻辑、多模块的划分等零零总总的问题，使我们可能在一开始就陷入了一种学习的焦虑——“这么多知识点，我能学会吗?”其实有那么复杂吗？客观认真地讲，真有那么复杂，但是一点都不要担心，我们有方法去攻克它。在正式学习之前，给大家介绍一些学习经验，以供参考。

在学习一个具体的软件功能时，大家可以以编写者的角度思考一下：“如果我是软件的编写者，遇到这样的问题怎么解决?”有了这样的思考，再来看软件的工作方式、工作流程与自己的想法是否一致，如果不一致，不同的地方在哪里？相信以这样的方式来学习，会有意想不到的收获。

第二个建议，把复杂的问题分块、切片，再逐个击破，其实 Maya 软件解决问题的方式也是这样。这里先介绍一个 Maya 软件中的概念“节点”，这是软件的基础概念，它是软件把问题分解后的一个基本单位。在Maya软件中要制作一个复杂的角色，也是通过一系列基本的节点链接来最终实现。

本书主要针对Maya材质、灯光技术进行分析、讲解，在学习三维软件的初期，大部分同学都会以技术的角度来思考如何去完成作品，这种情况可以让你更快速地掌握技术知识点，但却不一定能达到理想的艺术效果。所以，笔者希望读者在学习技术的同时，不要忽略了对艺术鉴赏能力的提升和对事物内在原理的理解。

掌握更多的命令、制作方法、操作技巧等会让我们在制作过程中得心应手，提升自身的艺术能力是完成一个好作品的来源。技术和艺术是同等重要的。

本书作者多年来一直处在生产的一线，具有多年的制作和教学经验，深知读者在学习中会遇到什么样的问题，在本书编撰过程中挑选了现今商业生产中常用的技术知识点，没有保留。采用通俗易懂的语言将制作思路、制作过程展示出来。授人以鱼不如授人以渔。

本书分为10个章节。

第1章首先学习材质和灯光工序在生产流程中的作用，让读者有一个全局的认识，还学习现实中的光的本质、颜色色系，软件对现实中光源的模拟，不同种类的光的特点和属性。

第2章主要学习在Maya软件中灯光的类型，不同种类灯光的属性、参数，以及一些渲染输出的命令和参数。

第3章学习材质编辑器(Hypershade)的用法，现实中不同类型的材质在Maya中有与之对应的材质球，以及一些材质节点的作用和参数。

第4章介绍了UV的概念和Maya软件中拆分UV的工具作用和使用方法。

第5章通过一个具体的静物案例，学习mia_material材质的功能、参数和作用，同时学习现实中常见的玻璃、木质相框、金属、纸张、陶瓷等材质的制作。

第6章通过一个卡通角色案例讲解了UVlayout软件拆分UV方法的步骤，同时还学习Mudbox软件的使用方法和角色贴图的绘制和调试。

第7章通过一个角色头部案例讲解了Mental ray3S皮肤材质的原理和制作调试方法，还介绍了角色的布光方法。

第8章讲解了Mental ray天光的原理和制作方法，以及通过一个室外场景案例，具体地学习天光工具的运用和其他辅助光在场景制作中的用法。

第9章通过室内场景案例讲解室内场景的制作思路、Final Gathering在室内灯光的应用和室内场景中灯光的制作方法。

第10章讲解在生产流程中广泛采用的分层渲染技术、分层渲染的操作流程和方法。

本书可作为大中专院校影视动画、艺术设计等相关专业的教材，也可作为模型渲染人员和初学者的学习参考书。

本书由杨桂民、张义键主编，同时参与本书编写和制作的人员有：才源、陈向正、董博参与了第1、3、4章的编写，庞明奇、高维、张小龙、叶周蓉、张毅参与了第2、5、6章的编写，王东阁、王磊、杨桂龙参与了第7、8章的编写，房杰、李淑婷、王建良、宋丹参与了第9、10章的编写。由于作者水平有限，加之创作时间仓促，本书不足之处在所难免，欢迎广大读者批评指正。我们的电子邮箱是silver_pub@126.com。

编　者

2016年7月

第 1 章　认识灯光 / 1

1.1　材质和灯光工序在生产流程中的作用 / 2

1.2　现实中的景物——我们看见了什么 / 3

1.3　光影、颜色 / 4

　1.3.1　什么是“光” / 4

　1.3.2　颜色的产生 / 5

1.4　颜色体系 / 6

　1.4.1　色光三原色——加色法原理 / 7

　1.4.2　颜料三原色——减色法原理 / 7

　1.4.3　理想状态的色立体 / 7

　1.4.4　蒙塞尔颜色系统 / 8

　1.4.5　HSV 色彩体系 / 8

　1.4.6　混色系统 CIE / 9

1.4.7 数字色彩体系 / 10
1.5 “光”的特性 / 11
1.5.1 朗伯反射 / 11
1.5.2 理解物体表面、光、影关系 / 11
1.6 现实中的灯光对应 Maya 中的灯光阴影属性 / 12
1.6.1 平行光 / 12
1.6.2 聚光灯和点光源/ 13
1.6.3 面光源 / 14
1.7 灯光色彩结合运用 / 15
1.7.1 灯光颜色 / 15
1.7.2 灯光方向 / 16
1.7.3 灯光强度 / 18

第 2 章 灯光基础功能和渲染输出设置 / 20

2.1 灯光基础操作 / 21
2.2 6 种灯光的不同照射方式 / 22
2.2.1 环境光 / 22
2.2.2 平行光 / 23
2.2.3 点光源 / 24
2.2.4 聚光灯 / 24
2.2.5 区域光 / 26
2.2.6 体积光 / 26
2.3 灯光属性 / 29
2.4 渲染输出设置 / 34
2.4.1 渲染视图的使用 / 34
2.4.2 渲染设置通用标签 / 35

第 3 章 材质节点基础 / 39

3.1 材质编辑器的用法 / 40
3.1.1 什么是节点 / 40
3.1.2 Create Bar 面板 / 41
3.1.3 工作区域视图的布局 / 42
3.1.4 查看物体材质和工作区节点网络的管理 / 42

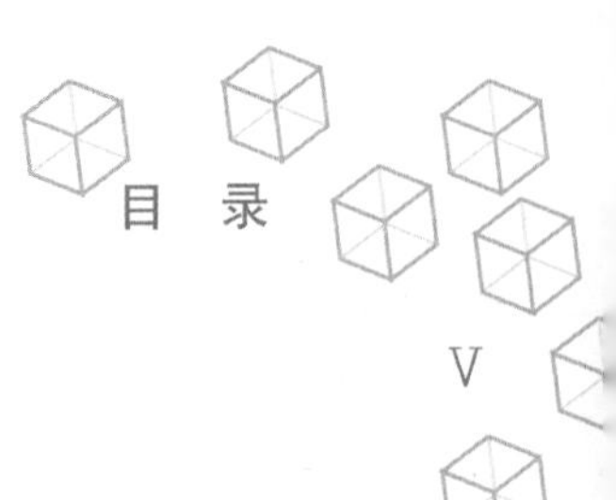

3.1.5 节点的删除和复制 / 43
3.2 Shading Group(阴影组) / 44
3.3 物体材质分析 / 45
3.4 Maya 软件中的默认表面材质 / 47
3.4.1 材质球种类 / 47
3.4.2 材质属性菜单作用 / 48
3.4.3 Common Material Attributes(通用属性) / 48
3.4.4 Specular Shading (高光属性) / 50
3.5 Volumetric Materials(体积材质) / 52
3.6 Displacement Materials(置换材质) / 53
3.7 Textures(纹理) / 53
3.7.1 2D Textures(2D 纹理) / 53
3.7.2 2D Textures 公共属性 / 58
3.7.3 3D Textures(3D 纹理) / 58
3.7.4 Environment Textures(环境纹理) / 62
3.7.5 Other Textures(Layered Texture)(分层纹理) / 64
3.8 Utilities(工具) / 64

第 4 章 UV 拆分工具 / 76

4.1 什么是 UV / 77
4.2 UV 投射方式 / 78
4.3 UV 纹理编辑器 / 79
4.3.1 UV 编辑区 / 79
4.3.2 UV 工具和命令 / 80
4.3.3 UV 编辑器中的一些快捷操作工具 / 85

第 5 章 静物 / 89

5.1 场景布光 / 90
5.2 材质分析 / 100
5.3 本例中使用的材质球介绍 / 102
5.3.1 什么是 mia_material / 102
5.3.2 mia_material_x 增强功能 / 103
5.3.3 mia_material_x 材质原理 / 103
5.4 材质贴图制作 / 109

第 6 章　卡通角色灯光材质制作 / 131

6.1　UVlayout 软件拆分 UV / 132
　6.1.1　拆分 UV 的方法 / 133
　6.1.2　UVlayout 拆分 UV 的步骤 / 137
6.2　灯光制作 / 148
6.3　Mudbox 软件入门学习 / 153
　6.3.1　界面布局和基本操作 / 153
　6.3.2　雕刻工具及操作 / 164
　6.3.3　Mudbox 贴图功能介绍 / 168
6.4　贴图绘制 / 171
　6.4.1　角色完成后贴图 / 171
　6.4.2　皮肤贴图步骤 / 172
　6.4.3　衣服、裤子贴图 / 177
　6.4.4　头发贴图 / 181
　6.4.5　皮鞋贴图绘制 / 184
　6.4.6　眼睛贴图制作 / 189
6.5　质感调试 / 193
　6.5.1　3S 材质简介 / 193
　6.5.2　皮肤材质调试 / 196
　6.5.3　眼睛材质和质感调试 / 197
　6.5.4　头发材质调试 / 199
　6.5.5　衣服、裤子调试 / 202
　6.5.6　鞋子、腰带调试 / 202

第 7 章　mental ray3S 皮肤材质 / 205

7.1　布光 / 207
7.2　创建 3S 材质并赋予模型 / 208
7.3　调整各表皮层的参数 / 209
7.4　给模型贴图 / 212
7.5　给眼睛贴图 / 219

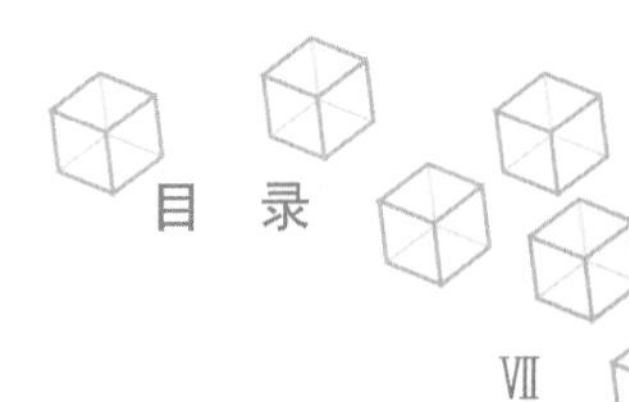

第 8 章　室外场景布光 / 222

8.1　mental ray 天光原理 / 223
　　8.1.1　通用参数部分 / 223
　　8.1.2　阳光属性部分 / 225
　　8.1.3　天光属性部分 / 226
8.2　室外场景实例 / 228

第 9 章　室内灯光制作 / 242

9.1　灯光布置 / 243
9.2　材质设置 / 251
9.3　添加氛围效果和后期合成 / 263

第 10 章　Maya 渲染层作用及运用 / 267

10.1　根据什么来分层 / 268
10.2　渲染分层命令菜单 / 268
10.3　Layers 菜单下的命令 / 270
10.4　分层情况分析 / 272
10.5　物体渲染属性 / 273
10.6　层中单独控制属性 / 280
10.7　遮挡 / 281

第 1 章

认识灯光

Chapter 01

本章知识点

1. 认识材质、灯光工序。
2. 认识并理解光。
3. 色彩体系的分类。
4. 灯光的属性对画面的影响。

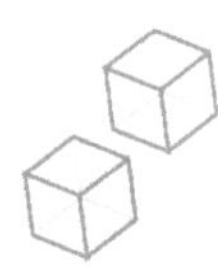

1.1 材质和灯光工序在生产流程中的作用

在动画片的生产流程中，大体上可分为前期（剧本创作、角色设定、场景设定）、中期（三维制作）、后期（合成和配音）三部分，如图 1-1 所示。

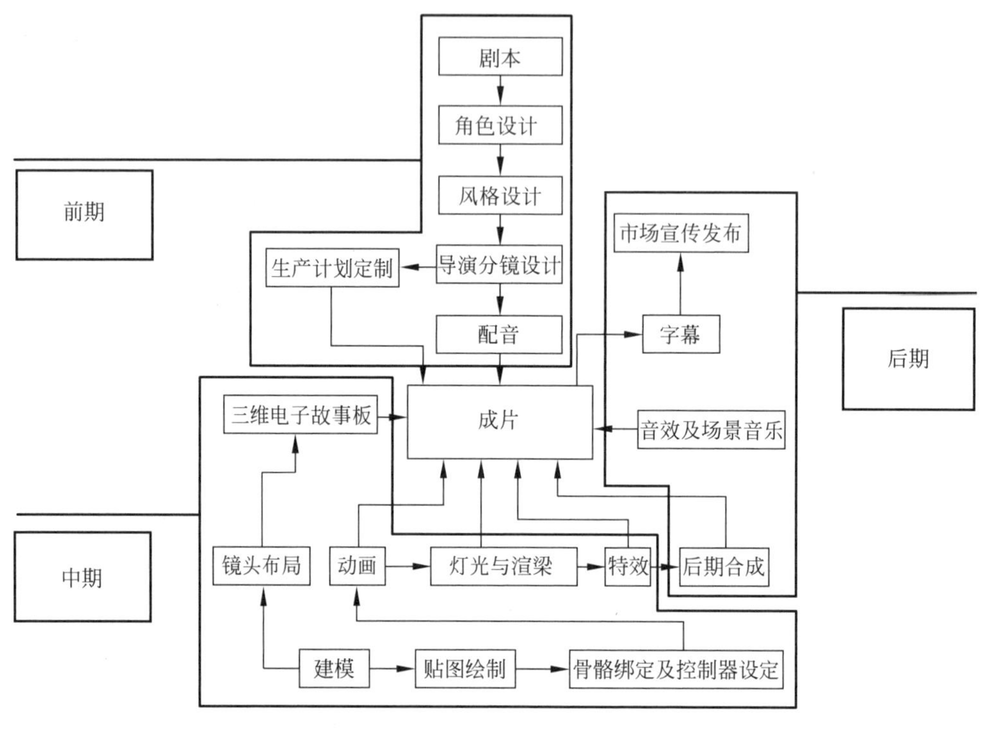

图 1-1

三维制作部分处在中期阶段，在中期这个流程中又大致上可分为模型、材质、设置、镜头（layout）、动画、特效、灯光、合成几道工序，如图 1-2 所示。

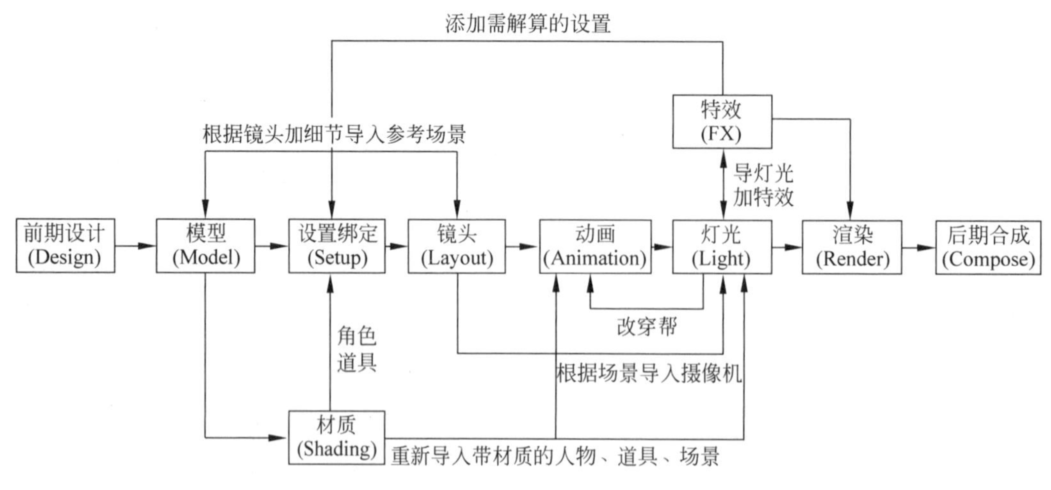

图 1-2

本书中讲解的材质和灯光流程分别处在模型和动画流程之后，此时根据设计稿完成的模型是灰色的，材质、灯光工序需要根据角色设计或是镜头（Layout）的要求，完成贴图的绘制和灯光的制作，如

图 1-3 和 1-4 所示。

没有材质的灰色模型，如图 1-3 所示。

完成材质灯光制作的模型，如图 1-4 所示。

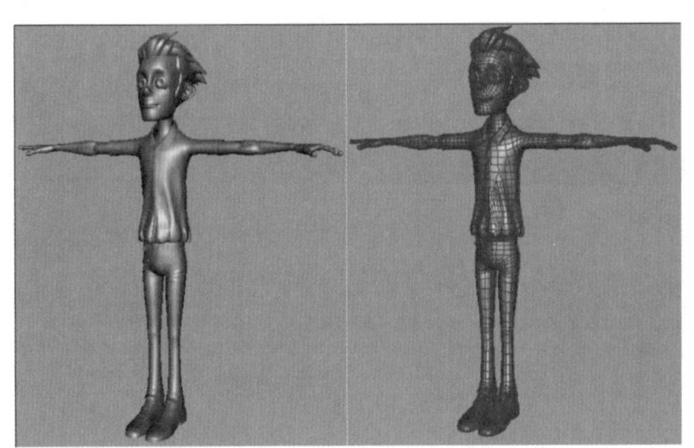
图　1-3

图　1-4

材质、灯光在项目中，严格地说应该是两个模块，项目中材质在前，灯光在后。但材质和灯光又是密不可分的，灯光决定了材质的质感，所以为角色或场景制作材质时会提前做出一套标准灯来确定材质的受光程度，测试完成后，删掉灯光或隐藏灯光（根据存储文件的需要决定）保存文件。

1.2　现实中的景物——我们看见了什么

在开始技术方面的讲解前，我们先来看观察现实中的景物，如图 1-5 和 1-6 所示。

图　1-5

图　1-6

在这两幅风景图片中，我们看见了什么？

首先是阳光照亮的环境，还有景物，蓝天、白云、风车、白色、圆柱状的墙、黄色砖石的城墙、远处的山峰、黄绿色的草地、黄色绿色的树、绿色的草地、水面的反射、树木蓝天白云投射到水中的倒影等，我们一定能说出很多看见的内容。

再来看看 3 个玻璃瓶的场景，从这样的图我们看见了什么？

首先是透明的玻璃，玻璃之间的反射、折射，瓶子投下的阴影，还有玻璃的焦散效果等等，如图 1-7 所示。

一些石块的图片，这又看见了什么？

不同颜色的石块，石块的大小不一、凹凸不平的石块表面、石块投下的阴影等，如图 1-8 所示。

从两个不锈钢水龙头，这又看见了什么？

镜面反射的金属，一些亮闪闪的高光，如图 1-9 所示。

图 1-7

图 1-8

图 1-9

从生锈的金属表面我们看见了什么？呈棕红色的铁锈、一些斑驳的划痕锈、粗糙的外表面、铆钉等，如图 1-10 所示。

从一堆木材图片中我们又看见了什么？粗糙的断面、木纹、平滑的表面等，如图 1-11 所示。

图 1-10

图 1-11

总结一下在这些图像里我们看见的“东西”，“有光，照亮了环境，不同类型的物体，物体投射了阴影，在光滑的物体上有高光，从玻璃瓶可以看见透明、反射、折射的效果，粗糙物体的表面上有凹凸效果，如石块、木材的断面，生锈的金属等物体……”。

现实中的这些物体材质的效果，在软件中该如何模拟呢？下面的介绍将会一一揭晓。

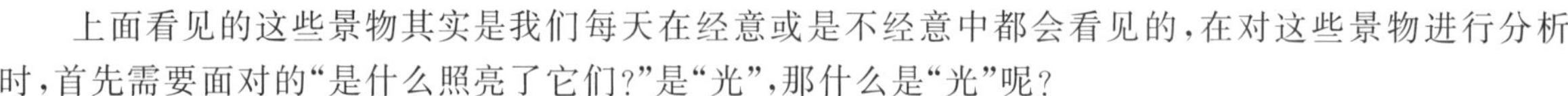

1.3 光影、颜色

上面看见的这些景物其实是我们每天在经意或是不经意中都会看见的，在对这些景物进行分析时，首先需要面对的“是什么照亮了它们?”是“光”，那什么是“光”呢？

1.3.1 什么是“光”

“光”是我们每天都接触的“东西”，但要问“光是什么?”，却很少有人能给出精确定义。

在经典物理学上，粒子理论认为光是由一个个独立的光子构成的。到 17 世纪晚期 Christian Huygens 提出了波动理论，认为光是一种特殊的波而不是粒子集合。1807 年 Thomas Young 又用光的衍射进一步证实了这一理论。但波动理论不能很好地解释镜面反射行为，用粒子理论却能很好地解释镜面反射行为。

光到底是什么，是一种粒子，还是一种波？

1905 年爱因斯坦提出了著名的光电效应，认为紫外线在照射物体表面时，会将能量传给表面电子，使之摆脱原子核的束缚，从表面释放出来，因此爱因斯坦将光解释成为一种能量的集合——光子。后人又将这一理论进一步地深化，创建了量子物理，认为一切物质都具有波粒二相性，只是二者所占比例不同，所以光既是一种波，同时又是由一个个光子所构成。但光作为一种独特物质，它的波动性还是占主要方面。

为了更好地理解光的波动性，我们首先来看看大家熟悉的水波，如图 1-12 所示。

虽然名为水波，它却不是由水构成的，而是由穿过水的能量形成，也就是说当人用手在水中摆动，使之形成水波由左向右传播，但这并不是左边的水向右运动的结果，而是人将自身的能量传递给水，它借助波的形式在水中传播，此过程中水分子只是上下振动并没有离开原来的位置。

举一反三，所有的波都是运动的能量，传播时大多都需借助类似于水的不同的介质。光波也是如此，只是略微复杂一些，能量以电磁场的形式存在，可以不依靠介质在真空中传播。

光波由电场和磁场形式的能量组成。电、磁场的振动方向互相垂直，并且均与光波的移动方向垂直。由于“光”既有电场又有磁场，因此也称为电磁辐射。

可见光是电磁波谱中人眼可以感知的部分，一般人的眼睛可以感知的电磁波的波长在 400～700nm 之间，但还有一些人能够感知到波长大约在 380～780nm 之间的电磁波。正常视力的人眼对波长约为 555nm 的电磁波最为敏感，这种电磁波处于光学频谱的绿光区域，如图 1-13 所示。

图 1-12

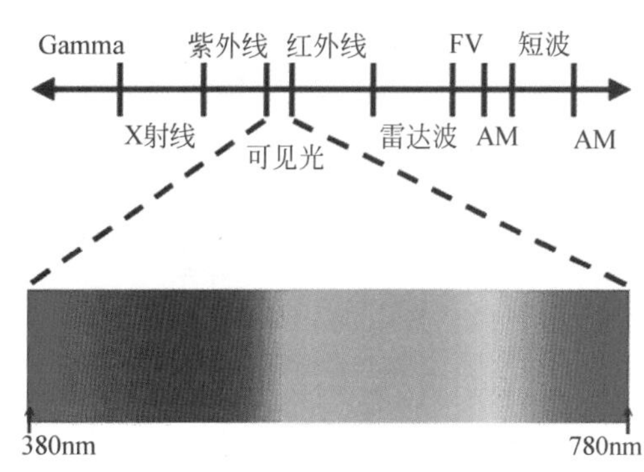

图 1-13

1.3.2 颜色的产生

自然界的色彩都与光联系在一起，大家最熟悉的莫过于太阳光了，在不同的摄影作品中，同样的太阳却呈现出不同的颜色和氛围，太阳光会变色？

事实不是这样的，在 1666 年牛顿通过一个实验证明，白色的太阳光是由红、橙、黄、绿、蓝、靛、紫七种单色光组成的。这个实验是这样的，在一间黑暗的房间，让一束阳光射进室内，在这束光照射的地方放一块三棱镜，会发现这束光通过棱镜后，向镜底曲折成一个角度，并在墙上显出一条绚丽的七色光带，就像雨后横跨天际的彩虹一样，如图 1-14 所示。七色光束如果再让他们通过一个三棱镜还能还原成白光。

为什么会呈现不同的颜色呢？这需要从 3 个方面来论述，色彩是以色光为主体的客观存在，对于人则是一种视象感觉，产生这种感觉基于3种因素：一是光；二是物体对光的反射；三是人的视觉器官——眼。即不同波长的可见光投射到物体上，有一部分波长的光被吸收，一部分波长的光被反射出来刺激人的眼睛，经过视神经传递到大脑，形成对物体的色彩信息，即人的色彩感觉，如图1-15所示。

图 1-14

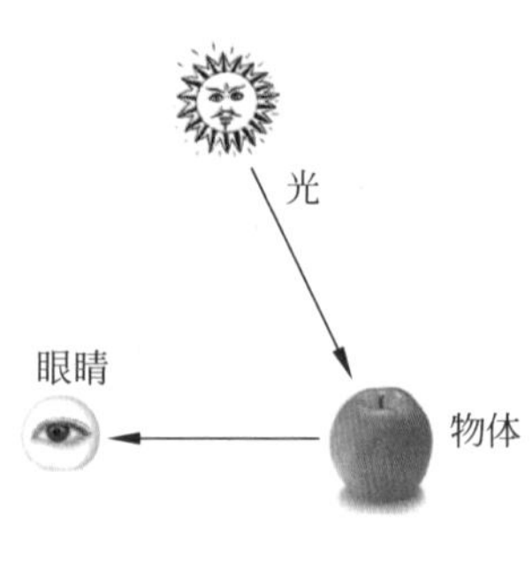

图 1-15

光、眼、物三者之间的关系，构成了色彩研究和色彩学的基本内容，同时亦是色彩实践的理论基础与依据。

不同的频率和波长的光在人眼呈现不同的颜色，尽管是连续光谱，相邻两色间并没有明显的界限，光的波长区间常用的近似值，具体参数如图1-16所示。

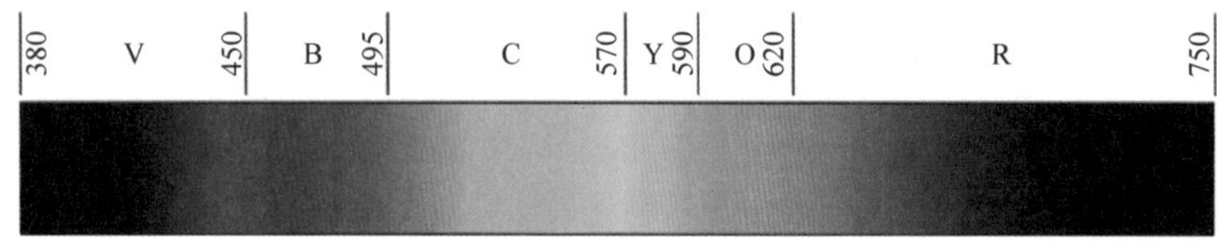

(a)

颜色	频率	波长
紫色	668 - 789 THz	380 - 450 nm
靛色	631 - 668 THz	450 - 475 nm
蓝色	606 - 630 THz	476 - 495 nm
绿色	526 - 606 THz	495 - 570 nm
黄色	508 - 526 THz	570 - 590 nm
橙色	484 - 508 THz	590 - 620 nm
红色	400 - 484 THz	620 - 750 nm

(b)

图 1-16

1.4 颜色体系

既然七种不同颜色的光叠加可以合成白光，那么其中的几种叠加会产生什么样的结果呢？这就要引入色彩体系了。

首先需要介绍原色，又称为基色，即用以调配其他色彩的基本色。原色的色纯度最高、最纯净、最鲜艳，可以调配出绝大多数色彩，而其他颜色不能调配出三原色。在不同的色彩空间系统中，有不同的原色组合。三原色通常分为两类，一类是色光三原色，另一类是颜料三原色。

1.4.1　色光三原色——加色法原理

人的眼睛是根据所看见的光的波长来识别颜色的，可见光谱中的大部分颜色可以由 3 种基本色光按不同的比例混合而成，这 3 种基本色光的颜色就是红(Red)、绿(Green)、蓝(Blue)三原色光。这 3 种光以相同的比例混合且达到一定的强度，就呈现白色(白光)；若 3 种光的强度均为零，就是黑色(黑暗)。这就是加色法原理，加色法原理被广泛地应用于电视机、监视器等主动发光的产品中，如图 1-17 所示。

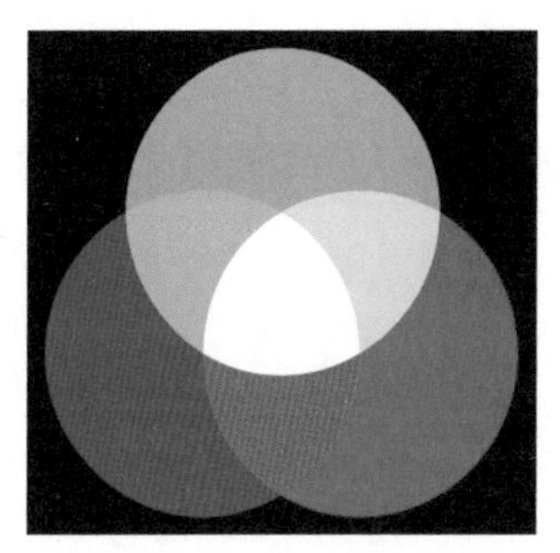

图　1-17

在 Maya 中 RGB 色彩体系，它有两种范围：一种 0～1，另一种 0～255，如图 1-18 和 1-19 所示。

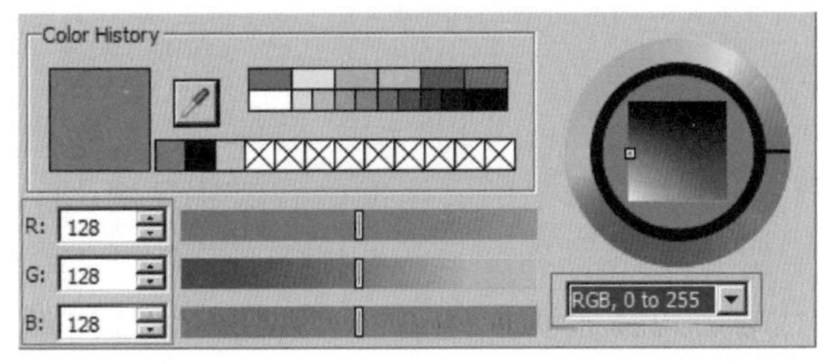

图　1-18

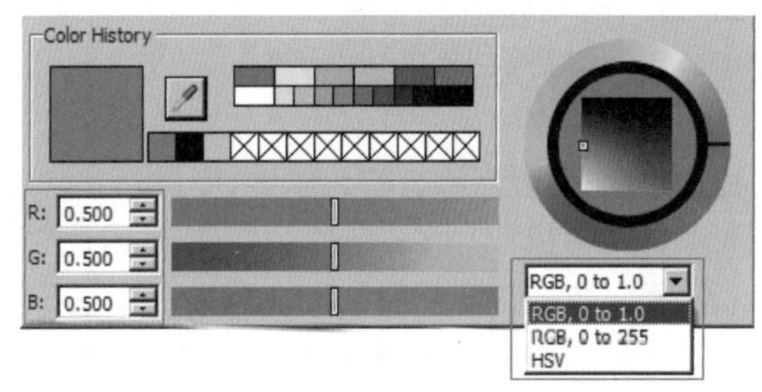

图　1-19

1.4.2　颜料三原色——减色法原理

在打印、印刷、油漆、绘画等靠介质表面的反射被动发光的场合，物体所呈现的颜色是光源中被颜料吸收后所剩余的部分，所以其成色的原理叫做减色法原理。减色法原理被广泛应用于各种被动发光的场合。在减色法原理中的三原色颜料分别是青(Cyan)、品红(Magenta)和黄(Yellow)，如图 1-20 所示。

1.4.3　理想状态的色立体

色立体是一个假设的立体色彩模型，理想状态的色立体像一个地球仪，如图 1-21 所示。

图　1-20

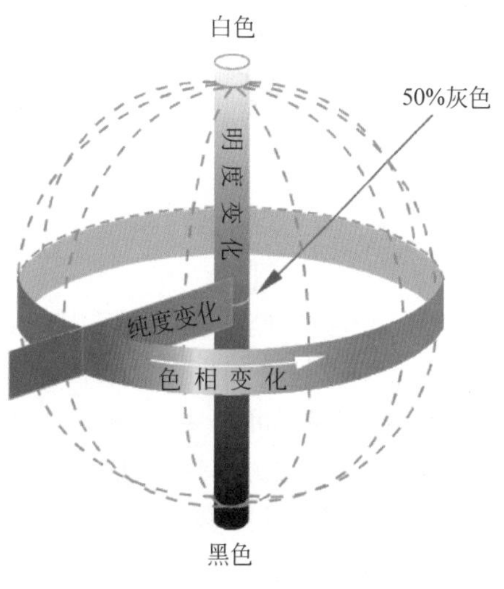

图　1-21

在这个模型里，整个球体从内核到表面就是这个色彩系统所有的色彩。球的中心是一条自上而下变化的灰度色彩中心轴，靠北极（上方）的一端是白色，靠南极（下方）的一端是黑色，用来表示色彩的明度。其他彩色的明度也跟中心轴的变化相一致，越往北极的颜色明度越高，到达北极点就是纯白色；越往南极的颜色明度越低，到达南极点就是纯黑色。最纯的颜色都附着在球的赤道表面，沿赤道做圆周运动，表示色彩的色相变化。从球的表面向中心轴的水平方向运动，表示色彩的饱和度（彩度或纯度）变化。

简单地说，色立体的垂直方向表示色彩的明度变化，色立体从表面到中心轴的水平方向表示色彩的饱和度（彩度或纯度）变化，立体色的圆周方向表示色彩的色相变化。

1.4.4 蒙塞尔颜色系统

美国教育家、色彩学家、美术家蒙塞尔创立了色彩表示法。蒙塞尔颜色系统着重研究颜色的分类与标定、色彩的逻辑心理与视觉特征等，为经典艺术色彩学奠定了基础，也是数字色彩理论参照的重要内容。

它的表示法是以色彩的三要素为基础。色相称为 Hue，简写为 H；明度叫做 Value，简写为 V；彩度为 Chroma，简称 C。色相环是以红 R、黄 Y、绿 G、蓝 B、紫 P 心理五原色为基础，再加上它们中间色相，橙 YR、黄绿 GY、蓝绿 BG、蓝紫 PB、红紫 RP 称为十色相，排列顺序为顺时针。再把每一个色相详细分为十等份，以各色相中央第 5 号为各色相的代表，色相总数为一百，如图 1-22 所示。

蒙塞尔色立体是一个偏心的类似球体。由于各种色相本身具有不同的明度，各种色相的最高饱和色不可能像“理想状态的色立体”那样都处于球体的赤道上，它们是随着明度的高低从顶端（北极）或底端（南极）偏移。纯黄色的明度最高，因此它最靠近顶端，紫色的明度最低，因此它最靠近底端。

蒙塞尔色彩认为各种色相的彩度等级也不同，各色相的最高饱和色离中心明度轴的远近距离也不等。红色（5R）的彩度最高，共分为 14 个等级，它的最高饱和色离中心轴最远，而蓝绿色（5BG）的彩度最低，只有 6 个等级，它的最高饱和色离中心轴最近。

蒙塞尔色立体纵向的色彩明度色阶共分 11 级，中心轴的顶端为白色，中心轴的底端为黑色，如图 1-23 所示。

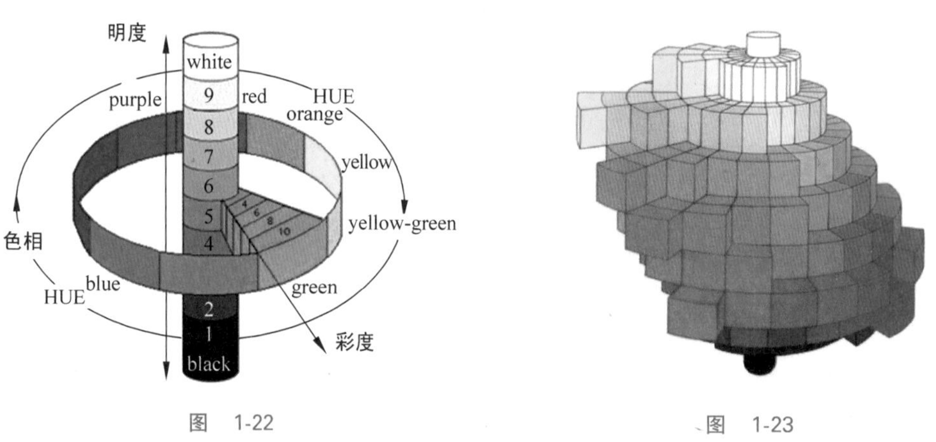

图 1-22　　图 1-23

1.4.5 HSV 色彩体系

在 HSV（色相 hue，饱和度 saturation，明度 value）色轮中，色相表示为圆环，使用一个独立的三角形来表示饱和度和明度。这个三角形的垂直轴指示饱和度，而水平轴表示明度，选择颜色时，可以首先在圆环中选择色相，再从三角形中选择想要的饱和度和明度，如图 1-24 所示。

HSV 模型的另一种可视方法是圆锥体。在这种表示中，色相被表示为绕圆锥中心轴的角度，饱和度被表示为从圆锥的横截面的圆心到这个点的距离，明度被表示为从圆锥的横截面的圆心到顶点的距离，如图 1-25 所示。

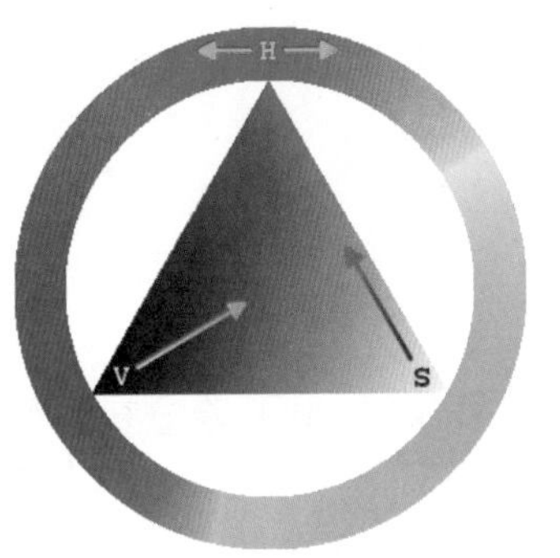

图 1-24

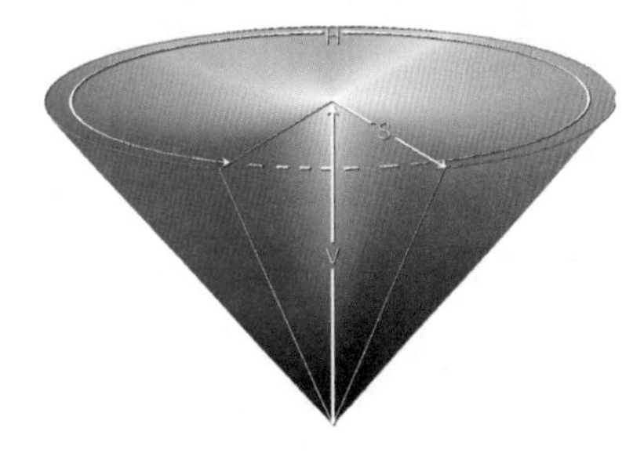

图 1-25

HSV 也称 HSB(B 指 brightness)，是艺术家们常用的，因为与加法、减法混色的术语相比，使用色相、饱和度等概念描述色彩更自然直观。HSV 是 RGB 色彩空间的一种变形，它的内容与色彩尺度与其出处——RGB 色彩空间有密切联系。

在 Maya 中 HSV 色彩体系是默认的方式，如图 1-26 所示。

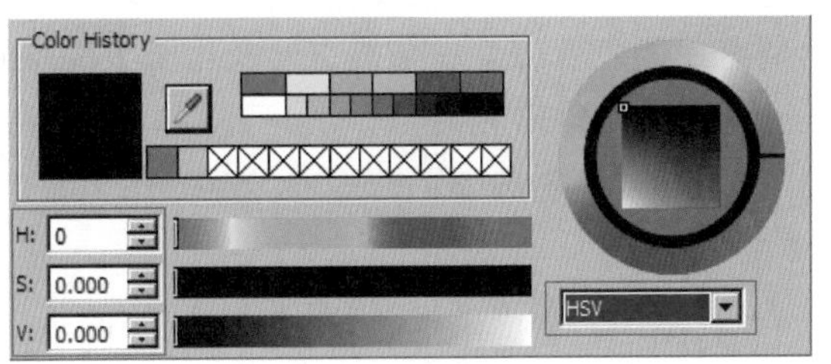

图 1-26

1.4.6 混色系统 CIE

CIE① 是一个国际通用的色彩标准，是一个基于光学色彩的混色系统，它成熟的理论体系建立于20 世纪 30 年代。

它由 X、Y、Z 三基色作轴，XYZ 锥形空间是一个三维的颜色空间，它包含了所有的可见光色。这个三维的颜色空间从原点 0 开始延伸第一象限(正的八分之一空间)，并以平滑曲线作为这个锥形的端面。从原点作射线贯穿这个锥体，射线上的任意两点表示的彩色光都具有相同的彩度和纯度，仅仅亮度不同，如图 1-27 所示。

每条从原点出发的射线与此平面的相交点就代表了其色度值——色相与纯度。把这个平面投影到(X、Y)平面，投影后在(X、Y)平面上得到的马蹄形区域就是 CIE 色度图，这就是目前国际通用的"CIE 1931 x、y 色度图"，简称"CIE 色度图"，如图 1-28 所示。

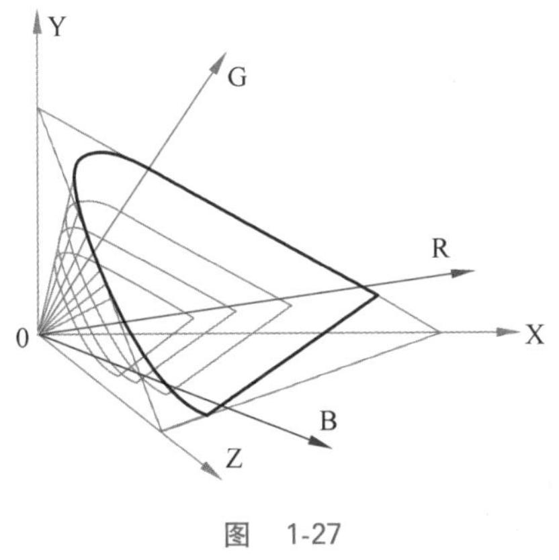

图 1-27

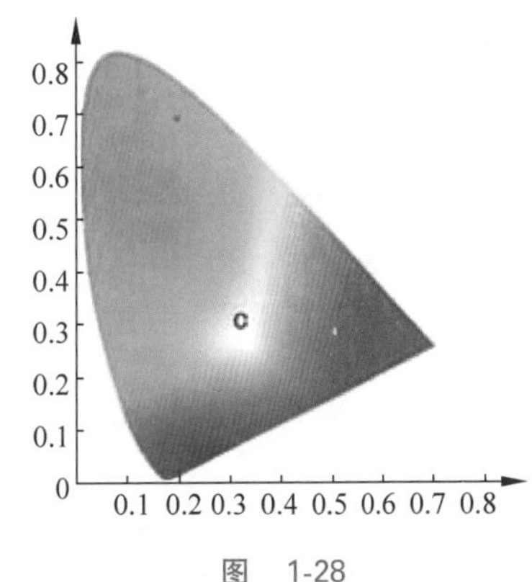

图 1-28

① CIE(Commission Internationale de L'Eclairage)是国际照明委员会，根据其法语名称简写为 CIE。其前身是 1900 年成立的国际光度委员会(International Photometric Commission; IPC)，1913 年改为现名。总部设在奥地利维也纳。CIE 制订了一系列色度学标准，一直沿用到数字视频时代，其中包括白光标准(D65)和阴极射线管(CRT)内表面红、绿、蓝 3 种磷光理论上的理想颜色。

CIE 色彩也是计算机图形学的颜色基础。到目前为止，计算机图形学对颜色的讨论集中在通过红、绿、蓝三色混合而产生的机制上。

1.4.7 数字色彩体系

1.4.7.1 Lab 色彩

Lab① 色彩是计算机内部使用的、最基本的色彩模型，它由照度（L）和有关色彩的 a、b 这 3 个要素组成。

L 表示照度（Luminosity），相当于亮度；a 表示从红色至绿色的范围；b 表示从蓝色至黄色的范围。L 的值域由 0 到 100，L ＝ 50 时，就相当于 50％的黑；a 和 b 的值域都是从＋120 至－120，其中＋120 a 就是红色，渐渐过渡到－120 a 的时候就变成绿色；同样原理，＋120 b 是黄色，－120 b 是蓝色，所有的颜色就以这 3 个值交互变化所组成，如图 1-29 所示 Lab 模式下 PhotoShop 的拾色器。

1.4.7.2 RGB 色彩

使用 3 种颜色红（R）、绿（G）、蓝（B）作为基色，R、G、B 3 种颜色的色彩数值从 0～255，共 256 极，即 2 的 8 次幂。

- 0 表示色彩强度最弱（即没有色彩）的状态，呈黑色；
- 255 表示色彩强度最强（即色彩纯度最高）的状态，呈最饱和色；
- 当 3 种颜色的色彩数值都是 0 时，它所表现的区域就呈黑色；
- 当 3 种颜色的色彩数值都是 255 时，它所表现的区域就呈白色；
- 在处于其他色彩数值的情况下，就会显示出各种不同的颜色。

RGB 色彩模型用一个三维笛卡尔直角坐标系中的立方体来描述，RGB 色彩框架是一个加色模型，模型中的各种颜色都是由红、绿、蓝三基色以不同的比例相加混合而产生的。在这个立方体中，坐标原点（0，0，0）代表黑色，坐标顶点（1，1，1）代表白色，坐标轴上的 3 个顶点分别代表红、绿、蓝三基色，而剩下的另外 3 个顶点分别代表每一个基色的补色：青、品红、黄，如图 1-30 所示。

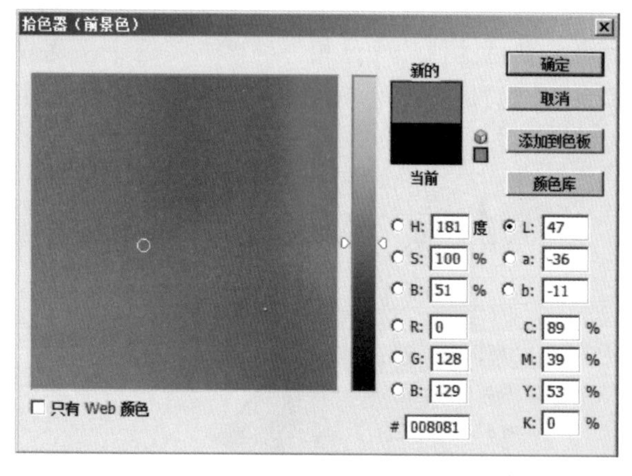

图 1-29

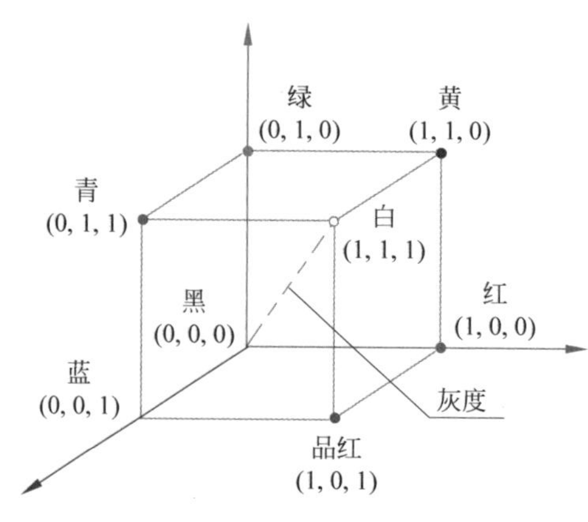

图 1-30

图 1-30 中对角线上的颜色，是由黑色到白色过渡的一条灰色色带，红、绿、蓝三色的成分越多，颜色就越趋向白色，成分越少，就越趋向黑色，如图 1-30 所示。

---

① Lab 模式是由国际照明委员会（CIE）于 1976 年公布的一种色彩模式。

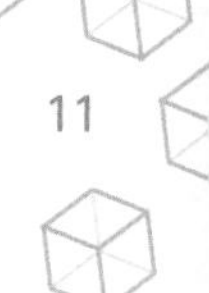

1.5 “光”的特性

“光”是现实生活中客观存在的，在三维动画中，“光”是我们主观创作的一种手段，我们需要利用光的照度来照明和营造气氛，很多时候会充分利用光的特性来作为造型手段。

有很多时候我们在创作过程中，依照的是现实中光影关系的特性来模拟。再利用灯光工具还原和加强灯光效果，实现我们理想的画面。这个过程不仅是只靠直觉就可以，还需要弄清楚其中的原理，不管是绘画还是三维制作，即使是极其夸张大胆的画面表达，都凭借着光特性的原理，来实现真实的光影。

1.5.1 朗伯反射

我们从朗伯反射开始，当入射照度一定时，从任何角度观察反射面，表面的每个部分从每个角度看都一样的，即其反射亮度是一个常数，这种反射面称朗伯面，通俗讲即漫反射面。把反射比为 1 的朗伯面叫做理想朗伯面，如图 1-31 所示。

图 1-31

光具有波粒二相性，把光想象成反弹的“粒子球”，这些不断反弹的“粒子球”被称作“光子”。光子传播的方向是直线的，除非它们撞到了反射物体，例如空间中的一个平面，光子每当撞到阻挡物体上都会进行反弹，根据物体的受光强弱来决定光子的强度衰减程度，反弹的次数越多，光子的能量就越小。例如，镜面遇到光子则光子反弹的强度就会很强，若黑丝绒这种受光反弹的能力非常弱的物体，则光子反弹的强度就非常低。

1.5.2 理解物体表面、光、影关系

假设光子接触到表面是不光滑的，在整个这个表面上都有微小的不规则起伏。当光子遇到这个表面，一部分将被表面吸收，剩余的光子由于不规则起伏的影响则被反射到各个随机的方向上去了，如图 1-32 所示。

当表面角度偏离光线时，只有少量的光子直接撞击表面，当然经过反射到达人眼睛的光子就更少了，所以人会感觉到这个表面变暗了，这就意味着垂直于入射光线的表面最亮，而平行于光线（或者平行于光子运动轨迹）的表面则照不到。当然，背光面也照不到，如图 1-33 所示。

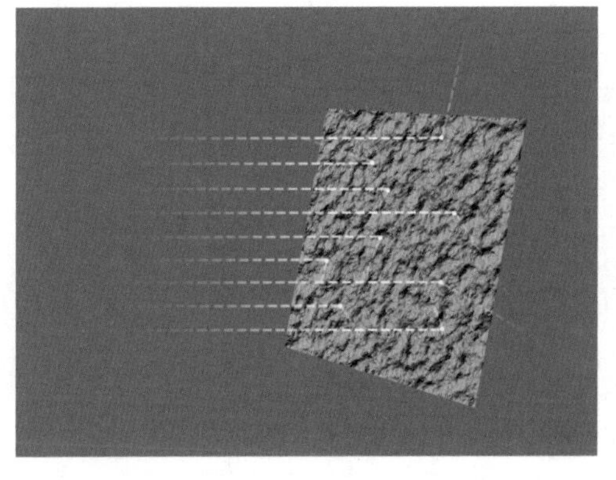

图 1-32

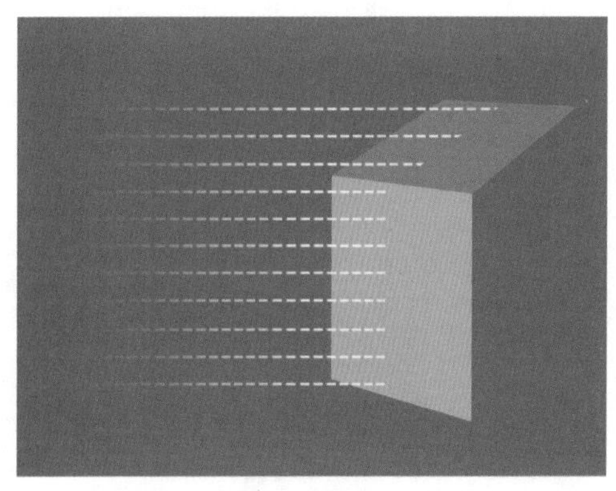

图 1-33

所有的物体都是由一个个平面组成的，这个概念有点像像素组成图像，如果了解平面在空间中的不同角度与光源的关系，那么就能很精确地理解各种表面光影的关系，设置光线之前可以利用一个球体，用不同数量平面组成的球体来观看每个平面的受光度，就会发现与光线角度越垂直的平面就越亮，如图 1-34 所示。

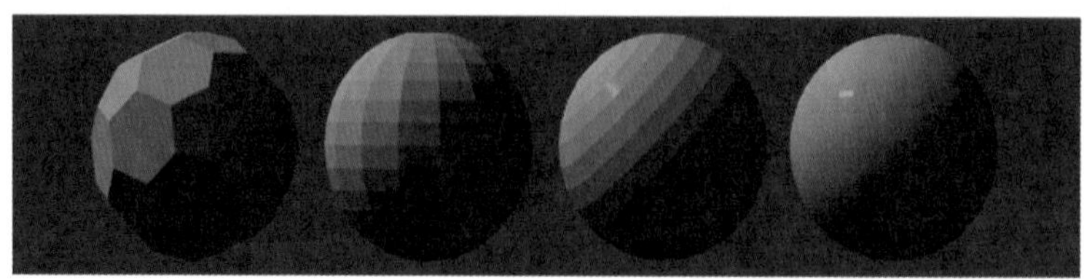

图 1-34

一般情况下，物体在空间中几乎不会是纯黑，就算是阴影区域也会有一定的明度，这就是光的漫反射特性，漫反射光是精确渲染的基础。

我们虽然在三维软件中完成灯光，但多数软件不能完全模仿真实物理光源的特性，学会利用 3D 空间思维去分析光，能清楚地了解光的每一层特点和光与表面的关系，以便于我们手动去模拟物理现实。

阴影产生的原因是光子碰到一个物体（并被反射或吸收）后，不能穿透这个物体，所以如果你能追踪空间中从光源到物体边缘的光线，你就能正确地了解投射到该物体后面的阴影的形状。进而就能非常简单地解释形体的阴影，投射阴影也很大程度上取决于光源的性质。

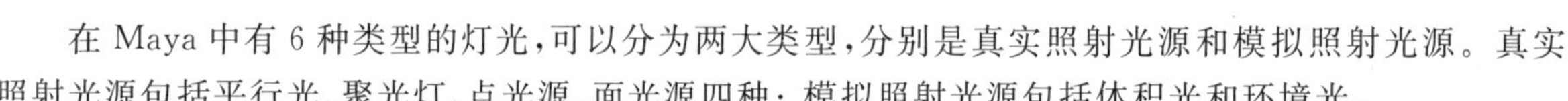

1.6 现实中的灯光对应 Maya 中的灯光阴影属性

在 Maya 中有 6 种类型的灯光，可以分为两大类型，分别是真实照射光源和模拟照射光源。真实照射光源包括平行光、聚光灯、点光源、面光源四种；模拟照射光源包括体积光和环境光。

真实照射光源具有现实中灯光常见的物理属性，所以主光源一般会选择使用这四种光源，它们同时也可以充当副光。

模拟照射光源多数用来充当副光，起补光作用。这两种光源并不符合物理光源的逻辑，在 Maya 中不像真实世界空间，所以这种不符合物理逻辑的光源会给我们打光提供了便利条件。

1.6.1 平行光

在使用平行光（Directional Light）时，大多时候会用于作为阳光，因为它投射光子时平行放射，所投射的阴影形状与被照射的物体几乎没有阴影偏移，更近似于阳光的发光特性，如图 1-35 和 1-36 所示。

现实中太阳光的照射效果，如图 1-36 所示。

图 1-35

图 1-36

由上图对比可以看出，平行光的阴影基本是不产生扩散偏移的（所谓阴影扩散偏移是指，阴影的轮廓对比被照射物体的轮廓产生形状上的扩大）。直射平行光具有充足的光照效果，在灯光造型中能起到整体光照作用，尤其用作阳光、月光、大面积照明的光源效果最为突出。

1.6.2　聚光灯和点光源

把聚光灯（Spot Light）和点光源（Point Light）这两种光源做一个对比，发现阴影投射的类型很相似，当光源离物体很近的时候，投射阴影面积会变大，明暗交界线会向光源方向靠近（靠近到物体上的平面平行于光子轨迹的地方）。

聚光灯效果如图 1-37 所示。

点光源效果如图 1-38 所示。

图　1-37

图　1-38

它们的区别是发射光线的范围，聚光灯受范围限制，最大范围是近似于 180 度，而点光源则是发射 360 度，如图 1-39 和 1-40 所示。

聚光灯的照射效果如图 1-39 所示。

点光源的照射效果如图 1-40 所示。

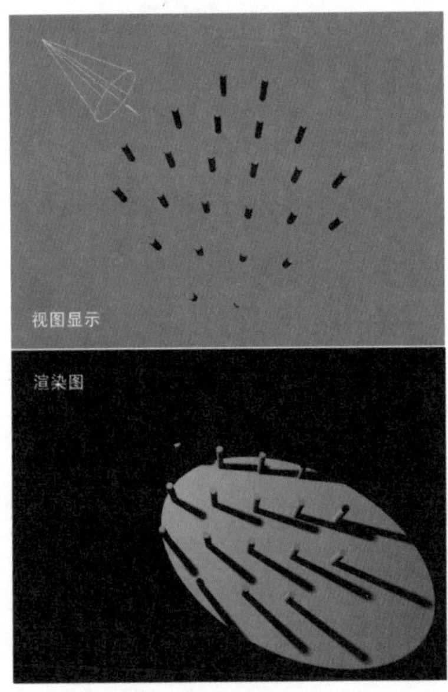

图　1-39

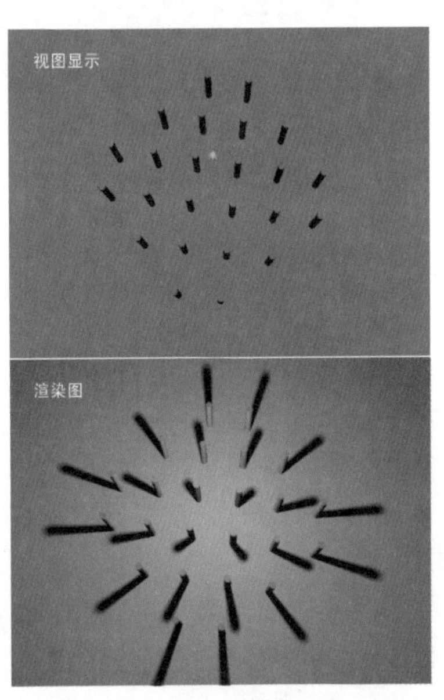

图　1-40

我们可以利用它们各自的特性作为不同的照明工具。聚光灯可以模拟射灯、手电筒、台灯等光源，如图 1-41 所示剧场射灯。点光源可以模拟篝火、蜡烛光等这样的以点发射的光源，如图 1-42 所示。

图 1-41

图 1-42

在灯光造型中它们也分别有不同的重要作用，聚光灯发射光线明显，在创造戏剧化或突显重要物体时有很好的造型作用；点光源的发射光线全面，在作为副光时能提供大面积的补光，再加上灯光设置中的光线衰减效果，使补光更为自然。

1.6.3 面光源

面光源(Area Light)的面积越大，明暗交界线离光源越远，投射阴影越柔和。面光源可以理解成由 N 多个向下照明的聚光灯组成的，光线从每个光源向每个物体表面散射。

在接近物体后面的区域，部分光源是有效的，这产生了阴暗的部分，这是因为物体完全阻塞光子到达那个区域，如图 1-43 所示。

(a)

(b)

图 1-43

面光源也称散射光源，是在灯光造型中最常见最有用的光线。散射光源创造了漂亮的漫射光、轮廓光和主光，这些光线让画面唯美，使画面舒服、柔和。面光源发射的光线可以用来模拟灯箱、柔光箱，多数使用在人像布光中，使光影变得柔和自然，如图 1-44 所示面光源效果。

以上介绍了现实中的光源对应到 Maya 光源的关系，当然布置一套灯光不可能只有一盏灯光，我们在制作过程中，要使用多种灯光进行组合，最终实现真实的照明效果，根据不同灯光属性使用灯光，能让布光工作更简单、高效。

图 1-44

1.7 灯光色彩结合运用

灯光有颜色、方向和强度三要素，本节将来学习它们的综合应用。

1.7.1 灯光颜色

体现到画面上表现为冷、暖色调。色彩的冷暖和饱和度的合理搭配来拉开主次，体现出空间感、立体感，强烈的对比饱和度给观众带来视觉上的冲击，如图 1-45～图 1-47 所示。

图 1-45

图 1-46

图 1-47

色调是烘托和渲染气氛的有力手段，它会根据故事情节的需要而发生改变，如图 1-48 和图 1-49 所示。

喜悦，颜色鲜艳，如图 1-48 所示。

沮丧，颜色暗淡，如图 1-49 所示。

图 1-48

图 1-49

1.7.2 灯光方向

1. 顺光

光源和摄像机处与同一方向，正面光照，画面较平淡，如图 1-50 所示。

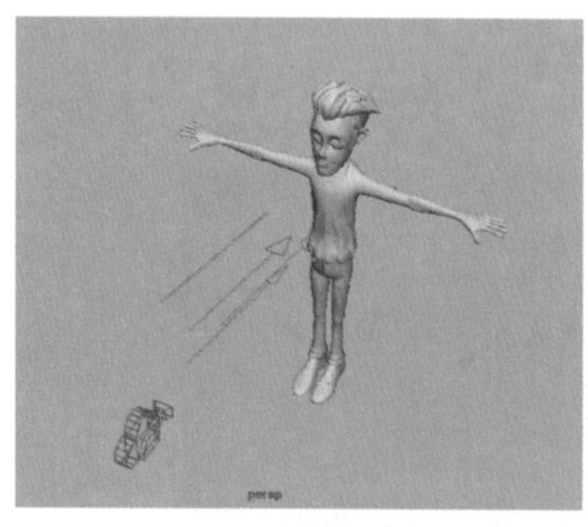
(a)

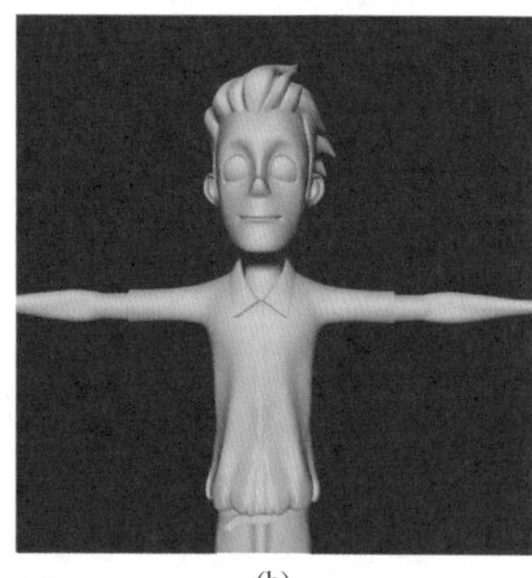
(b)

(c)

图 1-50

2. 侧顺光

光源与摄像机呈 45 度，被照主体具有体积感，常常作为主要光源，如图 1-51 所示。

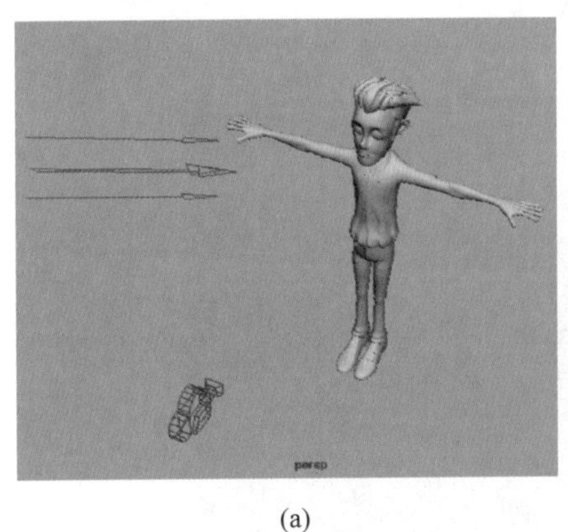
(a)

(b)

(c)

图　1-51

3. 侧光

光源与摄像机呈 90 度，明暗对比强烈，硬朗的明暗过渡，形成强反差效果，如图 1-52 所示。

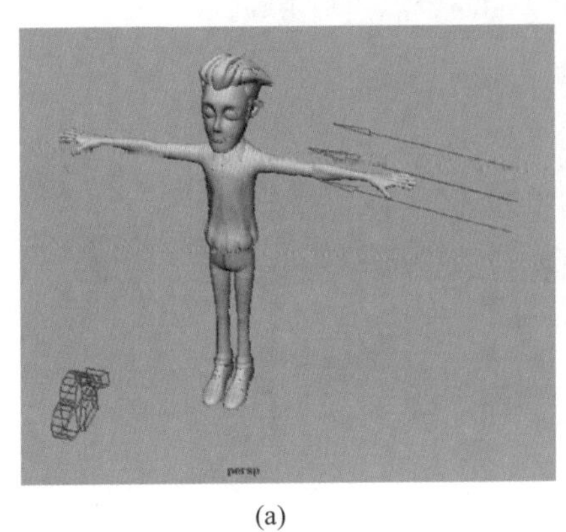
(a)

(b)

(c)

图　1-52

4. 逆光

光源与摄像机相对成 180 度角，也叫轮廓光，用于勾勒轮廓，分离前后景，形成优美的线条，如图 1-53 所示。

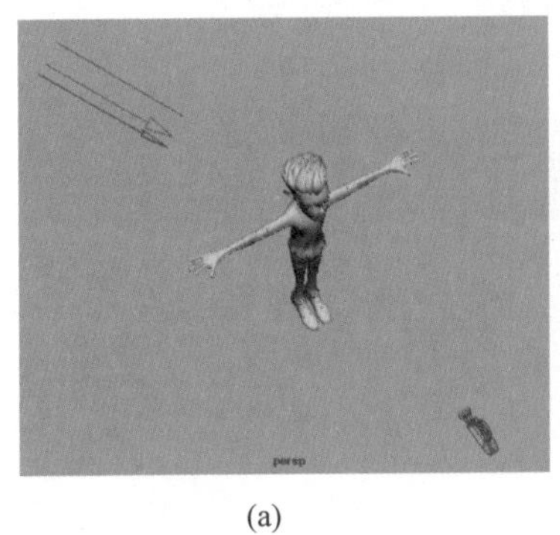
(a)

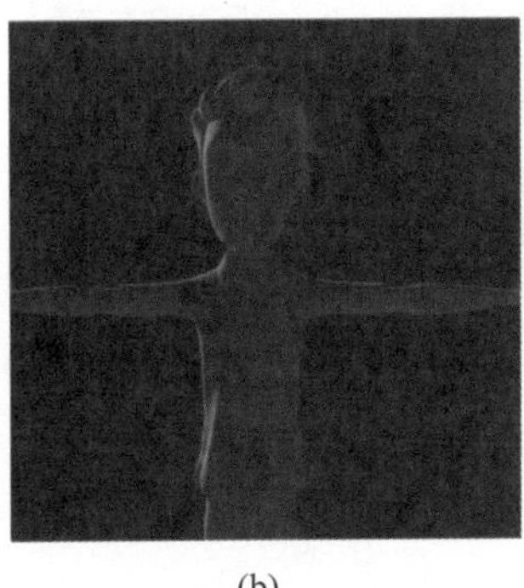
(b)

(c)

图　1-53

5. 顶光

造型感强，突出风格；或作为辅助光（顶光做辅助光时多数用柔光），如图1-54所示。

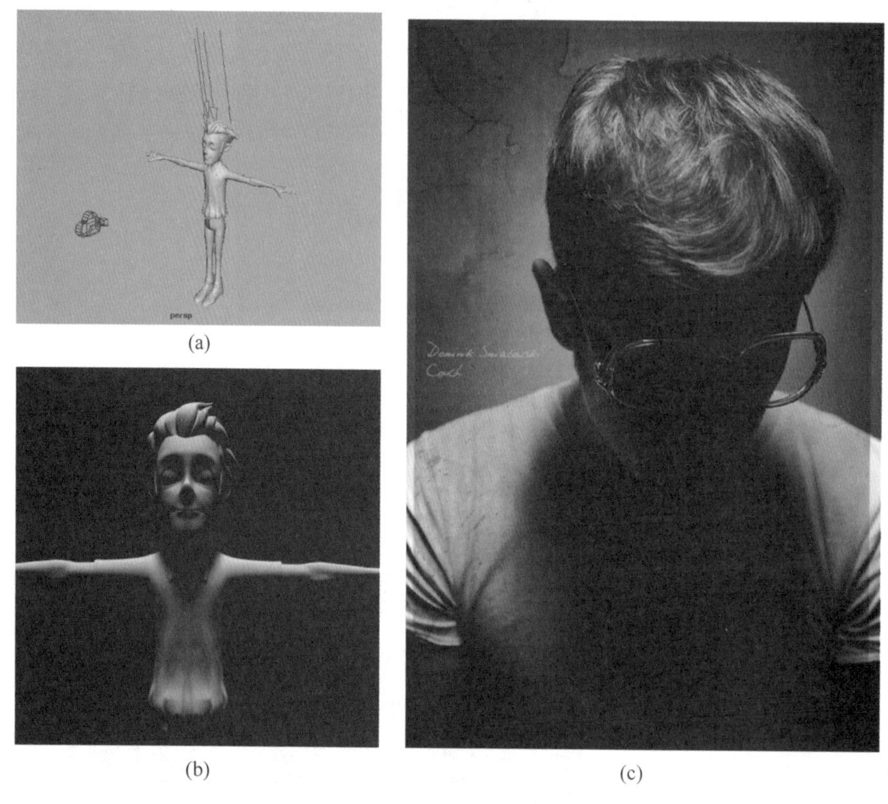

(a) (b) (c)

图 1-54

6. 底光

邪恶，恐怖，神秘，如图1-55所示。

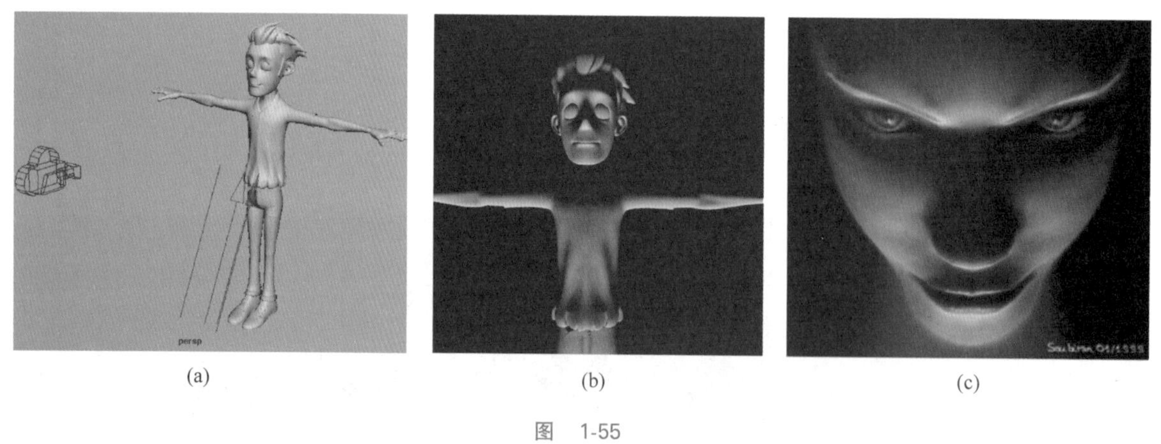

(a) (b) (c)

图 1-55

1.7.3 灯光强度

以不同的强度来突显或淡化物体，拉开纵深，分离远近景层次，如图1-56～图1-58所示。

图 1-56

图 1-57

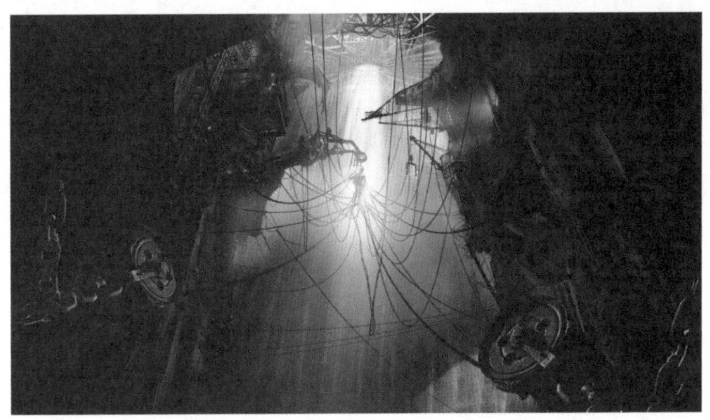

图 1-58

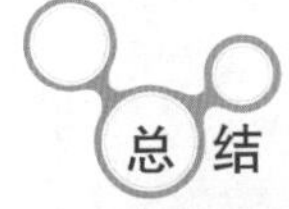

总结

现在我们已经认识了灯光，布置灯光是非常重要的一个环节，所以当我们真正地了解了灯光的特性时，才能真正地驾驭和把控画面。改变灯光的数量、方向、颜色、强度、面积、阴影等，会产生截然不同的氛围，灯光是非常微妙的，可能细微的参数改变也会实现不同的画面效果。

第 2 章

灯光基础功能和渲染输出设置

Chapter 02

本章知识点

1. Maya灯光类型。
2. 不同灯光的属性。
3. 渲染输出设置。
4. 灯光的阴影属性。

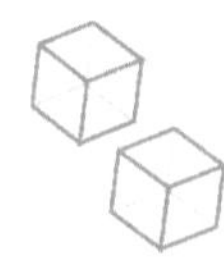

2.1　灯光基础操作

在菜单命令 Create|Lights 下共有 6 种基础灯光类型，如图 2-1 所示。

这 6 种基础灯光类型分别是环境光、平行光、点光源、聚光灯、区域光（面光源）和体积光，如图 2-2 所示。

其中，平行光、聚光灯和区域光（面光源）需要设置灯光方向。当选择这三盏灯光并按字母键 T 时，界面上会出现控制手柄，如图 2-3 所示。

此外，选择灯光后，还可以在视图中执行菜单命令 Panels|Look Through Selected，进入灯光照射视角，以此来观察灯光照射的方向及范围，也能更准确地搭建灯光。以聚光灯为例，选择灯光，执行命令，如图 2-4 所示。

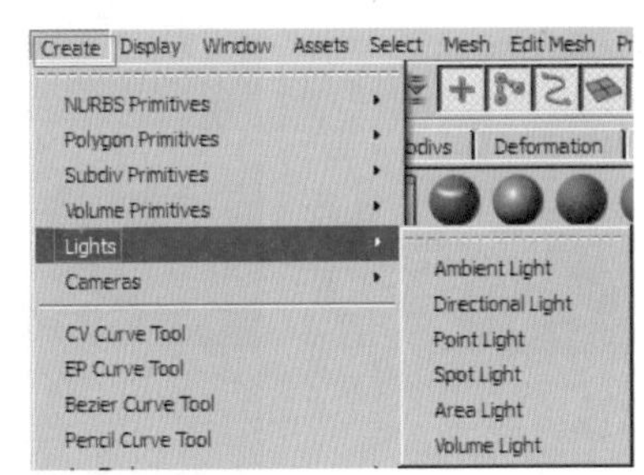

图　2-1

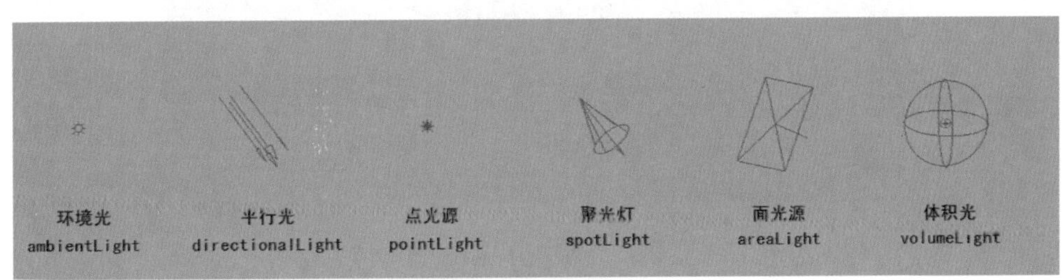

图　2-2

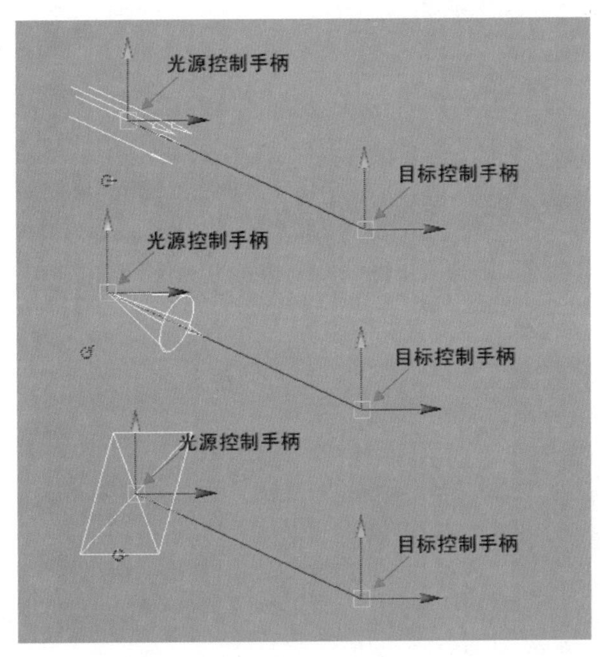

图　2-3

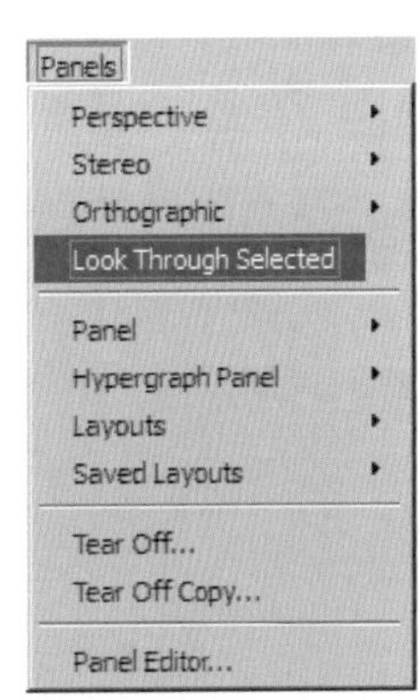

图　2-4

此时视图会以聚光灯的视角出现，在此可以调整灯光的位置、照射范围，如图 2-5 所示。

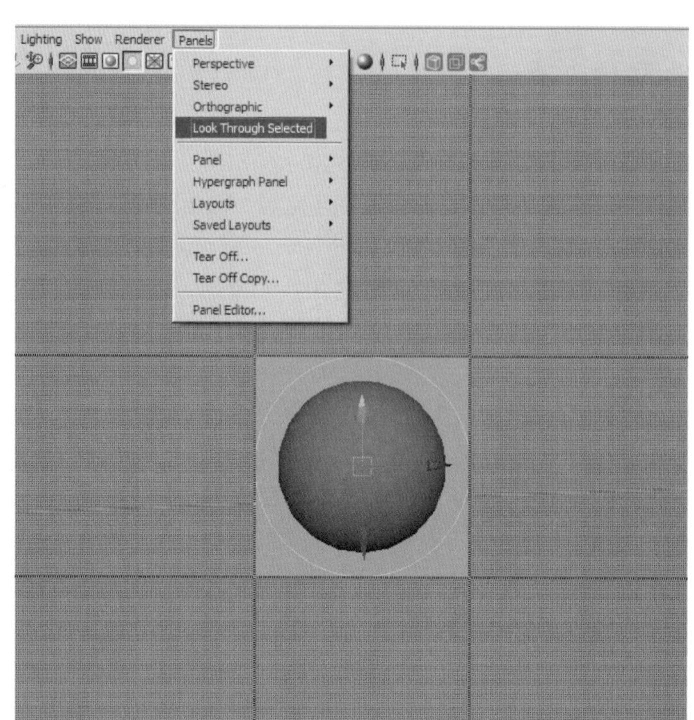

图 2-5

2.2 6种灯光的不同照射方式

2.2.1 环境光

在 Maya 中,环境光以两种方式发光:一种是以灯光位置为中心,向所有方向平均发光(类似于点光源);另一种类似于从无限大球体的内部曲面中发射,灯光朝所有方向平均发光,可以均匀的提亮整个环境。

在一组圆柱体阵列模型中,执行菜单命令 Create|Lights|Ambient Light,创建环境光,如图 2-6 所示。

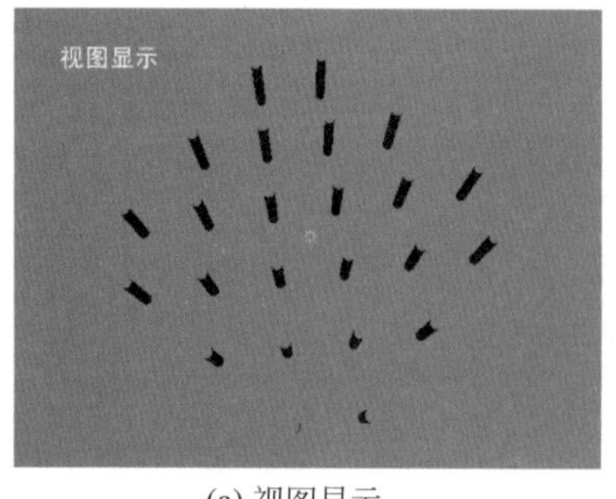

(a) 视图显示

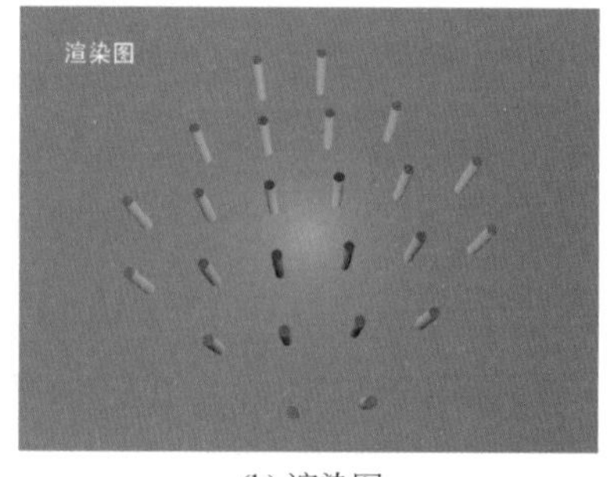

(b) 渲染图

图 2-6

当不开启阴影时,是全局照射方式,起到整体照明作用,通常提供环境照明。开启阴影时,则是放射照射方式,不支持深度贴图阴影。如果想使用环境光的阴影,必须开启光线跟踪 Raytracing 选项,如图 2-7 所示。

当 ambient shade 为 1 时 Ambient Shade 1.000，并开启光线跟踪阴影时，类似点光源的特性，如图 2-8 所示。

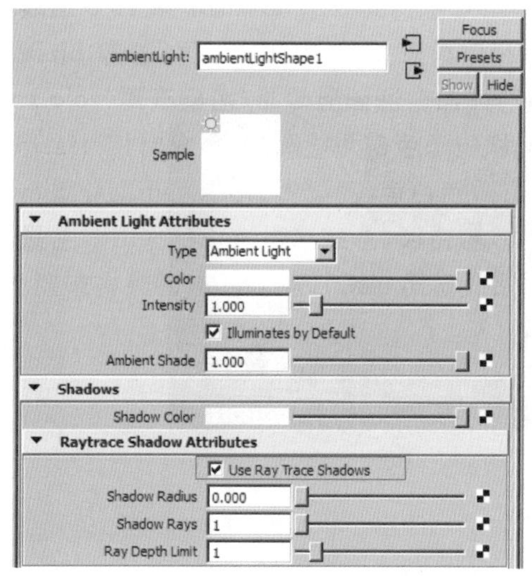

图　2-7

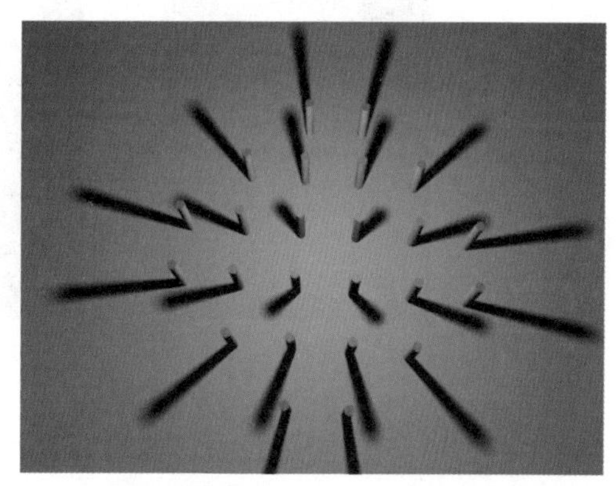

图　2-8

2.2.2　平行光

使用平行光模拟非常远的点光源，类似太阳，影响灯光的效果的是灯光的方向，与灯光的位置无关。平行光仅向一个方向平均地照射，其光线相互平行，就像从无限大的平面垂直发射。图 2-9 是现实中太阳的光照效果。

图　2-9

在一组圆柱体阵列模型中，执行菜单命令 Create | Lights | Directional Light，创建平行光，如图 2-10 所示。

平行照射方式，从渲染图中可见，所有物体的阴影朝向完全一致并平行，整体照明作用，通常模拟太阳光。

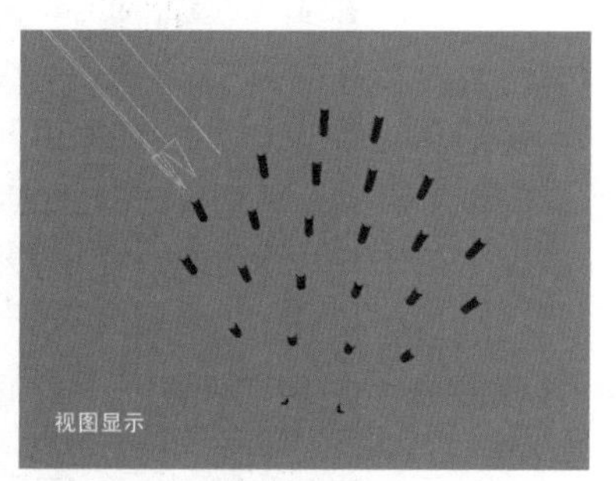

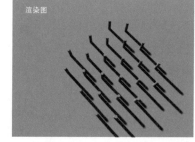

图　2-10

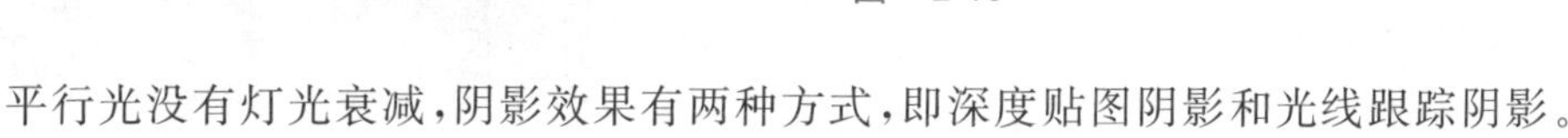

平行光没有灯光衰减，阴影效果有两种方式，即深度贴图阴影和光线跟踪阴影。

2.2.3 点光源

点光源：从空间中的无限小点均匀照耀各个方向。在现实中类似白炽灯泡、星星或是蜡烛的效果，如图 2-11 所示。光源从一个点均匀的向外发射，照明效果与光源的位置有直接关系，与灯光的旋转角度或缩放无关。

(a)

(b)

图 2-11

在一组圆柱体阵列模型中，执行菜单命令 Create|Lights|Point Light，创建点光源，如图 2-12 所示。

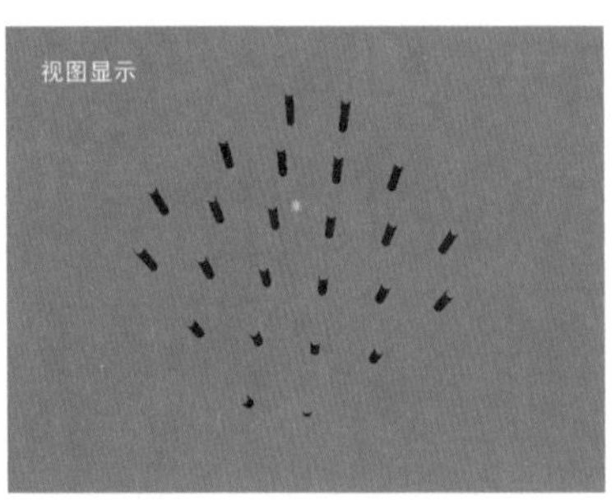

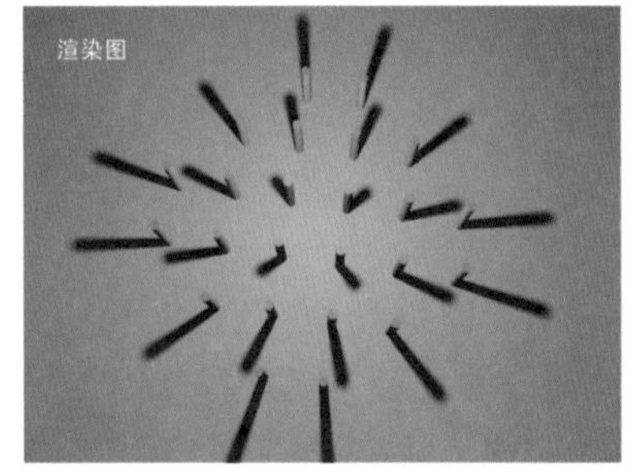

图 2-12

放射照射方式，以中心点放射照明，靠近中心点的照度较亮，越远越弱。

2.2.4 聚光灯

聚光灯具有明确的照明范围和照明方向。照明范围呈现圆锥形，灯光从一点向一个方向照射，通常可模拟照射入室内的太阳光、手电筒、台灯、舞台灯光等，如图 2-13 所示。

图 2-13

在一组圆柱体阵列模型中，执行菜单命令 Create|Lights|Spot Light，创建聚光灯，如图 2-14 所示。

1. 圆锥体角度

聚光灯的参数面板。如图 2-15 所示。

圆锥体角度(Cone Angle)即聚光灯光束边到边的角度(度)。有效范围是 0.006～179.994。默认值为 40，如图 2-16 所示。

2. 半影角度

半影角度(Penumbra Angle)即聚光灯光束的边的角度(度)，在该边上，聚光灯的强度以线性方式下降到零。有效范围

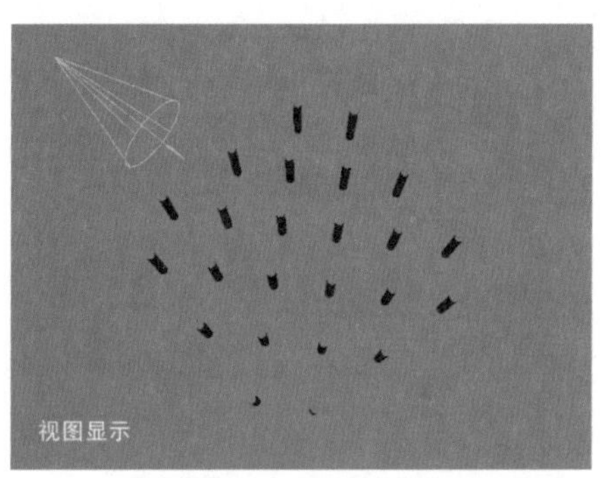

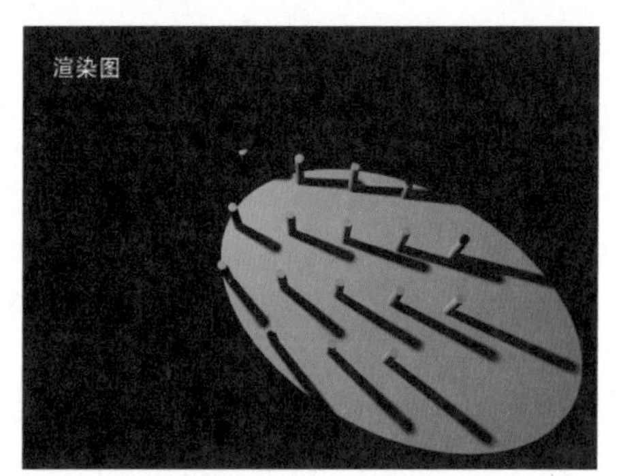

图 2-14

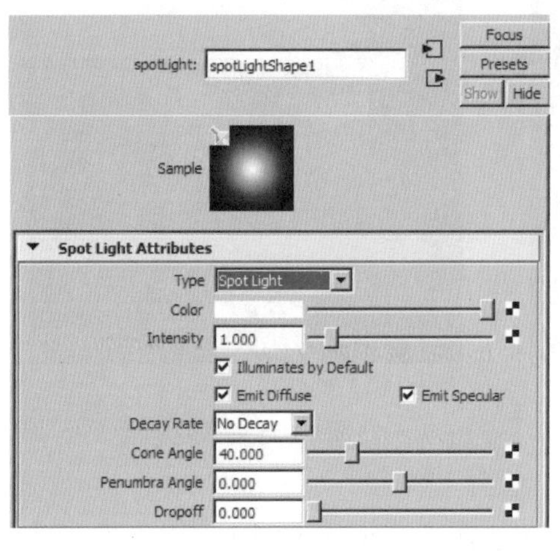

图 2-15

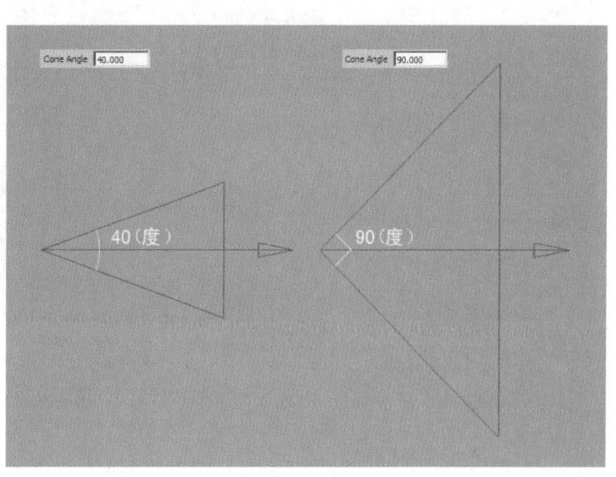

图 2-16

是－179.994～179.994。滑块范围是－10～10。默认值为 0。

例如，若“圆锥体角度”(Cone Angle)值为 50 且“半影角度”(Penumbra Angle)值为 10，则聚光灯的有效扩散为 70(50＋10＋10)度；在 50 度角和 70 度角之间的聚光灯强度降为 0。

3. 衰减

衰减(Dropoff)指照射中心向边缘衰减。控制灯光强度从聚光灯光束中心到边缘的衰减速率。有效范围是 0 到无穷大。滑块范围是 0～255。

典型值在 0～50 之间。小于或等于 1 的值会产生几乎相同的结果(沿光束半径无法看到强度下降)。默认值为 0(无衰减)。如图 2-17 所示。

半影和衰减参数设置后，可将照射边缘变柔和，效果如图 2-18 所示。

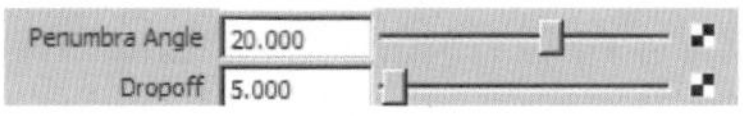

图 2-17

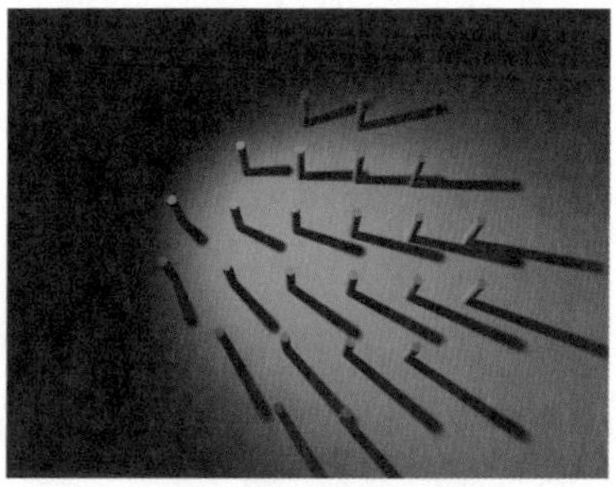

图 2-18

2.2.5 区域光

区域光(面光源)是二维矩形光源,外观看就是一个平面,即以“面”发光,区域光默认为两个单位长及一个单位宽,可以通过变换工具调整其大小和位置。

与其他光源相比,区域光用于渲染的时间更长,但产生的灯光和阴影质量更高。区域光特别适用于高质量的静止图像,但对渲染速度有要求的长动画片就不利了。

区域光是物理性的,因此不需要衰退选项。区域光形成的角度和着色点决定照明。当点离区域光越来越远时,角度减小,照明变暗,如同衰退一样,如图 2-19 所示,现实中区域光源的效果。

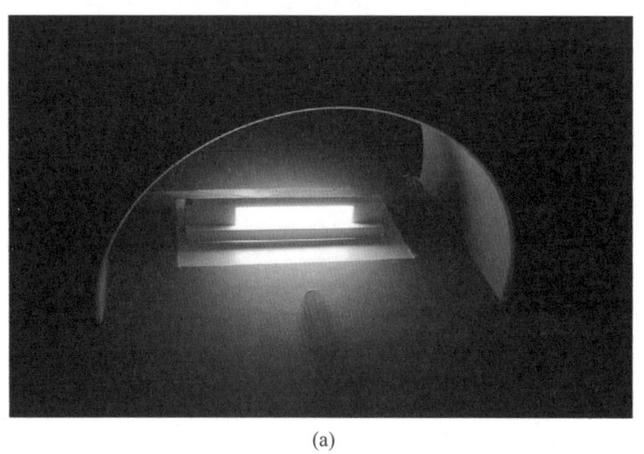
(a)

(b)

图 2-19

在一组圆柱体阵列模型中,执行菜单命令 Create|Lights|Area Light,创建区域光(面光源),如图 2-20 所示。

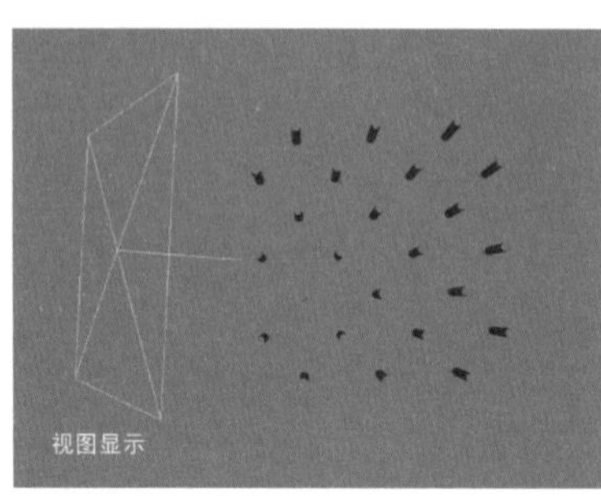

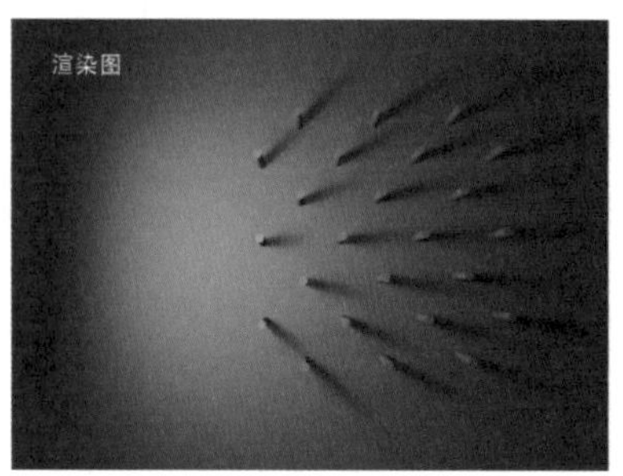

图 2-20

区域光(面光源)中可以说包含着很多个点光源同时发光,所以面光源照射出的阴影是非常柔和的,面光源属于柔光光源,多数用来模拟柔光箱、窗口进光、显示器或电视屏发光等。

2.2.6 体积光

体积光,顾名思义是有一定体积的光,在默认情况下创建的体积光,类似有照射范围的点光源,它可以方便地控制光照范围、灯光颜色和衰减效果。

体积中灯光的衰减可以由 Maya 中的颜色渐变(渐变)属性来表示,这样就无需各种衰退参数,并且还提供其他控制。颜色渐变对于体积雾也很有用。

使用“体积光方向”(Volume Light Dir)可以获得不同的效果。“向内”(Inward)的行为像点光源,而“向下轴”(Down Axis)的行为像平行光。“向内”(Inward)会反转进行明暗处理的灯光的方向，从而提供向内照明的外观。将阴影与“向内”灯光方向一起使用时，可能会产生异常结果。

在一组圆柱体阵列模型中，执行菜单命令 Create|Lights|Volume Light，创建体积光，如图 2-21 所示。

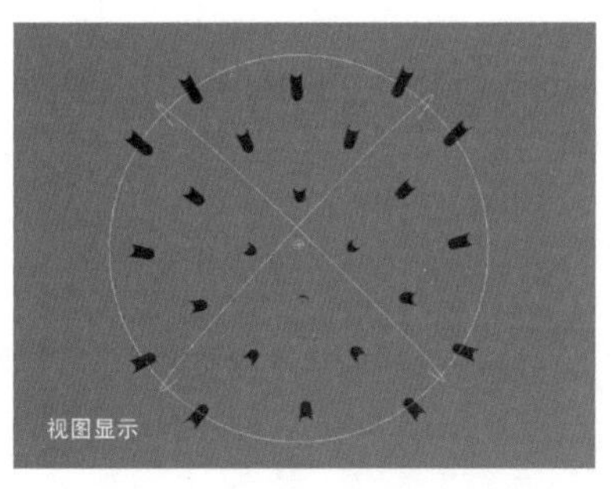

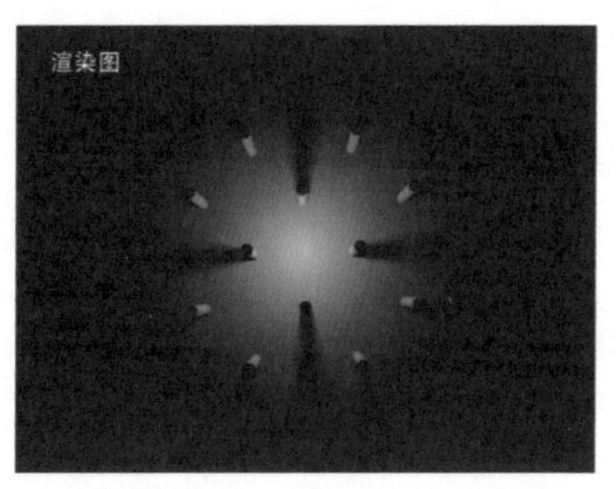

图　2-21

与点光源相似，照射方式为放射类型，不同的是体积光有一个体积限制发光的距离，灯光体积类型共有 4 种，分别为球体(sphere)、四方体(box)、圆柱体(cylinder)和椎体(cone)，如图 2-22 所示。

体积光特有的属性说明如下。

Color Range(体积光颜色范围)和 Penumbra(半影)参数，如图 2-23 所示。

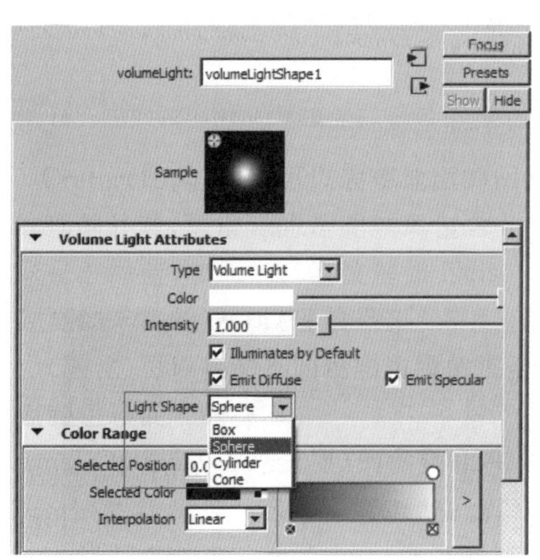

图　2-22

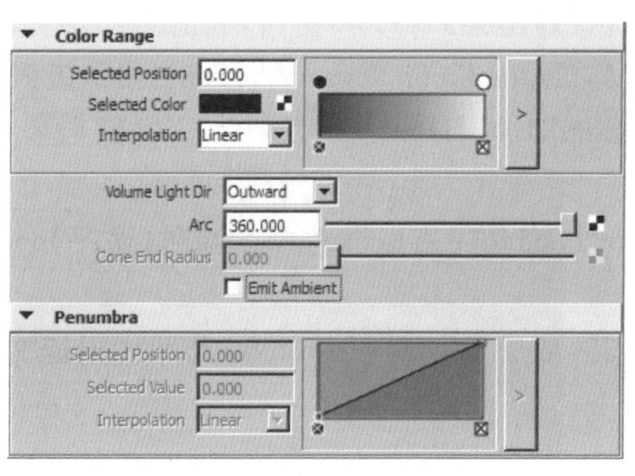

图　2-23

其中：

(1) Color Range 部分。

该部分参数用于控制灯光照明区域，从中心到边缘的颜色变化。可以在右侧的颜色控制区域内手动控制。在该区域内，单击任一位置会生成一个新控制点。颜色区域上边的圆点确定了控制点的位置，可以左右拖动，同时该圆点也显示了对应控制点的颜色。如果单击颜色区域下边的叉形符号，可删除对应的控制点。如图 2-24 所示。

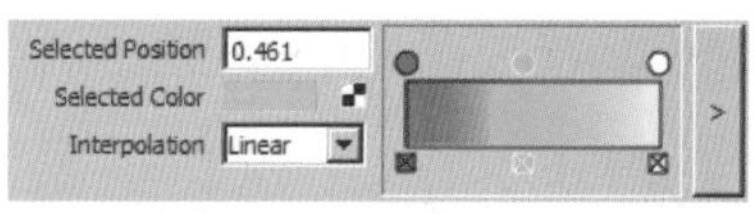

图　2-24

(2) Selected Position。

Selected Position(选定位置)指活动颜色条目在渐变中的位置。

(3) Selected Color。

该选项设定控制点的颜色，单击颜色选择框，可以弹出颜色选择面板。

(4) Interpolation。

该选项设定控制点间的颜色过渡的渐变方式，提供了“无”(None)、“线性”(Linear)、“平滑”(Smooth)和“样条线”(Spline) 4 种渐变方式。默认为“线性”(Linear)，如图 2-25～2-28 所示。

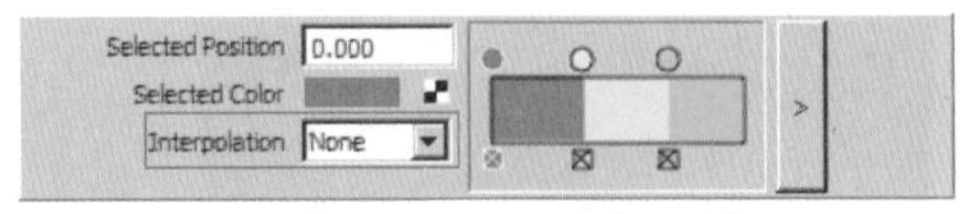

图　2-25

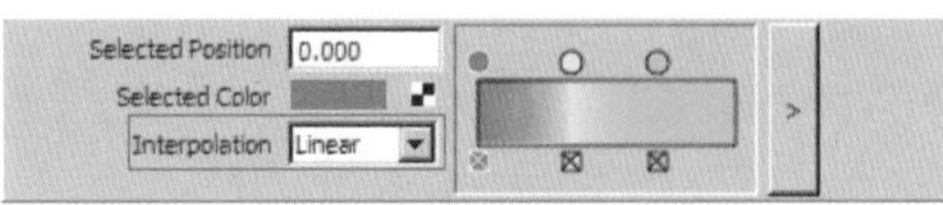

图　2-26

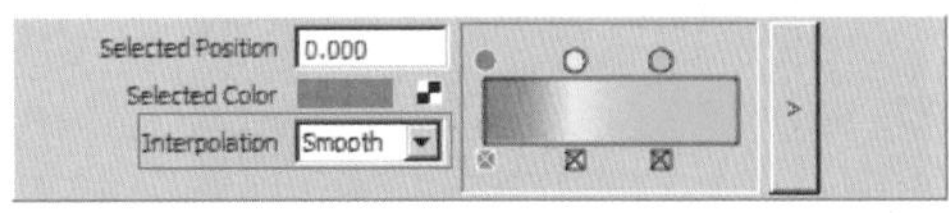

图　2-27

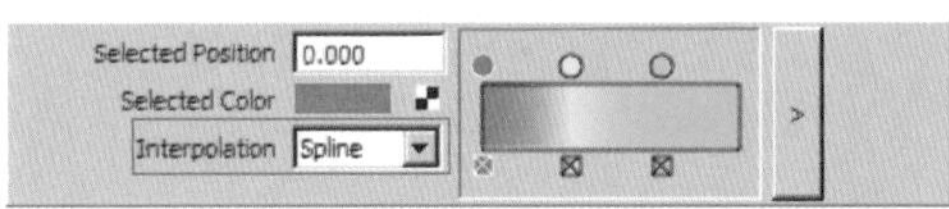

图　2-28

(5) Volume Light Dir。

该选项用于控制体积光在其照明区域内(体积内部)的照明方向，提供了“向外”(Outward)、“向内”(Inward)和“向下轴”(Down Axis)3 种方向供选择。默认为“向外”(Outward)。

Outward 是模拟一个带有衰减的点光源(默认的)；Inward 是表现一种内部照明的效果，注意需要将体积光中心放置于物体内部；Down Axis 是模拟一种带有衰减的平行光。

(6) ARC。

该选项用于控制体积光照射区域(体积)在 Y 轴上的张开角度，值范围从 0～360 度。最常用的设置是默认值 180 度和 360 度。

设置为 360 度，是完整的灯光。该选项不适用于长方体灯光形状，如图 2-29 所示。

设置为 270 度，如图 2-30 所示。

图　2-29

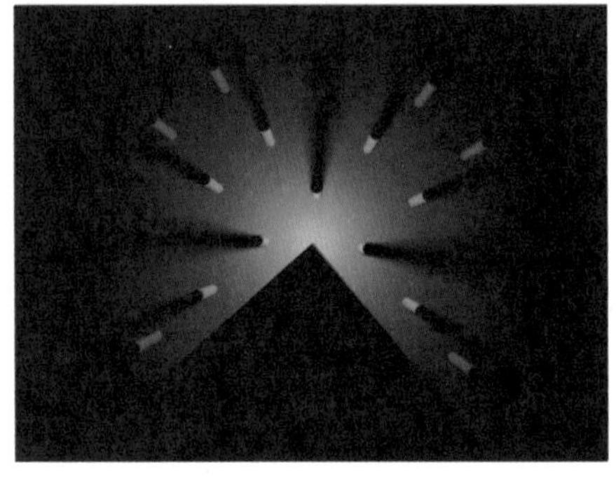

图　2-30

(7) Cone End Radius。

该选项只有在 Light Shape 属性为 Cone 时(即体积光的体积形状为锥形时)才有效，如图 2-31 所示。

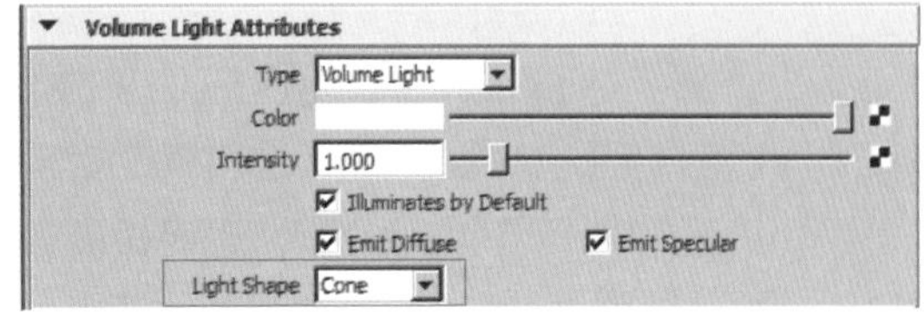

图　2-31

此参数是用于控制圆锥的顶角半径的参数。默认值为 0，当该值不为 0 时，圆锥变成圆台如图 2-32 所示。

(8) penumbra。

此参数只有在 Light Shape 属性为 Cylinder 和 Cone 时(即体积光的体积形状为圆柱形或圆锥形

时)才有效。可以利用 penumbra 选项中的参数,调制特殊照明效果。

- SelectedPosition：用于设定控制点的准确位置。
- SelectedValue：用于设定控制点所在位置的衰减值。
- Interpolation(插值)：用于设定控制点间衰减值的过渡方式,提供了"无"(None)、"线性"(Linear)、"平滑,样条线"(Smooth,Spline),四种过渡方式,默认为"线性"(Linear),如图 2-33 所示。

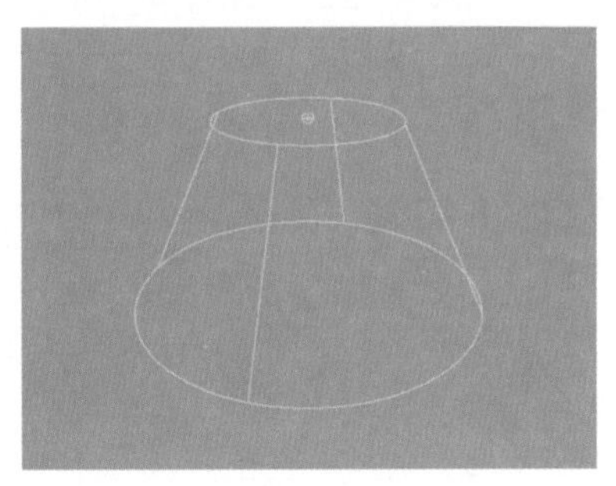

图　2-32

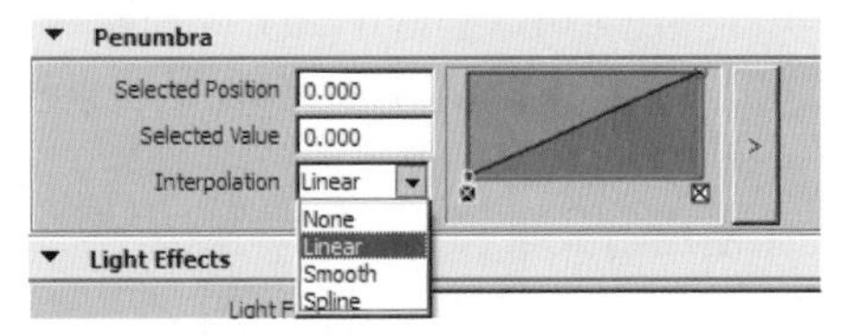

图　2-33

2.3　灯光属性

现实中光源的一些基本特性,如灯光的方向、颜色、强度、范围、投射的阴影等,这些属件在软件中也是同样具备的。在学习的时候,我们可以类比地思考两者的联系,体会软件如何表现它们。

聚光灯的应用范围很广泛,它的属性设置也较为全面,下面以聚光灯的属性为例,讲解灯光的些基本属性。

1. 聚光灯的基本属性

选择聚光灯光后执行命令 Ctrl+A 组合键,打开属性编辑器。灯光的基本属性如图 2-34 所示。图 2-30 说明如下。

(1) Type 用于设置灯光类型,在下拉菜单中可选择其他类型灯光,如图 2-35 所示。

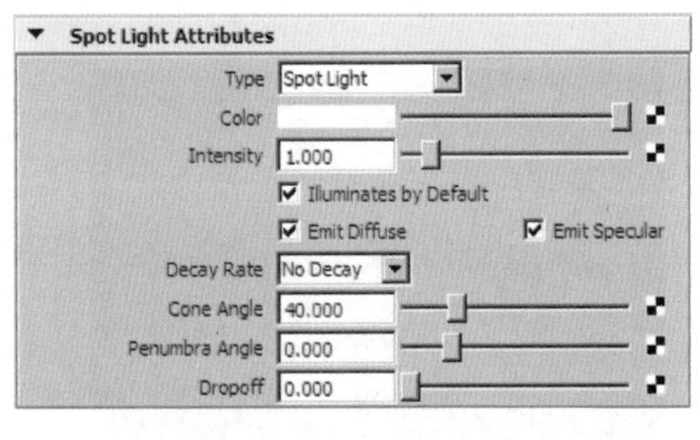

图　2-34

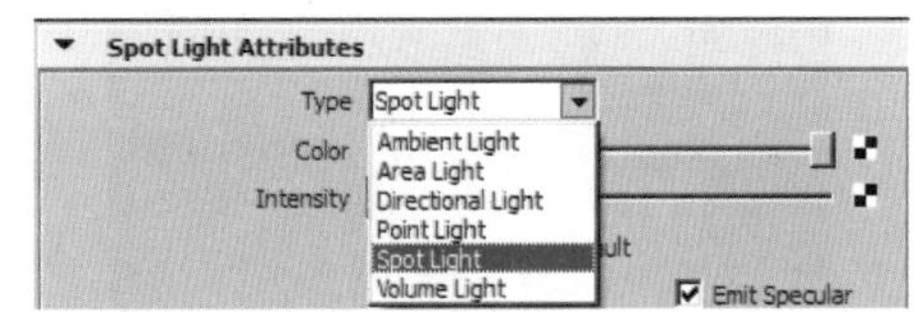

图　2-35

这里需要注意：在灯光类型修改后,原来设置的灯光参数,不一定会被新灯光类型继承,如先前是聚光灯,修改为点光源,在聚光灯中调整的灯光照射角度参数,因为点光源没有相应的参数,这些属性不会被加载到点光源上。如再次从点光源修改为聚光灯,这些参数也不会被继承下来,此时聚光灯的照射角度参数是默认的参数。

(2) Color 用于设置灯光颜色。单击颜色选项的颜色块,会打开"拾色器"窗口,默认情况下是 HSV 模式,也可修改为 RGB 模式,RGB 模式有两种方式：0 to 1.0 和 0 to 255,如图 2-36 和 2-37 所示。

(3) Intensity 用于设置灯光强度。该属性用于调节灯光的照明强度,默认范围为 0～1,也可在其中输入一个数值作为灯光的强度值,同时此数值也可以为负值,用于将降低物体表面的亮度。

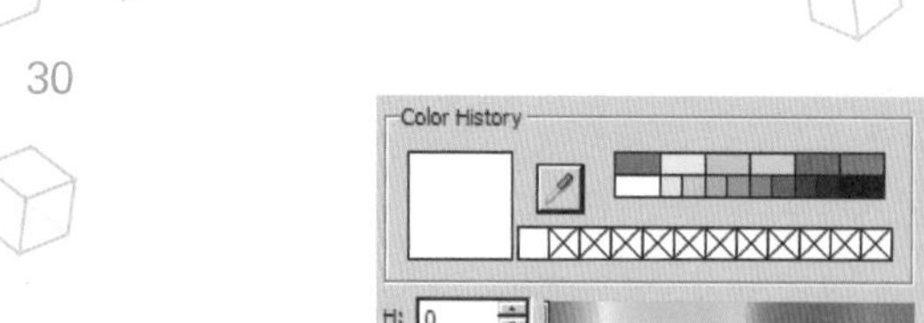

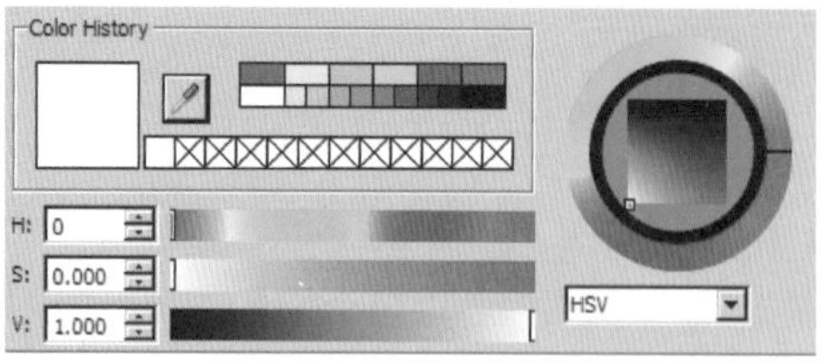

图 2-36

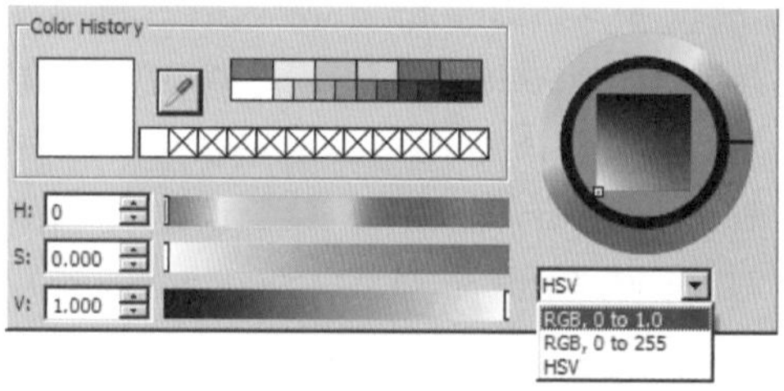

图 2-37

(4) Illuminates by Default 用于设置默认照明，此参数是照明开关，选中此选项，灯光对场景中的物体产生照明；不选中此项，灯光不会对场景中的物体产生照明。

(5) Emit Diffuse 用于设置漫反射开关。选中此项，灯光会在物体上产生漫反射效果；不选中此项，则不产生漫反射效果。

(6) EmitSpecular 用于设置高光开关。选中此项，灯光会在物体上产生高光效果；不选中此项，则不产生高光效果。

(7) Decay Rate 用于设置灯光强度的不同衰减方式，包括无衰减、一次衰减、二次衰减和三次衰减 4 种类型。

下面将灯光强度设置为 50，四种衰减的效果，如图 2-38～2-41 所示。

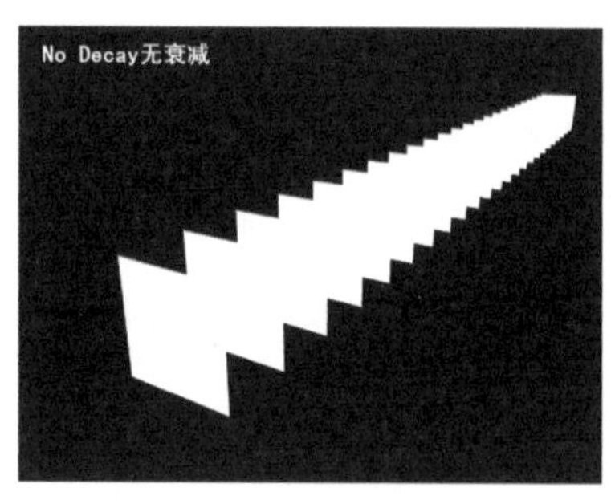

无衰减效果

图 2-38

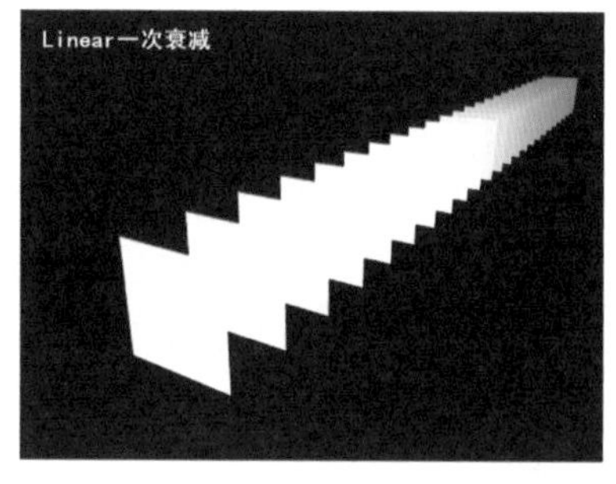

一次衰减效果

图 2-39

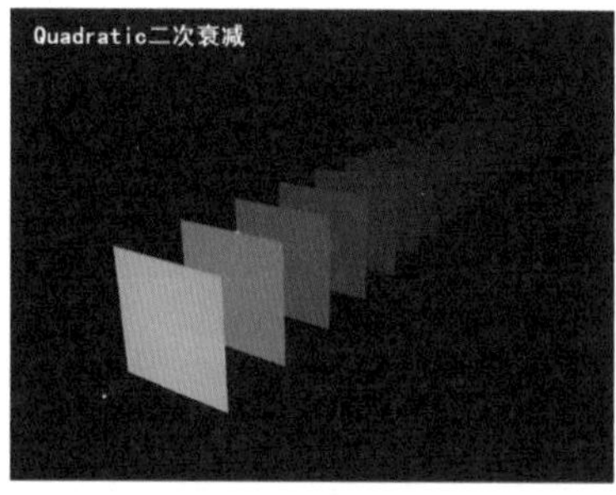

二次衰减效果

图 2-40

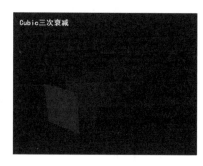

三次衰减效果

图 2-41

2. 深度贴图阴影

灯光分为两种阴影，深度贴图阴影(Depth Map Shadows)和光线跟踪阴影(Ray Trace Shadows)，两种阴影不能同时使用。

深度贴图阴影是通过计算灯光和物体之间的位置来产生阴影贴图，在渲染时可以设置深度贴图的分辨率，阴影颜色和阴影过滤尺寸，但在渲染透明物体时，不会考虑灯光穿过透明物体所产生的阴影效果，阴影仍然是黑色的。

深度贴图阴影，存在很多弊端，唯一的优势是速度较快，所以不常用，这里简单介绍图 2-42。

(1) Shadow Color 用于设置阴影的颜色，单击 Shadow Color 右侧的颜色块，可以打开“拾色器”，设置阴影颜色，如图 2-43 所示。

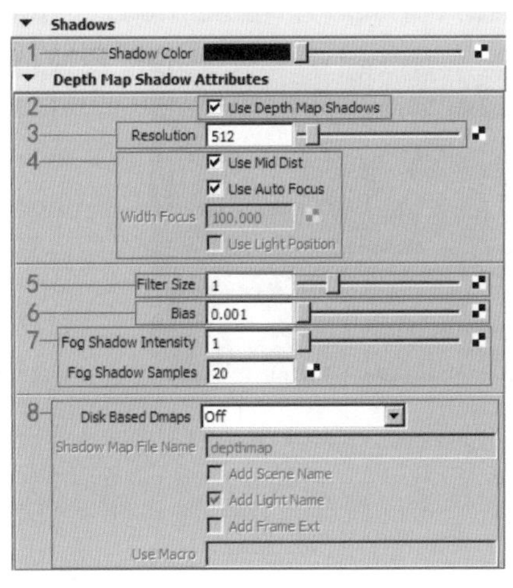

图　2-42

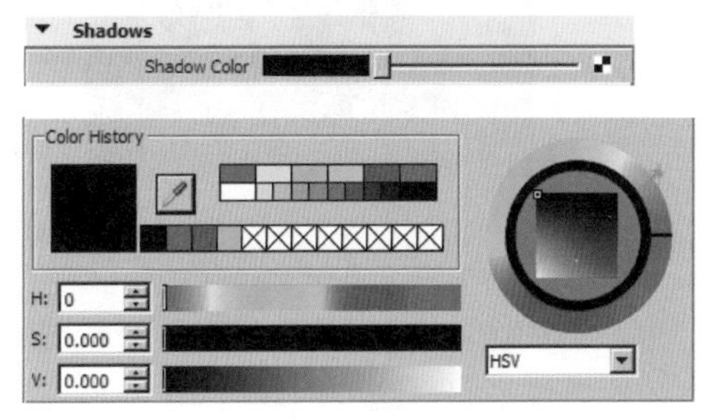

图　2-43

(2) Use Depth Map Shadows 选项用于开启深度贴图阴影。

(3) Resoulution 用于设置阴影分辨率。设置阴影深度贴图的尺寸大小，参数数值越小，阴影质量越粗糙，渲染速度也越快；反之，阴影质量高，渲染速度慢，如图 2-44 所示展示了不同数值下的阴影效果。

图　2-44

(4) 控制阴影贴图的位置和范围，主要包括 Use Mid Dist 和 Use Auto Focus。

- Use MidDist：使用中间距离。默认选中此选项，对于深度贴图中的每个像素，Maya 都会计算灯光与最近阴影投射曲面之间的距离以及灯光与下一个最近阴影投射曲面之间的距离，然后求二者的平均值。如果灯光与另一个阴影投射曲面之间的距离大于深度贴图距离，则该曲面位于阴影中。如果不选中此选项，则照明的阴影投射曲面上可能会出现暗斑或条纹，这是因为灯光与曲面之间的距离大于存储的深度值，从而使曲面位于阴影中的缘故。此类伪影是由于某些深度贴图的分辨率有限而导致的，对于弯曲的曲面或由不垂直于曲面的光线所照明的曲面，可能特别明显。

注意

深度贴图中的像素会被强制与场景的大片区域近似。尽管可以通过增加“分辨率”(Resolution)来减少这种效果，但这样只会使问题变小，还会增加渲染时间。更好的解决方法是启用“使用中间距离”(Use Mid Dist)。

- Use Auto Focus：使用自动聚焦。默认启用此选项，Maya 会自动缩放深度贴图，使其仅填充灯光所照明的区域中包含阴影投射对象的区域。

(5) Filter Size 是过滤尺寸，用于设置深度贴图阴影效果的虚化大小，使阴影产生模糊虚化效果，值越大阴影越模糊，如图 2-45 所示，不同数值下的阴影效果。

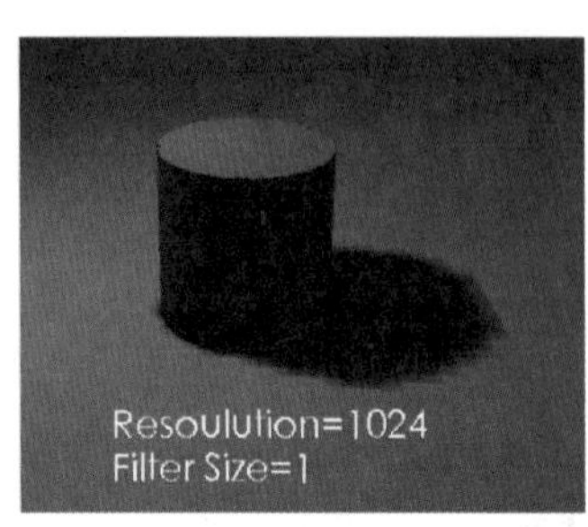

图　2-45

(6) Bias 是阴影偏移值，用于设置深度贴图移向或远离灯光的偏移。仅当遇到以下问题且无法通过调整其他属性来解决这些问题时，才调整此参数。

如果所照明的曲面上出现暗斑或条纹，可以增加“偏移”(Bias)值，直到斑点或条纹消失。

如果阴影似乎要从阴影投射曲面分离，可以减小“偏移”(Bias)值，直到阴影显示正确。

滑块范围介于 0～1 之间，但可以输入更大的值。默认值是 0.001。

(7) Fog Shadow Intensity 是雾效阴影强度控制，用于控制出现在灯光雾中的阴影的黑暗度。有效范围为 1～10。默认值为 1。

(8) Fog shadow Samples 是雾效阴影采样，用于控制出现在灯光雾中的阴影的粒度。增加此参数时也会增加渲染时间，因此需将其设定为产生可接受质量的阴影时所需的最低值。

(9) 使用外部阴影贴图，包括如下几个参数。

- Disk Based Dmaps：基于磁盘的深度贴图。通过该选项，可以将灯光的深度贴图保存到磁盘，并在后续渲染过程中重用它们，可以减少渲染场景所花费的时间，深度贴图保存在 renderDate/depth 目录中。
- Off：禁用。Maya 会在渲染过程中创建新的深度贴图。
- Overwrite Existing Dmap(s)：覆盖现有深度贴图。Maya 会创建新的深度贴图，并将其保存到磁盘。如果磁盘上已经存在深度贴图，Maya 会覆盖这些深度贴图。
- Reuse Existing Dmap(s)：重用现有深度贴图。Maya 会进行检查以确定深度贴图是否在先前已保存到磁盘。如果已保存到磁盘，Maya 会使用这些深度贴图，而不是创建新的深度贴图。如果未保存到磁盘，Maya 会创建新的深度贴图然后将其保存到磁盘。

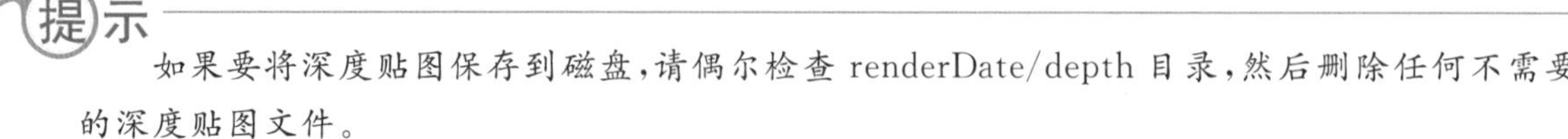

如果要将深度贴图保存到磁盘，请偶尔检查 renderDate/depth 目录，然后删除任何不需要的深度贴图文件。

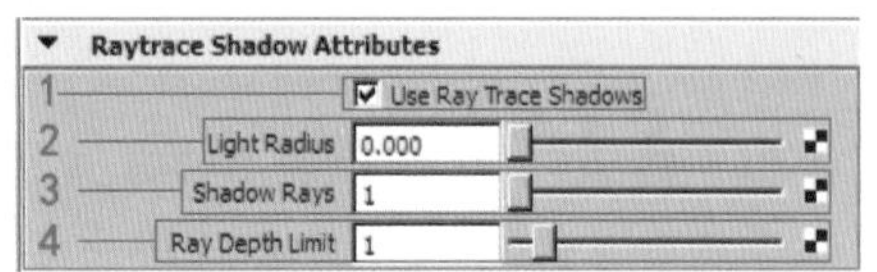

图　2-46

3. 光线跟踪阴影

聚光灯光线跟踪设置如图 2-46 所示。

图 2-46 说明如下。

(1) Use Ray Trace Shadows 选项用于开启光线跟踪阴影。光线跟踪阴影可以产生柔和并且透明的阴影。在此阴影模式下，单个光线的路径基于从光源（光）到目标（摄影机）的距离计算得出。光线跟踪阴影相较深度贴图阴影更真实和精确。

注意

开启光线跟踪阴影方式后，还需在渲染设置中，打开光线跟踪总开关，这样光线跟踪阴影才有效。

执行菜单命令 Window | Rendering Editors | Render Setting 命令，或者在状态栏上单击按钮，打开 Render Settings（渲染设置）窗口，在 Render Using 选项栏中选择 Maya Software（Maya 软件渲染）标签；展开 Raytracing Quality（光线跟踪质量）卷展栏，选中 Raytracing（光线跟踪）项，打开光线跟踪总开关，如图 2-47 所示。

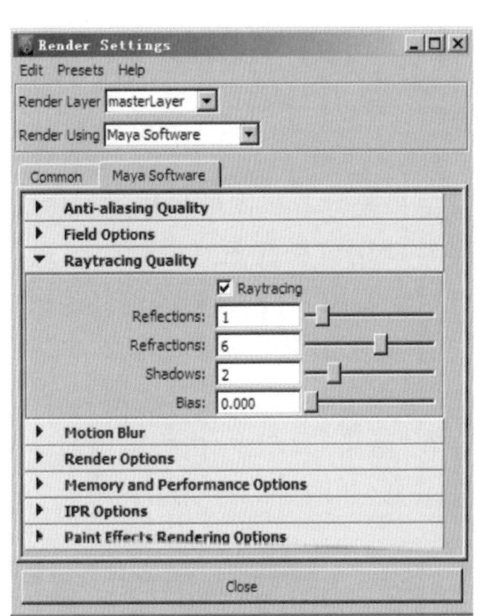

图 2-47

（2）Light Radius 是灯光半径，该属性仅适用于点光源、体积光和聚光灯，用于控制阴影边界模糊过渡效果。滑块范围介于 0（硬阴影）到 1（软阴影）之间。默认值为 0。

（3）Shadow Rays 是阴影光线数，通过控制软阴影边的粒度来控制阴影的质量。增加“阴影光线数”的数量也会增加渲染时间，因此需将其设定为产生可接受结果的阴影时所需的最低值。滑块范围介于 1 到 40 之间，默认设置为 1。如图 2-48 所示，Light Radius（灯光半径）与 Shadow Rays（阴影光线数）需要配合使用，才能有满意的效果。

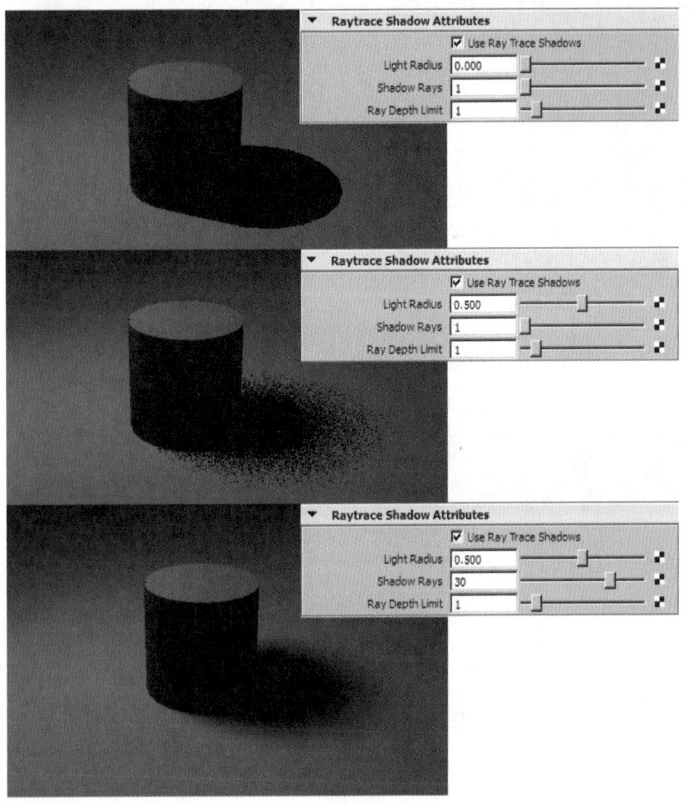

图 2-48

(4) Ray Depthlimit 是光线深度限制,控制灯光的光线在投射阴影前被折射或是反射的最大次数。

注意

打开光线跟踪阴影方式后,需要进入 Render Settings(渲染设置)窗口,打开光线跟踪总开关,这时候才可以使用光线跟踪阴影。

2.4 渲染输出设置

2.4.1 渲染视图的使用

渲染是计算机图形生成过程中的最后阶段。在材质灯光制作过程中,需要经常使用渲染视图对图片效果进行检查,单击"打开渲染视图"图标,即可打开渲染视图,与渲染相关的其他图标,如图 2-49 所示。

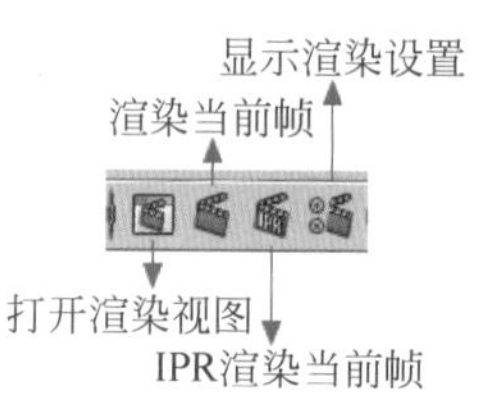

图 2-49

打开的"渲染"视图,如图 2-50 所示。

"渲染"视图中的工具作用,如图 2-51 所示。

在"渲染"视图中,执行菜单命令 Render|Render,在其下可以挑选不同的视图渲染,如图 2-52 所示。

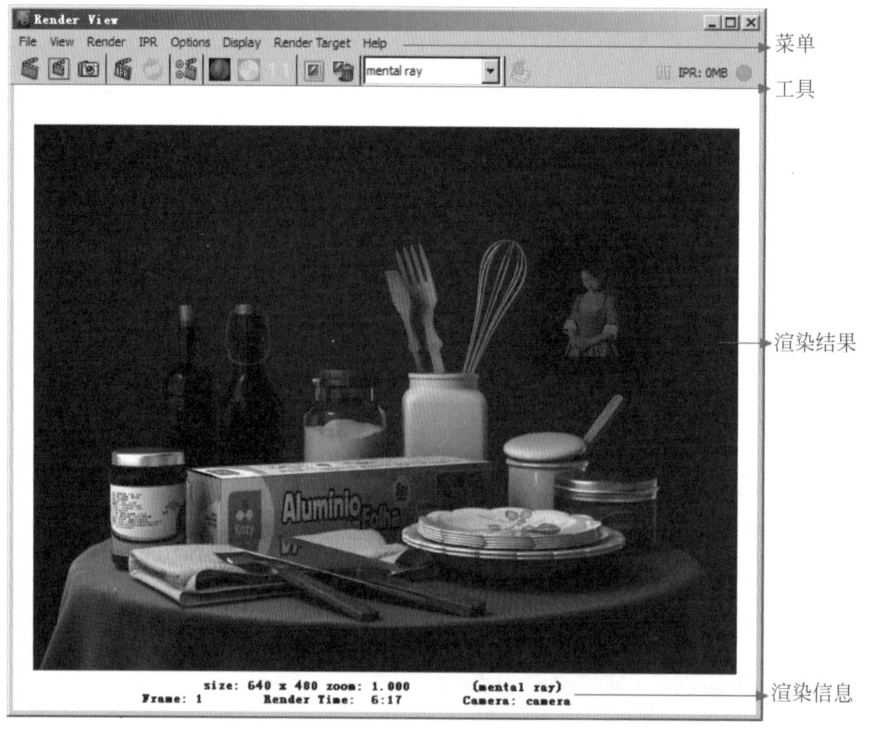

图 2-50

同样的,快照命令也可挑选不同的视图,如图 2-53 所示。

执行菜单命令 Options|Test Resolution,可在其下不同选项中挑选不同分辨率的图像进行渲染,以加快渲染速度,如图 2-54 所示。

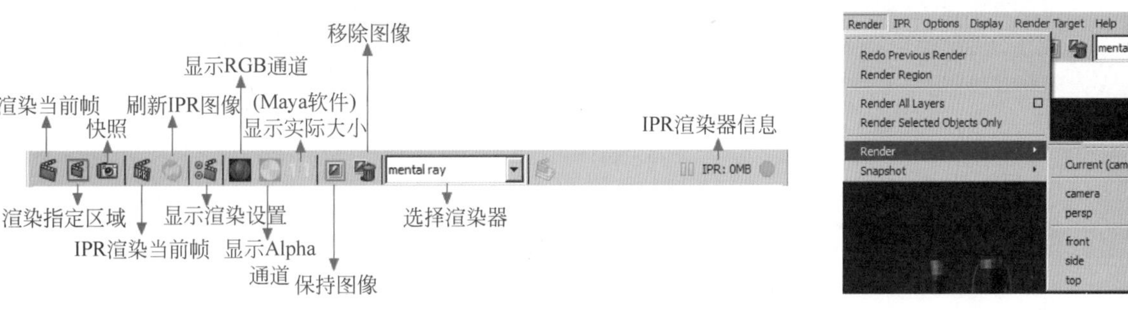

图 2-51

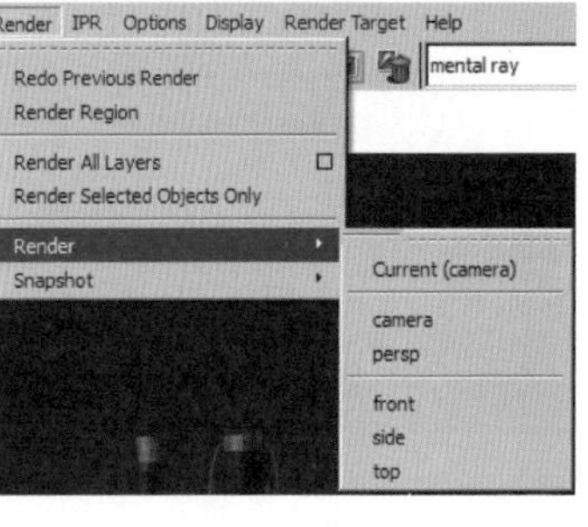

图 2-52

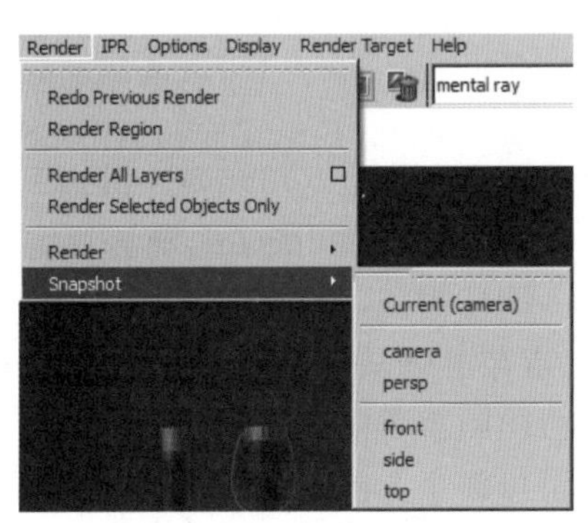

图 2-53

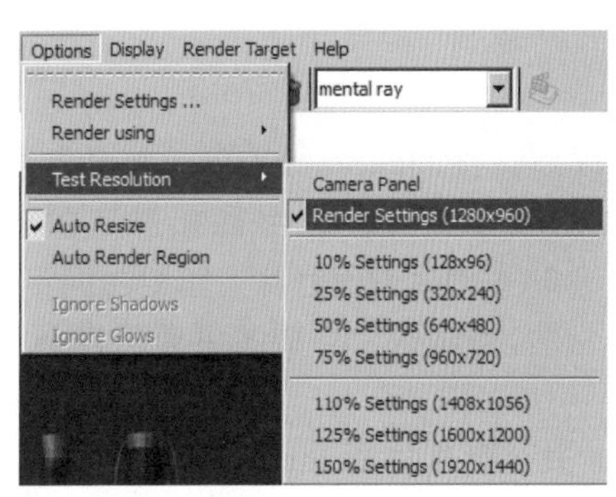

图 2-54

2.4.2 渲染设置通用标签

这个标签里是关于渲染输出的通用设置参数(如图 2-55 所示),改变不同的渲染器,不会影响此标签设置。

1. 信息行

在标签和参数中间,有几行反馈信息(如图 2-56 所示),它是通用标签里参数设置的反馈,分别为渲染后图片的路径、文件名称、图像尺寸的参数。

2. Color Management

该标签用于设置输入及输出色彩空间,如图 2-57 所示。

其中:

- Enable ColorManagement:开启色彩管理;
- Default InputProfile:默认输入;
- Default OutputProfile:默认输出。

3. Image File Output

该标签用于设置渲染后图片文件的输出格式、文件名等,如图 2-58 所示。

其中:

(1) File Name Prefix:渲染图片文件的命名;如不设置,默认使用的是 Maya 文件名。

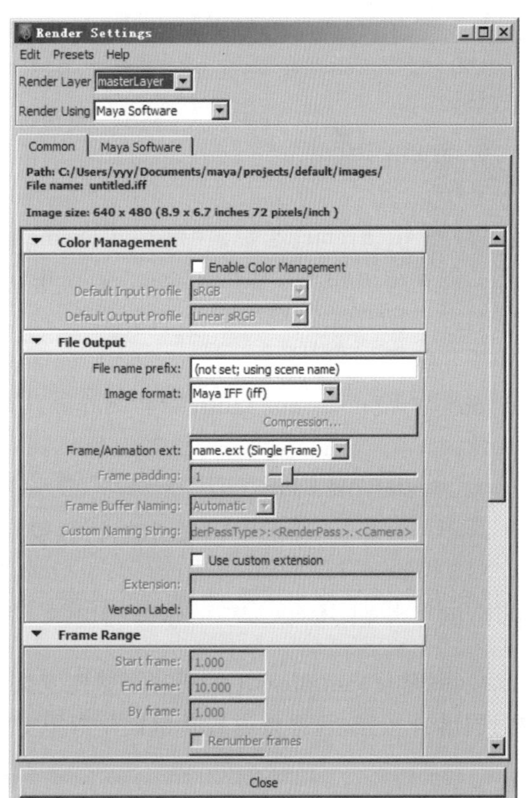

图 2-55

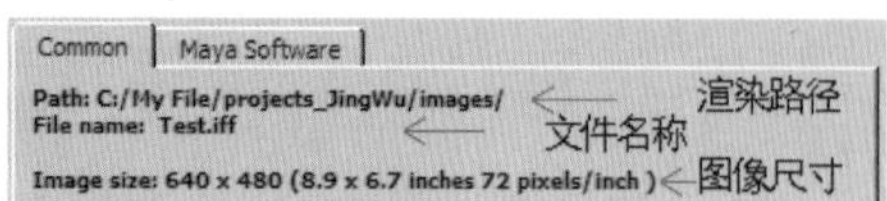

图 2-56

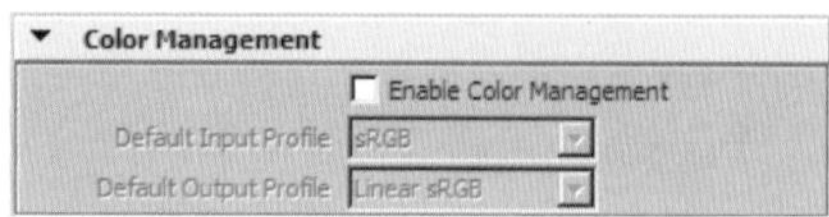

图 2-57

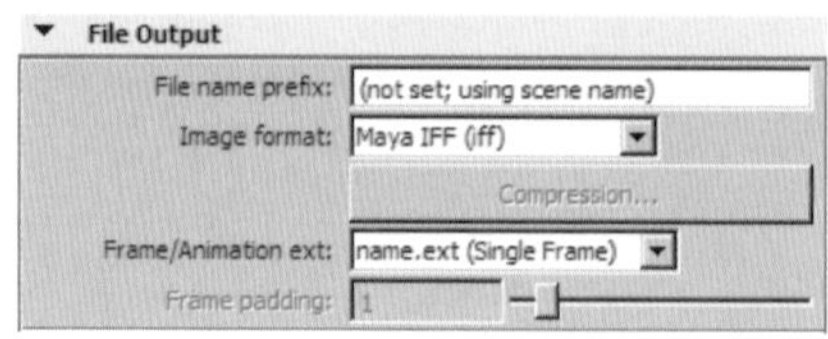

图 2-58

注意

在文件命名中避免使用“点”，需要分段时，使用下划线而非“点”符号。如：

- Test_A. iff　可以采用的形式；
- Test. A. iff　避免使用的形式。

(2) Image format：图片格式，默认为 Maya 的 IFF 格式。

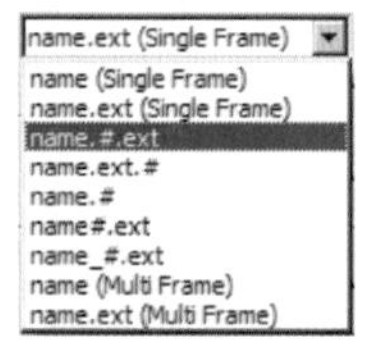

图 2-59

(3) Frame/Animation Ext：动画序列命名的格式；具体格式如图 2-59 所示。默认选择为单帧模式，通常渲染序列时选择 name. #. ext，这种格式分为 3 个部分：文件名、序列帧数、文件格式扩展名。3 个部分合在一起构成渲染图片文件名。

(4) Frame Padding：帧填充，设置渲染出的图片序列数字编号用几位表示，默认值为 1 位；若为 4，则变成 4 位。如 Frame/Animation Ext 设为 name. #. est 时，再将本参数设为 4，最后渲染的图片文件名就为 name. 0001. ext。

4. Frame Range

其中：

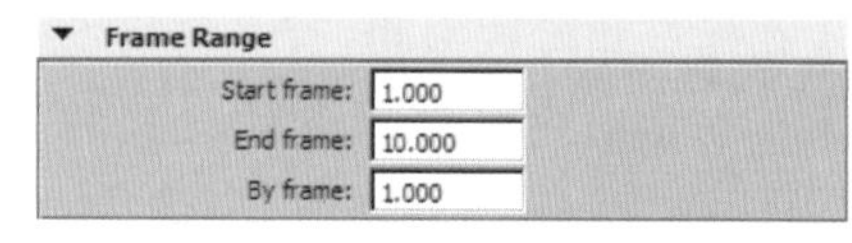

图 2-60

(1) Start Frame(起始帧)和 End Frame(结束帧)指渲染的起始帧和结束帧。只有在 Frame/Animation Ext 参数设为一个包含＃标记的文件名时，Start Frame、End Frame 参数才可使用。默认 Start Frame 为 1；End Frame 的默认值为 10。

(2) By Frame(帧数)在渲染动画时隔几帧渲染一帧，其默认值为 1，即为逐帧渲染；如设置为 2，则隔一帧渲染一帧，设置为 0.5 时，每一帧渲染两帧。

5. Renderable Cameras

其中：

(1) Renderable Camera 为选择渲染摄像机视图。默认为 persp 透视图。可单击向下箭头，选择 AddRenderable Camera 添加新相机，如图 2-62 所示。可同时渲染多个相机。

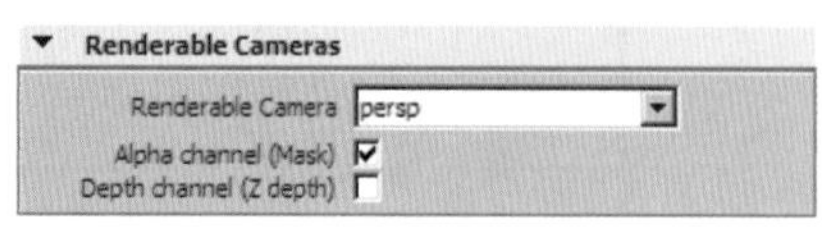

图 2-61

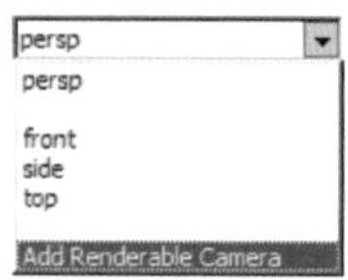

图 2-62

(2) Alpha channel (Mask)控制是否渲染蒙版通道。

(3) Depthchannel(Z depth)控制是否渲染深度通道。

6. Image Size

其中:

(1) Presets 用于设置文件尺寸规格。Maya 提供了多种分辨率形式,包括电影、电视等。也可选择 Custom(自定义)方式。当从预设的下拉菜单中选择了一个选项,Maya 会自动设置 Width、Height、Device Aspect Ratio 和 Pixel Aspect Ratio 参数。

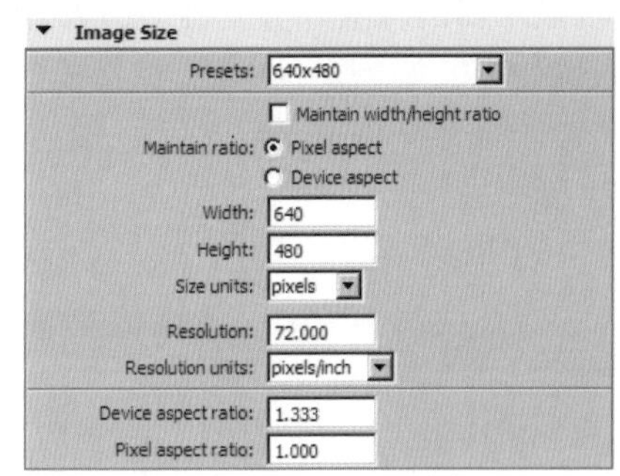

图 2-63

(2) Resolution Presets 预设图像分辨率,如表 2-1 所示。

表 2-1 预设图像分辨率

渲染图像解析度 Presets	宽度参数 Width	高度参数 Height	屏幕高宽比 Device Aspect Ratio	像素高宽比 Pixel Aspect Ratio
Custom	any	any	any	any
320×240	320	240	1.333	1.000
640×480	640	480	1.333	1.000
1k Square	1024	1024	1.000	1.000
2k Square	2048	2048	1.000	1.000
3k Square	3072	3072	1.000	1.000
4k Square	4096	4096	1.000	1.000
CCIR PAL/Quantel PAL	720	576	1.333	1.066
CCIR 601/Quantel NTSC	720	486	1.333	0.900
Full 1024	1024	768	1.333	1.000
Full 1280/Screen	1280	1024	1.333	1.066
HD 720	1280	720	1.777	1.000
HD 1080	1920	1080	1.777	1.000
NTSC 4d	646	485	1.333	1.001
PAL 768	768	576	1.333	1.000
PAL 780	780	576	1.333	0.984
Targa 486 (tga)	512	486	1.333	1.265
Targa NTSC (tga)	512	482	1.333	1.255
Targa PAL (tga)	512	576	1.333	1.500

(3) Maintain Width/Height Ratio 设定是否锁定一个固定的高宽比。选中时用户指定一个 Width 或 Height 时,Maya 自动调整另一个参数以使二者的比例保持一个固定值。

(4) Maintainratio 为保持比率,此参数用于指定渲染解像度的比例,有两个选项,Pixel aspect 像素比和 Device aspect 设备纵横比。

(5) Width/Height 是以像素计的渲染图片的宽度、高度。

(6) Size units 是尺寸单位。

(7) Resolution 是分辨率。

(8) Resolution units 是分辨率单位。

(9) Device Aspect Ratio 是设备纵横比,用来观看渲染出的文件的显示设备的高宽比。此参数的结果为图片的高宽比(image aspect ratio)与像素高宽比(pixel aspect ratio)的乘积。

(10) Pixel Aspect Ratio 是像素纵横比,设置显示设备单个像素的纵横比,大多数显示设备如计算机显示器的像素都有是方形的，因此它们的 Pixel Aspect Ratio 是 1，只有个别设备的像素不是方形的，例如 NTSC 视频的“像素纵横比”(Pixel Aspect Ratio)为 0.9。

7. Render Options

其中：

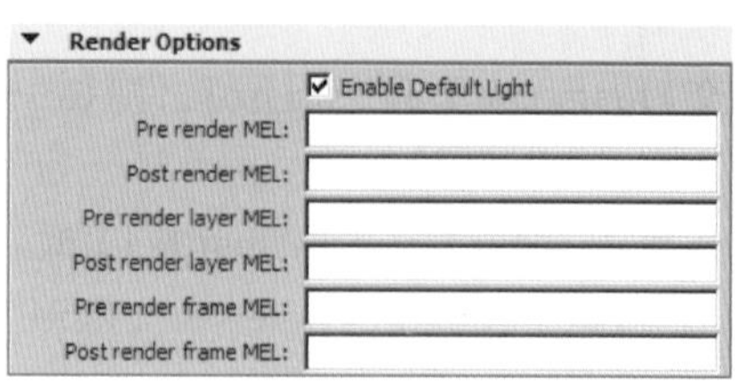

图 2-64

(1) Pre render MEL(渲染前 MEL 脚本)：指定一个 MEL 命令或脚本命令，每次渲染前先执行此脚本，再进行渲染。

(2) Post render MEL(渲染后 MEL 脚本)：指定一个 MEL 命令或脚本命令，每次在完成渲染后执行此脚本。

(3) Pre render layer MEL(层渲染前 MEL 脚本)：指定一个 MEL 命令或脚本命令，在进行分层渲染时，渲染每个渲染层前，先执行此脚本，再进行渲染。

(4) Post render layer MEL(层渲染后 MEL 脚本)：指定一个 MEL 命令或脚本命令，在进行分层渲染时，完成一个渲染层的渲染后，执行此脚本。

(5) Pre render frame MEL(帧渲染前 MEL 脚本)：指定一个 MEL 命令或脚本命令，在进行渲染时，每帧渲染前先执行此脚本，再进行渲染。

(6) Post render frame MEL(帧渲染后 MEL 脚本)：指定一个 MEL 命令或脚本命令，在进行渲染时，每帧渲染结束后，执行此脚本。

本章学习了 Maya 中不同类型的灯光的作用及属性，同时介绍了与渲染相关的一些命令。灯光的参数虽然很多，但是与现实中的灯光通过对比，会发现二者有很多的相似性，在学习时候我们需要学会通过类比的方式来理解灯光的这些属性，这样也可以让学习变得容易些，同时也更加的有条理。

第3章

材质节点基础

Chapter 03

本章知识点

1. 材质编辑器(Hypershade)的用法。
2. 现实中不同类型的材质在Maya中与之对应的材质球。
3. 材质节点功能及作用。

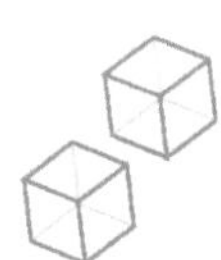

在开始本章学习前，需要了解什么是材质？

通俗地讲就是物体的材料和质感，具体的描述就是物体的颜色、凹凸、高光等可见的表面特性。材质不是独立存在的，就如现实中一样，需要有光源的照射，在软件中还需通过渲染器的渲染，生动的图像才可呈现出来了。

多彩的世界在软件中再现这一切，是通过不同特性的材质球来模拟的，如 Lambert 材质可以模拟没有高光的物体，Blinn 材质可以模拟具有高光的物体。凹凸、透明、反射等其他属性都可以通过这些材质球来模拟。

3.1 材质编辑器的用法

材质编辑器（Hypershade）以节点网络方式显示，节点在 Maya 中是最小的计算单位，在材质编辑器中通过对不同节点的连接，得到不同效果的材质。材质编辑器装载了所有关于材质、灯光和渲染的工具节点，是材质灯光渲染制作中必需的操作窗口。

执行菜单命令 Window|Rendering Editors|Hypershade，打开材质编辑器，如图 3-1 所示。

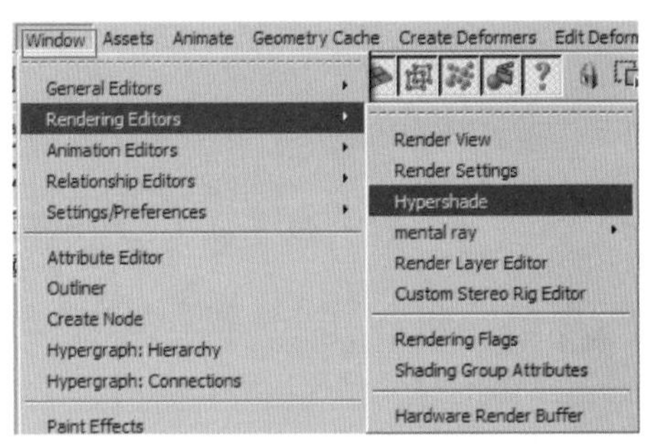

图 3-1　打开“材质编辑器”的菜单命令

Hypershade 编辑器的各模块功能，如图 3-2 所示。

图　3-2

3.1.1 什么是节点

节点是一个属性组。节点可以输入、输出、保存属性。

在操作的过程中，软件将用户输入的指令通过一系列计算转换成屏幕上可示的内容，但并不是所

有的计算过程都是同时完成的。整个计算过程会分成一些小的单元，这些单元相互关联又相互独立，每个单元会完成一些计算步骤，形成一个相对独立的任务，然后将计算结果交给下一个计算单元进行进一步的处理。节点就是这种计算单元。

1. 节点的特性

任何一个节点都是由输入、输出和中间计算三部分构成的。一般情况下，一个节点会从另一个节点取得数据作为自身计算的依据，然后在内部进行计算，最后将计算结果按要求交给下一个节点。这就好像一个电视机，一端输入的是无线电信号，另一端则输出的是声音和图像，从无线电信号转变为声光信号的过程是在电视机的内部完成的。虽然大多数的人不知道电视机是怎样转换的，但它并不影响人们的使用。

2. 节点的作用

材质、灯光、动力学、动画等到处都有节点的影子。实际上用户在 Maya 中所做的每一步操作都是针对一个具体的节点。以模型为例，建立一个 NERBS 球体，场景中至少会产生 3 个节点：第一个叫“MakeNurbsSphere”，是 NERBS 的创建节点，记录了它的创建初始参数；第二个叫“NurbsSphere”，是 NERBS 的行为节点，这里记录了它的位移、旋转、缩放等空间位置关系；第三个叫“NurbsSphereShape”，这是 NERBS 的形态节点，它记录了 NERBS 的最后形态。

3.1.2 Create Bar 面板

在材质编辑器中的 Create Bar 创建栏中，可通过“开启/关闭创建栏”按钮打开或是关闭创建面板，也可在通过 Hypershade 编辑器中的菜单命令 Options|Create Bar|Show Create Bar 打开或是关闭创建栏面板。

在创建栏中可以创建材质、纹理、灯光、Utilities、mental ray 等材质节点，使用单击相应的图标即可创建节点，也可使用直接拖动图标到工作区，来创建节点。

Create 栏中左边这一栏是节点的目录，如图 3-3 所示。

图 3-3 中有 3 个大标签，分别是 Favorites、Maya 和 mental ray(这里暂不做介绍)；Favorites 指收藏夹的意思，里面默认是 Maya 的基本材质创建节点，如图 3-4 所示。

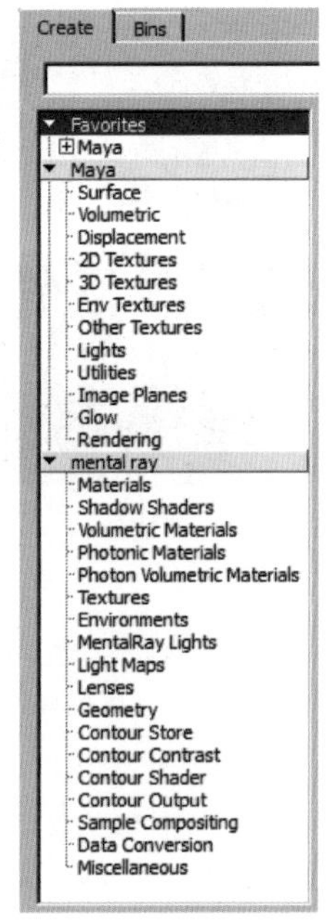

图　3-3

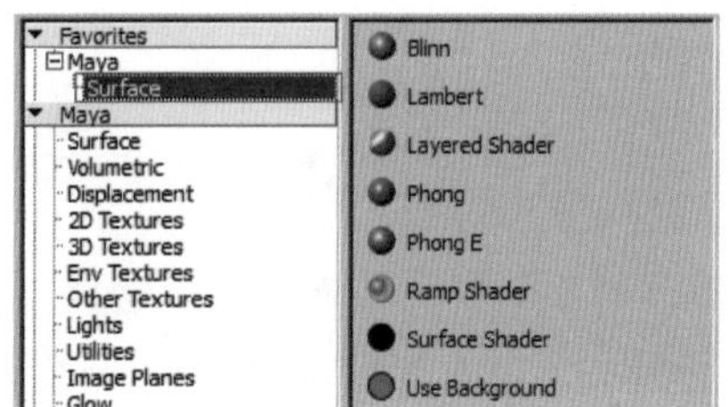

图　3-4

Maya 标签下的渲染节点主要由材质(Materials)、纹理(Textures)、灯光(Lights)、效用工具(Utilities)组成,组成结构如图 3-5 所示。

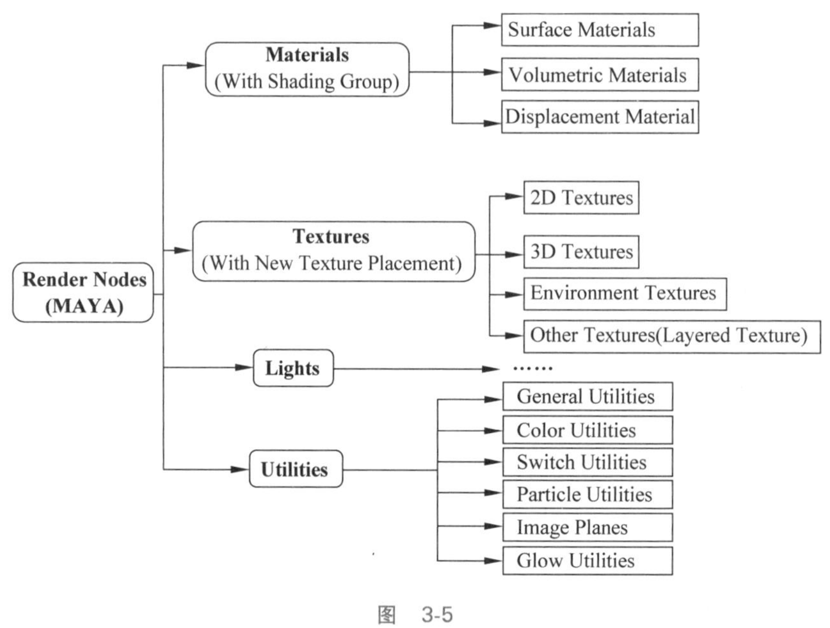

图 3-5

3.1.3 工作区域视图的布局

在材质编辑器中,可以通过上部的 3 个按钮 、 和 ,切换顶部和底部工作区域的显示或隐藏。单击图标 ,可以同时显示工作区域和分类区域;单击图标 ,可以在编辑器中只显示顶部的分类区域;单击图标 ,会在编辑器中只显示底部的工作区域。各个分类区域的大小也可通过拖曳它们之间的分界线,来达到调整不同区域的大小,如工作区域与材质球列表区域的调整,如图 3-6 所示。

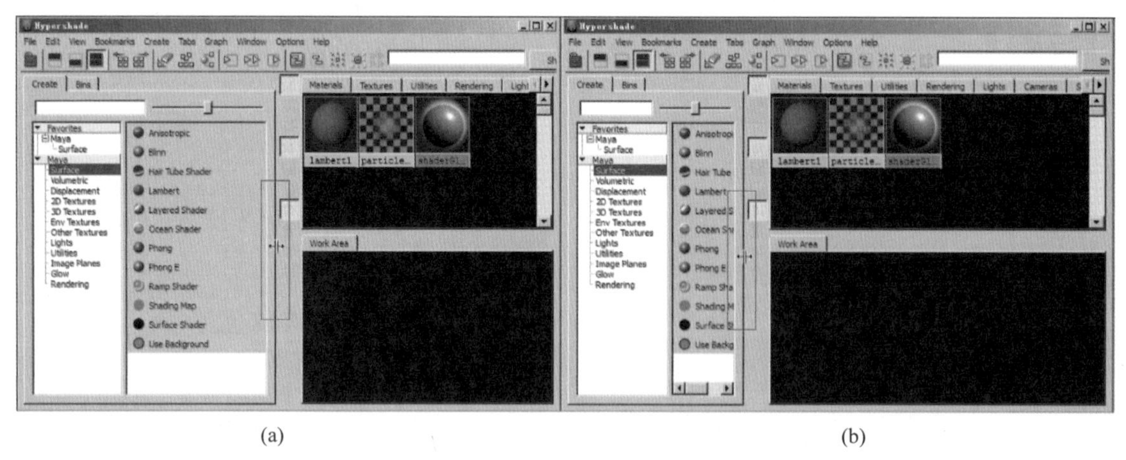

(a) (b)

图 3-6

3.1.4 查看物体材质和工作区节点网络的管理

1. 通过物体选择材质球和通过材质选择物体

在场景中选择物体,在材质编辑器中单击 按钮,可显示被选择物体的材质节点网络,如图 3-7 所示。

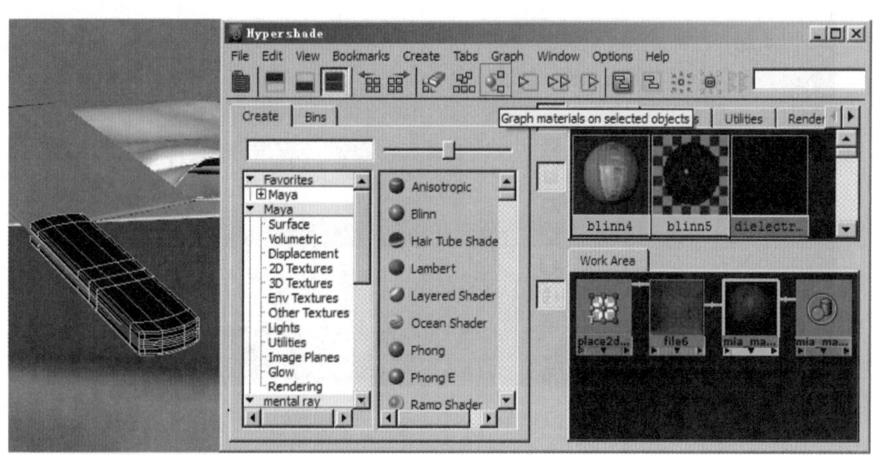

图　3-7

这个操作也可反向地通过选择材质球，然后选择物体。在材质球上右击，在弹出的菜单中选择 Select Object With Material 命令，选择与当前材质相连的物体，如图 3-8 所示。

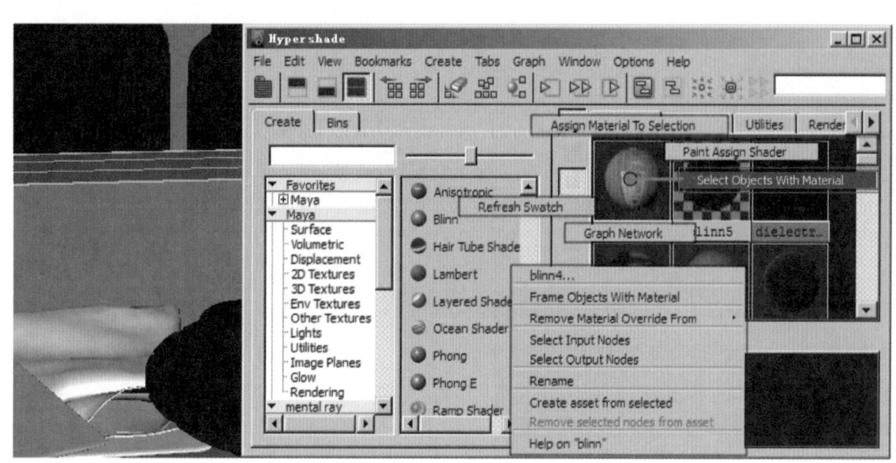

图　3-8

2. 查看上下游节点

选择材质球，单击 图标，可以查看材质节点网络的上下游节点，如图 3-9 所示。

单击 图标可以查看上游节点，单击 图标可以查看下游节点。

3. 排列清除工作区域的节点网络

在工作区内调节节点，有时节点数量很多会造成排列混乱，可以单击 按钮，重新排列节点网络，如图 3-10 所示。

单击 图标，可以清除工作区的节点网络。注意，清除图标，不是删除图标，只是让图标不在工作区显示。

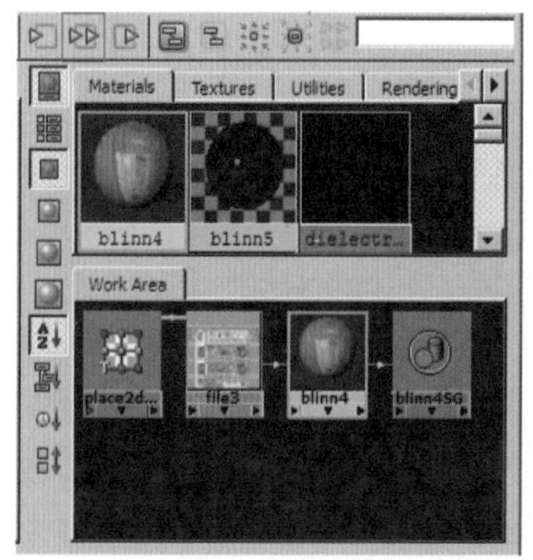

图　3-9

3.1.5　节点的删除和复制

在 Hypershade 编辑器中可对多余的节点进行删除，也可以进行复制操作。

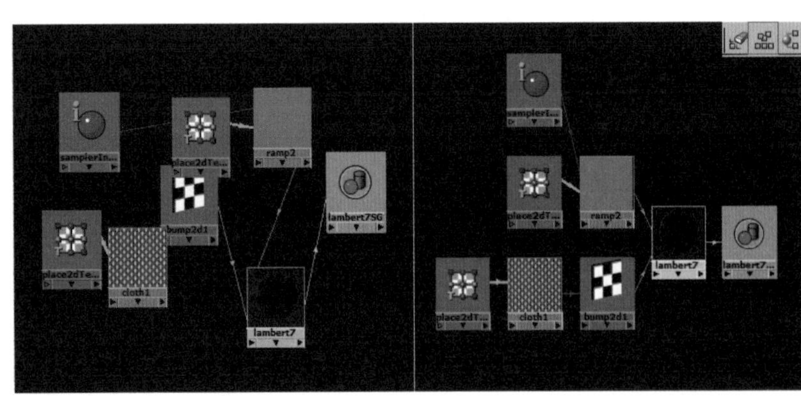

图 3-10

1. 删除操作

(1) 选择不需要的节点,按 Delete 键或是 Backspace 键。

(2) 在 Hypershade 编辑器中,执行菜单命令 Edit|Delete Unusede Nodes,可以删除没有用的或是多余的节点。

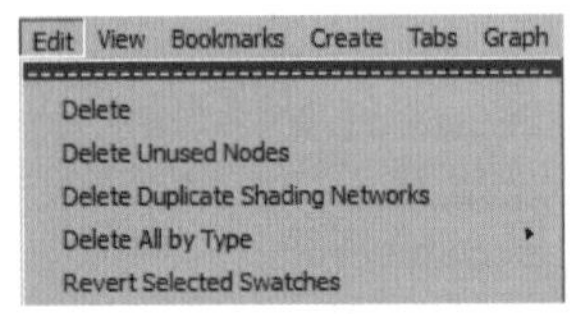

图 3-11

(3) 执行菜单命令 Edit|Delete Duplicate Shading Networks(如图 3-11 所示),可删除重复的着色网络。

(4) 菜单命令 Delete All by Type 后还有分支选项,可以按不同类型删除节点,有材质、灯光、贴图等类型,如图 3-12 所示。

2. 复制节点

(1) 在 Hypershade 编辑器中,执行菜单命令 Edit|Duplicate|Shading Network(如图 3-13 所示),可以复制这个节点的阴影网络。

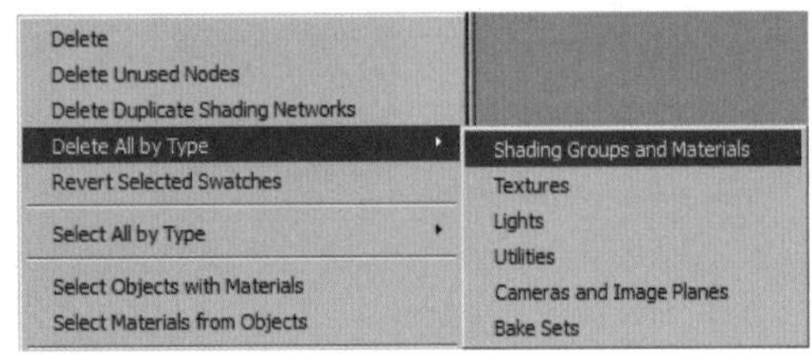

图 3-12

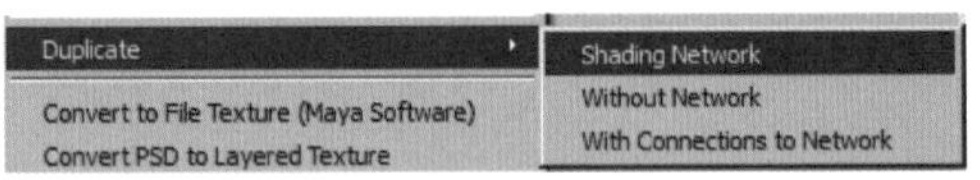

图 3-13

(2) 执行菜单命令 Edit|Duplicate|Without Network,仅仅复制选择的节点。

(3) 执行菜单命令 Edit|Duplicate|With Connections to Network,复制选择节点的同时,保持这个节点与阴影网络的连接。

3.2 Shading Group(阴影组)

阴影网络直观地看像一个数据流通的网络,数据从网络的左边流向右边。Shading Group 处在阴影网络的下游,它可以使物体产生颜色、透明、凹凸、置换等效果,在本例中阴影组名称为 blinn4SG,如图 3-14 所示。

选择 binn4SG 节点,单击图标,打开它的上下游节点,如图 3-15 所示。

这个阴影组与 blinn4 材质相连,还与 HeZi_Shape2(被赋予此材质的物体的 Shape 节点)连接,还

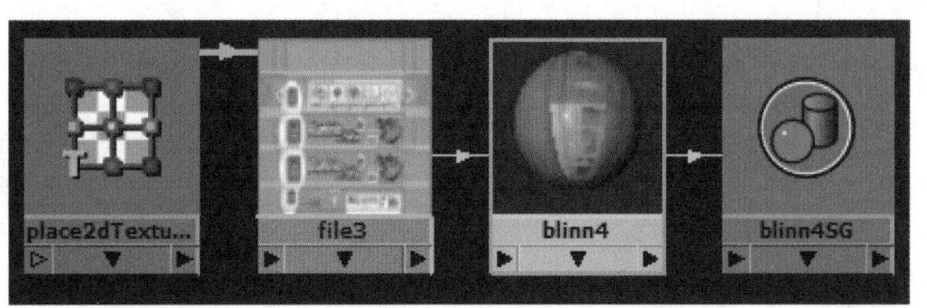

图 3-14

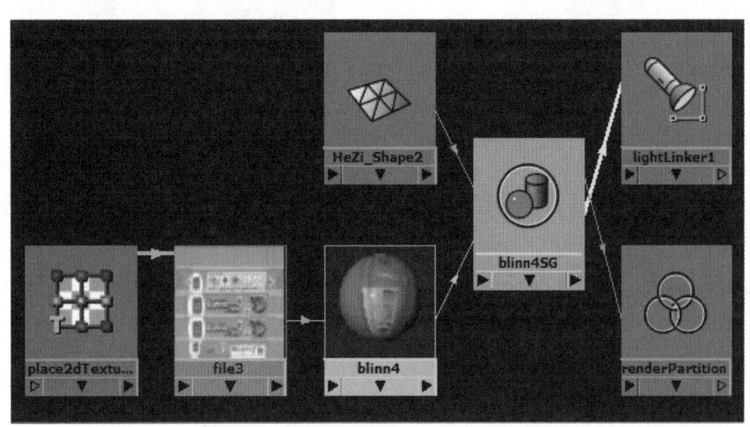

图 3-15

与 lightLinker1(灯光连接器)和 renderPartition(渲染集)连接,被赋予此材质的物体的 Shape 节点,输出到阴影组里,物体才可以与材质相连,产生体积、纹理等效果。如果删除阴影组,物体就不会被正确地渲染和显示。

阴影组输出连接到灯光连接器,模型在渲染时才会被灯光照明。阴影组输出到渲染集,阴影组连接的物体才会被渲染。

双击选择阴影组,打开它的属性面板,如图 3-16 所示。

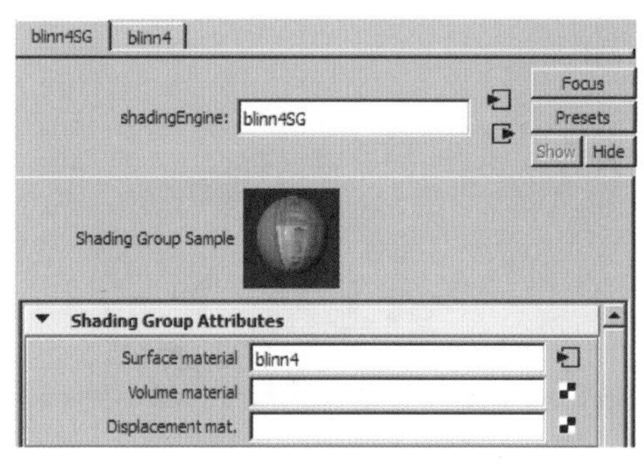

图 3-16

在图 3-16 下面有下列 3 项属性。

(1) Surface material(表面材质)在连接材质后,用于控制物体的表面特性,如物体的颜色、高光、反射等表面属性。

(2) Volume material(体积材质)用于控制体积效果,如现实中的烟、雾、灰尘等等。

(3) Displacement(置换材质)用于与置换节点相连接,可使用图像来改变物体表面的拓扑结构。

3.3 物体材质分析

1. 物体的固有色

由于每一种物体对各种波长的光都具有选择性的吸收与反射以及透射的特殊功能,所以它们在相同条件下(如光源、距离、环境等因素),就具有相对不变的色彩差别。人们习惯把白色阳光下物体呈现的色彩效果,称之为物体的“固有色(物体色)”,红色的西红柿,如图 3-17 所示。

蓝色的塑料桶,如图 3-18 所示。

图 3-17

图 3-18

同一物体在不同的光源下会呈现不同的色彩,一张白纸在白光照射下呈现白色,在红光照射下呈现红色,在绿光照射下又会呈现绿色。因此,光源色光谱成分的变化,必然对物体色产生影响。

电灯光下的物体带黄,日光灯下的物体偏青,电焊光下的物体偏浅青紫,晨曦与夕阳下的景物呈桔红、桔黄色,白昼阳光下的景物带浅黄色,月光下的景物偏青绿色等。光源色的光亮强度也会对照射物体产生影响,强光下的物体色会变淡,弱光下的物本色会变得模糊晦暗,只有在中等光线强度下的物体色最清晰可见。

2. 凹凸

物体表面的不平整,可以笼统的称之为凹凸,如风化后的石头表面的凹凸。严格地讲,在现实中不存在绝对平整的物体,或多或少都有凹凸效果,如图 3-19 所示。

3. 透明

透明是允许光穿透的属性。如通过透明的玻璃窗,我们能看到对面被遮挡的事物,如图 3-20 所示。

图 3-19

图 3-20

4. 反射

声波、光波或其他电磁波从一个介质进入另一个介质时,其传播方向突然改变,而回到其来源的介质。波被反射时会遵从反射定律,即反射角等于其入射角。

反射又可分为单向反射和漫反射。

单向反射也称镜面反射,即物体的反射面是光滑的,光线平行反射,如镜子的反射,静止水面的反射,可以出现清晰的影像。

漫反射是因为光线在粗糙表面上向各个方向反射的现象。当一束平行的入射光线射到粗糙的表面时，表面会把光线向着四面八方反射。入射线虽然互相平行，但由于各点的法线方向不一致，造成反射光线向不同的方向无规则地反射，这种反射称之为“漫反射”。

5. 折射

光从一种透明介质斜射入另一种具有不同折射率的透明介质，传播方向一般会发生变化，这种现象叫光的折射。如当一条木棒插在水里面时，单用肉眼看会以为木棒进入水中时折曲了，这是光进入水里面时，产生折射，才带来这种效果。

6. 表面高光

并不是所有物体都有高光的，但是可以肯定有高光的物体，表面相对都比较光滑。物体的形状不同，高光的形状也不同。在不同的光线里，高光的颜色和亮度也不相同，甚至于在一些特殊情况下，例如，无高光的布料上有雨水，也会形成高光存在。金属刀叉，如图 3-21 所示。

图　3-21

3.4　Maya 软件中的默认表面材质

在 Maya 中针对不同的材质特性，可使用不同的材质球来模拟。Maya 软件中的默认材质如图 3-22 所示。

Anisotropic
Blinn
Hair Tube Shader
Lambert
Layered Shader
Ocean Shader
Phong
Phong E
Ramp Shader
Shading Map
Surface Shader
Use Background

图　3-22

3.4.1　材质球种类

1. Anisotropic

这种材质类型用于模拟具有微细凹槽的表面，镜面高亮与凹槽的方向接近于垂直。某些材质，例如，头发、斑点和 CD 盘片，都具有各向异性的高亮。

2. Blinn

这种材质具有较好的软高光效果，有高质量的镜面高光效果，使用参数 Eccentricity Specular roll off 等值，调整高光的柔化程度和高光的亮度，可模拟金属、玻璃等表面。

3. Hair Tube Shader

具有多种毛发质感的属性，为毛发特定材质。

4. Lambert

它不包括任何镜面属性，对粗糙物体来说，这项属性是非常有用的，它不会反射出周围的环境。Lambert 材质可以是透明的，在光线追踪渲染中发生折射，但是如果没有镜面属性，该类型就不会发生折射。平坦的磨光效果可以用于砖或混凝土表面，它多用于不光滑的表面，是一种自然材质，常用来表现自然界的物体材质，如木头、岩石等。

5. Layer shader

它可以将不同的材质节点合成在一起。每一层都具有其自己的属性，每种材质都可以单独设计，然后连接到分层底纹上。上层的透明度可以调整或者建立贴图，显示出下层的某个部分。在层材质中，白色的区域是完全透明的，黑色区域是完全不透明的。

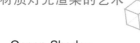

6. Ocean Shader

它包含波浪起伏和水流动态属性，具备多种海洋效果，可以很方便地模拟海水。

7. Phong

它有明显的高光区，适用于湿滑的、表面具有光泽的物体，如玻璃、水等。

8. Phong E

它可以产生特殊形态的高光点，它能很好地根据材质的透明度为控制高光区的效果。与Phong材质相比，PhongE材质的高光属性较多，控制起来灵活，适合模拟表面具有光泽的物体，如玻璃、镀铬表面等。

9. Ramp Shader

渐变材质，可使用多种颜色来控制材质属性，Ramp Shader的属性比较多，相对复杂，使用多种颜色控制更为丰富和准确。

10. Shading Map

它能给表面添加一个颜色，是一种二维状态，不带有体积效果，通常应用于非现实或卡通、阴影效果。

11. Surface Shader

它能给材质节点赋以颜色，和Shading map效果差不多，但是它除了颜色以外，还有透明度、辉光度以及遮挡属性。

12. Use Backgroud

它有Specular和Reflectivity两个变量，用来单独提取阴影或反射，多数用在分层渲染中。

3.4.2 材质属性菜单作用

以blinn材质面板为例，如图3-23所示。

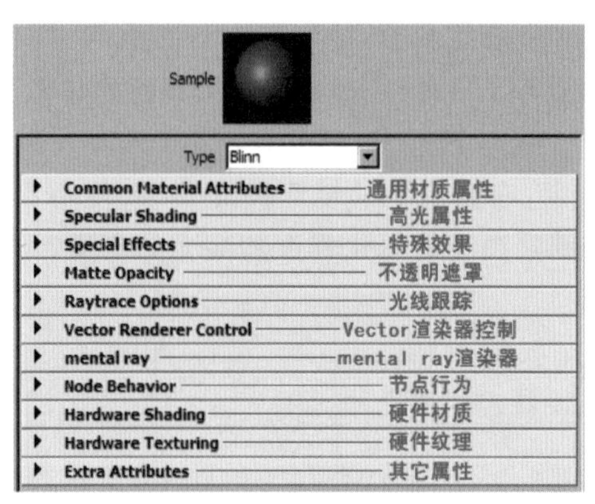

图 3-23

其中：

(1) 通用属性是每种材质都共有的属性。

(2) 高光属性(Lambert除外)控制表面高光及反射。

(3) 特殊效果一般是控制材质本身以外的效果，就像是一个滤镜一样，会在Shader表面形成一个辉光的效果。在渲染的运算中，它是最后一个产生效果的。

(4) 不透明遮罩一般是用于分层渲染，它可以控制渲染出的Alpha通道的透明度。

(5) 光线追踪主要是在光线追踪的条件下物体自身的光学反应。

(6) Vector渲染器控制用来控制Vector渲染时材质的设置。

(7) mental ray渲染器用来控制mental ray渲染时材质的设置。

(8) 节点行为就是节点自身的状态和执行顺序。

(9) 硬件材质在保留软件渲染的时候忽略硬件渲染的显示。

(10) 硬件纹理可以快速且高质量在工作区中进行纹理或其他属性的显示。

(11) 其他属性可以自行添加出Shader以外的属性，便于人们对材质的控制。

3.4.3 Common Material Attributes(通用属性)

材质基本属性，也是大多材质所共有的属性，如图3-24所示。

其中：

(1) Color(颜色)控制材质的颜色，可以是单一颜色，也可以使用纹理，单击 Color 后的颜色标签，会弹出调色器，在其中可以挑选需要的颜色，如图 2-32 所示。

(2) Transparency(透明度)控制的是材质的透明度。范围为 0～1，若 Transparency 的值为 0(黑)，表面完全不透明；若值为 1(白)，则完全透明。也可以添加纹理来控制透明度的区域，如图 3-25 所示。

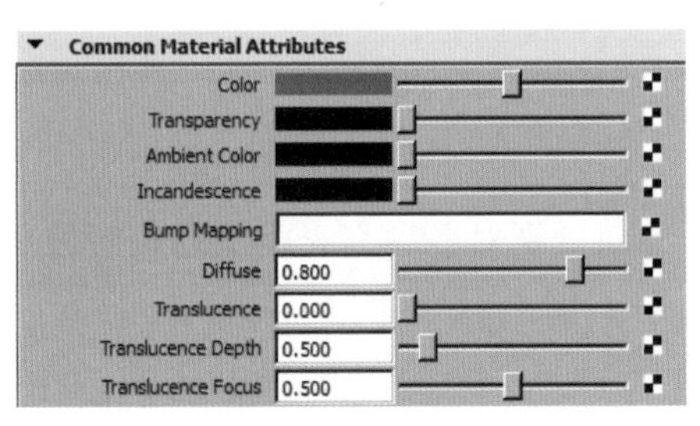

图 3-24

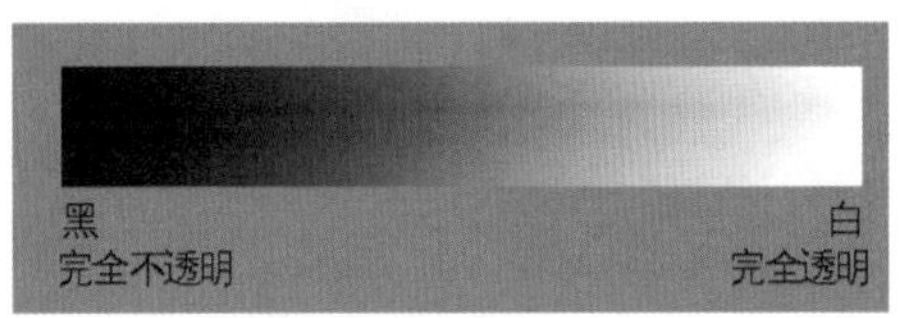

图 3-25

(3) Ambient Color(环境色)颜色默认为黑色，这时它并不产生任何效果。随着“环境色”(Ambient Color)变得越来越浅，它会使材质的“颜色”(Color)变亮并混合这两种颜色。

(4) Incandescence(炽热)模仿炽热状态的物体发射的颜色和光亮(但并不照亮别的物体)，其典型的例子是使用亮红色来模拟红彤彤的熔岩。

在影响阴影和中间调部分，它和环境光的区别是：一个是被动受光，一个是本身主动发光，比如金属高温发热的状态。

(5) Bump Mapping(凹凸贴图)通过对凹凸映射纹理的像素颜色强度的取值，在渲染时改变模型表面法线，使其看上去产生凹凸的感觉。实际上赋予凹凸贴图的物体表面并没有形状改变。如果人们渲染一个有凹凸贴图的球，观察它的边缘，发现它仍是圆的，Bump 是属于视觉上的一种假象。

(6) Diffuse(漫反射)“漫反射”是物体在各个方向反射光线的能力。默认值为 0.8，0 为没有反射光线能力。通过前面的学习，可知：能看见的物体必须有光源照射物体。Diffuse 属性决定了物体表面对光线的反应，数值越大反射的光线越多，表现得也越亮。

也可以这样理解，“漫反射”(Diffuse)值充当应用于“颜色”(Color)设置的比例因子，“漫反射”(Diffuse)值越大，实际曲面颜色就越接近“颜色”(Color)设置。

图 3-26

有效范围是 0 到无限。滑块范围是 0(在所有方向都没有反射灯光)到 1，但可以输入更大的值。

(7) Translucence 是指一种材质允许光线通过，但并不是真正的透明的状态。这样的材质可以接受来自外部的光线，使得物体很有通透感，常见的半透明材质有布、纸张、花瓣、叶子等，如图 3-26 所示。

(8) Translucence Depth(半透明深度)半透明深度是灯光通过半透明物体所形成阴影的位置的远近，它的计算形式是以世界坐标为基准的。

(9) Translucence Focus(半透明聚焦)是灯光通过半透明物体所形成阴影的大小。值越大，阴影越大，而且可以全部穿透物体；若小，阴影越小，它会在表面形成反射和穿透。换句话说，就是可以形成表面的反射和底部的阴影。

技巧与说明

若设置物体具有较高的 Translucence 值，这时应该降低 Diffuse 值，以避免冲突。表面的实际半透明效果基于从光源处获得的照明，和它的透明性是无关的。但是当一个物体越透明时，其半透明和漫射也会得到调节。环境光对半透明（或者漫射）无影响。

3.4.4 Specular Shading（高光属性）

影响材质质感一个非常重要的属性就是高光属性，下面分别对各种高光类型的控制进行讲解。

1. Anisotropic（各向异性材质的参数）

高光属性的参数如图 3-27 所示。

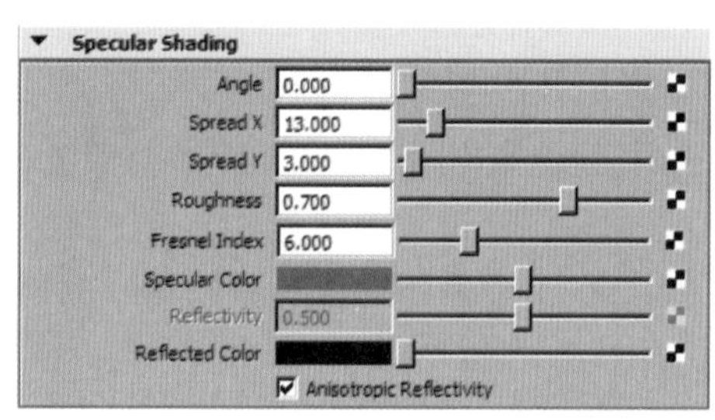

图 3-27

其中：

(1) Angle（角度）由于 Anisotropic 材质的高光不像其他 Shader 的高光一样是圆形的，它的高光区域像是一个月牙，所以导致 Anisotropic 材质出现了角度控制，可以控制 Anisotropic 的高光方向。

(2) Spread X 和 Spread Y（扩散 X/扩散 Y）是控制 Anisotropic 高光在 X 和 Y 方向的扩散程度，用这两个参数可以形成柱或锥状的高光（可以用来制作光碟的高光部分）。

(3) Roughness（粗糙度）控制各项异性材质的高光粗糙程度的，所谓粗糙程度主要就是控制高光大小。当把值设为 0.01 的时候，将会看到一个很小的亮斑；值等于 1 时，此时的高光面积很大，但是高光的亮度也会下降。

(4) Fresnel Index（菲涅耳系数）控制高光强弱的，当值为 0 时，将不会看到高光（看起来挺像 Lambert）；当把值向右拖动时，高光会逐渐显现出来。

(5) Specular Color（高光颜色）控制高光的颜色。

(6) Reflectivity（反射率）控制反射能力的大小。常见表面材质的“反射率”值，汽车喷漆（0.4）、玻璃（0.7）、镜子（1）、铬（1）。

(7) Reflected Color（反射颜色）控制反射的颜色。进行光线跟踪时，Maya 会使用从表面反射的光的颜色使颜色倍增。

如果未进行光线跟踪，则可以将图像、纹理或环境贴图映射到“反射的颜色”属性，以创建虚设反射，这与光线跟踪相比，速度更快并且使用的内存更少。

(8) Anisotropic Reflectivity（各向异性反射率）各向异性反射率是一个判断选项。当打开此选项时，上方的 Reflectivity 将失去作用，Maya 会自动运算反射率；如果关闭，则反之。

如果启用，Maya 将自动计算“反射率”作为“粗糙度”的一部分；如果禁用该选项，Maya 将使用环境贴图的指定“反射率”值，类似于“Phong”和“Blinn”材质的工作方式。

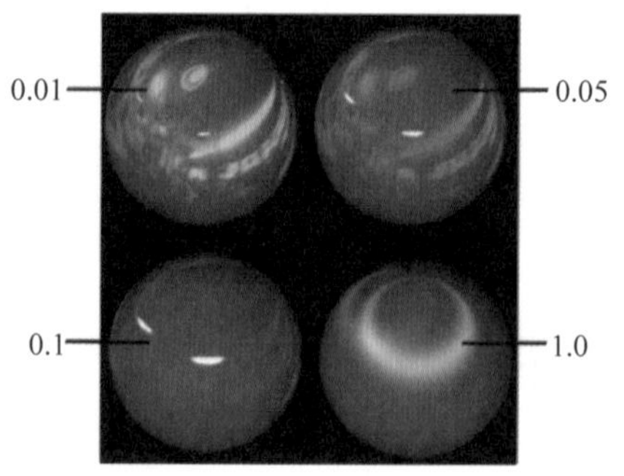

图 3-28

在启用了“各向异性反射率”（Anisotropic Reflectivity），环境映射在“反射的颜色”（Reflected Color）上，并且“粗糙度”

(Roughness)设定为 0.01、0.05、0.1 和 1.0(从非常光滑到非常粗糙)，如图 3-28 所示。

Reflectivity 这个参数在打开和关闭光影追踪都是同样起作用的。

2. Blinn 材质的高光属性

Blinn 材质的高光属性界面如图 3-39 所示。

其中：

(1) Eccentricity(偏心率)控制 Blinn 材质的高光区域的大小。

(2) Specular Roll Off(镜面反射衰减)控制高光强弱。

Specular color、Reflectivity、Reflected Color 参数在之前讲过的 Anisotropic 各向异材质中介绍过，这里不再赘述。

3. Ocean Shader(海洋材质)

海洋材质的高光属性参数如图 3-30 所示。

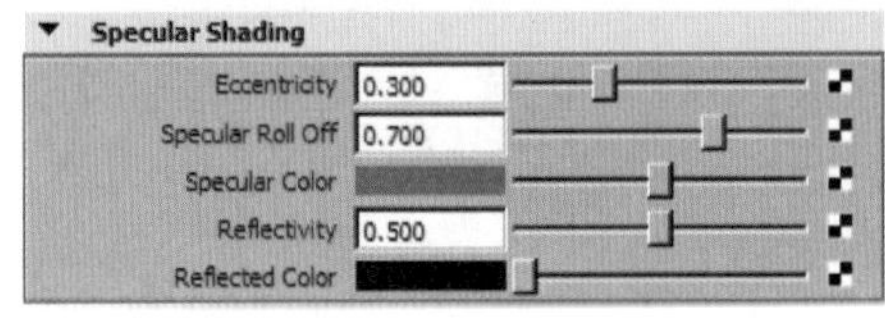

图 3-29

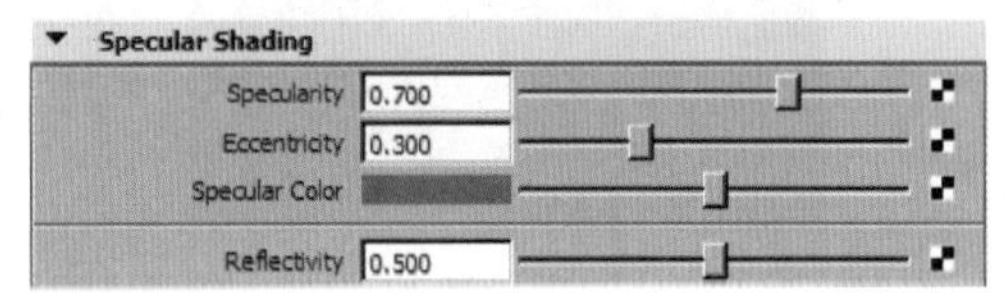

图 3-30

其中，Specularity 同样是控制 Ocean Shader 的高光强弱的，值越大，高光越强。Eccentricity、Specular color、Reflectivity 参数同 Blinn 参数。

4. Phong

Phong 高光属性参数如图 3-31 所示。

其中：Cosine Power(余弦幂)是控制 Phong 材质的高光的大小的，值越小，高光的范围就越大。Specular color、Reflectivity、Reflected Color 参数同前。

5. Phong E

Phong E 与 Phong 的材质很相似，Phong E 在高光的控制方面更胜一筹，因为它新增了一些控制高光的参数，它能很好地根据材质的透明度为控制高光区的效果。Phong E 实际上是 Phong 的一种变异类型。Phong E 的材质参数如图 3-32 所示。

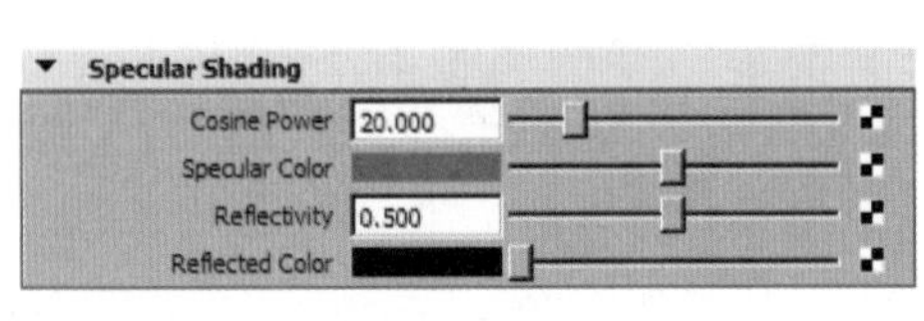

图 3-31

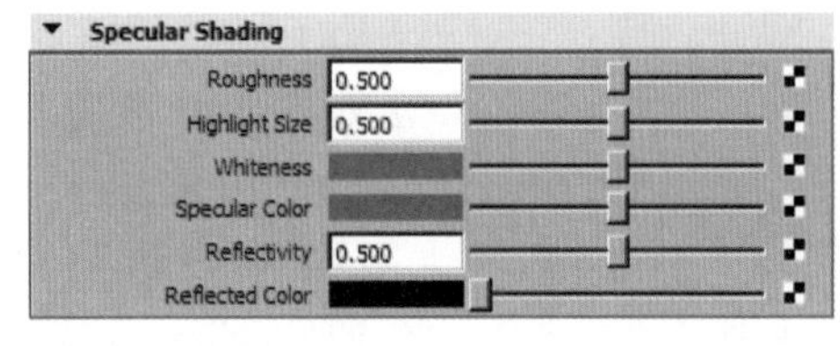

图 3-32

其中：

(1) Roughness(粗糙度)控制高亮区域的柔和度。

(2) Hightlight Size(高光大小)控制高亮区域的大小。

(3) Whiteness(白度)控制高亮区域的高光点的颜色。

注意

Whiteness 和 Specular Color 是有区别的。Specular Color 是控制这个高光区域的颜色，而 Whiteness 是控制高光区域中的最亮部分的颜色。换句话说 Whiteness 是附属于 Specular Color 的。

6. Ramp Shader（渐变材质）

Ramp Shader 不同于其他的高光属性，它可以在每个控制高光的参数中又细分出很多渐变的控制，这样操作可以使 Shader 的高光形成不同的颜色过渡，甚至可以使它变成很多有层次的颜色变化，以出现很多奇妙的效果，如图 3-33 所示。

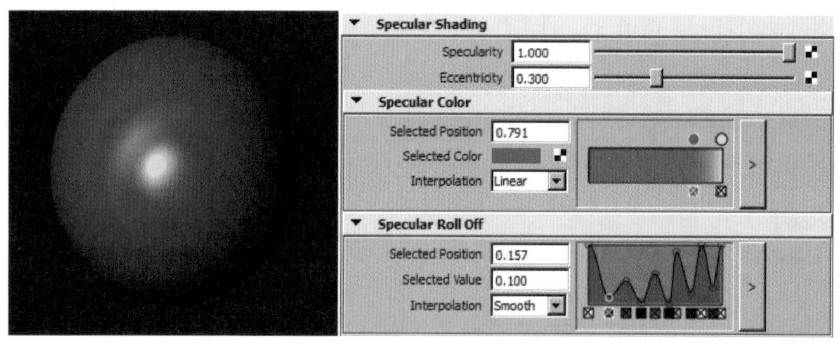

图 3-33

其中：

(1) Specularity 和 Eccentricity 分别控制高光的强弱和大小。

(2) Specular Color（高光颜色）控制高光的颜色，但是颜色不再是单色了，是一个可以直接控制的 Ramp（渐变）。它可以控制颜色的位置、颜色及渐变的类型。

(3) Specular Roll Off（镜面反射衰减）是控制高光的强弱，但是它新添加了用曲线来控制，可通过曲线上的点所在的位置、值的大小，来灵活的控制高光的强弱变化。

3.5 Volumetric Materials（体积材质）

软件中的体积材质如图 3-34 所示。

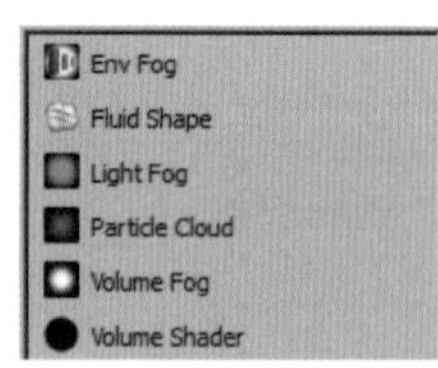

图 3-34

其中：

(1) Env Fog（环境雾）可模拟大气效果，为场景添加雾，可以体现出场景的深度、远处的物体模糊、近处的清晰。雾的类型有 Simple Fog（简单雾）、Physical Fog（物理雾），其中物理雾下还分为 Fog（雾）、Air（空气）、Water（水）、Sun（太阳）4 个类型。

(2) Fluid Shape（流体形状）针对流体部分的一个材质，可设定流体的密度、速度、温度、燃料、纹理和着色等。

(3) Light Fog（灯光雾）可以制作灯光雾效，如灯光穿过大气（胶体）形成的通路（如光柱、光线等）。

(4) Particle Cloud（粒子云）当粒子的渲染类型选择 Cloud（云）时，可以为粒子赋予 Particle Cloud 材质，可以模拟天空上的云、爆炸时的烟雾等。

(5) Volume Fog（体积雾）主要适用于体积模型，执行菜单命令 Create|Volume Primitives|Sphere，或

是 Create|Volume Primitives|Cube 和 Create|Volume Primitives|Cone 时，Maya 会自动为体积模型创建 Volume Fog 材质。而对于一般模型，赋予 Volume Fog 是无效的。

(6) Volume Shader(体积着色器)可以接受其他体积材质(如 Env Fog、Light Fog、Particle Cloud)的输入，有色彩和透明两个属性。

3.6 Displacement Materials(置换材质)

软件中的置换材质如图 3-35 所示。

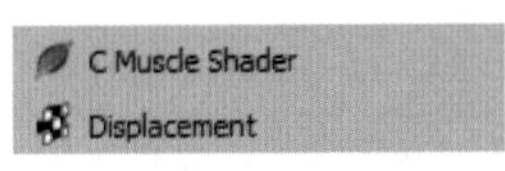

图 3-35

其中：

(1) C Muscle Shader(肌肉节点)该节点为绑定中使用，这里不做介绍。

(2) Displacement(置换)利用纹理贴图来改变模型表面的法线，修改模型上控制点的位置，可以增加模型表面细节。

Displacement 的效果和 Bump(凹凸)的效果有时比较类似，但又有所区别。Bump 效果只是模拟凹凸效果，修改模型表面的法线，但不修改模型上顶点的位置。Displacement(置换)则会改变模型上顶点的位置。可以通过查看模型的边缘是否发生变化来判断二者。

Displacement 的使用方法是直接把纹理贴图拖曳到相应的 Shading Group 的 Displacement Mat 之上，Maya 会自动创建 Displacement 节点。还有一种方法是手动创建 Displacement 节点，然后把纹理的 Out Alpha 属性连接到 Displacement 节点的 Displacement 属性上，然后再把 Displacement 节点拖曳到相应的 Shading Group 上，或者拖曳到相应的 Surface Material 上(如 Blinn、Lambert 等)，在弹出的菜单中选择 Displacement Map 命令，Maya 同样会自动将 Displacement 节点连接到相应的 Shading Group 上。

3.7 Textures(纹理)

Maya 的纹理部分含 2D Textures(2D 纹理)、3D Textures(3D 纹理)、Env Textures(环境纹理)和 Layered Textures(层纹理)。

从另一个角度来看待这些纹理，也可以分为两大类，贴图纹理(Map Texture)和程序纹理(Procedural Texture)。所谓贴图纹理就是调用硬盘上的位图，如果是多边形，需要配合 UV 来定位贴图在模型表面的位置。而程序纹理，则是根据模型表面参数空间的 UV 编写的一些程序，这些纹理通过 Maya 内置的函数、代码实现，不需要额外的贴图等，如常见 Marble(大理石)、Checker(棋盘格)等，都是很经典的程序纹理。

3.7.1 2D Textures(2D 纹理)

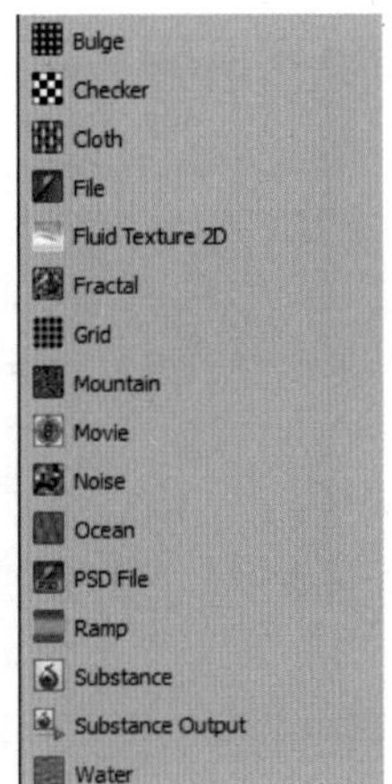

图 3-36

软件中的 2D 纹理如图 3-36 所示。

其中：

(1) Bulge(凸出)可以通过 U Width 和 V Width 来控制黑白间隙，Bulge 经常用来做凹凸(Bump)纹理，如图 3-37 所示。

(2) Checker(棋盘格)黑白方格交错排布，可以通过 Color1、Color2 调整两种方格的颜色，而 Contrast(对比度)可以调整两种颜色的对比度。经常使用 Checker 纹理来检查多边形的 UV 分布，也可以根据工作的需要，将其他纹理连接到 Color1、Color2 属性上，如图 3-38 所示。

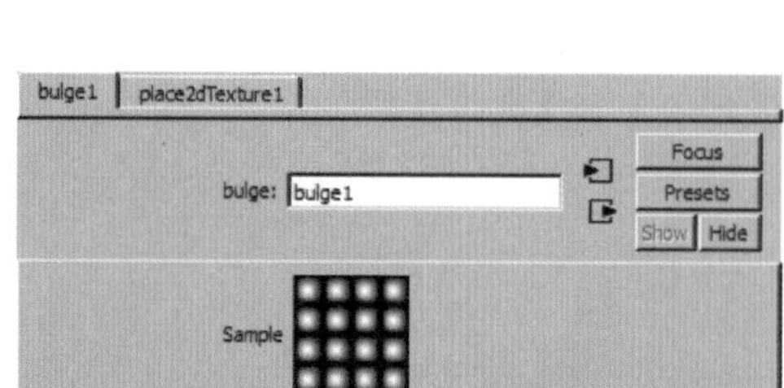

图 3-37

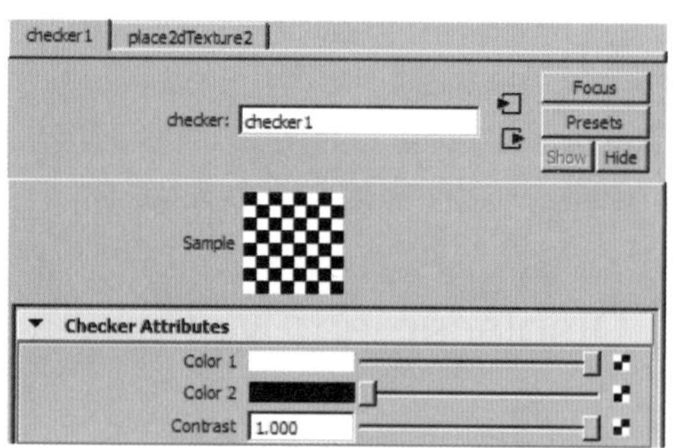

图 3-38

(3) Cloth(布料)3 种颜色交错分布,可模拟编织物、布料等纹理,Gap Color 参数控制经线(U 方向)和纬线(V 方向)之间区域的颜色。U Color、V Color 分别控制 U 向线和 V 向线的颜色。

U Width、V Width 控制布料纤维的疏密和间隙,U Wave 和 V Wave 控制布料纤维的扭曲。

Randomness 控制布料纹理的随机度,可以避免在非常精细的布料纹理上出现锯齿和云纹图案。

Width Spread 控制纤维宽度的扩散,Bright Spread 控制色彩明度的扩散,如图 3-39 所示。

(4) File(文件)可以读取硬盘中的图片文件,作为贴图用到模型上。过滤器类型(Filter Type)是指在渲染过程中应用于图像文件的采样技术。选择合适的 Filter Type,可以消除使用图片时的锯齿。

Filter Type(过滤类型)有 Off、Mipmap、Box(长方体)、Quadratic(二次方)、Quartic(四次方)、Gaussian(高斯),配合 Pre Filter(预过滤)和 Pre Filter Radius(预过滤半径)可以获得较好的反锯齿效果。

二次方(Quadratic)、四次方(Quartic)、高斯(Gaussian),它们均属于钟形曲线类型。在这类曲线中,极端值的权重小于曲线中心的值。(极端是指距过滤器采样区域最远的纹理中的点。曲线中心是指要过滤的区域的中心)

如果要使用序列图像,可以选中 Use Image Sequence(使用序列图片),如图 3-40 所示,File 节点属性面板。

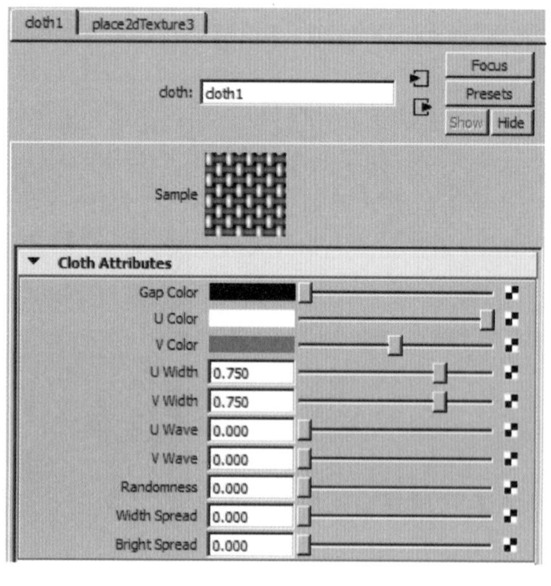

图 3-39

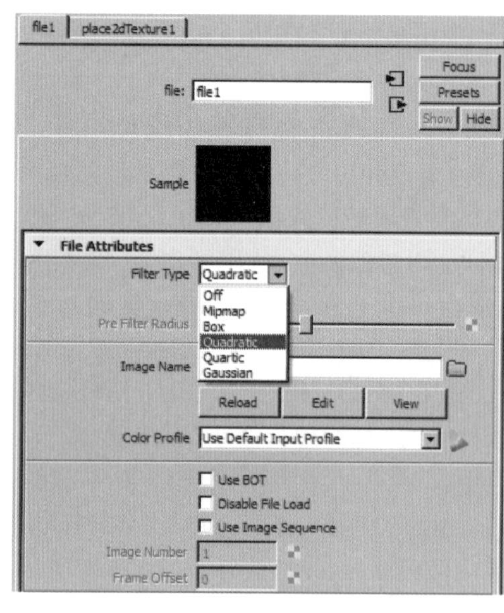

图 3-40

(5) Fluid Texture 2D(2D 流体纹理)可模拟 2D 流体的纹理,设定 2D 流体的密度、速度、温度、燃料、纹理和着色等。

(6) Fractal(分形)黑白相间的不规则纹理,可以模拟岩石表面、墙壁、地面等随机纹理,也可以用来做凹凸纹理。可以通过 Amplitude(振幅)、Threshold(阈值)、Ratio(比率)、Frequency Ratio(频率比)、Level(级别)等控制分形纹理,而选中 Animated(动画)还可以控制动画纹理,使其随时间的不同而变化,如图 3-41 所示。

(7) Grid(栅格)可以使用 Grid 纹理模拟格子状纹理,如纱窗、砖墙等等,使用 Line Color(线颜色)和 Filler Color(填充颜色)可以控制网格的颜色,而使用 U Width 和 V Width 可以控制网格的宽度,使用 Contrast(对比度)可以调整网格色彩的对比度。

Maya 默认 Line Color(线颜色)为白色,Filler Color(填充颜色)为黑色,如果设定 Line Color(线颜色)为黑色,Filler Color(填充颜色)为白色,并把 Grid 纹理作为透明纹理连接到材质球上,则可以很轻松地渲染得到物体的线框。Grid 面板如图 3-42 所示。

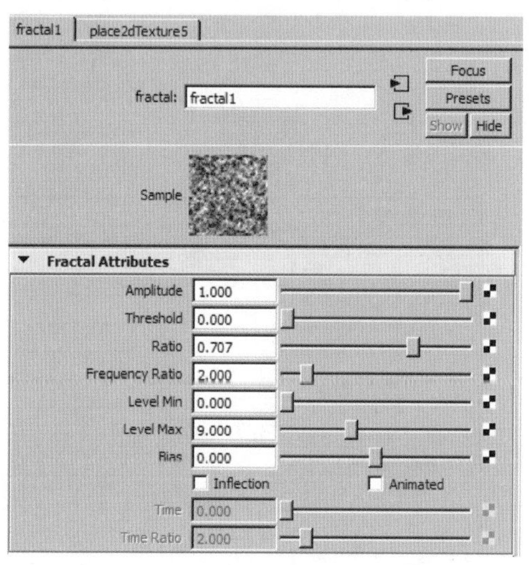

图　3-41

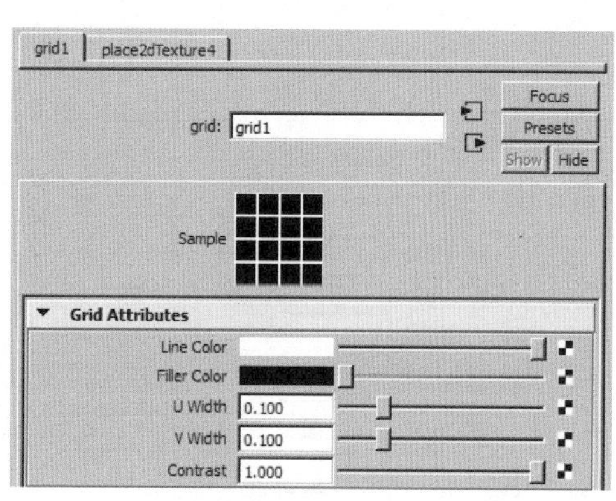

图　3-42

(8) Mountain(山脉)可以模拟山峰表面的纹理,Mountain 纹理含有两种色彩,分别是 Snow Color(雪颜色)和 Rock Color(岩石颜色),可以模拟山峰上带有积雪的效果,但改变 Snow Color(雪色)和 Rock Color(岩石色),并配合 Amplitude(振幅)、Snow Roughness(雪的粗糙度)、Rock Roughness(岩石的粗糙度)、Boundary(边界)、Snow Altitude(雪的海拔)、Snow Dropoff(雪的衰减)、Snow Slope(雪的倾斜)、Depth Max(最大深度),可以得到丰富的随机纹理,如图 3-43 所示。

(9) Movie(电影/视频)节点可以将磁盘上的视频文件导入 Maya 中,作为纹理或背景使用。与 File(文件)节点类似,我们使用 File(文件)节点也可以导入一系列连续的序列图作为纹理,效果和 Movie 节点类似,但 Movie 节点可以接受视频格式的文件,如 MPEG,而不仅仅局限于图片格式。

(10) 使用 Noise(噪波)函数生成的程序纹理,Noise 与 Fractal 节点类似,也是黑白相间的不规则纹理,但随机的方式有所不同。

可通过 Threshold(阈值)、Amplitude(振幅)、Ratio(比率)、Frequency Ratio(频率比)、Depth Max(最大深度)、Inflection(变形)、Time(时间)、Frequency(频率)、

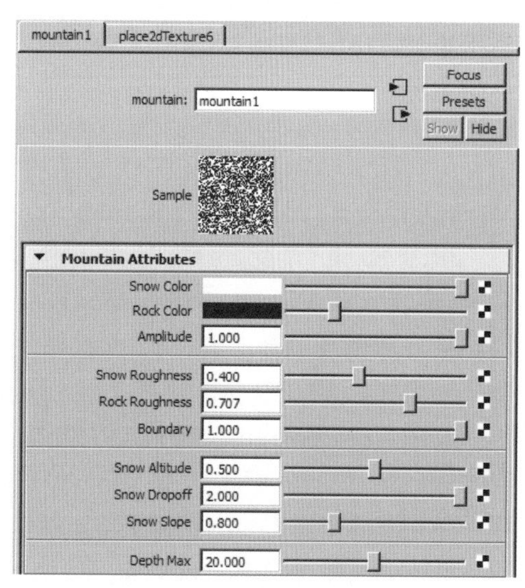

图　3-43

Implode(爆炸)、Implode Center(爆炸中心)等参数来控制 Noise 纹理的效果,Noise type(类型)有 Perlin Noise、Billow、Wave、Wispy、Space Time。Noise 节点属性面板如图 3-44 所示。

(11) Ocean(海洋)与 Ocean Shader 类似,可表现海水的纹理,并在 Wave Height(波浪高度)、Wave Turbulence(波浪动荡)、Wave Peaking(波浪起伏)属性上内置了 Ramp 节点。

对于海水的一般属性可以调整 Scale(缩放)、Time(时间)、Wind UV(风 U/V)、Observer Speed(观测速度)、Num Frequencies(频率数目)、Wave Dir Spread(波浪方向扩散)、Wave Length Min(最小波长)、Wave Length Max(最大波长)。

需要说明的是 Ocean 纹理不同于 Ocean Shader,Ocean Shader 是一个光照模型,包含高光、环境、折射、反射等,而这里的 Ocean 节点仅仅是作为纹理出现,如图 3-45 所示。

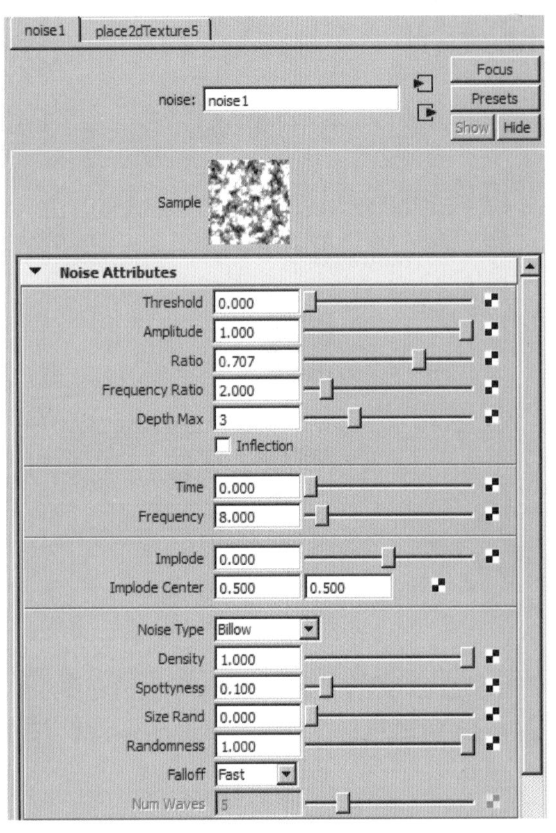

图 3-44

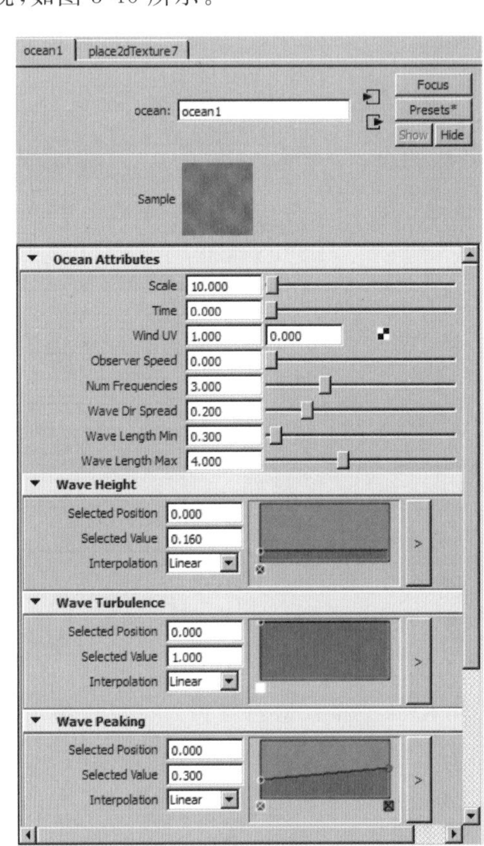

图 3-45

(12) PSD File(PSD 文件)允许将 PSD 文件用作 2D 纹理,可以很好地利用 Photoshop 的图层和 Maya 进行交互,其参数属性和 File 节点很类似。

(13) Ramp(渐变)可以产生一段渐变的效果,在物体上有多种渐变模式,Type(类型)有 V Ramp(V 向渐变)、U Ramp(U 向渐变)、Diagonal Ramp(对角渐变)、Radial Ramp(辐射渐变)、Circular Ramp(环形渐变)、Box Ramp(方盒渐变)、UV Ramp(UV 渐变)、Four Corner Ramp(四角渐变)、Tartan Ramp(格子渐变),如图 3-46 所示。

其中,Interpolation(插值)方式有 None(无)、Linear(线形)、Exponential Up(指数上升)、Exponential Down(指数下降)、Smooth(光滑)、Bump(凹凸)、Spike(带式)。

使用 Selected Color(所选颜色)和 Selected Position(所选位置)可以编辑渐变色彩和位置,而 U Wave(U 向波纹)、V Wave(V 向波纹)、Noise(噪波)、Noise Freq(噪波频率)可以随机化渐变纹理,如图 3-47 所示。

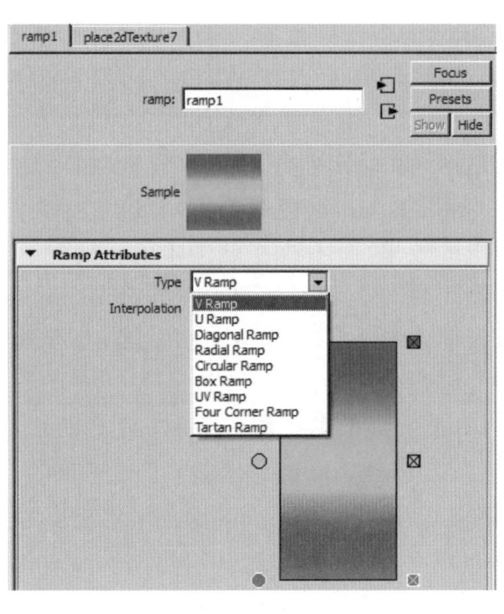

图　3-46

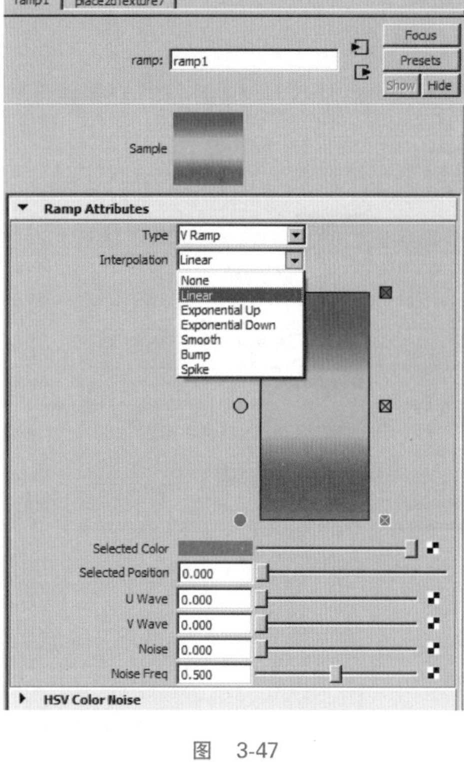

图　3-47

HSV Color Noise(HSV 色彩噪波)可以控制渐变色彩的随机,其参数有 Hue Noise(色相噪波)、Sat Noise(饱和度噪波)、Val Noise(明度噪波)、Hue Noise Freq(色相噪波频率)、Sat Noise Freq(饱和度噪波频率)、Val Noise Freq(明度噪波频率),如图 3-48 所示。

(14) Water(水波)可模拟线性水波浪、同心水涟漪(如物体落入水中)或波浪和涟漪的组合,用作凹凸贴图或置换贴图来模拟水,或用作颜色贴图来模拟水面的光线反射或折射。

使用 Number Of Waves(波纹数目)、Wave Time(波纹时间)、Wave Velocity(波纹速度)、Wave Amplitude(波纹振幅)、Wave Frequency(波纹频率)、Sub Wave Frequency(次波纹频率)、Smoothness(光滑度)、Wind UV(风向 UV)来控制波纹纹理,而 Concentric Ripple Attributes(同心波纹属性)可以控制同心波纹的属性,如图 3-49 所示。

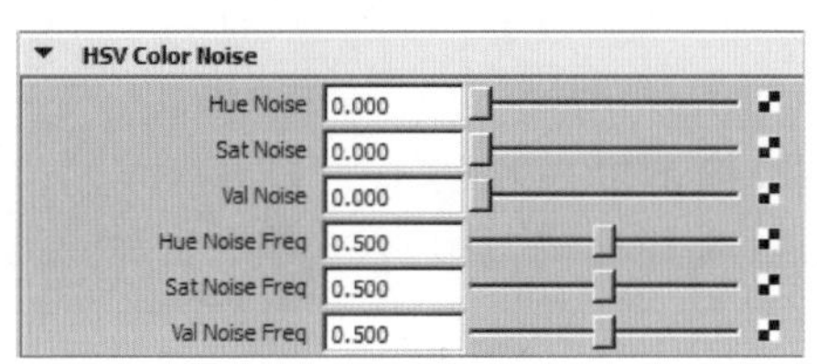

图　3-48

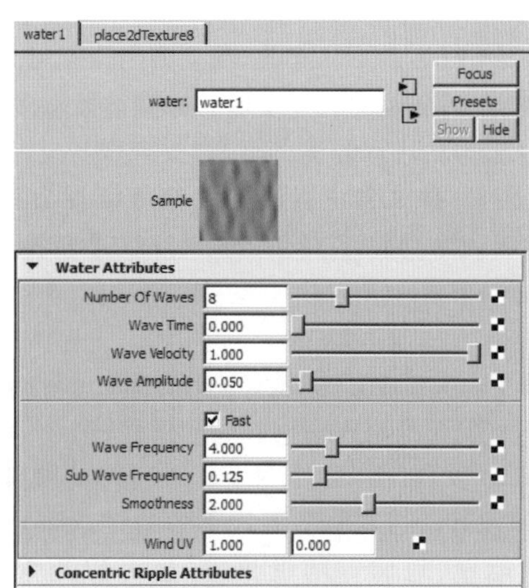

图　3-49

3.7.2 2D Textures 公共属性

2D Textures(2D 纹理)有部分的公共属性,如图 3-50 所示。

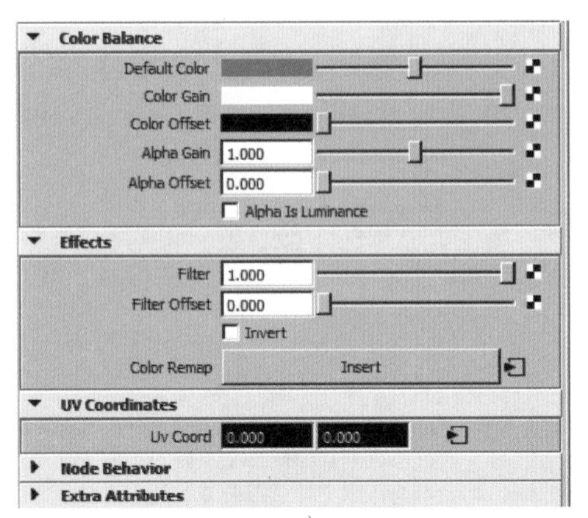

图 3-50

其中:

(1) Color Balance(色彩平衡)可以整体调整纹理的色彩,如果是贴图,不会改变贴图本身,但可影响渲染结果,这为我们的制作带来了极大的方便,因为有时需要重复使用某贴图,并对其进行局部的调整(如对比度、色相等),使用 Color Balance(色彩平衡),可以在 Maya 内部调整贴图调用的效果,而不改变贴图本身,这样我们只需要一个贴图就可以了。如果不使用 Color Balance(色彩平衡),我们需要在 Photoshop 中调整贴图,并存储,这样就要调用好几张类似的贴图。

Color Balance(色彩平衡)下的参数有 Default Color(默认颜色)、Color Gain(色彩增益)、Color Offset(色彩偏移)、Alpha Gain(阿尔法增益)、Alpha Offset(阿尔法偏移)、Alpha is Luminance(阿尔法作为亮度)。

提高 Color Gain(可以大于 1),降低 Color Offset(可以小于 0),可以增加纹理的明暗对比度,而修改 Alpha Gain,可以影响纹理的 Alpha,从而影响 Bump、Displacement 等效果,尤其对于 Displacement,经常通过调整 Alpha Gain 来调整置换深度。此外,设定 Color Gain 为暖色调,Color Offset 为冷色调,甚至为 Color Gain 和 Color Offset 添加 Ramp 节点,可以得到更加丰富的纹理细节。

(2) Effects(特效)的参数主要有 Filter(过滤)、Filter Offset(过滤偏移)、Color Remap(重贴颜色)等,其中设定 Filter 和 Filter Offset 可以防止纹理锯齿,而 Color Remap(重贴颜色)则通过 Ramp 节点,可以重新定义纹理的色彩混合等。

(3) UV Coordinates(UV 坐标)控制纹理的 UV 坐标,参数为 U Coord 和 V Coord。这里 Maya 会自动将其与 Place2DTexture 节点作连接,我们不需要调整。

3.7.3 3D Textures(3D 纹理)

与 2D Textures(2D 纹理)不同,3D Texture(3D 纹理)与模型表面的位置相关,而 2D Textures(2D 纹理)仅与模型的 UV 相关,与模型的位置无关。

一般来说,在渲染时,2D 纹理的运算量很小,即消耗较小的 CPU 资源,但会占用比较多的内存资源。而 3D 纹理则相反,运算量比较大,要占用较多的 CPU 资源,但节省内存。在大型的影视渲染输出时,为了求得快速稳定的渲染,通常都将运算量大的 3D 纹理转换为 2D 纹理,纹理列表如图 3-51 所示。

图 3-51

其中:

(1) Brownian(布朗)纹理的参数有 Lacunarity(间隙度)、Increment(增量)、Octaves(倍频程)、Weight3d(3D 权重)。

Brownian 纹理与前面的 Noise 和 Fractal 纹理类似,都是黑白相间不规则的随机纹理。但随机的方式不太一样。Brownian 纹理同样可以表现岩石表面、墙壁、地面等随机纹理,也可以用来做凹凸纹理,如图 3-52 所示。

(2) Cloud(云)是黑白相间的随机纹理，可以表现云层、天空等纹理，可以通过 Color1 和 Color2 来调整 Cloud 纹理的色彩，Maya 默认的是黑白两色。

Contrast(对比)可以控制 Color1 和 Color2 两种色彩的对比度，而 Amplitude(振幅)、Depth(深度)、Ripples(涟漪)、Soft Edges(柔边)、Edge Thresh(边阈值)、Center Thresh(中心阈值)、Transp Range(透明度范围)、Ratio(比率)等参数可以控制 Cloud 纹理的更多细节，如图 3-53 所示。

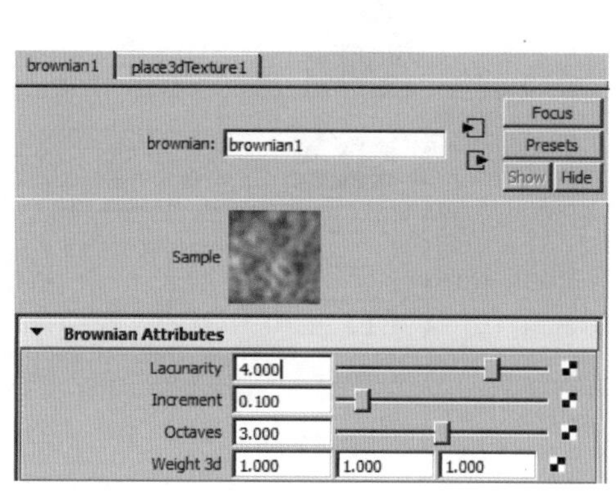

图　3-52

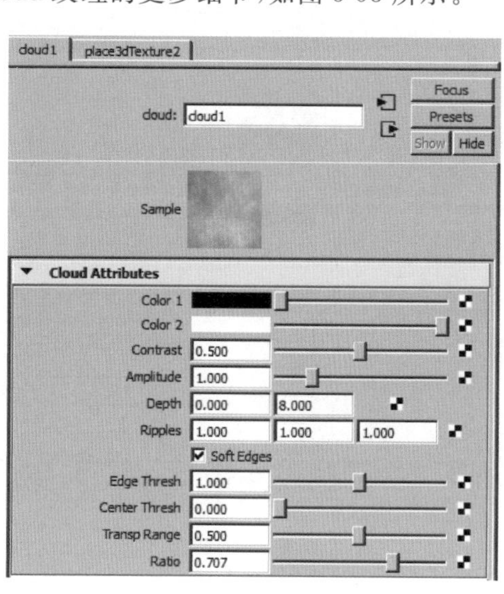

图　3-53

(3) Crater(凹陷)纹理可以表现地面的凹痕、星球表面的纹理等，调整 Shaker(振动器)可以控制 Crater 纹理的外观，更重要的是此纹理包含 3 个色彩通道 Channel1、Channel2 和 Channel3，Maya 默认的色彩是红绿蓝，如果把其他纹理如 Noise、Fractal 等连接到 Channel1、Channel2 或 Channel3 上，可以得到更加丰富的混合纹理效果。

Melt(融化)可以控制不同色彩边缘的混合，Balance(平衡)控制 3 个色彩通道的分布，Frequency(频率)控制色彩混合的次数。

Normal Options(法线选项)的参数仅在 Crater 纹理作为凹凸(Bump)贴图时才有效，其参数有 Norm Depth(法线深度)、Norm Melt(法线融合)、Norm Balance(法线平衡)、Norm Frequency(法线频率)，如图 3-54 所示。

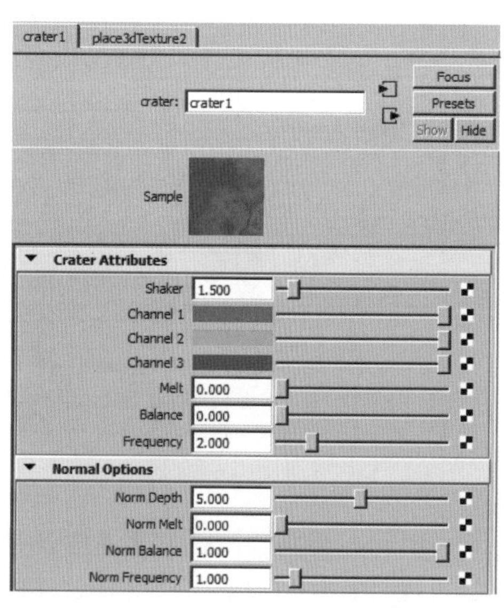

图　3-54

(4) Fluid Texture 3D(3D 流体纹理)与 Fluid Texture 2D 纹理类似，可模拟 3D 流体的纹理，设定 3D 流体的密度、速度、温度、燃料、纹理、着色等。

(5) Granite(花岗岩)常常用来表现岩石纹理，尤其是花岗岩。Granite 纹理含 Color1、Color2、Color3 和 Filler Color(填充色) 4 种色彩，而 Cell Size(单元大小)可以控制岩石单元纹理的大小。其他参数有 Density(密度)、Mix Ratio(混合比率)、Spottyness(斑点化度)、Randomness(随机值)、Threshold(阈值)、Creases(折痕)等，如图 3-55 所示。

(6) Leather(皮革)常常用来表现皮衣、鞋面等纹理，也可以表现某些动物的皮肤，配合 Bump(凹凸)贴图，效果更好。其属性参数有 Cell Color(单元颜色)、Crease Color(折缝颜色)、Cell Size(单元大小)、Density(密度)、Spottyness(斑点化度)、Randomness(随机值)、Threshold(阈值)、Creases(褶皱)等,如图 3-56 所示。

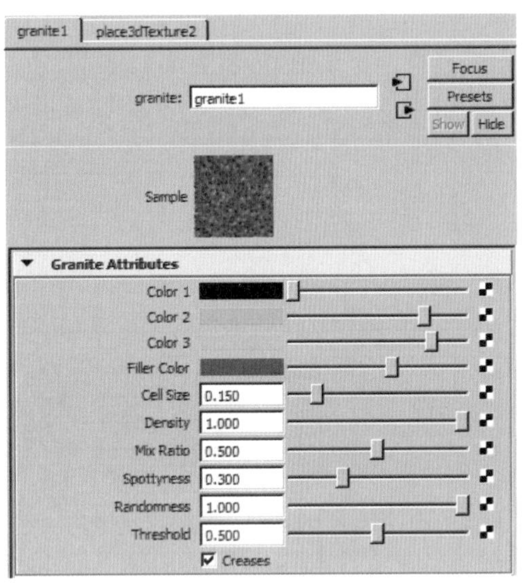

图 3-55

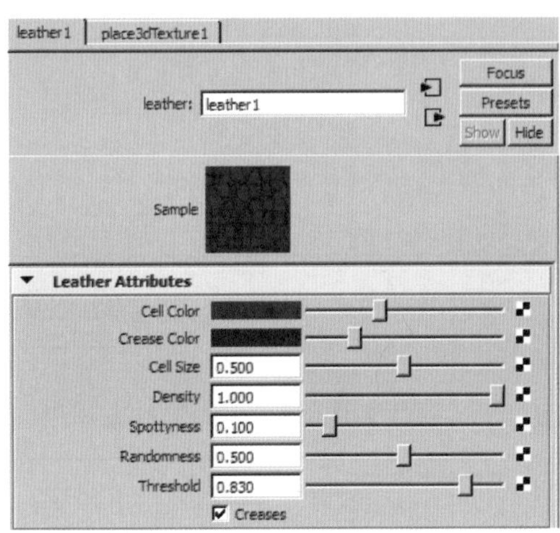

图 3-56

(7) Marble(大理石)可以表现大理石等的纹理,其参数有 Filler Color(填充色)、Vein Color(脉络色)、Vein Width(脉络宽度)、Diffusion(漫射)、Contrast(对比度),而 Noise Attribute(噪波)属性栏中,可以为大理石纹理添加 Noise,其参数有 Amplitude(振幅)、Ratio(比率)、Ripples(涟漪)、Depth(深度),如图 3-57 所示。

(8) Rock(岩石)常常用来表现岩石表面的纹理,可以通过 Color1 和 Color2 控制岩石色彩,调整 Grain Size(颗粒大小)Diffusion(漫射)、Mix Ratio(混合比率)可以得到更多效果,如图 3-58 所示。

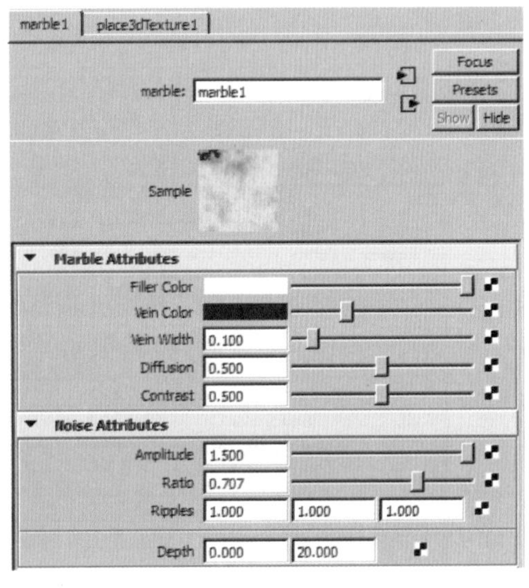

图 3-57

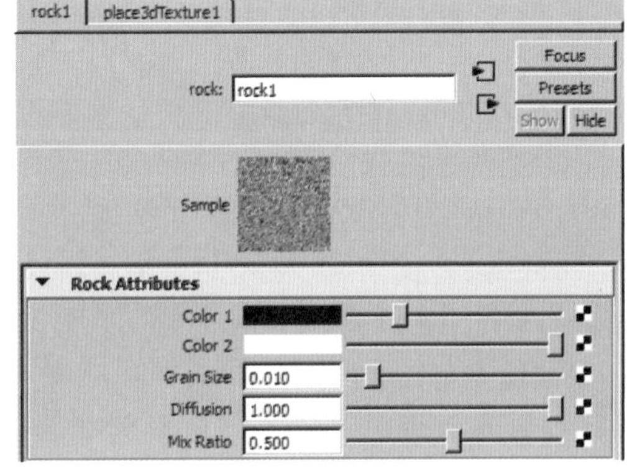

图 3-58

(9) Snow(雪)可用来表现雪花覆盖表面的纹理,配合使用 Noise、Fractal 等纹理的 Bump(凹凸)属性,可以得到不错的效果。Snow 纹理的参数有 Snow Color(雪颜色)、Surface Color(表面颜色)、Threshold(阈值)、Depth Decay(深度衰退)、Thickness(厚度),如图 3-59 所示。

(10) Solid Fractal(固体分形)与 Fractal 类似,是黑白相间的不规则纹理,但 Fractal 是 2D 纹理,Solid Fractal 是 3D 纹理。Solid Fractal 的参数有 Threshold(阈值)、Amplitude(振幅)、Ratio(比率)、Frequency Ratio(频率比)、Ripples(涟漪)、Depth(深度)、Bias(偏差),选中 Animated(动画)还可以动画纹理,使其随时间的不同而变化,如图 3-60 所示。

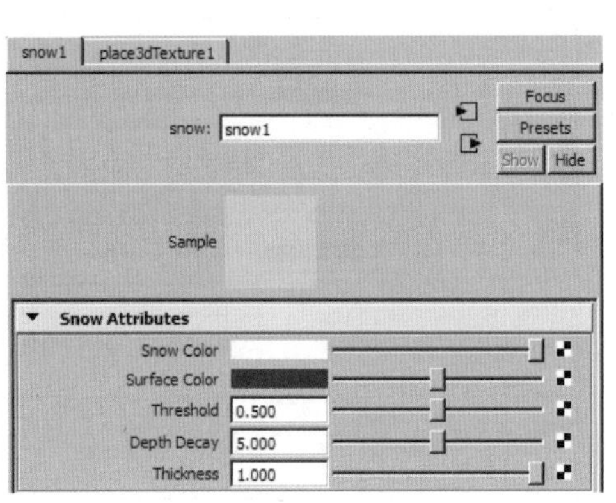

图 3-59

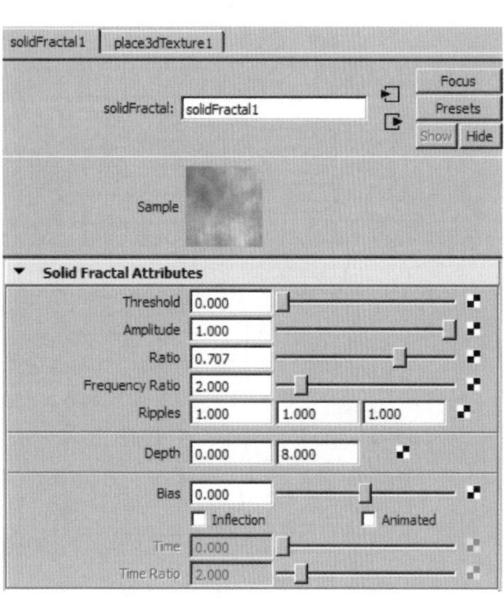

图 3-60

(11) Stucco(灰泥)可表现水泥、石灰墙壁等纹理,其参数 Shaker(振动器)可以控制 Stucco 纹理的外观,Channel1 和 Channel2 是色彩通道,Maya 默认色彩是红和蓝,如果把其他纹理如 Noise、Fractal 等连接到 Channel1 或 Channel2 上,可以得到更加丰富的混合纹理效果。

Normal Options(法线选项)的参数,仅在 Stucco 纹理作为凹凸(Bump)贴图时才有效,其参数有 Normal Depth(法线深度)、Normal Melt(法线融合),如图 3-61 所示。

(12) Volume Noise(体积噪波)与 2D Texture 中的 Noise(噪波)节点类似,可以表现随机纹理或作凹凸贴图使用,但这里的 Volume Noise 是 3D 纹理,其参数有 Threshold(阈值)、Amplitude(振幅)、Ratio(比率)、Frequency Ratio(频率比)、Depth Max(最大深度)、Inflection(变形)、Time(时间)、Frequency(频率)、Scale(缩放)、Origin(原点)、Implode(爆炸)、Implode Center(爆炸中心)。

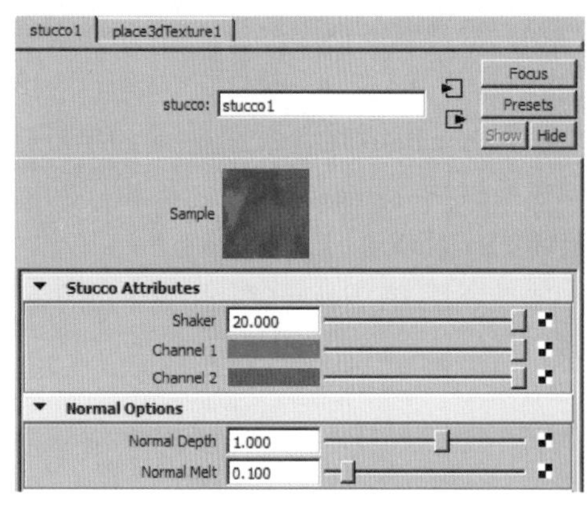

图 3-61

Noise Type(噪波类型)有 Perlin Noise(柏林噪波)、Billow(翻滚)、Volume Wave、Wispy(束状)、Space Time(空间时间),如图 3-62 所示。

(13) Wood(木纹)可表现木材表面的纹理,其参数有 Filler Color(填充色)、Vein Color(脉络色)、Vein Spread(脉络扩散)、Layer Size(层大小)、Randomness(随机值)、Age(年龄)、Grain Color(颗粒颜色)、Grain Contrast(颗粒对比度)、Grain Spacing(颗粒间距)、Center(中心)。

Noise Attribute(噪波属性)栏下的 AmplitudeX/Y(振幅 X/Y)、Ratio(比率)、Ripples(涟漪)、Depth(深度)等参数可以为木纹纹理添加噪波,如图 3-63 所示。

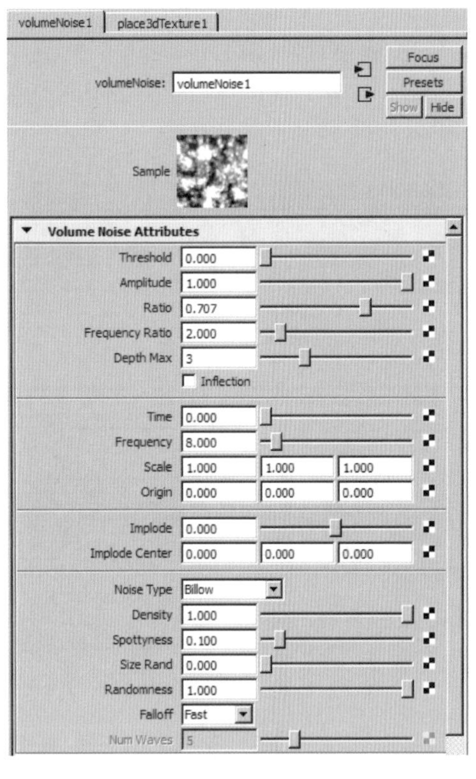

图 3-62

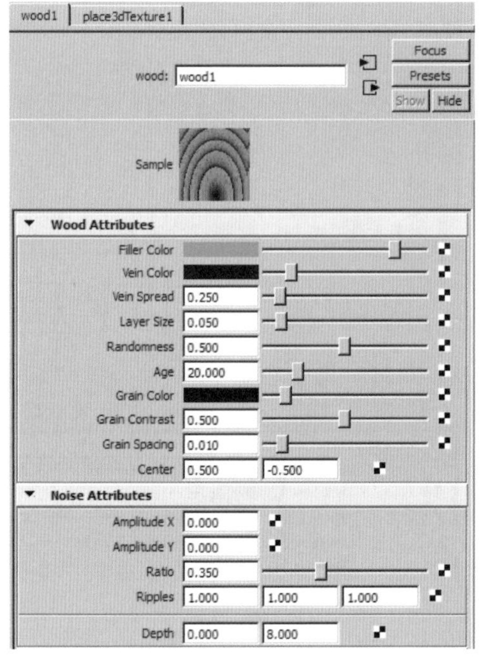

图 3-63

3.7.4 Environment Textures(环境纹理)

我们常常赋予环境纹理于贴图,来虚拟物体所处的环境,用于反射、照明等,如图 3-64 所示。

其中:

(1) Env Ball(环境球)最经典的用法是在 Image(图像)属性上添加纹理贴图,然后将 Env Ball 连接到表面材质(Blinn、Phong 之类)的 Reflect Color(反射色)上,这样我们就使用 Env Ball 简便地虚拟了物体的反射环境。

球形环境,有 Image(图像)、Inclination(倾角)、Elevation(仰角)、Eye Space(眼睛空间)、Reflect(反射)等参数,如图 3-65 所示。

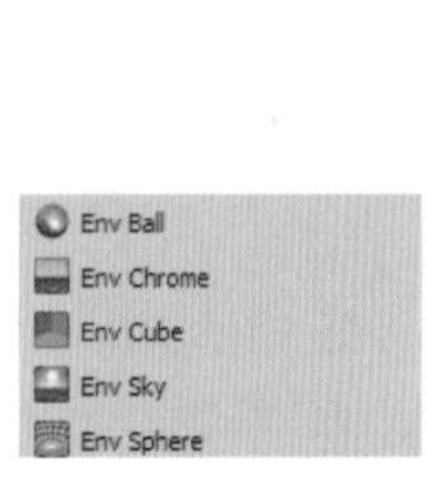

图 3-64

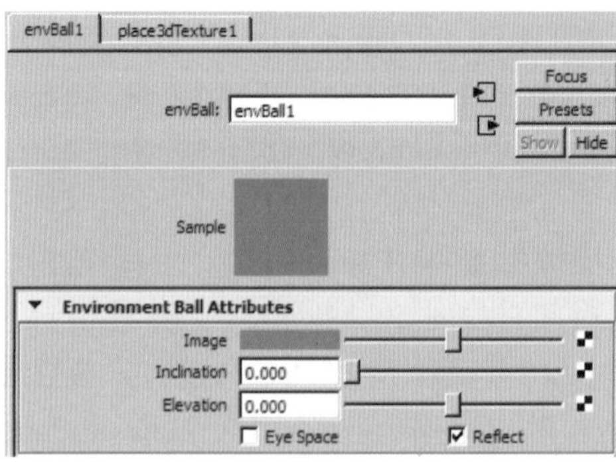

图 3-65

(2) Env Chrome(镀铬环境)使用程序纹理虚拟一个天空和地面,来作为反射环境,纹理由平面和天空平面(具有荧光灯矩形)组成,并提供了简单但有效的环境模拟铬表面的反射。

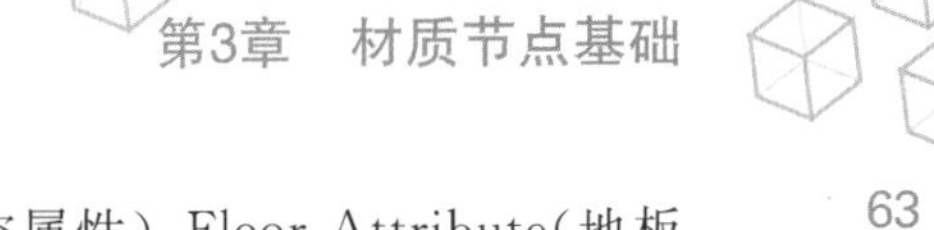

参数有 Env Chrome Attribute(镀铬环境属性)、Sky Attribute(天空属性)、Floor Attribute(地板属性)、Grid Placement(网格放置),如图 3-66 所示。

(3) Env Cube(环境块)使用 6 个面围成的立方体来模拟反射环境,6 个面分别为 Right(右)、Left(左)、Top(顶)、Bottom(底)、Front(前)、Back(后)。可以在不同的面上追加相应的纹理贴图,以模拟反射环境,如图 3-67 所示。

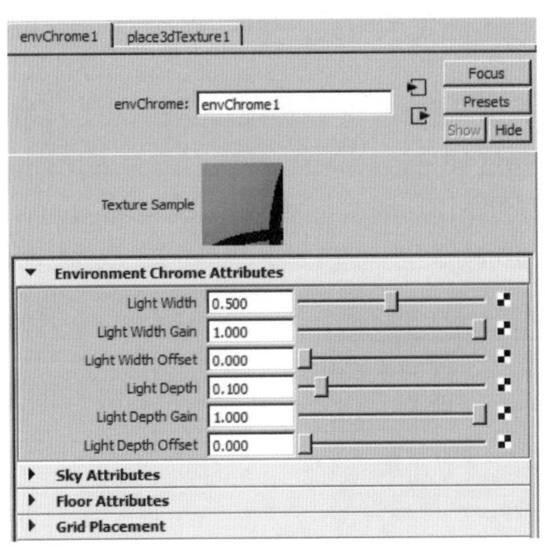

图　3-66

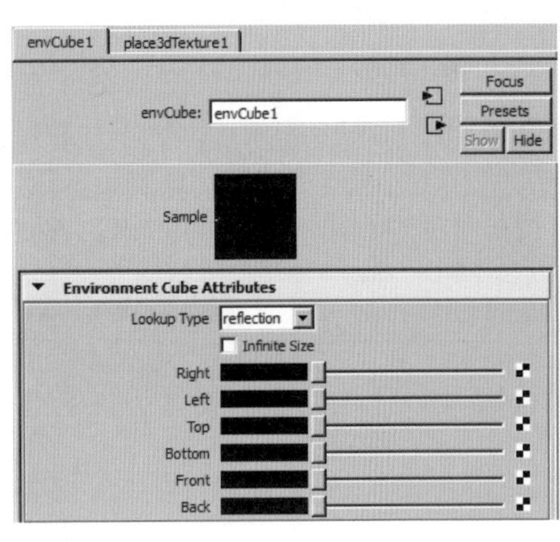

图　3-67

(4) Env Sky(环境天空)可以模拟天空的反射环境,其属性有 Environment Sky Attributes(环境天空属性)、Sun Attributes(太阳属性)、Atmospheric Settings(大气设置)、Floor Attributes(地板属性)、Cloud Attributes(云彩属性)、Calculation Quality(计算质量)等,如图 3-68 所示。

(5) Env Sphere(环境球)可以在其 Image(图像)属性上添加纹理贴图,直接把图片贴到一个球上模拟物体所处的环境。Shear UV(斜切 UV)和 Flip(翻转)可以调整纹理的位置,如图 3-69 所示。

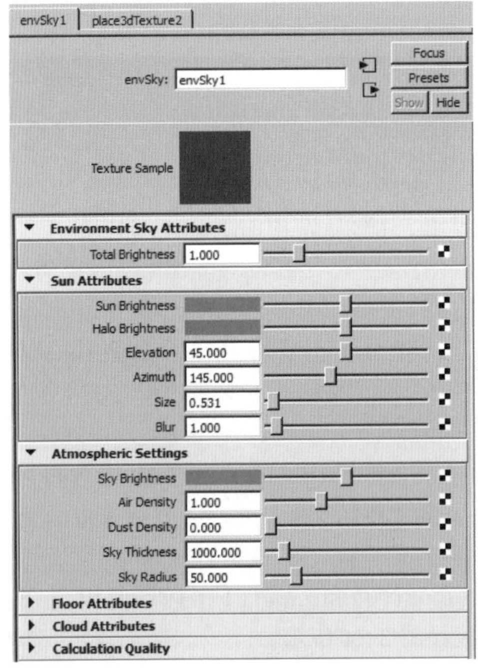

图　3-68

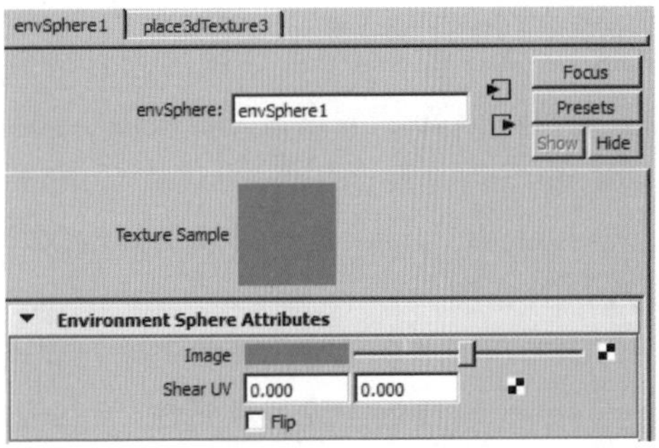

图　3-69

3.7.5 Other Textures(Layered Texture)(分层纹理)

分层纹理图标如图 3-70 所示。与 Layered Shader(层材质)类似。我们可以使用 Layered Texture 混合其他纹理,如 Noise、Cloud、Stucco 等等,就像 Photoshop 的图层那样,还可以设定混合模式。

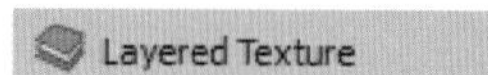

图 3-70

Layered Texture 的每个层有个 Color(色彩)属性,可以将其他纹理连接到 Color(色彩)属性上,还可以调整每个图层的 Alpha 值。图层的 Blend Mode(混合模式)有 None(无)、Over(覆盖)、In(内部)、Out(输出)、Add(相加)、Subtract(相减)、Multipy(相乘)、Difference(差集)、Lighten(变亮)、Darken(变暗)、Saturate(饱和度)、Desaturate(降低饱和度)、Illuminate(照亮),其他参数有 Layer is Visible(图层可见)和 Alpha is Luminance(Alpha 为亮度),如图 3-71 所示。

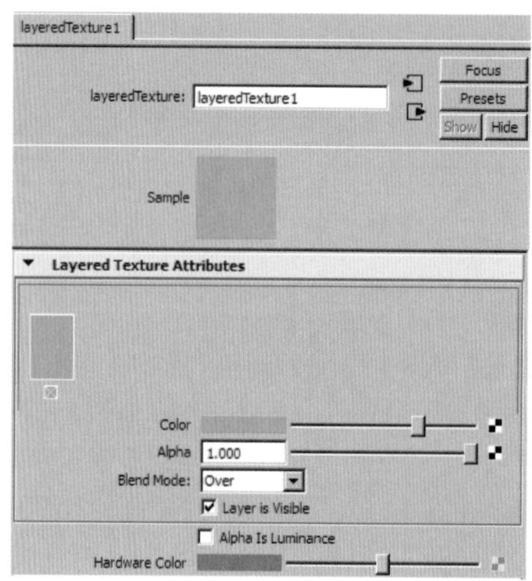

图 3-71

3.8 Utilities(工具)

Maya 中内置的工具图标如图 3-72 所示。本书中只对灯光材质常用的工具详细介绍。

其中:

(1) Array Mapper(数组映射器)一般用于粒子,如为粒子添加 Per Particle Attribute(每粒子属性)时,如 rgbPP,可以为粒子着色。如果使用纹理贴图或者 Ramp 节点为粒子着色时,Maya 通过 Array Mapper 节点将 Ramp 或贴图的色彩映射到每个粒子上,因为粒子不像多边形带有 UV 信息,故必须使用 Array Mapper 节点来完成纹理空间到粒子的映射。

(2) Blend Color(混合颜色)可以将 Color1 和 Color2 混合输出,Blender(混合器)参数可以控制混合权重。Color1 和 Color2 也可以接受其他纹理的输入。常常使用 Blend Color 节点来混合两种纹理或者色彩,如图 3-73 所示。

(3) Blend Two Attr(融合属性)这个节点是融合 input(0)和 input(1)的值,使用混合函数的 attributesblender 属性指定的节点属性,节点的属性面板如图 3-74 所示。

融合属性节点的输出属性的值的计算结果:

```
output = (1 - attributesBlender) * input(0) + attributesBlender * input(1)
```

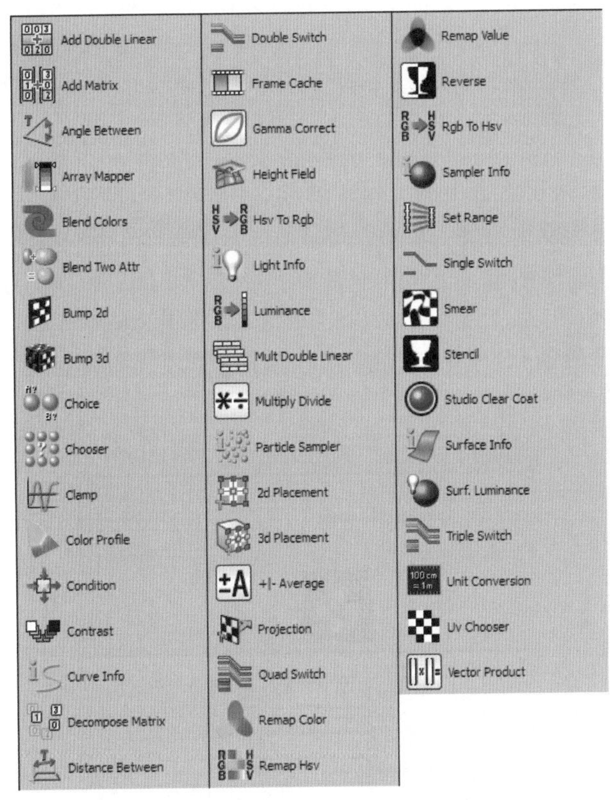

图　3-72

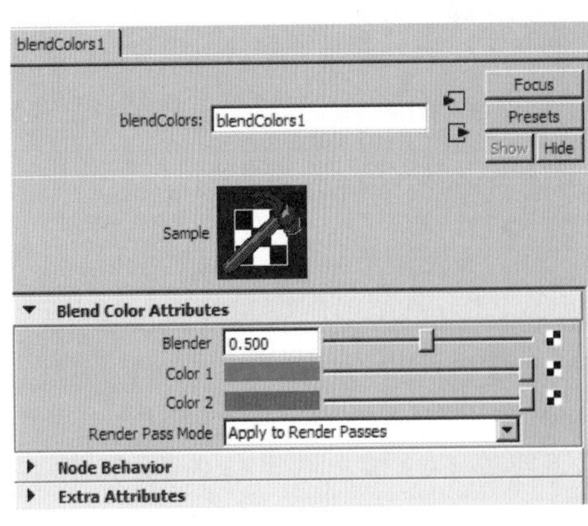

图　3-73

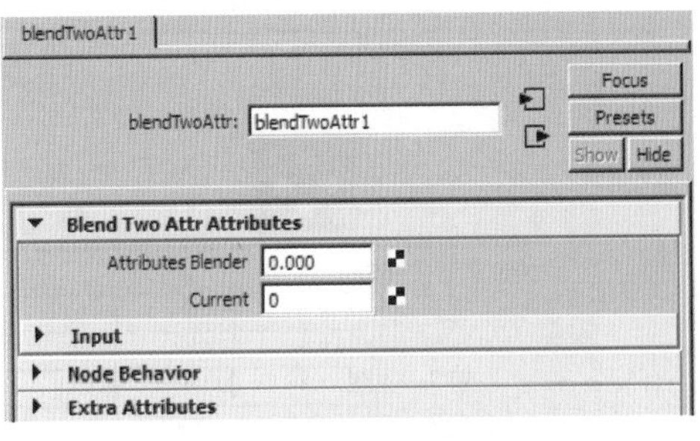

图　3-74

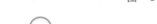

提示

Input(0)、Input(1)参数的输入，可以通过 Connection Editor(属性连接器)输入参数。

(4) Bump 2d(2d 凹凸节点)可以表现凹凸效果。通过 Bump 2d 节点，可以不通过建模，而是改变模型表面的法线，从而实现凹凸效果，如图 3-75 所示。一般来说，不需要单独创建 Bump 2d 节点，常用的凹凸纹理使用方法是直接将 2D 纹理拖动到材质球的 bump map 属性上，Maya 会自动在材质球与纹理之间插入 Bump 2d 节点。

图　3-75

(5) Bump 3d(3d 凹凸节点)与 Bump 2d 节点类似，将 3D 纹理转化为凹凸贴图，同样可以表现凹凸效果。但 Bump 3d 是连接 3D 纹理与材质球的，而 Bump 2d 是连接 2D 纹理与材质球的。

(6) Choice(选择节点)支持在多个输入之间选择一个输入，以此控制通过图表的数据流。

(7) Clamp(夹具节点)可隔离相对复杂的纹理中的颜色。这在创建复杂的着色器网络时非常有用。

它根据设定的 Min(最小)和 Max(最大)参数，来对 Input 作裁剪缩放，然后输出。Clamp 节点与 Set Range 节点类似，但少了 Old Max / Old Min 参数。经常使用 Clamp 节点限定输出值的范围，例如，把由纹理的输入值限定到 Color 所能接受的数值范围内，节点的属性面板如图 3-76 所示。

使用程序表达 Clamp 节点的含义如下。

```
if(Input>Min&&Input<Max) Output=Input;
if(Input<Min) Output=Min;
if(Input>Max) Output=Max;
```

(8) Condition(条件节点)可以作判断,相当于编程语言中的 if-else 语句。Condition 节点可以完成很多工作,典型的用法是使用 Condition 节点制作双面材质。Condition 节点中含有两个输入条件:First Term(条件 1)、Second Term(条件 2),而判断标准是 Operation(运算),含有 Equal(等于)、Not Equal(不等)、Greater Than(大于)、Greater or Equal(大于或等于)、Less Than(小于)、Less or Equal(小于或等于);输出结果是 Color If Ture(真值时的色彩)和 Color If False(假值时的色彩),节点的属性面板如图 3-77 所示。

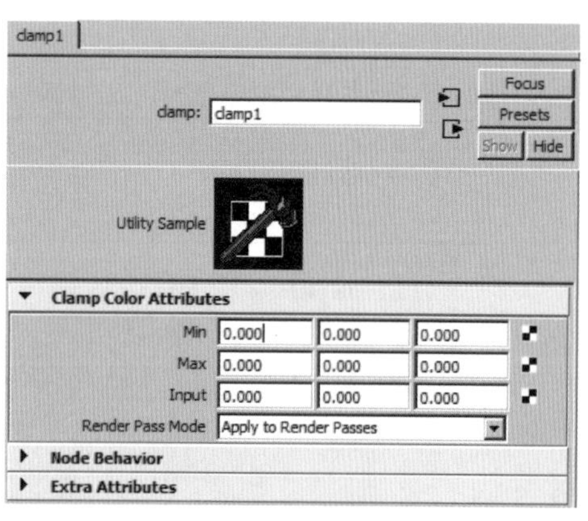

图 3-76

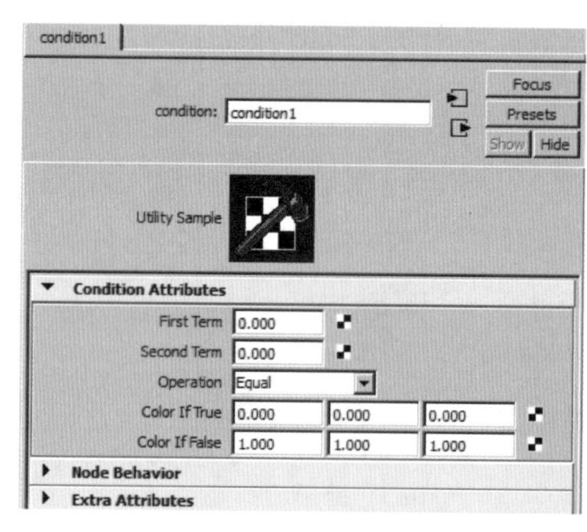

图 3-77

如果使用程序语言,编写出的代码如下。

```
if("First Term" operation "Second Term")
  {
  Outcolor = Color If Ture;
  }
else
  {
  Outcolor = Color If False;
  }
```

(9) Contrast(对比节点)可以增加或降低纹理的对比度,也可以单独控制 R、G、B 通道的对比度,并输出。Value 属性可以接受其他纹理的输入,"对比度"(Contrast)参数可以调整 RGB 通道的对比度。如果增大"对比度"(Contrast),明亮的颜色会变得更亮,而暗颜色会变得更暗;如果减小对比度,可以使所有颜色更接近中间范围。偏移(Bias)属性控制该范围的中心,此节点的属性面板如图 3-78 所示。

(10) Distence Between(间距节点)计算两点间的距离。Distence Between 节点的 Point1 和 Point2 可以接受其他输入,如 Locater(定位器)、灯光、Camera 中心等,输出二者的距离。故可以使用 Distence Between 节点测量灯光与物体,或者物体与摄像机间的距离,并输出距离值。

Distence Between 节点的工作原理和 Measure Tool(测量工具)类似,如果 Point1 坐标是(x1,y1,z1),Point2 坐标是($x2,y2,z2$),则它们的距离为 Sqrt[($x1-x2$) * ($x1-x2$) + ($y1-y2$) * ($y1-y2$) + ($z1-z2$) * ($z1-z2$)]。间距节点参数面板如图 3-79 所示。

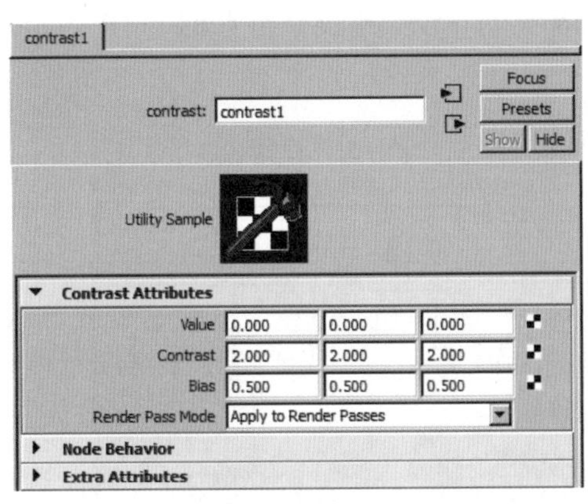

图 3-78

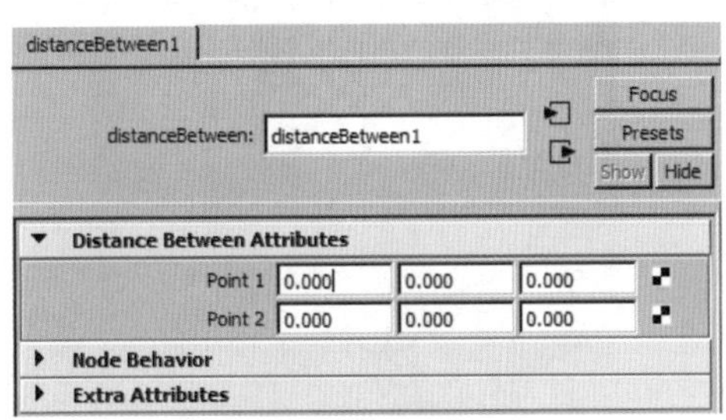

图 3-79

(11) Double Switch(双通道开关节点)可以接受双通道属性的输入。inShape 栏可以列出材质球所赋予的模型表面,inDouble 栏可以列出或者连接对应的双通道属性,如 2d Placement 的 Repeat UV、Translate Frame 等属性,以控制同一个材质球下的不同的纹理。属性面板如图 3-80 所示。

(12) Gamma Correct(伽马校正节点)可以平滑地重映射图像中的颜色。极端值(非常亮或非常暗)不会更改太多,但可以使中等范围的色调变得更亮或更暗。

使用该工具可以为输入的 3 个通道指定不同的 Gamma 值。计算 Gamma 的典型公式如下:

new == old ** (1.0/Gamma)

节点属性面板如图 3-81 所示。

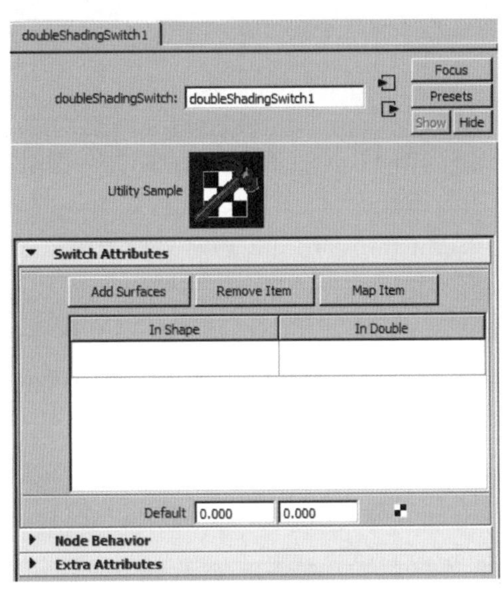

图 3-80

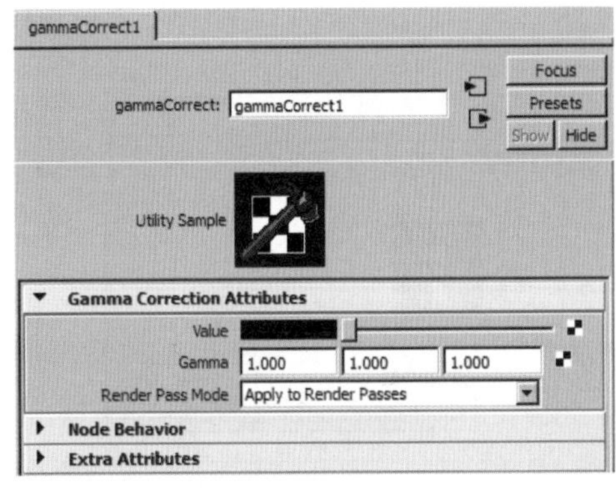

图 3-81

(13) 使用 Height Field(高场节点)时,Maya 会自动创建一个平面,该平面以交互方式显示 2D 纹理或“海洋着色器”(Ocean Shader)的置换。

这样可以快速预览 Displacement(置换)效果,可以交互调整预览面的 Resolution(分辨率)、Color(色彩)、Height Scale(高度缩放),从而改善置换效果。使用该平面预览置换效果后,通过将相同纹理置换映射到目标着色器来重新创建置换效果。

Height Field 节点的用法:将其他纹理贴图用中键拖动到 Height Field 节点的 Displacement 属性上即可。Maya 中的海洋预览面(Preview Plane)就是使用 Height Field 节点生成的。使用 Height

Field 节点预览 Displacement(置换)很快而且方便,如图 3-82 所示,棋盘格节点的 outAlpha 属性连接到高场节点的 displacement 属性后的效果。

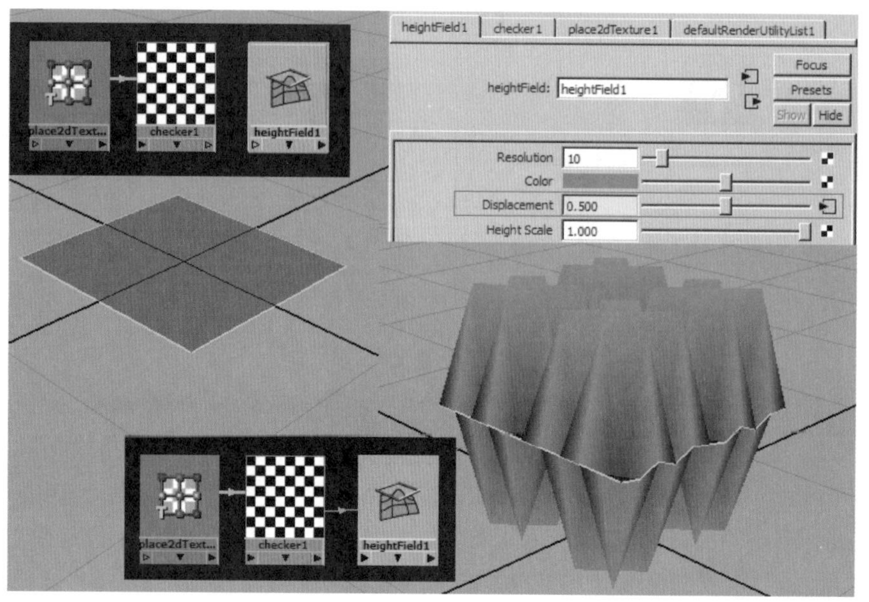

图 3-82

注意

Height Field 节点生成的置换表面无法被 Maya Software 渲染出来,只能用来预览或参考。

(14) Hsv to Rgb(HSV 转换为 RGB 节点)可以将输入的 HSV 色彩空间转换为 RGB 色彩空间,In Hsv 属性接受其他纹理的输入,得到 HSV 值,Out Rgb 属性为输出的 RGB 值,如图 3-83 所示。

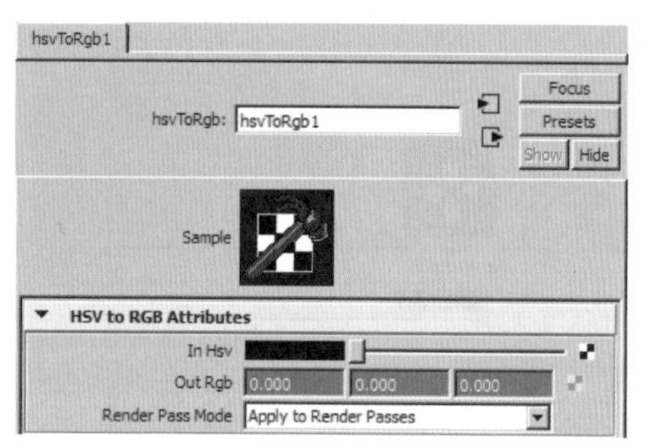

图 3-83

(15) Light Info(灯光信息)与采样器信息节点类似,使用"灯光信息"(Light Info)工具节点可以获取灯光相对于纹理的位置的信息。当纹理上每个点都着色后,"灯光信息"的属性可以确定从灯光到着色点的精确距离。

可提供以下信息:

- 灯光在世界空间的位置;
- 灯光照射的方向(如果它不是点光源);
- 从灯光到着色点的距离。

使用 Light Info 节点可以制作一些跟光照方向、灯光位置等相关的质感特效。

(16) Luminance(亮度节点)可以将纹理的 RGB 三色通道转换为一个单通道的灰度值,作为亮度通道(Luminance)输出。具体的数学公式如下。

$$Luminance = 0.3 * Red + 0.59 * Green + 0.11 * Blue$$

(17) Multiply Divide(乘除节点)对 Input1 和 Input2 作乘除、乘方运算,并输出运算结果。Operation(运算)方式有 No operation(无运算)、Multiply(乘)、Divide(除)、Power(乘方),如图 3-84 所示。

用数学公式表示,如下。

设定 Input1 为$(x1,y1,z1)$，Input2 为$(x2,y2,z2)$；

当 Operation(运算)方式为 No operation(无运算)时，Output＝Input1；即：

```
output_X = x1;
output_Y = y1;
output_Z = z1;
```

当 Operation(运算)方式为 Multiply(乘)时，Output＝Input1 * Input2；即：

```
output_X = x1 * x2;
output_Y = y1 * y2;
output_Z = z1 * z2;
```

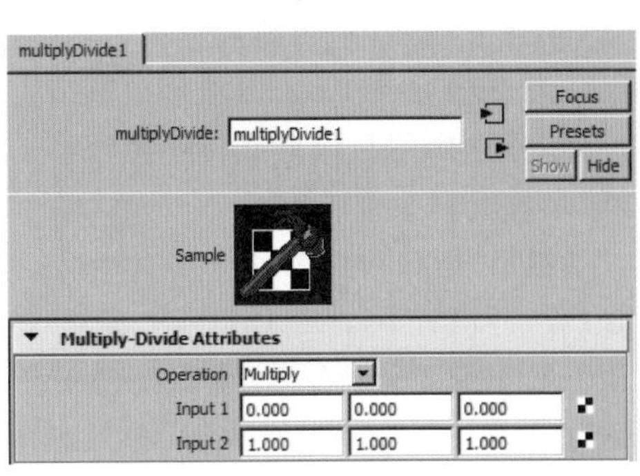

图 3-84

当 Operation(运算)方式为 Divide(除)时，Output＝Input1/Input2；即：

```
output_X = x1/x2;
output_Y = y1/y2;
output_Z = z1/z2;
```

当 Operation(运算)方式为 Power(乘方)时，Output ＝ power(Input1，Input2)；即：

```
output_X = power(x1, x2);
output_Y = power(y1, y2);
output_Z = power(z1, z2);
```

如：

```
power(4,0.5) = 4^0.5,(对 4 开方).
power(5, 2) = 5 * 5,
power(5,4) = 5 * 5 * 5 * 5.
```

(18) Particle Sampler(粒子取样节点)可以输出粒子的 UV Coord(Uv 坐标)、每粒子(per-particle)属性如 rgbPP(每粒子色彩)和 opacityPP(每粒子不透明度)等，以及粒子相关的 5 个标量和 5 个矢量、粒子的 birthPosition 和 worldBirthPosition 等。

使用 Particle Sampler 节点可以更好地控制粒子，如果把 Particle Sampler 的 rgbPP、opacityPP 等属性连接到相应的粒子材质上(如 Particle Cloud)，就可以使用 Maya Software 渲染出 rgbPP、opacityPP 等效果，而不使用 Particle Sampler 节点，就只能硬件渲染了，如图 3-85 所示。

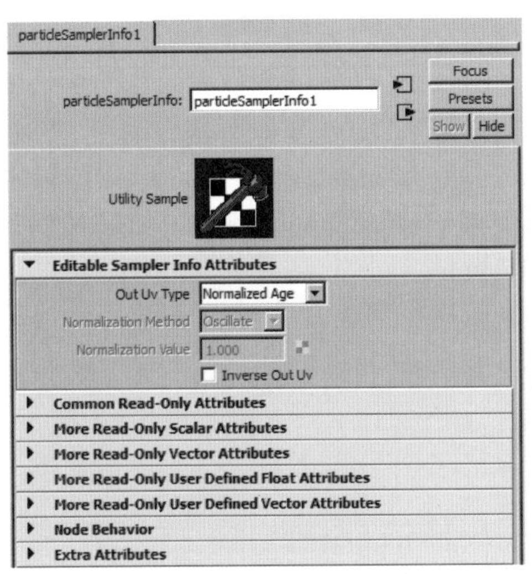

图 3-85

(19) 2d Placement(2d 纹理放置节点)可以控制纹理在模型表面的位置、方向、重复等，其参数有 Interactive Placement(交互放置)、Coverage(覆盖范围)、Translate Frame(平移帧)、Rotate Frame(旋转帧)、Mirror U(U 向镜像)、Mirror V(V 向镜像)、Wrap U(U 向重叠)、Wrap V、(V 向重叠)、Stagger(交错)、Repeat UV(UV 重复)、Offset(UV 偏移)、Rotate UV(旋转 UV)、Noise UV(UV 随机)等。

一般不需要单独创建 2d Placement 节点，在创建 2D 纹理时，如 Checker、Coth 等，Maya 都会自动创建 2d

Placement 节点并于 2D 纹理作相应的连接，如图 3-86 所示。

(20) 3d Placement(3d 纹理放置节点)与 2d Placement 节点类似，但用于 3D 纹理的放置。可定义世界空间中的 3D 纹理或“环境”(Environment)纹理的定位和方向，这能简化多个曲面的纹理放置(就像是放置到一个曲面)。

参数有 Translate(变换)、Rotate(旋转)、Scale(缩放)、Shear(切变)、Interactive Placement(交互放置)等，但没有 Repeat UV(UV 重复)等参数。

一般不需要单独创建 3d Placement 节点，在创建 3D 纹理时，如 Leather、Marble 等，Maya 都会自动创建 3d Placement 节点并于 3D 纹理作相应的连接，如图 3-87 所示。

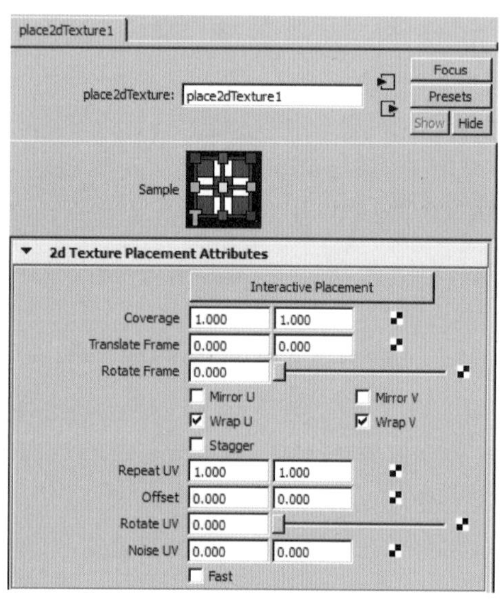

图 3-86

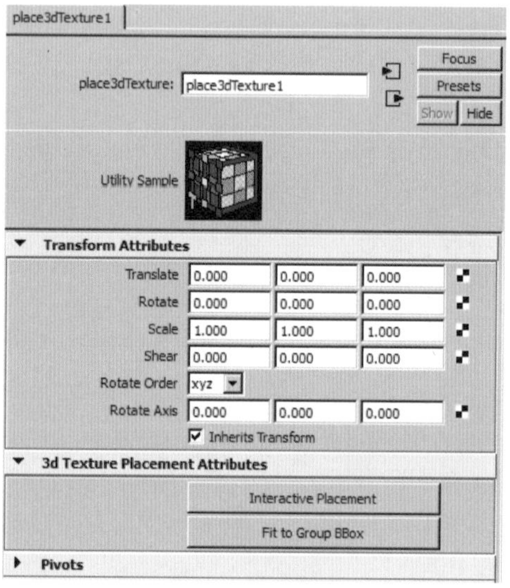

图 3-87

(21) +/− Average(加减平均节点)可以接受其他纹理或节点的输入，然后输出运算结果。Operation(运算)方式有 No operation(无运算)、Sum(求和)、Subtract(求差)、Average(平均值)。

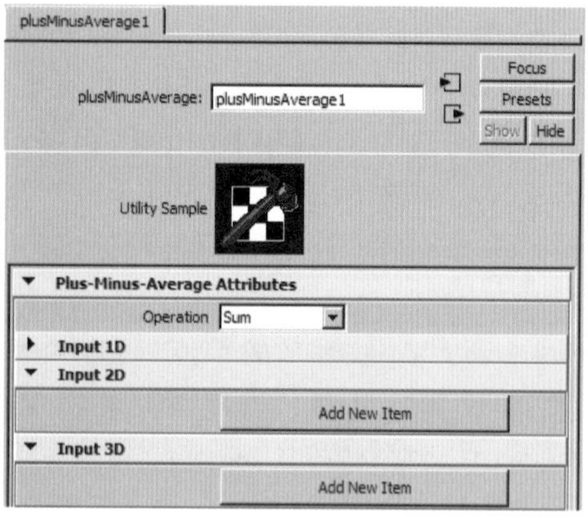

图 3-88

“加减平均”(Plus Minus Average)工具包含 3 个部分：两个或两个以上的输入属性、要应用于这些输入属性的运算符以及控制操作结果的输出属性，如图 3-88 所示。

使用+/− Average 节点，可以简单的混合两个以上的纹理的效果。用数学公式表示如下。

如果输入的参数为 3d 的(含 3 个变量，如色彩的 3 个 rgb 分量)，则 Maya 显示 Input3D[n]。如果输入的参数为 1d 的(如 Ahpha)，则 Maya 显示 Input1D[n]。

下面以 Input3D[n]为例说明。

当 Operation(运算)方式为 No operation(无运算)时，

Output=Input3D[1]；

当 Operation(运算)方式为 Sum(求和)时，

Output=Input3D[1] + Input3D[2] + Input3D[3] + … + Input3D[n]；

当 Operation(运算)方式为 Subtract(求差)时，

Output＝Input3D[1] － Input3D[2] －Input3D[3] － … － Input3D[n]；

当 Operation(运算)方式为 Average(平均值)时，

Output＝(Input3D[1] ＋ Input3D[2] ＋ Input3D[3] ＋ … ＋ Input3D[n])/ n；

(22) Projection(投影节点)将任何 2D 纹理转化为可以放置在表面上的 3D 纹理，用于调整表面上的纹理放置。

Proj Type(投影方式)有 Planar(平面)、Spherical(球形)、Cylindrical(柱形)、Ball(球形)、Cubic(立方体的)、Triplanar(三角的)、Concentric(同心的)、Perspective(透视的)。

其他参数有 Interactive Placement(交互放置)、Fit To BBox(与包围盒匹配)、Image(图像)、U Angle(U 角度)、V Angle(V 角度)等，其中 Image(图像)属性可以接受其他纹理节点的输入。通常 Projection(投影)节点常用于 NURBS 类型的模型，使用 Projection(投影)节点可以在 NURBS 表面上定位贴图的位置，因为对于 NURBS 曲面来说，没有 UV 点，不像多边形那样可以自由分配和编辑 UV，如图 3-89 所示。

(23) Quad Switch(四通道开关节点)可以接受四通道属性的输入，主要是针对 mental ray 的 RGBA 四通道的色彩模式。InShape 栏可以列出材质球所赋予的模型表面，InQuad 栏可以列出或者连接对应的四通道属性，如纹理、材质的色彩(RGBA 模式)，如图 3-90 所示。

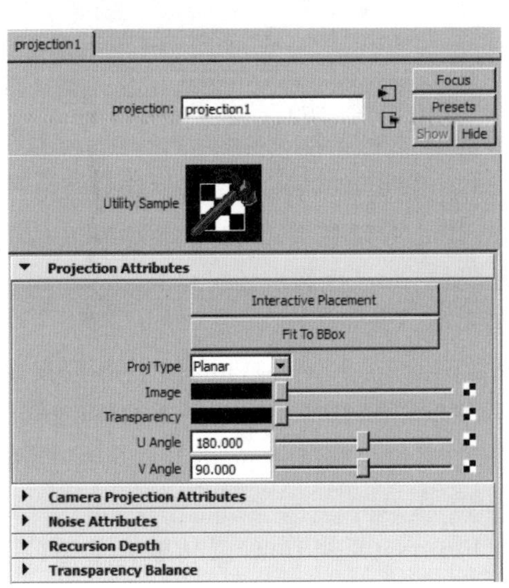

图　3-89

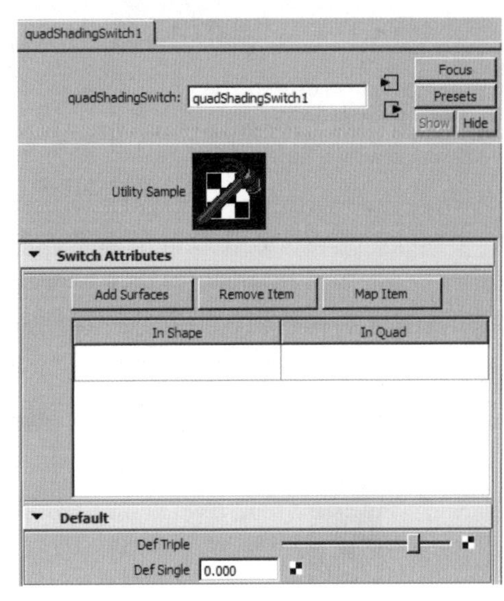

图　3-90

(24) Remap Color(重映射颜色)中的 Color(色彩)属性可以接受其他纹理的输入，Red(红)、Green(绿)、Blue(蓝)属性则可以单独控制三色通道，还可以在 Input and Output Range(输入和输出范围)下设定色彩输入输出的最大最小值。

可以使用 Remap Color 节点调整纹理的色彩，得到丰富的色彩效果；当然，Remap Color 节点不仅仅适用于色彩调整，因为是三色通道，所以还可以对物体的 TranslateXYZ、RotateXYZ 等属性有效。因此还可以使用 Remap Color 节点制作物体的动画，如图 3-91 所示。

(25) Remap Hsv(重映射 HSV)会将 RGB 输入转化为 HSV，并使用单独的 HSV 渐变进行重映射，然后将结果转化为颜色输出。

还可以在 Input and Output Range(输入和输出范围)下设定色彩输入输出的最大最小值。

可以使用 Remap Hsv 节点调整纹理的色彩，得到丰富的色彩效果，如果设定 Saturation(饱和度)全为 0，可以得到黑白的灰度纹理；如果设定 Value(明度)的左侧为 1，右侧为 0，则可以得到反相的效果。Remap Hsv 节点与 Remap Color 节点很类似，但 Remap Color 节点可以单独控制色彩的 RGB 通道，而 Remap Hsv 节点可以单独控制色彩的 Hue(色相)、Saturation(饱和度)、Value(明度)。

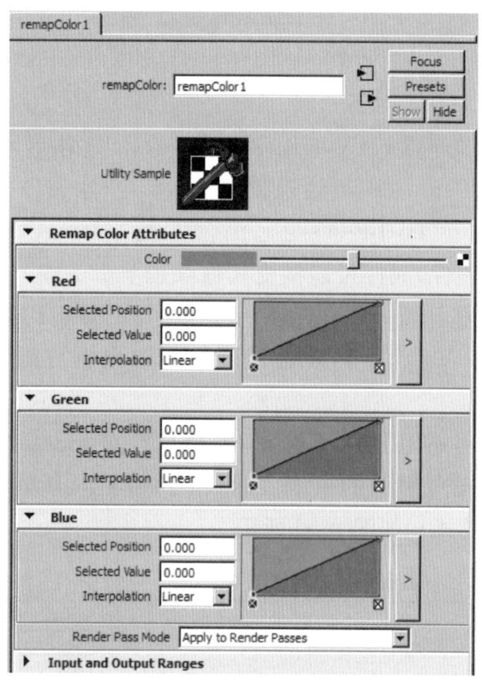

图 3-91

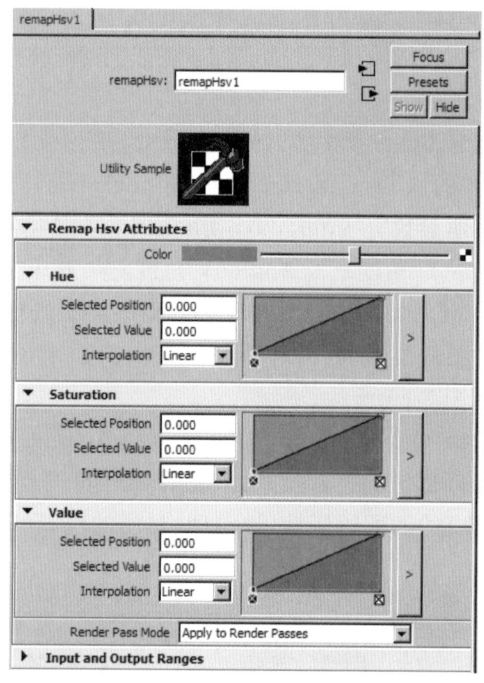

图 3-92

(26) Remap Value(重映射值节点)中的 Input Value 可以接受其他单通道数值的输入(如 Alpha、facingRatio 等)，然后可以自由设定 Value(色值)和 Color(色彩)，还可以在 Input and Output Range(输入和输出范围)下设定色值输入输出的最大最小值。

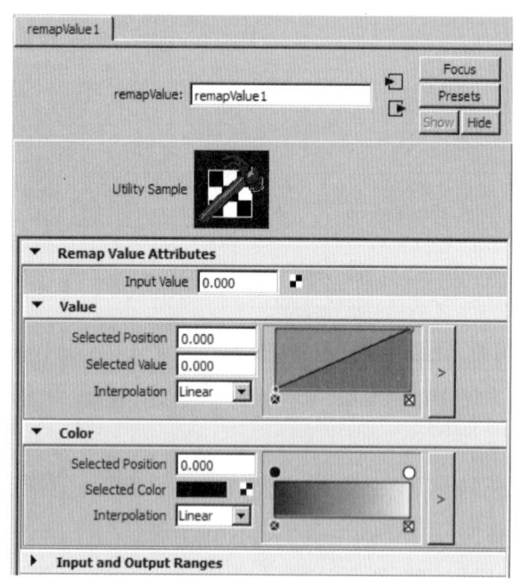

图 3-93

需要说明的是：Remap Value 节点不仅仅局限于色彩色值方面的应用，其他任意单通道的值(如反射强度、凹凸值等等)都可以输入 Remap Value，进行调整和动画，如图 3-93 所示。

(27) Reverse(反相节点)反转输入的值(有时为相反数)，并输出。例如，输入为白色，Reverse 节点输出黑色，输入为红色，Reverse 节点输出绿色；输入为 1，输出为−1。故我们常常使用 Reverse 节点实现反相功能。

(28) Rgb to Hsv(RGB 转换为 HSV 节点)可以将输入的 RGB 色彩空间转换为 HSV 色彩空间，In Rgb 属性可以接受其他纹理的输入，得到 RGB 值，Out Hsv 属性为输出的 HSV 值，如图 3-94 所示。

(29) Sampler Info(取样信息节点)可以获取模型表面上取样点的位置、方向、切线，相对于摄像机的位置等信息，其参数有 Point World(取样点世界坐标)、Point Obj(取样点局部坐标)、Point Camera(取样点摄像机空间坐标)、Normal Camera(摄像机法线)、Uv Coord(UV 坐标)、Ray Direction(视线方向)、Tangent UCamera(摄像机 U 向切线)、Tangent VCamera(摄像机 V 向切线)、Pixel Center(像素中心)、Facing Ratio(朝向率)、Flipped Normal(反转法线)。

Sampler Info 节点使用很频繁，例如，制作双面材质时，需要使用 Flipped Normal（反转法线）属性；制作水墨效果或是 X 光材质时，需要使用 Facing Ratio（朝向率）属性等，如图 3-95 所示。

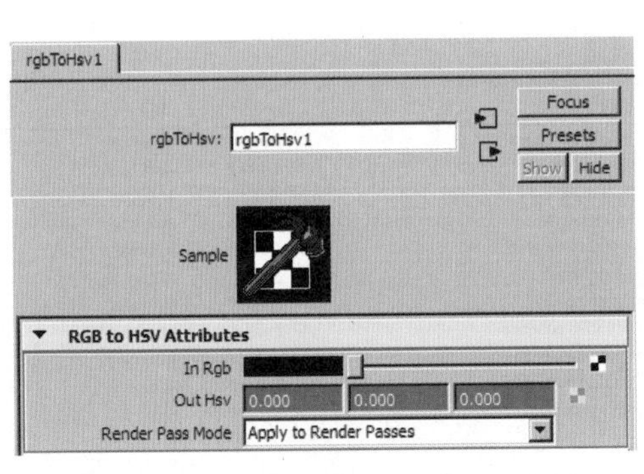

图 3-94

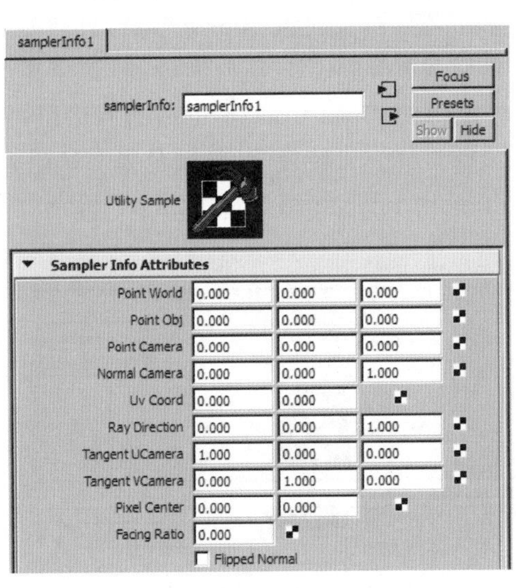

图 3-95

（30）Set Range（设置范围节点）可以将输入值进行一定比例的缩放，然后输出，其参数有 Value、Min/Max、Old Max / Old Min。其中 Value 可以接受其他纹理的输入，Min/Max 为缩放后的最小最大值，Old Min /Old Max 为原来的最小最大值，如图 3-96 所示。

用数学公式表示如下：

Output＝Min＋(Value－Old_Min) * (Max － Min)/(Old_Max － Old_Min)

（31）Single Switch（单通道开关节点）可以接受单通道属性的输入。inShape 栏可以列出材质球所赋予的模型表面，inSingle 栏可以列出或者连接对应的单通道属性，如 2d Placement 的 Rotate UV、材质的 Bump 纹理、Diffuse 纹理、Glow Intensity 等属性，可以控制同一个材质球下的不同的纹理，如图 3-97 所示。

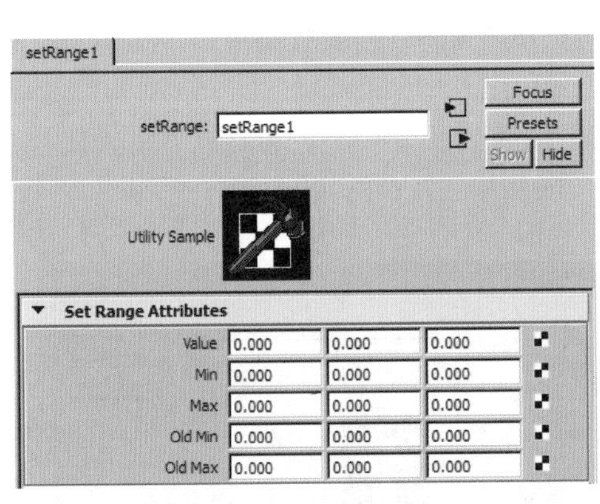

图 3-96

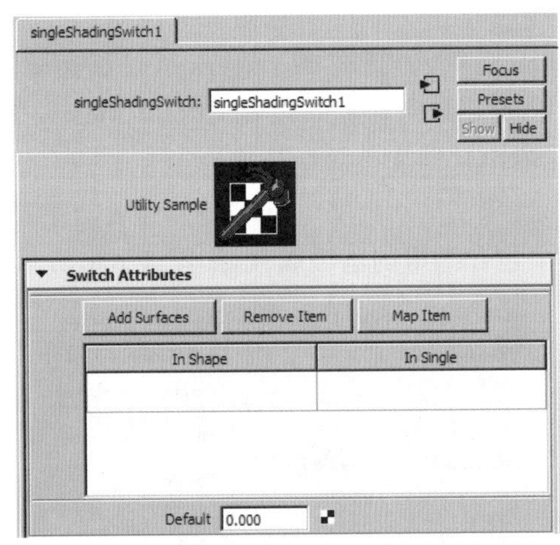

图 3-97

（32）Stencil（蒙板节点）将任何图像输入映射到物体（例如，着色网络或文件纹理）。可以通过遮罩输入图像来控制曲面的覆盖方式，或叠加不同纹理并控制纹理的可见部分，或标签映射曲面。

Image（图像）可以接受其他纹理节点的输入，Edge Blend（边缘混合）和 Mask（遮罩）可以调整纹理混合情况，当然 Mask(遮罩)属性也可以接受其他纹理的输入。而 HSV Color key(HSV 色键)属性下可以设定要去除的色彩，如图 3-98 所示。

通常不需要单独创建 Stencil 节点，只需要选择 2D 纹理为 As Stencil(标签)模式即可。在创建纹理节点的时候，Maya 会自动创建 Stencil(标签)节点，并与纹理作相应的连接。

(33) Studio Clear Coat(Studio 透明涂层)控制反射，根据查看方向和曲面方向之间的关系会以不同方式反射灯光。可转换 RGB 颜色为 UV 坐标偏移。使用时需要从插件管理器中调用该工具，插件(studioImport. mll)，如图 3-99 所示。

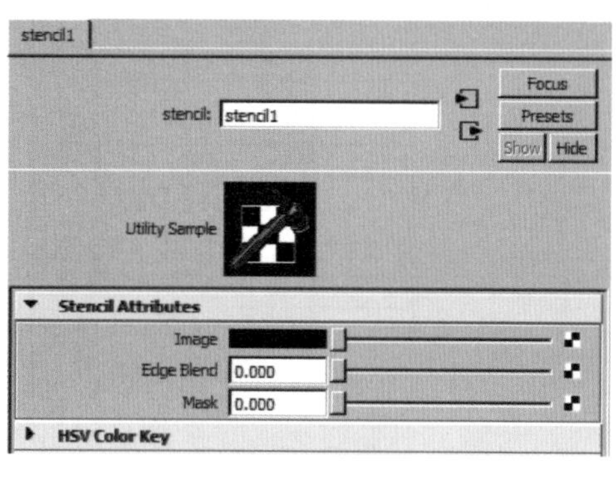

图 3-98

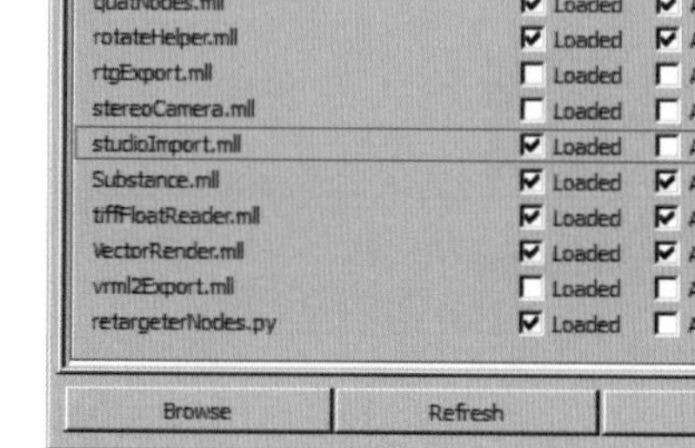

图 3-99

插件打开路径如图 3-100 所示。

(34) Surf. Luminance(曲面亮度节点)可返回物体表面的光照信息。物体上由光源照明的位置，将显示纹理。物体上未照明的位置(如远离光源或位于阴影区域的多边形)，不会出现纹理。

使用 Surf. Luminance 节点，可以表现某些与光照相关的特效，例如，把 Surf. Luminance 的输出连接到 Bump Depth(凹凸深度)上，则光照强的部分凹凸强烈，光照弱的部分凹凸减弱。

(35) Triple Switch(三通道开关节点)可以接受三通道属性的输入。inShape 栏可以列出材质球所赋予的模型表面，inTriple 栏可以列出或者连接对应的三通道属性，如纹理的 outColor、Color Offset、Color Gain 属性，可以控制同一个材质球下的不同的纹理。

(36) Vector Product(向量积节点)将一个向量与另一个向量或一个矩阵相乘，并输出运算结果。Operation(运算)方式有 No operation(无运算)、Dot Product(点乘)、Cross Product(叉乘)、Vector Matrix Product(向量矩阵相乘)、Point Matrix Product(点矩阵相乘)。最后还可以 Normalize Output(规格化输出)，即变换向量长度为 1。

“向量积”(Vector Product)节点包含 3 个部分：两个输入属性，一个应用于两个输入属性的运算符和一个包含结果的输出属性，如图 3-101 所示。

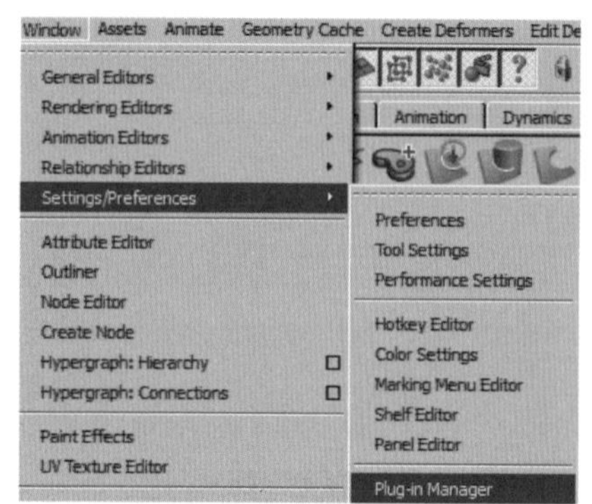

图 3-100

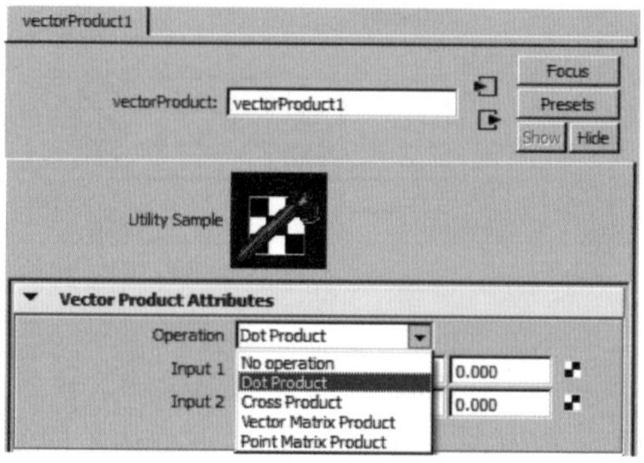

图 3-101

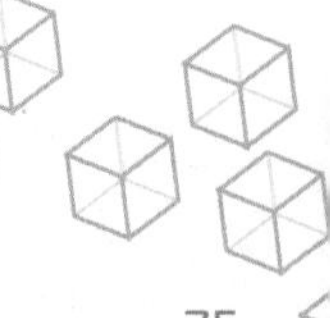

用数学公式表示如下。

设定 Input1($x1$,$y1$,$z1$),Input2($x2$,$y2$,$z2$),则:

① 点乘:

Input1 . Input2=|Input1| * |Input2| * cosθ= $x1*x2+y1*y2+z1*z2$;

② 叉乘:

Input1 ^ Input2= =($y1*z2-y2*z1$, $x2*z1-x1*z2$, $x1*y2-x2*y1$);

(37) Image Plane(图板节点)可以引入摄像机图板,在图板上赋予相应的贴图或纹理,可以在建模或动画时作为参考,或者作为动画时的环境。图板与相应的摄像机作连接,无论摄像机怎么旋转,图板都会始终正对着摄像机。

一般来说,创建 Image Plane 的简单方法是在相应的摄像机视图中,在面板菜单上选择命令 View|Image Plane|Import Image,这样 Maya 会自动在相应的摄像机上创建 Image Plane 并作连接。

(38) Optical FX(光学特效节点)与灯光配合,用来制作光学特效,如射线光、辉光、镜头光晕等。使用 Optical FX 的简单方法是在灯光的属性编辑器中的 Light Effects(灯光特效)标签下单击 Light Glow(灯光发射)后面棋盘格图标,即可快速创建 Optical FX 节点,并与灯光自动连接。

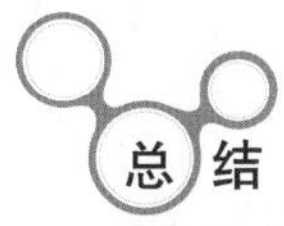

总结

本章的知识点比较多,介绍了材质编辑器的用法,还有在实际生产中会用到的与材质灯光有关的节点。虽然枯燥了些,但都是有用的知识;虽然在实际工作中有些节点用到的几率较低,但是仍需要了解、掌握,这样在需要时才能做到信手拈来。

第 4 章

UV拆分工具

Chapter 04

本章知识点

1. 理解UV。
2. UV的投射方式。
3. UV编辑器的使用。

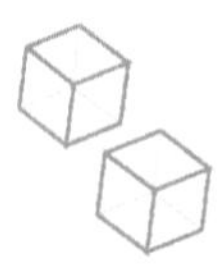

4.1　什么是 UV

模型完成后，默认情况下是灰色的，后续的工序将要给模型添加颜色、质感，在这个过程中首先接触的概念——UV 坐标。

UV 是模型表面的坐标，相关的图案需要根据坐标的位置放置。在多边形模型建好后，一般情况下 UV 坐标是错误的，如图 4-1 所示。

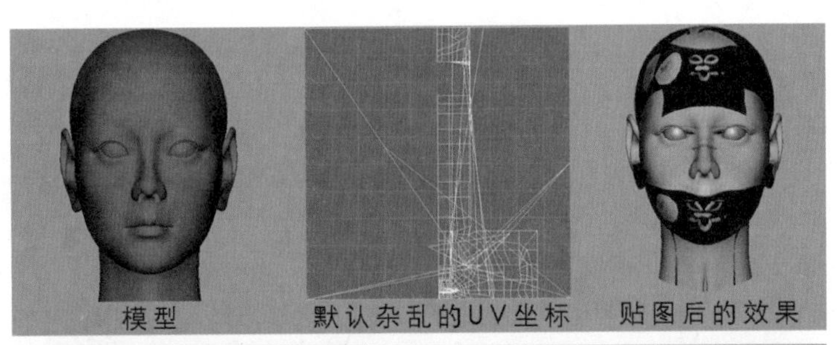

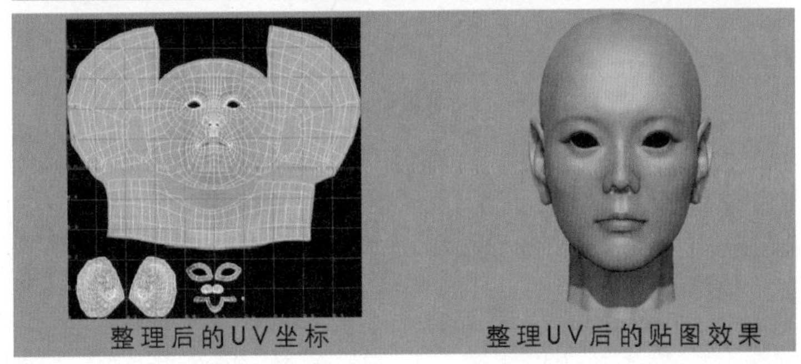

图　4-1

在三维空间中，描述物体的位置采用直角坐标系(X,Y,Z)，而描述二维纹理平面用另一套坐标体系(U,V)以区别于三维坐标系。

也可从另一个角度理解，以一个矿泉水瓶为例，如图 4-2 所示。

当模型完成后，需要在模型上添加图案，可以先将模型从三维状态拆分为二维平面状态，(这个平面就是 UV 坐标)，然后在二维状态下绘制图案，完成后再将图案贴回模型即可，如图 4-3 所示。

注意

矿泉水瓶举例中，标签与瓶子是分开的两个物体，但在三维模型上，UV 是在模型表面上的。

图　4-2

图　4-3

4.2 UV 投射方式

在为模型制作贴图之前，首先要将模型的 UV 展平，当 UV 平整，无重叠、无拉伸的状态，才可绘制贴图。

拆分模型的 UV 可以使用 Maya 中自带的工具，也可以使用相关的插件来完成。

使用 Maya 拆分 UV 前，首先要进行 UV 投射，投射方式共分为 5 种，在 polygons 模块下 Create UVs，如图 4-4 所示。

其中：

- Planar Mapping：平面投射；
- Cylindrical Mapping：圆柱投射；
- Spherical Mapping：球形投射；
- Automatic Mapping：自动投射；
- Create UVs Based On Camera：相机角度投射。

Create UVs　Edit UVs　Muscle　Pipeline Cach
Planar Mapping
Cylindrical Mapping
Spherical Mapping
Automatic Mapping
Create UVs Based On Camera

图　4-4

1. 平面投射

就是从 X、Y、Z 中任意一个角度进行投射，如图 4-5 所示。

2. 圆柱投射

以圆柱的方式进行投射，如图 4-6 所示。

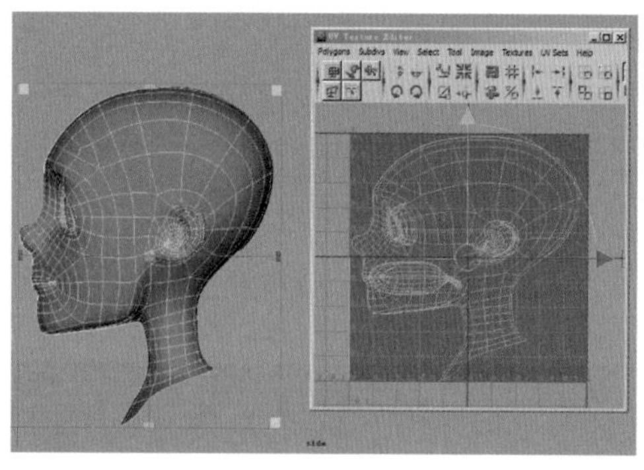

图　4-5

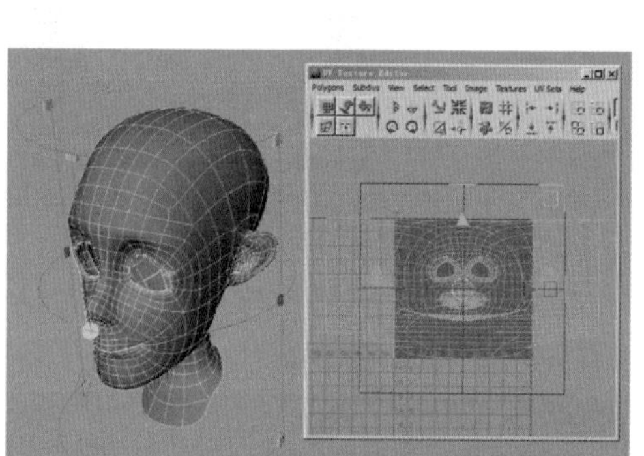

图　4-6

3. 球形投射

以球型的方式进行投射，如图 4-7 所示。

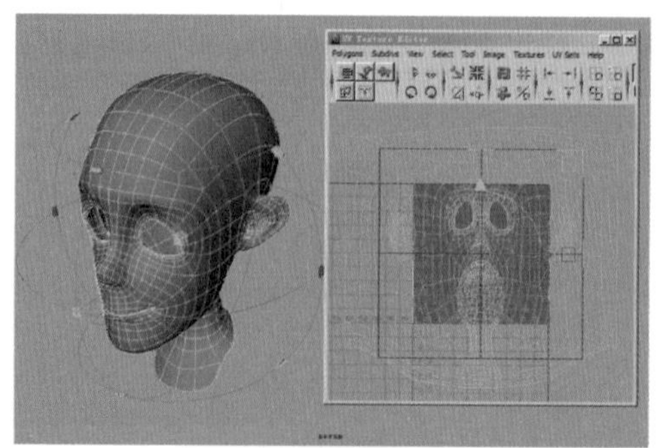

图　4-7

4. 自动投射

从上、下、左、右、前、后共六个角度同时投射，如图 4-8 所示。

5. 相机角度投射

从相机视角投射 UV，如图 4-9 所示。

根据不同的模型选择不同的 UV 投射方式，如头部、类似球体，一般会选择球形投射，以此为例，投射前选择合适的投射方式会大大减少工作量。对于复杂的角色模型，使用 Maya 的基本投射方式并不能将 UV 完全展开，还需要手动调整 UV。

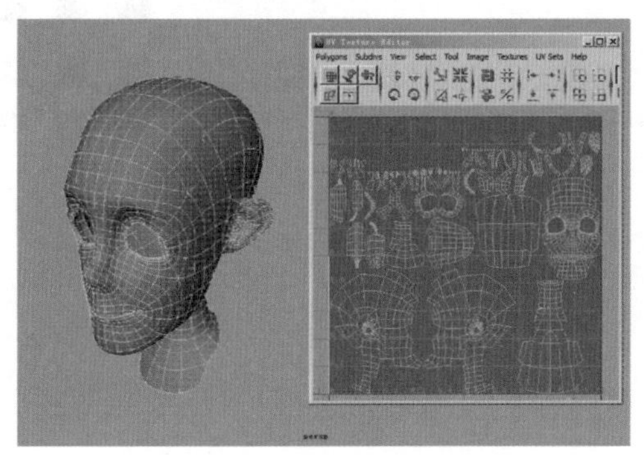

图　4-8

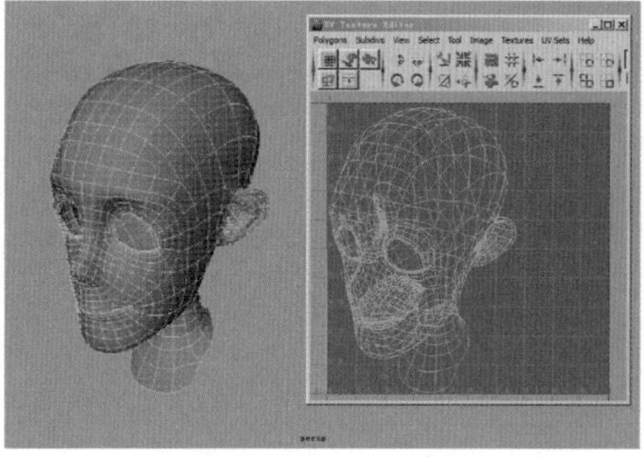

图　4-9

4.3　UV 纹理编辑器

在 Maya 中对 UV 进行各项操作的工具——UV 编辑器，执行菜单命令 Window | UV Texture Editor，打开 UV 编辑器，如图 4-10 所示。

UV 纹理编辑窗口，如图 4-11 所示。

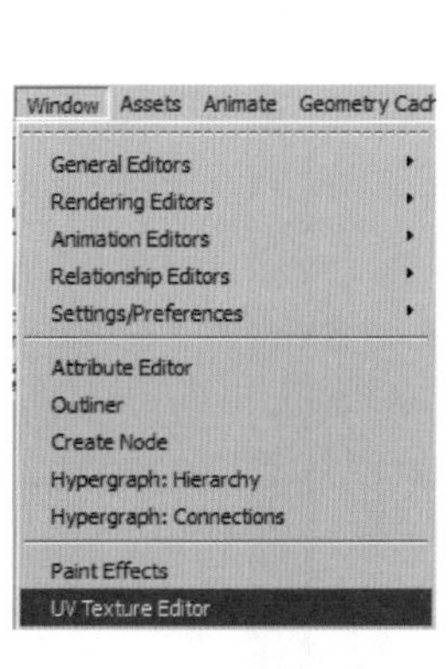

图　4-10

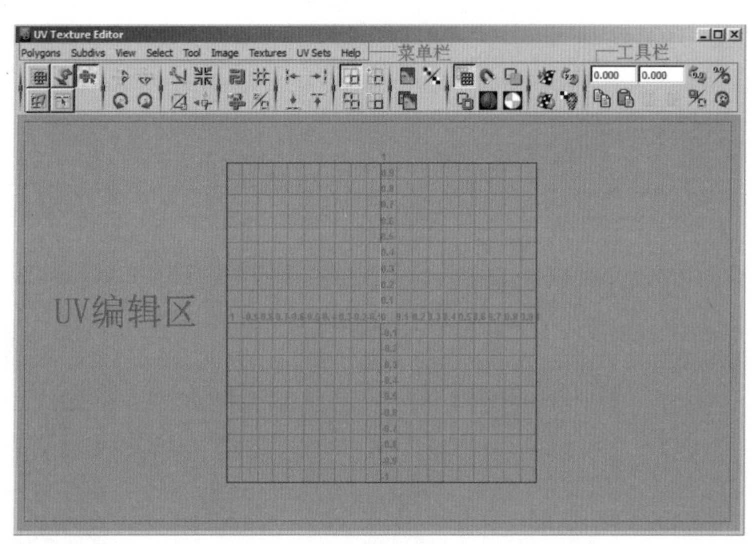

图　4-11

4.3.1　UV 编辑区

在 UV 编辑区中，分为 4 个大的格子，这是 4 个 UV 区域，主要的 UV 区域是在右上角的这个区域里，当我们为模型贴图后，选择模型，图片就会显示在右上角的这个区域中，如图 4-12 所示。

其他的 3 个区域则是重复右上角这个 UV 区域，但这 4 个区域的不同之处在于它们的 UV 坐标，如图 4-13 所示。

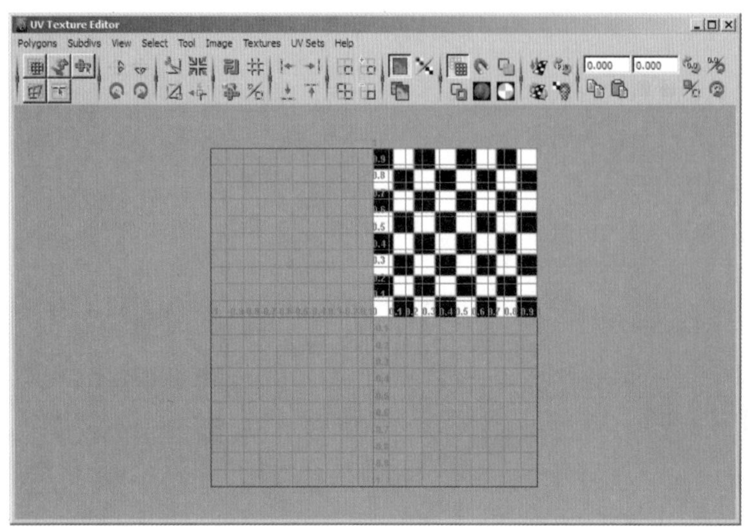

图 4-12

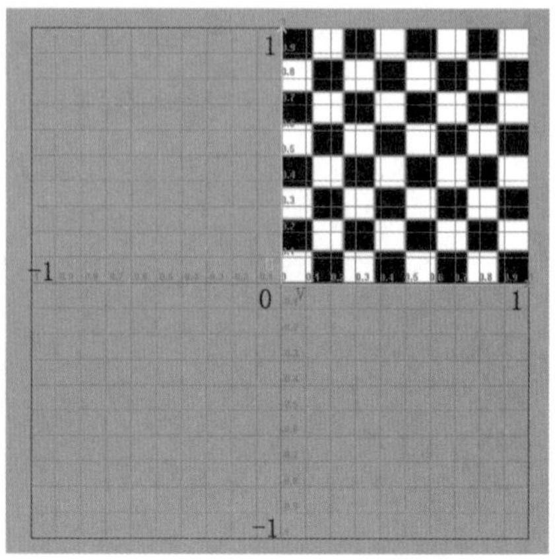

图 4-13

4.3.2 UV 工具和命令

UV 纹理编辑窗口中，命令菜单如图 4-14 所示。

在多边形模块，菜单命令栏中也有相应的命令，如图 4-15 所示。

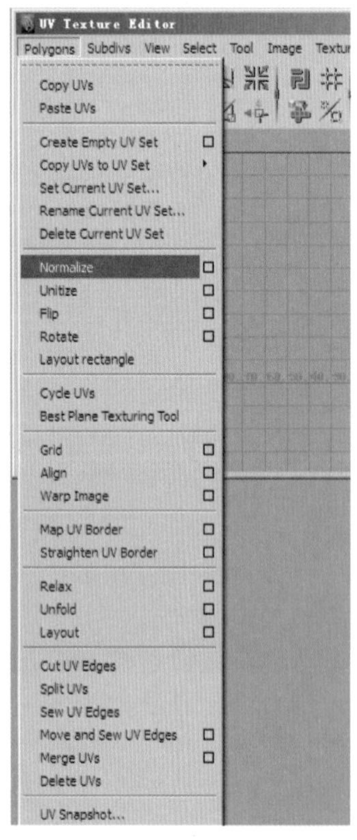

图 4-14

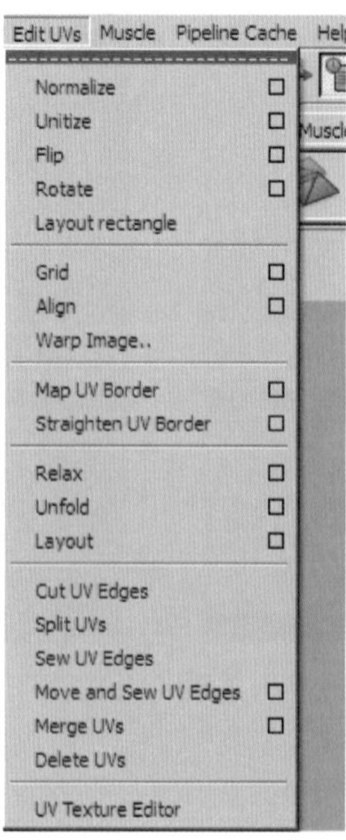

图 4-15

1. Normalize（规格化）

缩放选定面的 UV，使其位于 0～1 范围内的 UV 纹理空间。

参数说明如下。

(1) 选择 Collectively (整体)可整体规格化所有选定面的 UV。这意味着所有选定面的纹理坐标"整体"适配 0～1 纹理空间，这是默认设置，如图 4-17 所示。

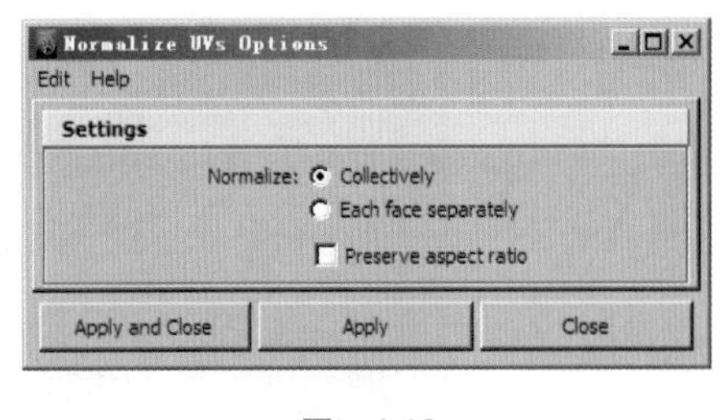

图 4-16

(2) Each face separately (每个面是独立的)命令分别规格化每个选定面的 UV，这意味着每个选定面的纹理坐标的适配边界为 0～1，如图 4-18 所示。

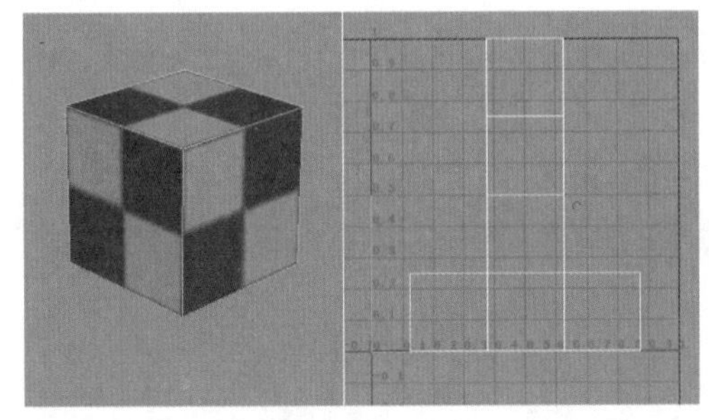
图 4-17

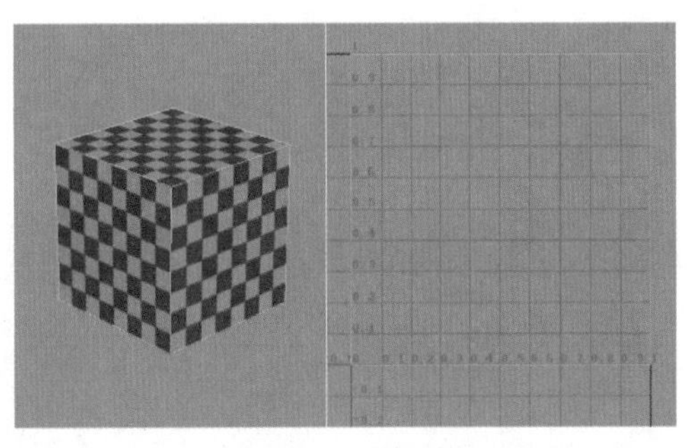
图 4-18

(3) 选中 Preserve aspect ratio(保持纵横比)选项，可使 UV 在规格化时沿 U 向和 V 向等比例缩放。不选中时，UV 不会沿 U 轴与 V 轴等比例缩放，而是将其进行一定的拉伸，并填充在 0－1 之间的纹理空间中。

2. Unitize (单位化)

此命令可以将指定的 UV 放置在 0～1 的纹理空间边界上。

3. Flip (翻转)

此命令可将 UV 在 U 向或是在 V 方向上翻转，如图 4-19 所示。

"UV 纹理编辑器"的快捷工具栏中也提供了下列工具。

- ：在 U 向上翻转选择的 UV；
- ：在 V 方向翻转选择的 UV。

4. Rotate(旋转)

此命令 可将选择的 UV 旋转，如图 4-20 所示。

图 4-19

图 4-20

5. Grid(栅格)

此命令 将当前选定的 UV 重新定位到 UV 纹理空间中与其最接近的栅格交点中。

6. Align(对齐)

此命令 可将选择的 UV 沿 U 向或是 V 向对齐，如图 4-21 所示。

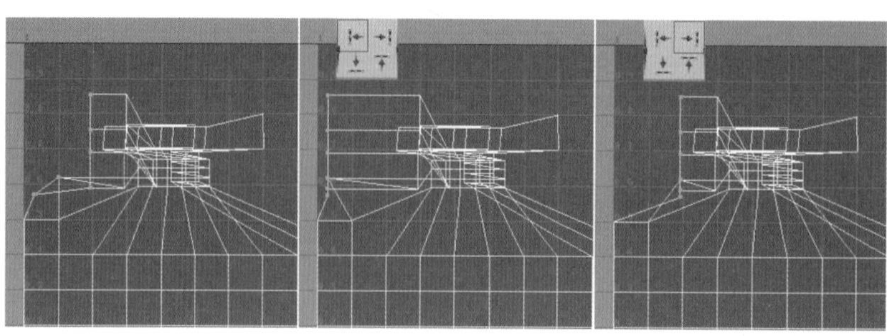

图 4-21

7. Map UV Border(映射 UV 边界)

在 UV 纹理空间的 0 至 1 范围内,重新定位选定 UV 壳上的边界 UV 为方形或圆形,如图 4-22 所示。

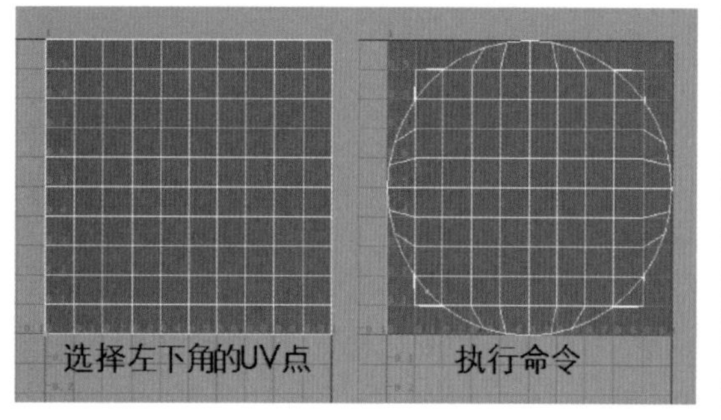

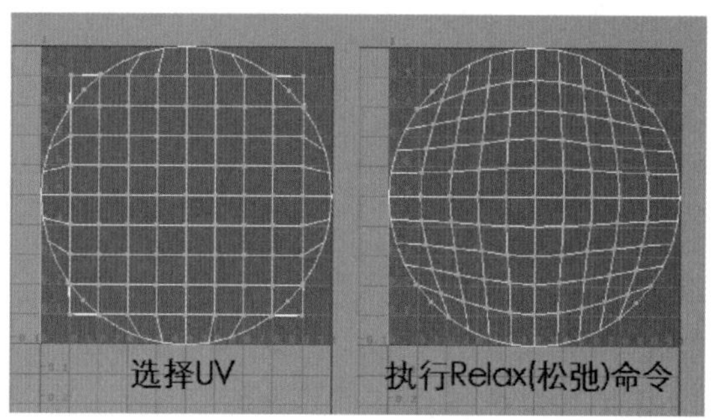

图 4-22

8. Straighten UV Border(拉直 UV 边界)

此命令可以将选择的 UV 边界拉直,如图 4-23 所示。

9. Relax(松弛)

自动解开和均衡 UV 纹理坐标之间的间距。命令参数面板如图 4-24 所示。

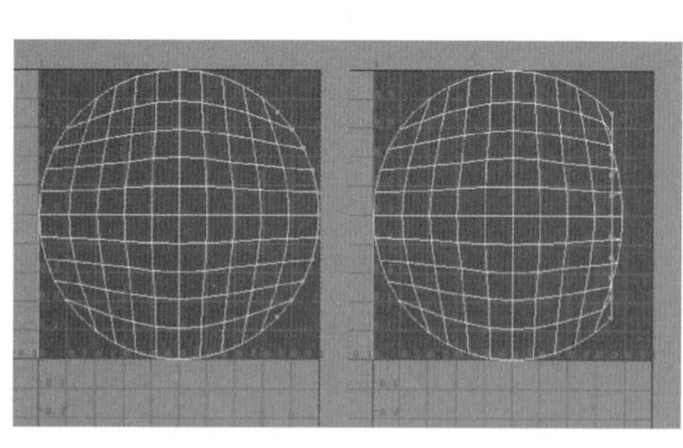

图 4-23

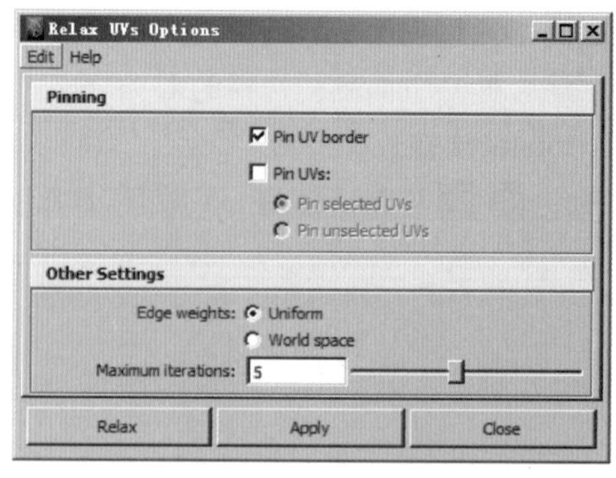

图 4-24

参数说明如下。

(1) 启用 Pin UV border(固定 UV 边界)选项将保持边界 UV 的位置,对 UV 进行松弛,这是默认设置,如图 4-25 所示。

(2) 启用 Pin selected UVs (固定选定 UV)选项将保持选择 UV 的位置,松弛其余的 UV。

(3) 启用 Pin unselected UVs (固定未选定 UV)选项将保持未选定 UV 的位置,仅松弛选定 UV。

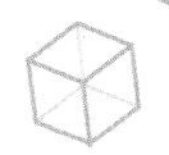

(4) Uniform (一致)使所有边的长度相同,这是默认设置。

(5) 世界空间(World space)保留原始世界空间角度(受已固定边界的限制)。

(6) 最大迭代次数(Maximum iterations)输入将在 UV 上执行的松弛迭代次数。

10. Unfold(展开)

此命令可展开多边形模型的选择的 UV,同时尽量确保 UV 不重叠,如图 4-26 所示。

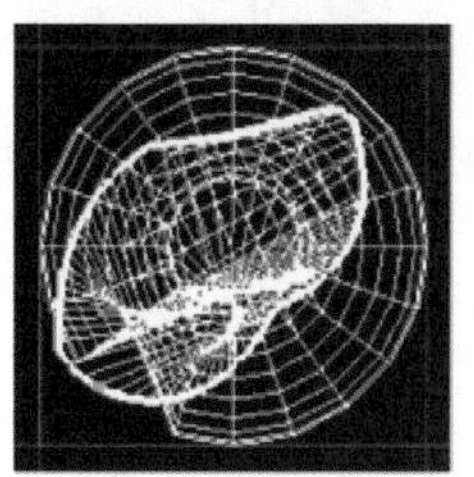

(a) 固定UV边界松弛UV前

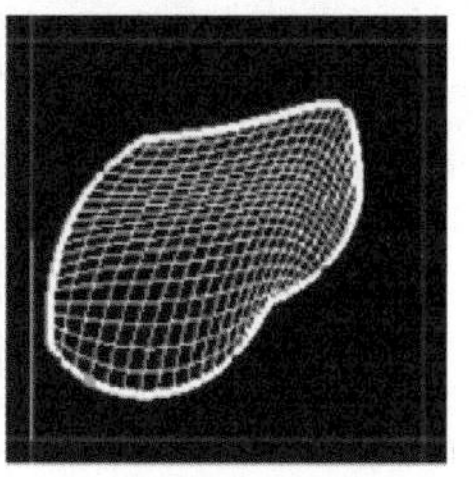

(b) 固定UV边界，数次应用松弛UV后

图 4-25

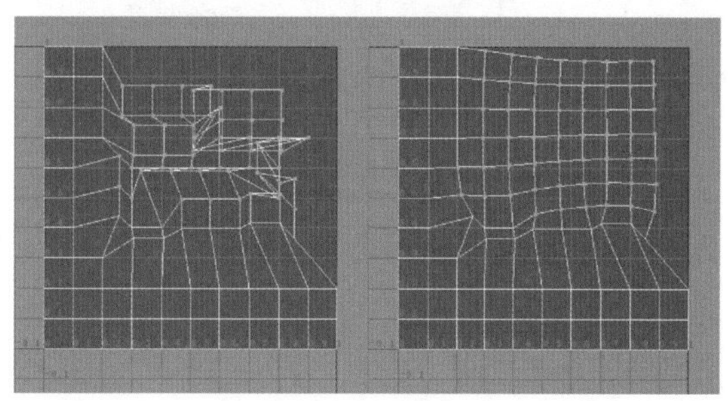

图 4-26

11. 交互式展开/松弛工具(Interactive Unfold/Relax Tool)

在 UV 编辑器中交互可以通过交互式展开/松弛工具,对模型的 UV 进行松弛或展开。

交互式展开/松弛工具分为 Unfold(展开)、Relax(松弛)两个工具,在相应的图标上左右拖动即可改变 UV 的状态,如图 4-27 所示。

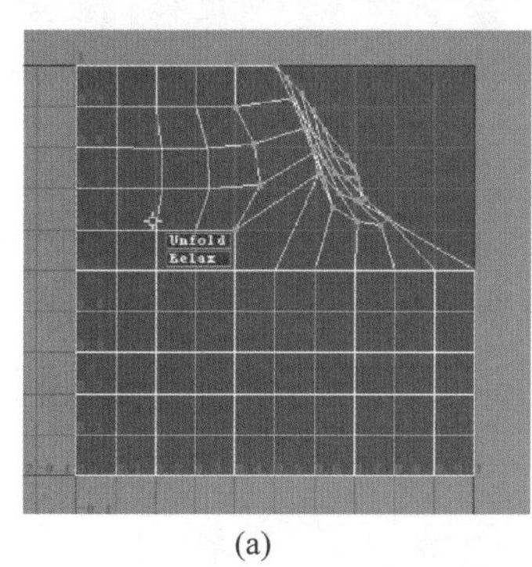

(a)

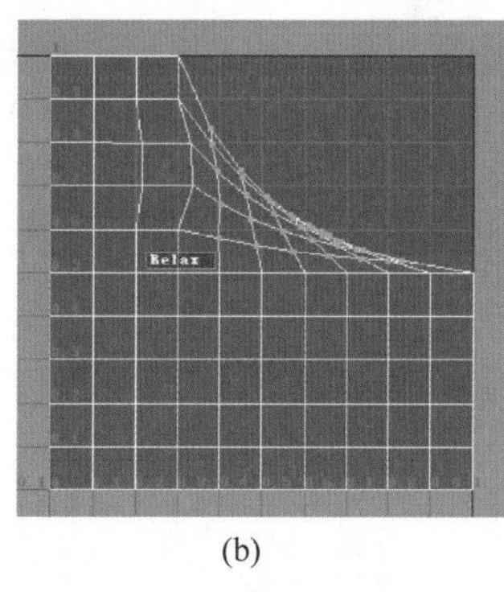

(b)

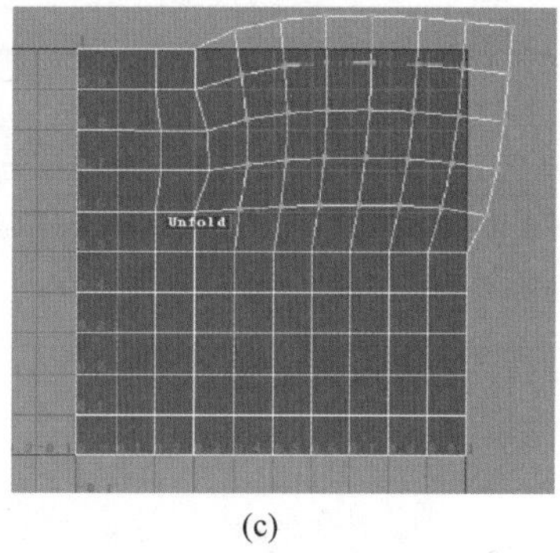

(c)

图 4-27

12. Layout(排布)

此命令将 UV 坐标重叠的部分进行分割,并分离重叠的 UV,使所有的 UV 重新排列在 0~1 的范围内。

如采用平面投射方式对角色头部模型投射后,这时角色的 UV 是重合的,此时执行 Layout(排布)命令后,可以分离重叠的 UV,如图 4-28 所示。

13. Cut UV Edge(切割 UV 边)

此命令沿选定边分割 UV,可以创建新纹理边界。

选择模型上的线,执行命令,如图 4-29 所示。

14. Split UVs(分割 UV)

此命令可将选择的 UV 分离。选择一个或多个 UV 点,执行命令,选择 UV 点的边将 UV 彼此分离,从而创建边界,如图 4-30 所示。

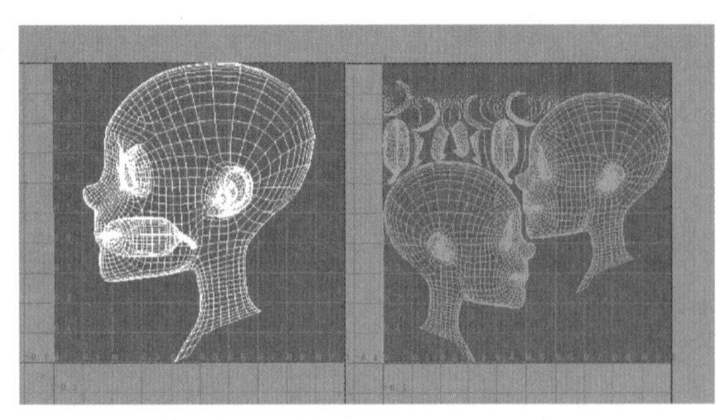

图 4-28

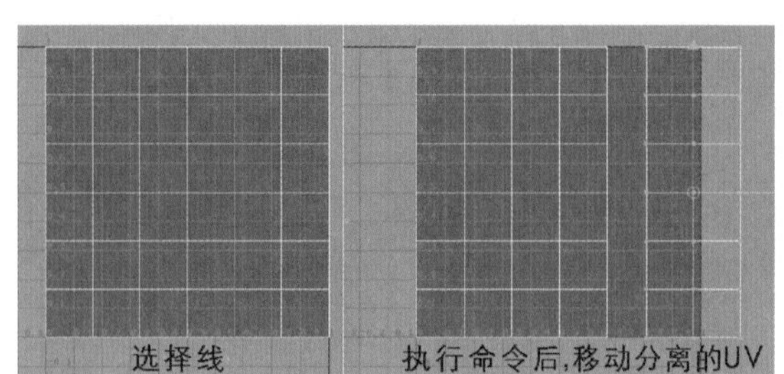

图 4-29

15. Sew UV Edges(缝合 UV 边)

此命令可以将所选择边线的 UV 进行缝合。

选择边,执行命令,选择的边会被缝合,如图 4-31 所示。

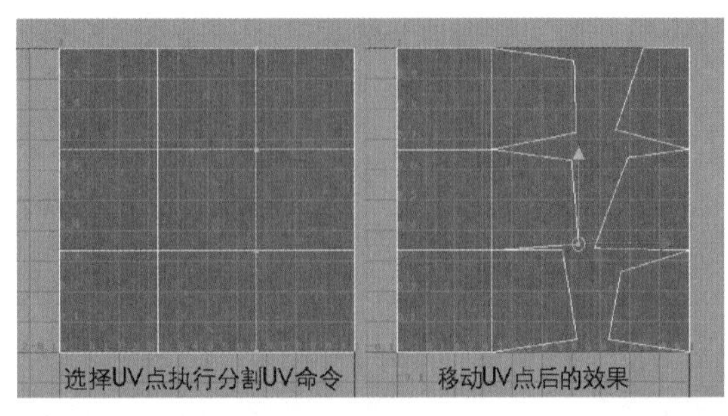

图 4-30

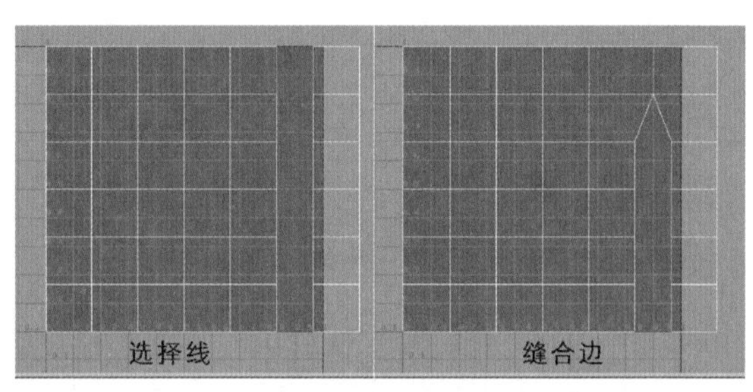

图 4-31

16. Move and Sew UV Edges(移动并缝合 UV 边)

此命令可将选择的 UV 缝合,同时将较小 UV 壳向较大的 UV 壳移动。

选择边,执行命令,选择的边就会移动并且缝合在一起。没有选择的边虽然也随之移动,但是 UV 点并不会被缝合,如图 4-32 所示。

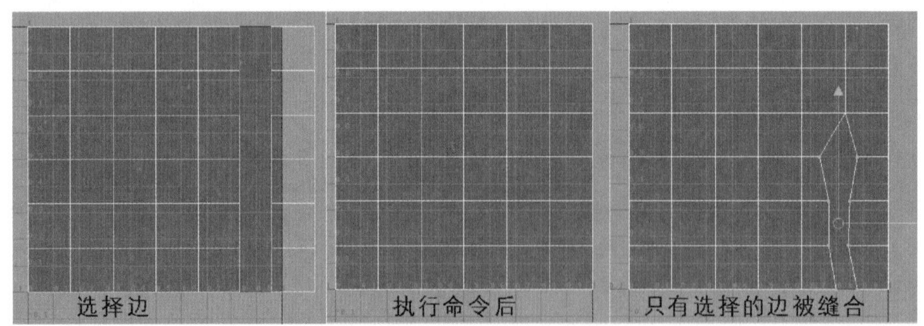

图 4-32

17. Merge UVs(合并 UV)

使用“合并 UV”(Merge UVs)命令,可将单独的 UV 壳合并到一起。“合并 UV”与“缝合 UV”具有类似效果。但是,“合并 UV”更适合在多边形具有非流形几何体时合并壳。

“合并 UV”可以设置缝合的有效范围。当有多个 UV 块共享一条边时,使用“缝合 UV”命令时,所有的 UV 都会被缝合;而使用“合并 UV”,则只有在规定范围内的 UV 才会被缝合。

18. Delete UVs(删除 UV)

将 UV 从网格的选定面中移除。如果希望将纹理映射到 UV 已删除的曲面网格区域,需要使用 UV 投影映射功能重映射或重投影 UV。

4.3.3　UV 编辑器中的一些快捷操作工具

除了上述的菜单工具,UV 编辑中还有一些常用的快捷操作工具,如图 4-33 所示。

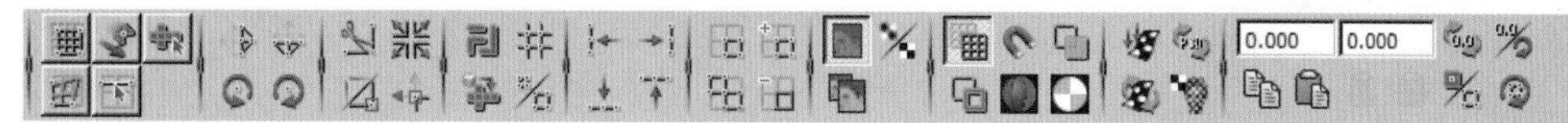

图　4-33

1. UV Lattice Tool

可双击图标更改晶格点的数量设置,如图 4-34 所示。

右击晶格,在弹出的菜单中选择 UV,如图 4-35 所示。

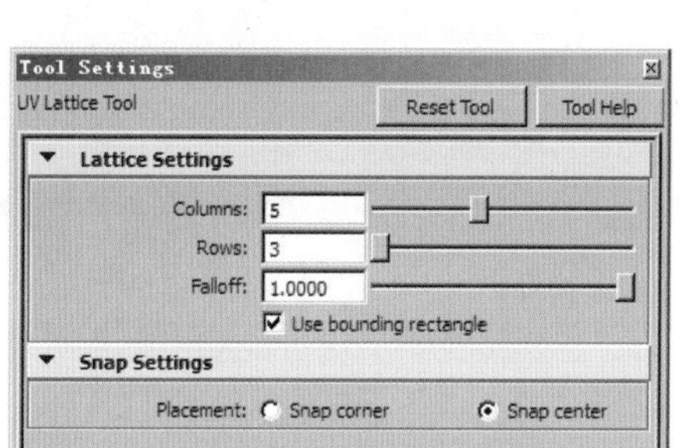

图　4-34

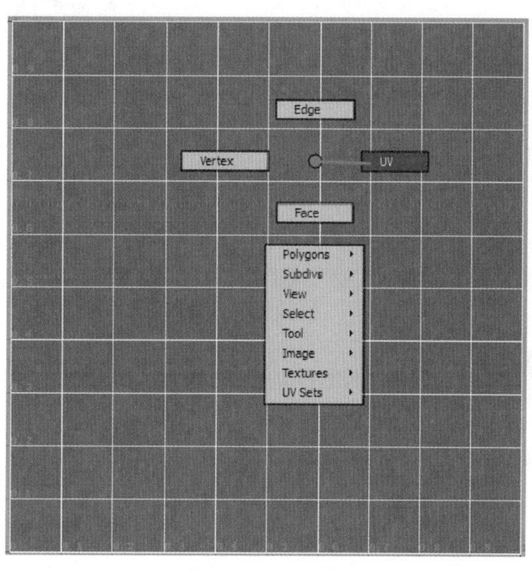

图　4-35

在选择的 UV 点上使用晶格工具来编辑 UV,如图 4-36 所示。

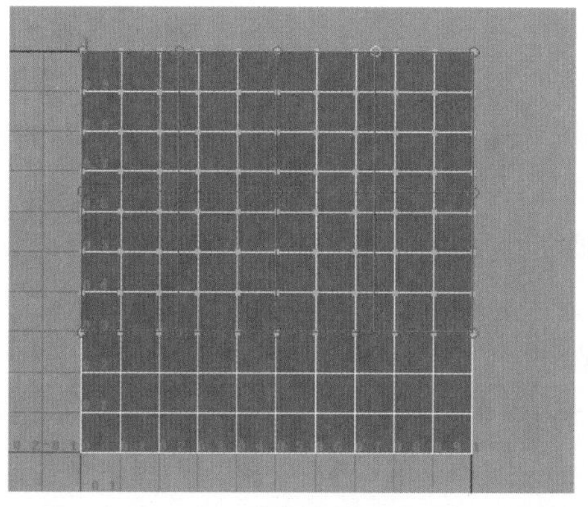

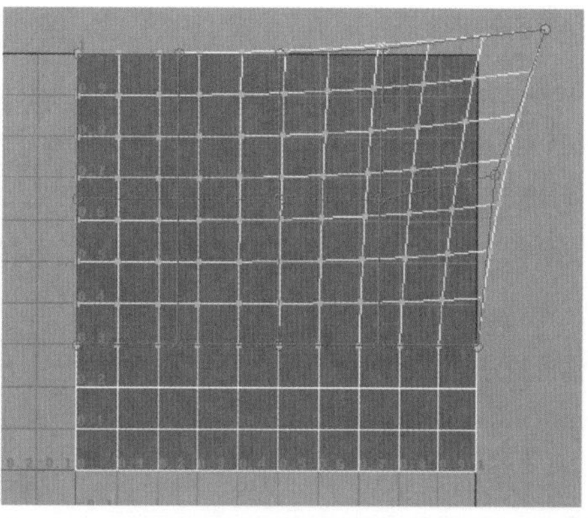

图　4-36

2. Move UV Shell Tool

在壳上选择单个 UV 来选择和重新定位 UV 壳，是"UV 纹理编辑器"菜单中的 Tool|Move UV Shell Tool("工具"|"移动 UV 壳工具")的快捷方式。

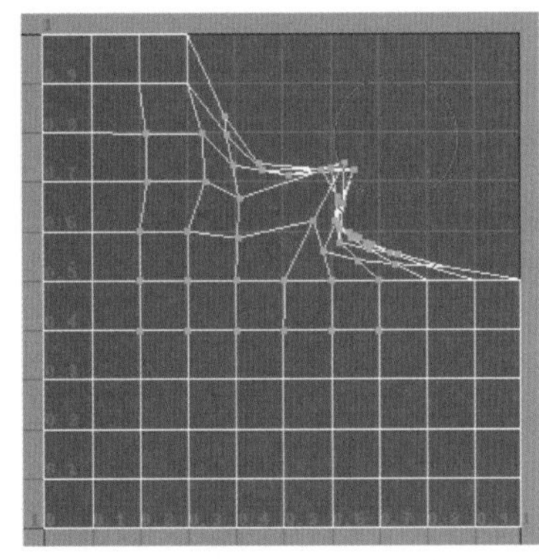

图 4-37

3. UV 涂抹工具

用画笔方式涂抹修改 UV 点的位置，按住 B 键，左右拖动可以改变工具的范围，如图 4-37 所示。该按钮是"UV 纹理编辑器"菜单中的 Tool|UV Smudge Tool("工具"|"UV 涂抹工具")的快捷方式。

4. 选择最短边路径工具

可用于在曲面网格上的两个顶点之间选择边的路径。此工具可确定任意两个选择点之间的最直接的路径，并可选择两者之间的多边形边。

5. 将选定 UV 分离为每个连接边一个 UV

选择模型的 UV，执行命令，如图 4-38 所示。

6. 选择要在 UV 空间中移动的面

选择连接到当前选定的 UV 的所有 UV 面，如图 4-39 所示。

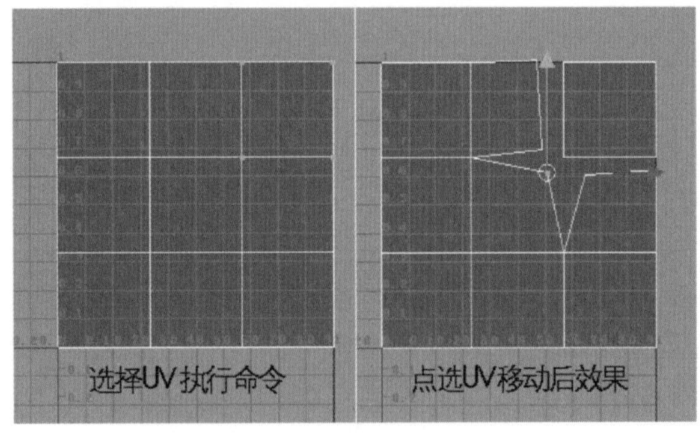

图 4-38

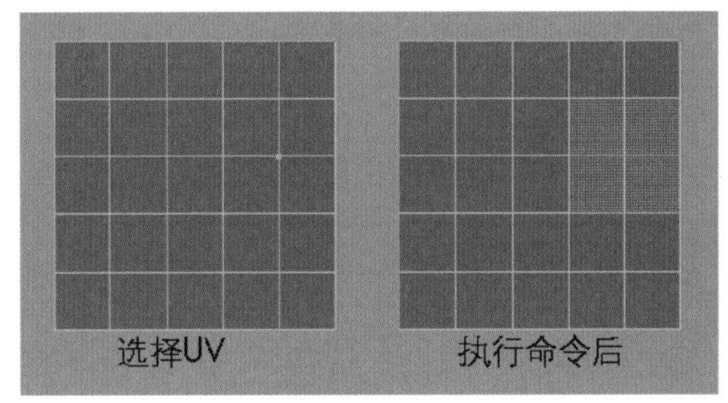

图 4-39

7. 将选择的 UVs 添加到隔离

将选定 UV 添加到隔离的子集。单击"切换隔离"(Toggle isolation)按钮时，选定 UV 将可见。该按钮是 View|Isolate Select|Add Selected("视图"|"隔离选择"|"添加选定对象")的快捷方式。

8. 移除全部

清除隔离的子集，然后可以选择一个新的 UV 集并单击"切换隔离"(Toggle isolation)按钮以隔离它们。该按钮是 View|Isolate Select|Remove All("视图"|"隔离选择"|"移除全部")的快捷方式。

9. 切换隔离选择模式

在显示所有 UV 与仅显示隔离的 UV 之间切换。该按钮是 View|Isolate Select|View Set("视图"|"隔离选择"|"查看集")的快捷方式。

10. 将选择的 UVs 从隔离的 UVs 子集中移除

从隔离的子集中移除选定 UV。该按钮是 View|Isolate Select|Remove Selected("视图"|"隔离选择"|"移除选定对象")的快捷方式。

11. 显示贴图纹理图像(打开/关闭)

显示或隐藏纹理图像，如图 4-40 所示。该按钮是 Image|Display Image("图像"|"显示图像")的快捷方式。

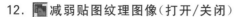

12. 减弱贴图纹理图像(打开/关闭)

具体操作,如图 4-41 所示。

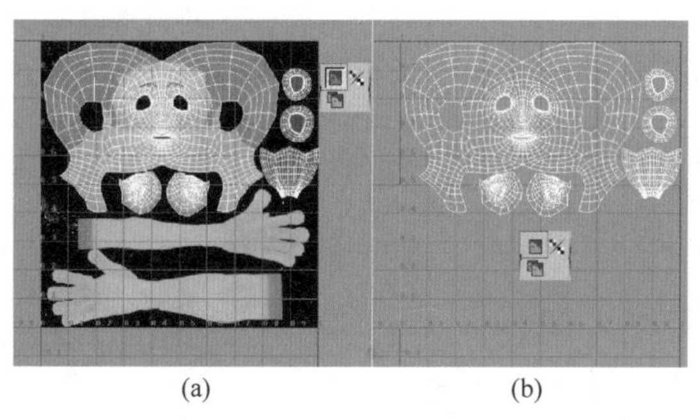

(a) (b)

图 4-40

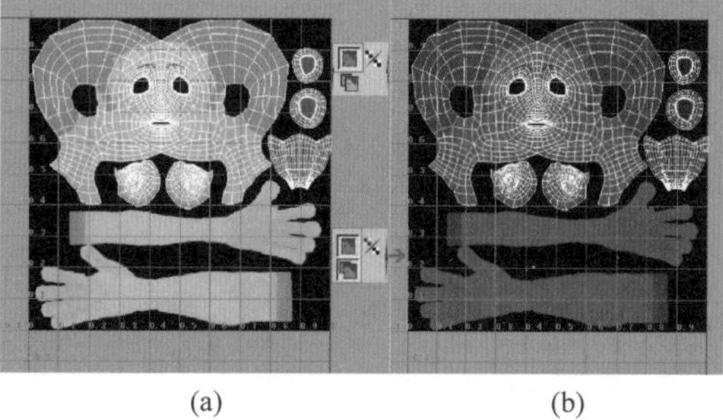

(a) (b)

图 4-41

13. 纹理图像过滤(打开/关闭)

切换过滤的图像,在硬件纹理过滤和明晰定义的像素之间切换背景图像。是"图像"|"显示未过滤"(Image|Display Unfiltered)的快捷方式。

14. : 网格显示

此命令会打开 UV 编辑器中的网格显示,如图 4-42 所示。

15. 像素吸附(打开/关闭)

选择是否自动将 UV 吸附到像素边界上。是"Image|Pixel Snap"(图像|像素捕捉)的快捷方式。

16. 对 UV 进行着色

以半透明的方式对选定 UV 壳进行着色,以便可以确定重叠的区域或 UV 缠绕顺序。有助于对重叠 UV 进行更好的区分。

17. UV 边界加粗显示。

此命令可将 UV 边界加粗显示,如图 4-43 所示。

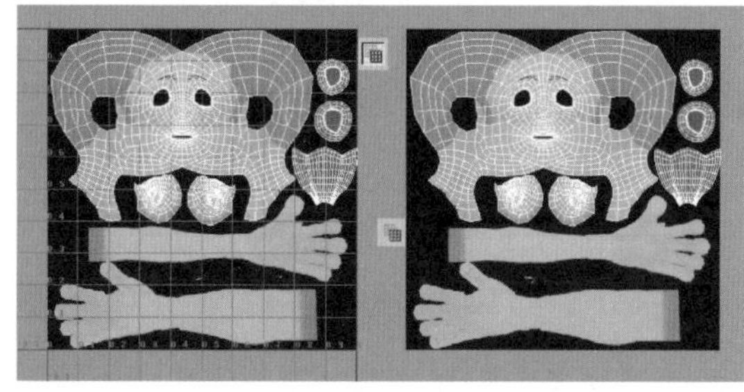

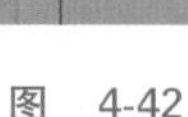

图 4-42

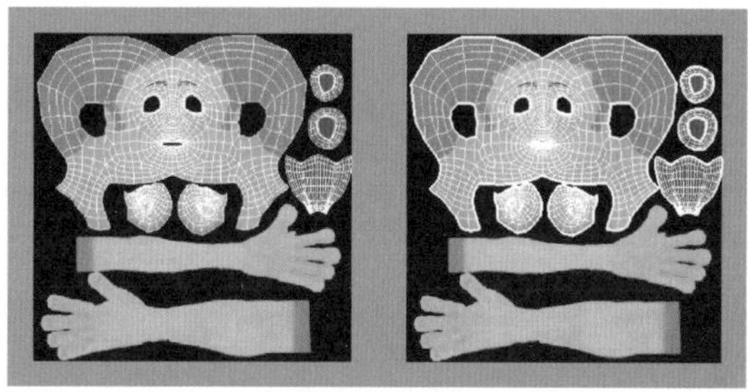

图 4-43

18. 显示 RGB 通道

显示选定纹理图像的 RGB(颜色)通道。该按钮是 Image|Display RGB Channels("图像"|"显示 RGB 通道")的快捷方式。

19. 显示 Alpha 通道

显示选定纹理图像的"Alpha"(透明度)通道,该按钮是 Image|Display Alpha Channels("图像"|"显示 Alpha 通道")的快捷方式。

以上是对 UV 编辑器的主要工具介绍,Maya 的 UV 拆分工具相对较弱,对于复杂的模型 UV 处理,我们在后续会使用插件完成。

总结

UV 是模型表面的坐标，贴图位置的准确性都依靠正确的 UV 分布，本章学习了 Maya 软件中的 UV 工具，这些工具在实际工作中能很灵活对 UV 进行操作、编辑。相对于复杂的生物角色，软件自身的 UV 工具，在实际工作中手动操作比较费事，在后续的章节中会有专门的 UV 工具的讲解，虽然有这样方便的工具，但是对于软件自身 UV 工具的掌握也是必须的，因为总有些地方会需要手动的方式来处理。

第 5 章

静物

Chapter 05

本章知识点

1. 静物布光的方法。
2. 材质特点分析。
3. mia_material材质功能作用讲解。
4. 静物材质制作。

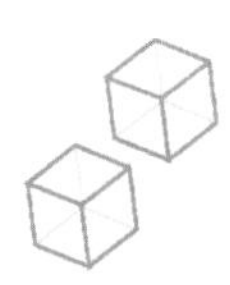

经过前面的基础部分的学习，在本章中将通过一个桌面静物的案例，来综合学习在实际的生产中，如何分析场景、布置灯光，如何制作物体的材质。

本章要完成的桌面静物写生，如图 5-1 所示。

图 5-1

5.1 场景布光

在现实生活中，光线照在物体上，一部分光线会被吸收，一部分光线被反射，反射的光碰到物体又被反射，这个过程会多次出现，直到光的能量消耗殆尽。即使是没有光照到地方也不会全黑，总有些亮度。

一个壁灯在这样的过程中照亮室内的环境，如图 5-2 所示。

室内灯光与室外的阳光共同照射下，室内的效果，如图 5-3 所示。

图 5-2

图 5-3

在软件中也可通过一盏灯加渲染器来模拟这样的效果，但在本例中我们将使用多盏灯来模拟这样的效果。

先来看一下本例最终完成的效果，注意其中的灯光类型和位置，如图 5-4 所示。

打开配套光盘“D:\My File\projects_JingWu\scenes\JingWu.mb”中的文件，本章中将用其完成布光和材质的讲解。

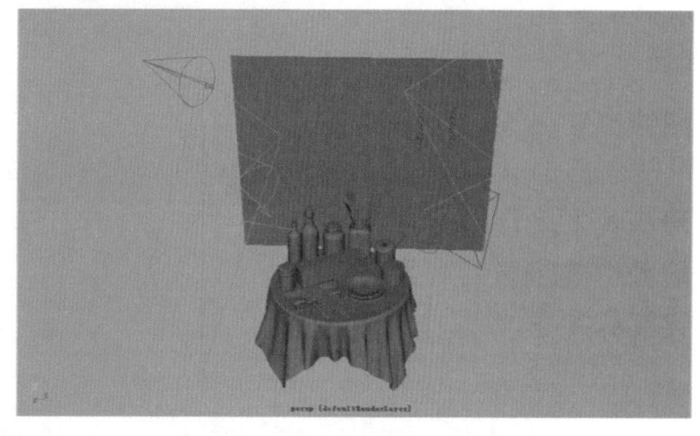

图　5-4

1. 使用中度灰作为模型的材质

首先，要选择使用 lambet 默认材质作为场景材质，也就是中度灰，为什么要用中度灰作为基本材质颜色呢？在摄影中，拍摄前会先对基准反光率为 18% 的灰板进行测光，18% 的灰板近似于 Maya 中的中度灰颜色，这样，我们就能准确的定位中间曝光值，再根据中间色为画面确定高亮区域和阴影区域，最后我们可以得到比较准确的曝光。当然这只是一个基准，并不是绝对的操作。下面，首先为场景布光。

本例中完成布光后照明效果，如图 5-5 所示。

2. 主光源

场景的灯光布置首先是灯光的直接照明，先来看看主光光照。主光照射光线分为两盏灯，一盏为直射光源，一盏为散射光源，直射光会让物体产生较清晰的投影，为主光投影；散射光能使物体表面接收柔和的光照，也可以为物体的阴影增加细节。主光光照如图 5-6 所示。

图　5-5

图　5-6

执行菜单命令 Create | Lights | Spot Light，创建聚光灯；执行菜单命令 Create | Lights | Area Light”，创建区域光（面光源）。调整两个主光源的位置，如图 5-7 所示。

图上的黄绿色■为主灯（聚光灯），调整灯光的 Intensity（强度）为 5，同时打开灯光的衰减为 Linear(线性)，调整灯光 Penumbra angle（半影角度）和 Drop off（衰减）的参数，使用光线跟踪阴影，具体参数设置如图 5-8 所示。

图上的绿色■为另一个主灯，区域光（散射灯），调整灯光颜色，增加灯光强度，具体参数设置如图 5-9 所示。

这里需要提到的是，mental ray 下 Area Light 选项，这个选项是将灯光转换以 mental ray 灯光形态，产生柔和光照，mental ray 下 Area Light 选项只有在区域光（Area Light）和聚光灯（Spot Light）中包含，High Samples（高采样数）为采样精度，如图 5-9 所示。

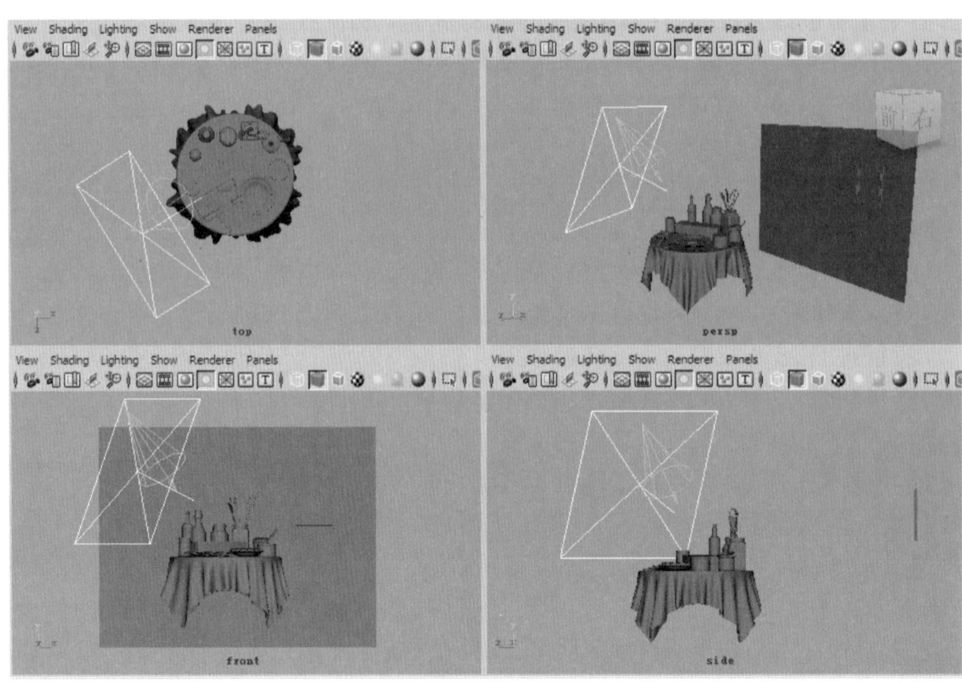

图 5-7

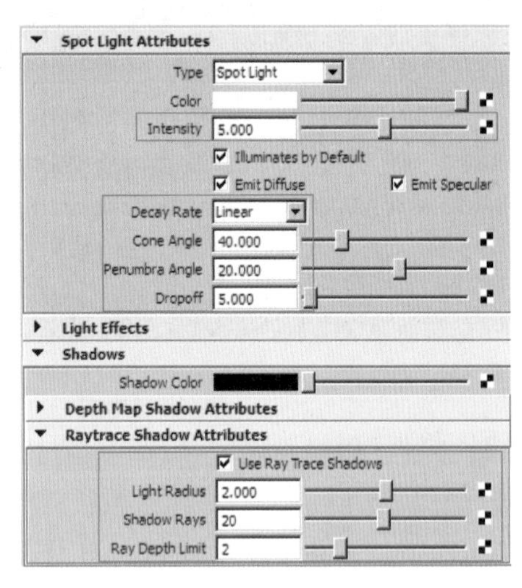

图 5-8

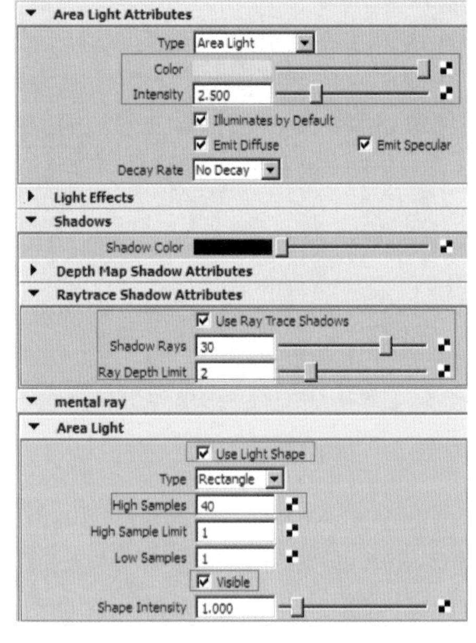

图 5-9

以一个球体为例，High Samples 采样为 8 时，效果如图 5-10 所示。

High Samples 采样为 40 时，效果如图 5-11 所示。

可以看到，此参数为 40 时，阴影的噪点有明显的改进。

Visible 是将面光显示成光板，可为物体产生高光和反射，为之后调试材质做准备。

如图 5-12 所示，左图为操作视图显示，右图为渲染视图。

如图 5-13 所示，左图为未开启显示反光板，右图为开启反光板。

图 5-10

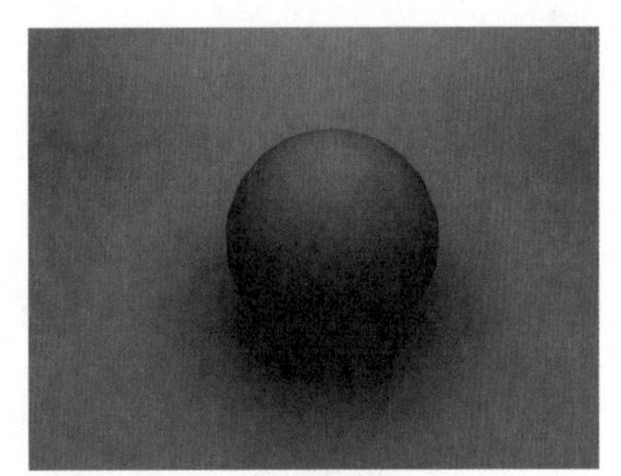
图 5-11

图 5-12

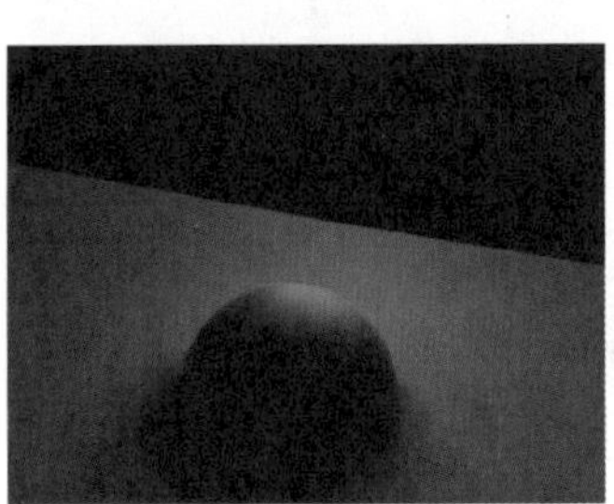

图 5-13

避免开启显示反光板的面光源挡住镜头，否则渲染画面会被遮挡，如图 5-14 所示。

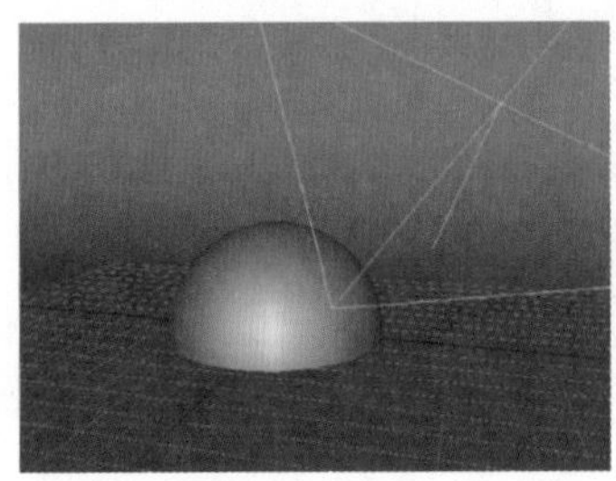
图 5-14

3. 辅助光源

执行菜单命令 Create|Lights|Area Light，创建区域光（面光源）。调整光源的位置，在场景的另一侧加入辅光源。辅光源的位置如图 5-15 所示。

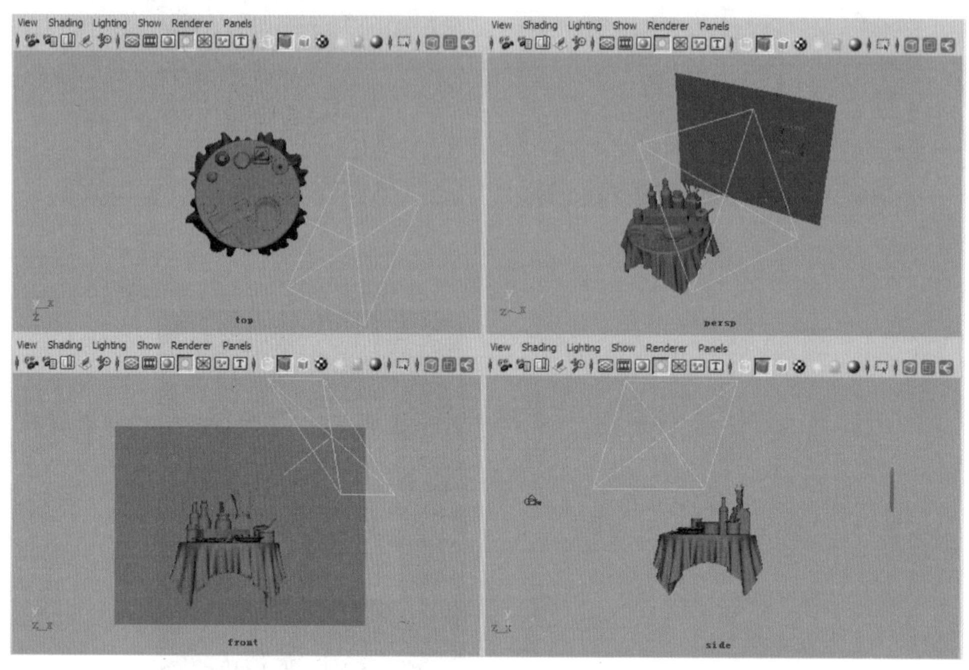

图 5-15

使用▇蓝色表示辅光（散射光），辅光的产生的效果是照亮物体的暗部，使其不至于太暗，调和明暗区域之间的反差，同时能形成景深与层次。具体参数设置如图 5-16 所示。

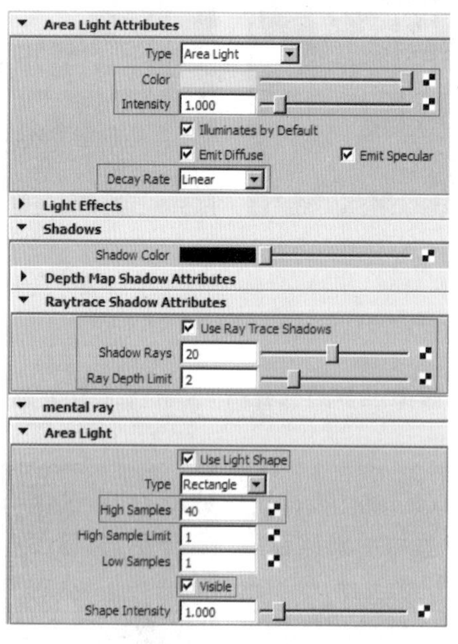

图 5-16

单独辅光源照明效果如图 5-17 所示。（Maya 源文件的图像渲染出来可能比这张图像暗，由于印刷的原因，这里将图提亮了。）

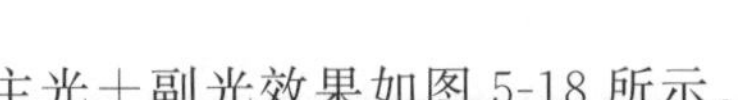

主光＋副光效果如图 5-18 所示。

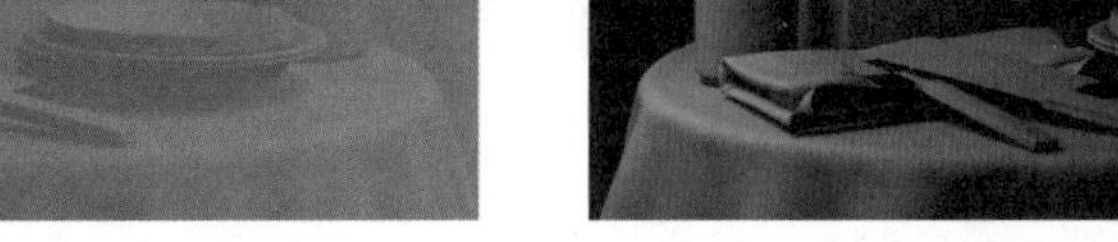

图　5-17　　　　图　5-18

4. 背光光源

加入背光光源，执行菜单命令 Create|Lights|Spot Light，创建聚光灯；调整灯光的位置和参数，在选中 Area Light 选项后，灯光的外形上会有所变化，如图 5-19 所示。

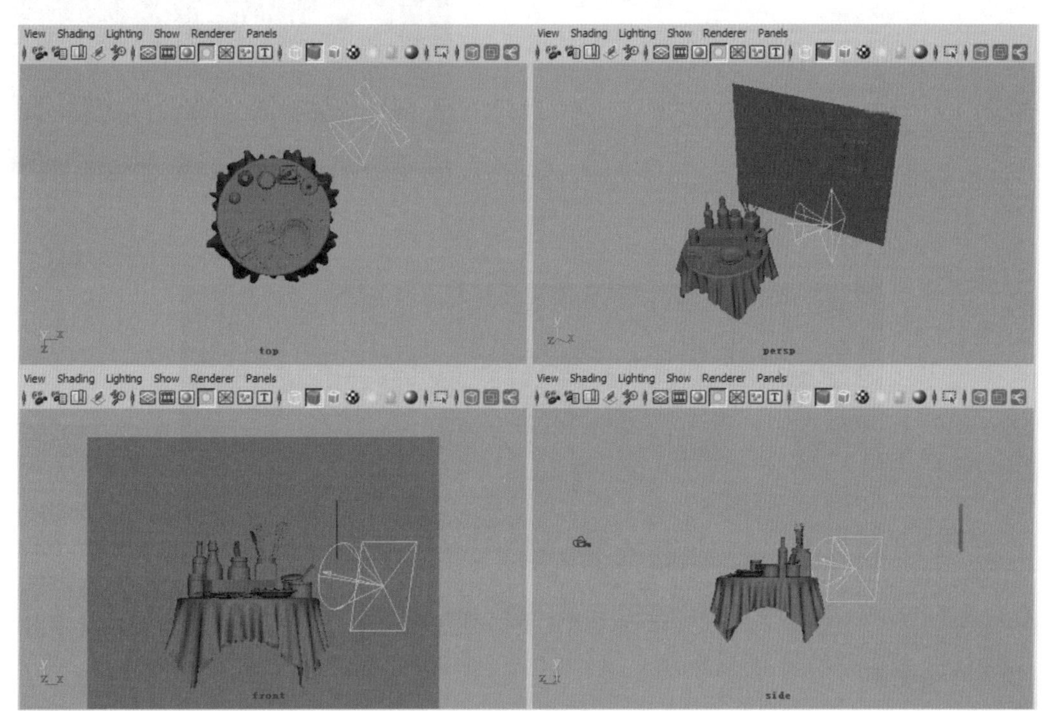

图　5-19

使用■粉色表示背光光源，参数设置如图 5-20 所示。

单独背光的效果如图 5-21 所示。(Maya 源文件的图像渲染出来可能比这张图像暗，由于印刷的原因，这里将图提亮了。)

主光＋副光＋背光效果如图 5-22 所示。

在素模的状态下，背光光照效果不明显，只有一点轮廓，它的作用是增加背景的亮度，从而衬托主体，并使主体对象与背景相分离，为之后质感表现做铺垫，可以先对比一下最终效果渲染和素模渲染，如图 5-23 所示。

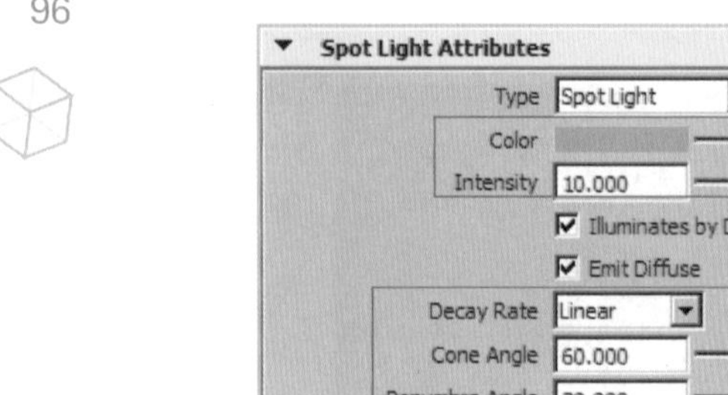

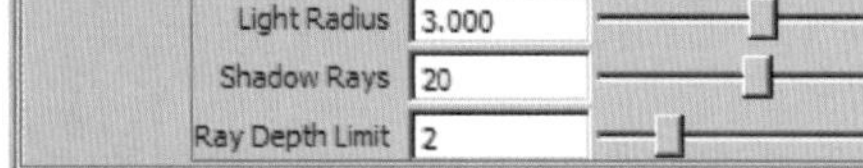

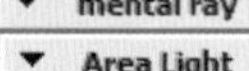

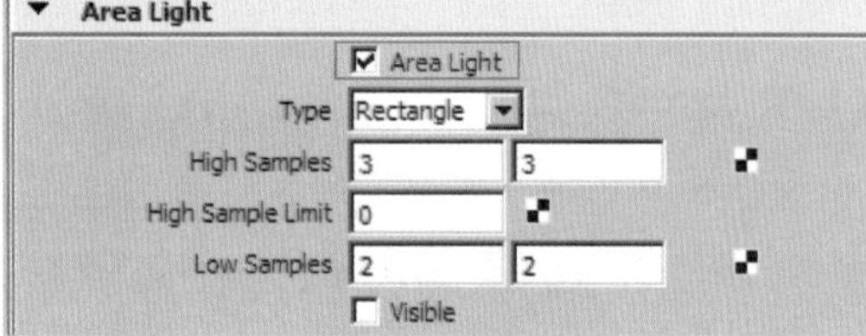

图 5-20

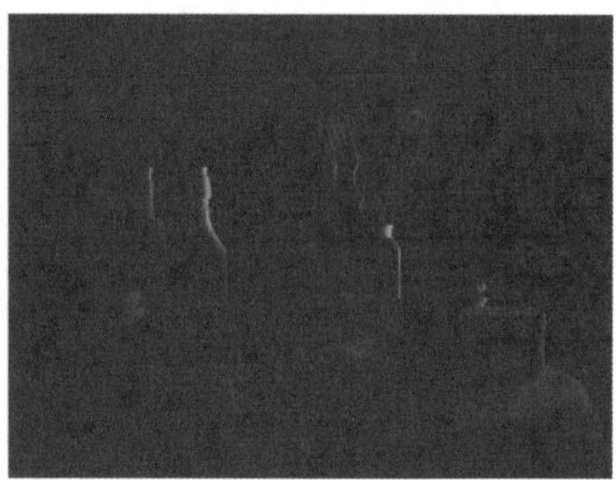

图 5-21

图 5-22

图 5-23

5. 加入背景光源

此处照明为可选，当背景处于比较暗的时候，可以选择单独为背景补充光照，执行菜单命令Create|Lights|Spot Light，创建聚光灯；调整背景光源的位置，如图 5-24 所示。

使用■紫色表示背景补光，为背景墙面增加亮度，只有亮度不产生阴影，这里没有开启阴影选项，参数设置如图 5-25 所示。

单独背景灯光效果如图 5-26 所示。

主光＋副光＋背光＋背景灯光效果，如图 5-27 所示。

直接照明的每盏灯光参数设置请参考光盘工程文件中“D:\My File\projects_JingWu\scenes\JingWu_Light.mb”源文件。

在灯光源文件中，创建了 4 个显示层，分别为主光、副光、背光和背景光照，可以分别对其显示查看，光源的层效果如图 5-28 所示。

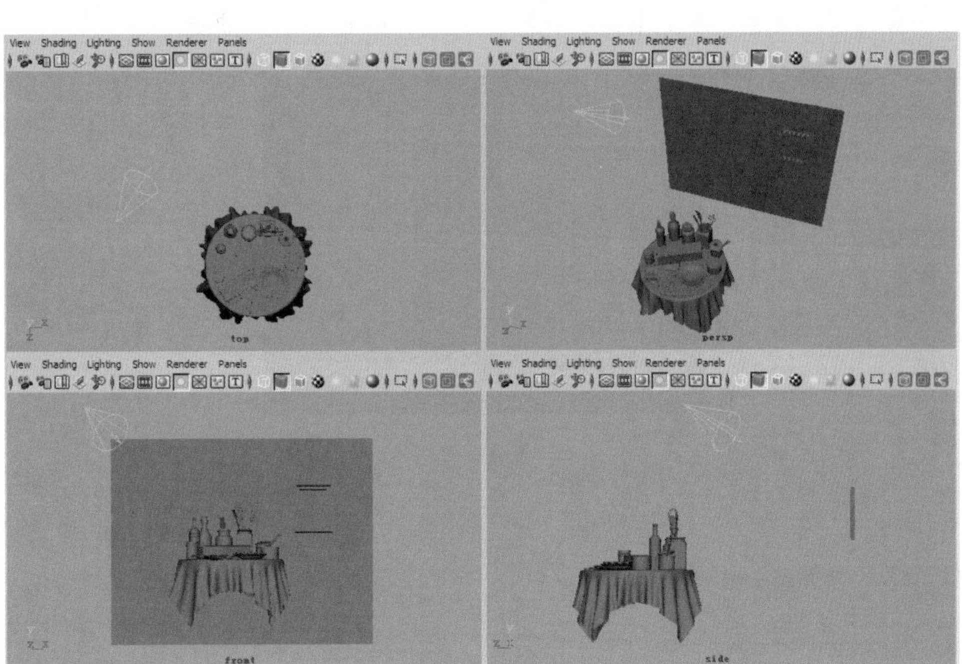

图　5-24

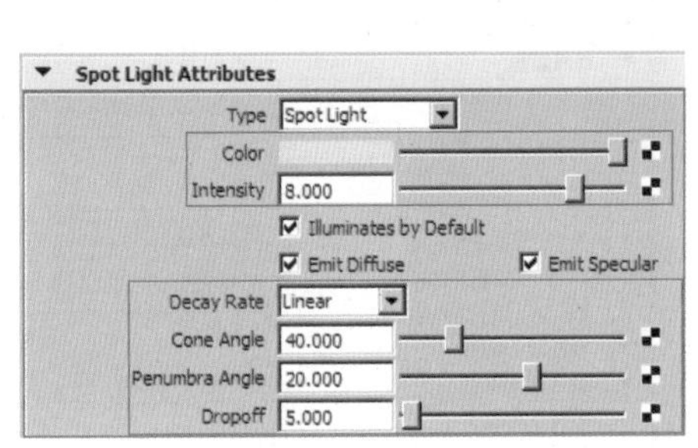

图　5-25

图　5-26

图　5-27

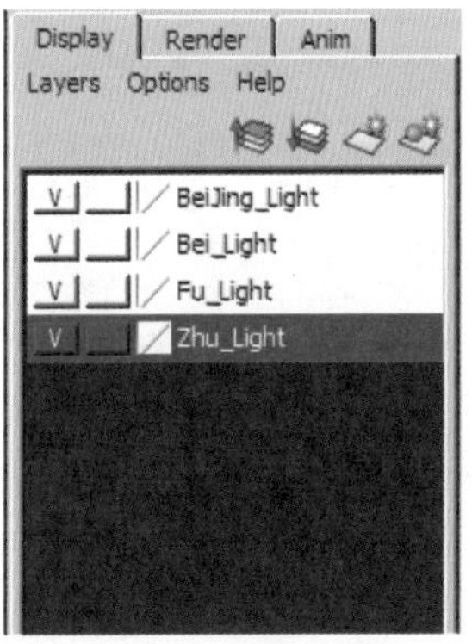

图　5-28

6. 间接照明

当把直接照明的灯光布置完成后，再加入间接照明。所谓的间接照明就是利用渲染引擎，计算光线的反弹。当光线碰到物体表面，分散成多个光子，反弹到周围物体上，如图 5-29 所示。

图 5-29

这里使用 mental ray 的 Final Gathering(最终聚集)，参数中英文对照，如图 5-30 和 5-31 所示。

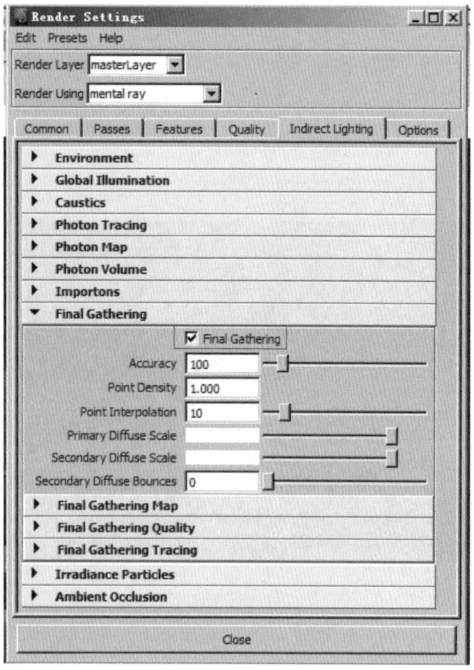

图 5-30

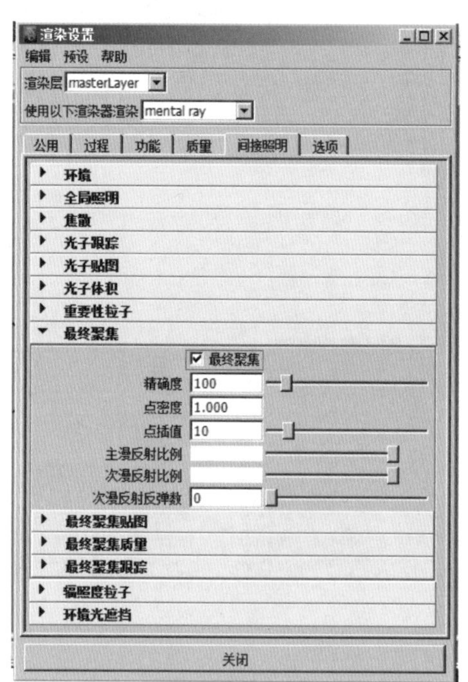

图 5-31

本例中不对 Final gathering(最终聚集)作过多设置。

注意

不要把间接照明的强度调的太大，这个场景中的物体质感中多数有反射，所以要利用一张环境图片来模拟灯光，最重要的是利用反射图片来为物体质感产生更真实的反射。

厨房的环境贴图如图 5-32 所示。

全景图工程位置“D:\My File\projects_JingWu\sourceimages\Quanjing.jpg”。

创建一个球体，将场景模型全部包裹在内，如图 5-33 所示。

执行菜单命令 Window | General Editors | Hypershade，打开“材质编辑器”，在其中创建一个 Surface Shader 材质球，如图 5-34 所示。

图 5-32

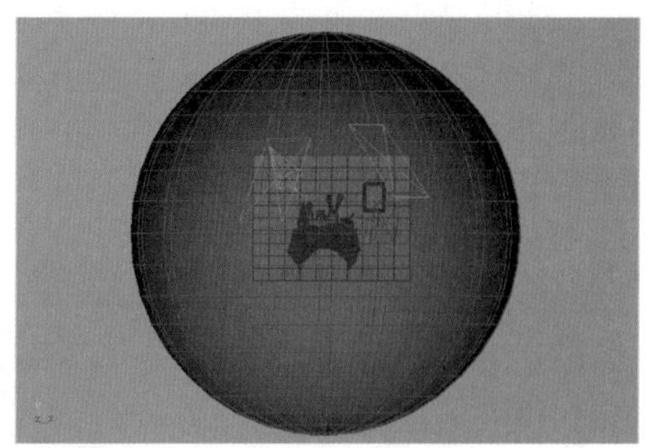

图 5-33

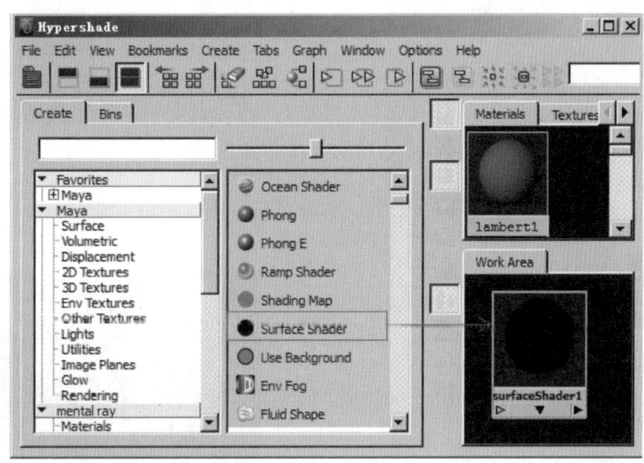

图 5-34

双击 Surface Shader 材质球，打开它的属性面板，单击 Out Color 右侧的棋盘格图标，在弹出的 Create Render Node 工作面板中选择 File，如图 5-35 所示。

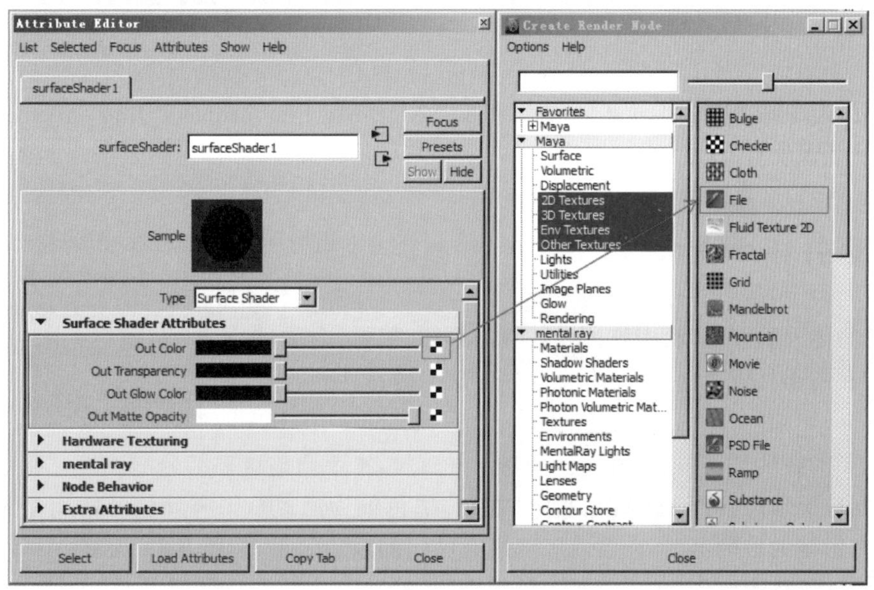

图 5-35

在 File 节点中，单击 Image Name 后的文件夹图标，选择厨房贴图，如图 5-36 所示。

完成后为球体赋予 Surface Shader，加入环境贴图。

因为开启了 Final Gatering 的原因，加入环境贴图后，间接照明会根据环境贴图的颜色和亮度对场景物体照明，如图 5-37 所示。

渲染完成效果如图 5-38 所示。

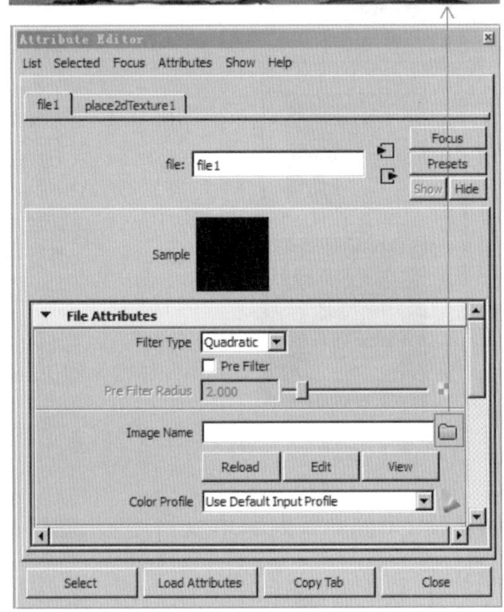

图 5-36

图 5-37

图 5-38

间接照明的设置请参考配套光盘中的工程文件“D:\My File\projects_JingWu\scenes\JingWu_Light_FG.mb”的源文件。

5.2 材质分析

本例中的物体材质有玻璃、陶瓷、布料、哑光木质、塑料、金属(钢)、金属(磨砂)、纸，这些材质有些什么特点呢？在制作材质之前，首先来分析一下这些的特性。

1. 玻璃

玻璃最主要的特性是反射、折射、透明，制作材质时，主要调整这三部分的属性。我们可以忽略它的固有色(根据玻璃通透程度，可调节白色到黑色，黑色最为通透)，带有颜色的玻璃是靠透明度的颜色来体现的，有形体的玻璃器皿，在器皿底部还有一定的散焦效果，如图 5-39 所示。

2. 金属(钢)/(磨砂)

金属(钢)中包含的主要特性有两个，一为较强的镜面反射，二是黑色的固有色(黑色会衬托出最强的反射)，不透明，有很强的反射，表面光滑，高光范围比较小，高光亮度比较高，如图 5-40 所示。

图　5-39

图　5-40

金属(磨砂)的特性比普通金属(钢)要多一个特性,就是磨砂的反射率相对要低,要减少一些反射光泽度,则出现反射为模糊现象,有些很细微的凹凸效果即磨砂,如图 5-41 所示。

3. 塑料

这里的塑料是指光亮塑料膜,主要是透明、高光和反射属性,如图 5-42 所示。

图　5-41

图　5-42

4. 哑光木质

哑光木质和磨砂金属有共性,反射和反射模糊,但哑光木质的反射率比较低,不然会更像金属,反射模糊的程度要比较大,有比较强的固有色,有一些凹凸效果,如图 5-43 所示。

5. 布料

布料重要的属性包括固有色和毛绒感,不同布料材质,具备不同程度的毛绒感,根据花纹的不同有一定的凹凸效果,如图 5-44 所示。

图　5-43

图　5-44

6. 石膏

石膏,略微粗糙的表面即凹凸效果,没有高光,漫反射较强,如图 5-45 所示。

7. 陶瓷

陶瓷主要的特性就是它漂亮的光泽(也就是反射)和锐利的高光,如图 5-46 所示。

图 5-45

图 5-46

5.3 本例中使用的材质球介绍

本例中主要使用了 3 种材质,Maya 默认的 Lambet 和 Blinn 材质,第三个是 mental ray 中的 mia_material_x,如图 5-47 所示。

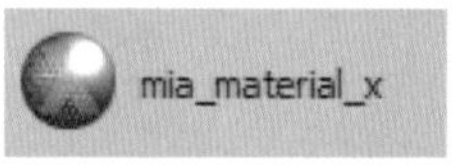

mia_material_x

图 5-47

5.3.1 什么是 mia_material

mental raymia_material 是一个集成的材质着色器,专门设计用于支持建筑和产品设计渲染中所用的大多数材质。这个材质的功能比较全面,尤为突出的就是它的反射及折射,可以很好地模拟光滑的表面以及透明物体或液体。它支持大多数硬表面材质,如金属、木材和玻璃。

此材质主要功能如下。

- 灵活、易于使用:控件以"最常用的在前"的逻辑方式排列;
- 模板:用于更快地获得所需效果;
- 物理精确:该材质能量守恒,因此不会导致着色器违反物理定律;
- 光泽性能:提升高级性能,包括插值、模拟光泽度和重要性采样;
- 可调整的 BRDF1:用户可以定义反射率与角度的关系;
- 透明度"实体"或"薄"材质:可将玻璃之类的透明对象视为"实体"材质(折射,用多个面构建)或"薄"材质(不折射,可使用单面);
- 圆角:着色器可以模拟"圆角"以使锐边仍能以真实方式捕捉光线;
- 间接照明控件:设定每个材质的最终聚集精确度或间接照明级别;
- Oren-Nayar 漫反射:可产生"粉末状"的表面,例如,粘土;
- 内置环境光遮挡:用于接触阴影,增强了小细节效果;
- 多功能着色器:内置光子和阴影着色器;
- 打蜡地板、毛玻璃和拂刷金属等:均可快速轻松地进行设置。

5.3.2　mia_material_x 增强功能

该材质有两种变体，原始 mia_material 和新的扩展 mia_material_x。这些是使用相同基本代码的两个不同界面，因此功能相同，只是 mia_material_x 具有一些与凹凸贴图相关的附加参数。

支持设定 ao_do_details 为 2，以启用“具有颜色溢出的环境光遮挡”。

以 mental ray struct 返回值形式返回多个输出。

5.3.3　mia_material_x 材质原理

从前面的学习中，我们知道现实中物体材质的表现，从使用的角度来看，物体材质大致由三部分组成：

- 漫射：投射在粗糙表面上的光向各个方向反射的现象；
- 反射：光在两种物质分界面上改变传播方向又返回原来物质中的现象；
- 折射：光从一种透明介质（如空气）斜射入另一种透明介质（如水）时，传播方向一般会发生变化。

场景中的直接照明和间接照明造成漫反射及半透明效果，直接照明也形成高光。

光线追踪影响反射率和折射率，以及最重要的是驱动反射和折射的光泽度（模糊程度）。增加反射或折射的模糊程度细节会使 Final gathering（最终聚集）的多次计算，影响渲染速度。

mia_material_x 材质 3 种元素组成关系，如图 5-48 所示。

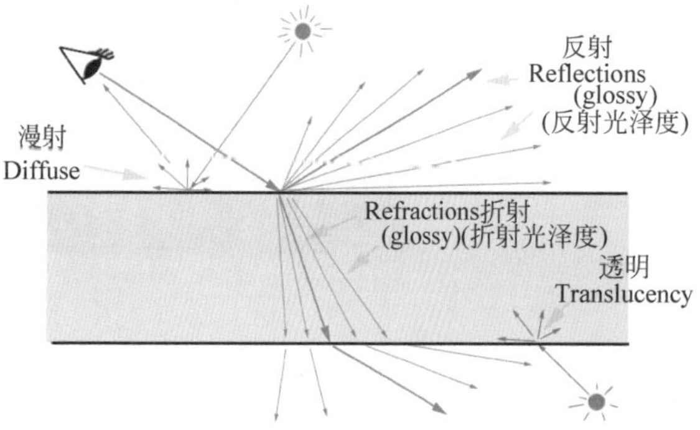

图　5-48

1. 能量守恒

mia_material_x 材质遵循能量守恒，这意味着“漫反射＋反射＋折射＜＝1”，即，不会凭空产生能量，入射光能量会按照热力学第一定律[①]正确分布到漫反射、反射和折射组件。

例如，在实际操作中，增加反射率时，必须从某处带走能量，因此漫反射级别和透明度将自动随之降低。

反射率会从漫反射和透明度中带走能量，也就是说，反射率为 100％时，既不存在漫反射，也不存在任何透明度。如图 5-49 所示，从左到右反射率分别为 0.0、0.4、0.8 和 1.0。（半透明是透明度的一种类型，refr_trans_w 定义了透明度与半透明的百分比。）

图　5-49

---

① 热力学第一定律即能量守恒和转换定律：热力系内物质的能量可以传递，其形式可以转换，在转换和传递过程中各种形式能源的总量保持不变。

同样，增加透明度时，将降低漫反射级别。透明度会从漫反射中带走能量，也就是说，透明度为100时将没有漫反射，如图5-50所示，从左到右透明度分别为0.0、0.4、0.8和1.0。

图 5-50

2. BRDF——反射率与角度的关系

在真实世界中，表面的反射率通常与视角有关。对此进行描述的一个恰当术语是BRDF（Bidiredional Reslectance Disoribution Function，双向反射比分布函数），即定义从各个角度进行观察时材质的反射程度的方式。如图5-51所示，不同的视角木地板的反射率也会不同。

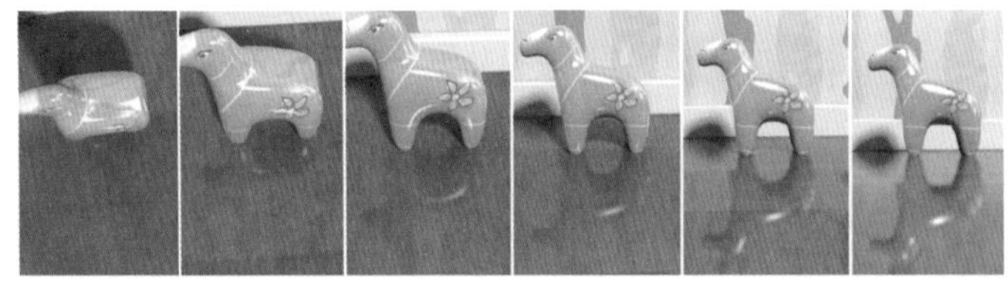

图 5-51

3. 反射率特性

模型最终表面反射率实际上是计算以下3个组件反射率的和得到的。

- 漫反射效果；
- 实际的反射；
- 模拟光源反射的镜面反射高光，如图5-52所示。

图 5-52

Diffuse	固有色
Reflection	反射
Refraction	折射
Anisotropy	各向异性
BRDF	双向反射分布
Translucency	半透明
Indirect Illumination Options	间接照明选项
Ambient Occlusion	环境闭塞
Interpolation	插值
Bump	凹凸
Advanced	高级选项
Upgrade Shader	材质更新
Light Linking	灯光连接
Hardware Texturing	硬件纹理
Extra Attributes	扩展属性

图 5-53

mia_material_x 材质面板如图5-53所示。

4. Diffuse

Diffuse（固有色）的设置如图5-54所示。

其中：

- Color：固有色颜色；
- Weight：权重，控制固有色的比重，即物体材质受光照的影响大小；
- Roughness：粗糙度，该属性不是增加噪点或凹凸和效果，它会使材质具有粉末效果，如图 5-55 所示，Roughness 值分别为 0.0(左)、0.5(中)和 1.0(右)。

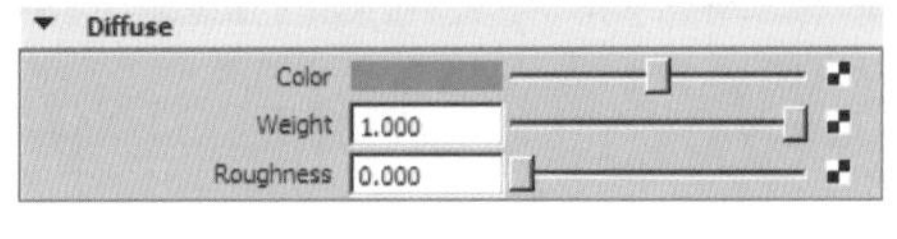

图 5-54

图 5-55

5. Reflection

Reflection(反射)标签下又分为反射(A)和高级反射(B)两个标签，如图 5-56 所示。

其中：

(1) Reflection(反射)

- Color：反射图像的颜色，此选项的亮度信息也会影响反射强度；
- Reflectivity：反射强度；
- Glossiness：光泽度，也称反射模糊，值是 1 时为完全反射；值越小，反射的模糊程度越大，如图 5-57 所示，Glossiness 值分别为 1.0(左)、0.5(中)和 0.25(右)；
- Glossy samples：光泽精度，当反射模糊越大，所导致的噪点越多，此选项是来控制模糊后的精度，值越大，精度越高；

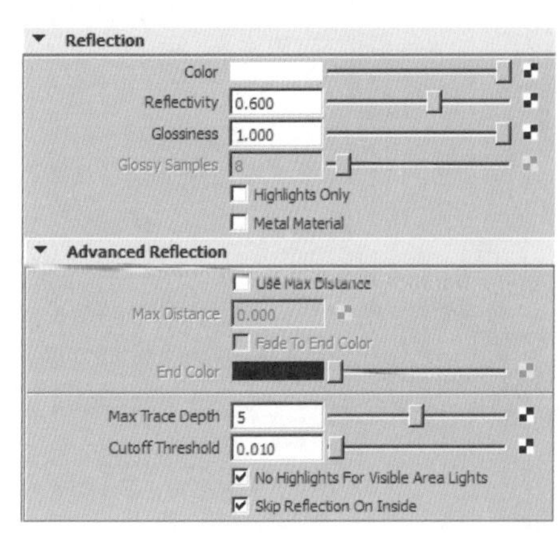

图 5-56

- Highlights Only：只计算为高光，如图 5-58 所示，左边两个为不选中，右边为选中。根据此图可以看出两组物体的区别，选中后将反射计算为高光。

图 5-57

图 5-58

- Metal Material：金属模式，一般制作有色金属时，选中此选项，选中后计算反射会叠加物体固有色，如图 5-59 所示，不选中(左)，选中(中)，选中+固有色(右)。

(2) Advanced Reflection(高级反射)

- Use Max Distance：反射最大距离开关；
- Max Distance：反射最大距离，接受反射的最大距离，反射地板，如图 5-60 所示。完全反射(左)、距离为 100mm (中)、距离为 25mm (右)；
- Fade To End Color：开启反射渐隐颜色；
- End Color：反射渐隐颜色；

图 5-59

图 5-60

- Max Trace Depth：最大跟踪深度；
- Cutoff Threshold：临界阈值。

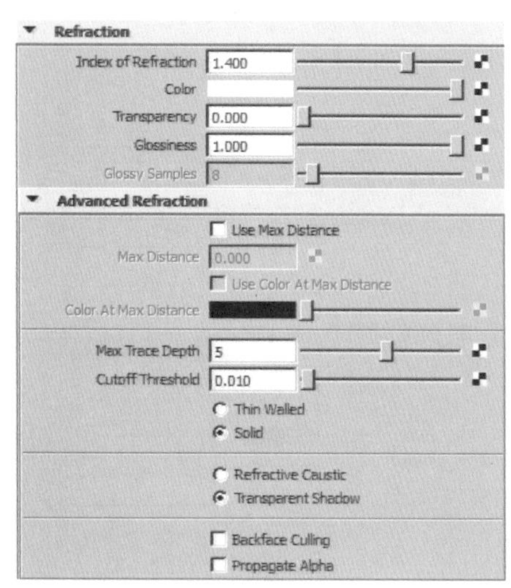

图 5-61

6. Refraction

Refraction(折射)标签下又分为折射(A)和高级折射(B)两个标签，如图 5-61 所示。

(1) Refraction(折射)

- Index of Refraction：折射率，用于衡量光线在进入材质时的“弯曲”度。不同的折射率会有不同的效果，如图 5-62 所示，折射率分别为 1(左)、1.2(中)和 1.5(右)；
- Color：折射颜色；
- Transparency：透明度；
- Glossiness：折射通透度，也称折射模糊，值是 1 时为正常折射。值越小，折射的模糊程度越大，如图 5-63 所示，值分别为 1(左)、0.5 (中)和 0.25 (右)时的效果；

图 5-62

图 5-63

- Glossy Samples：采样精度，当折射模糊越大，所导致的噪点越多。此选项是来控制模糊后的精度，值越大，精度越高。

(2) Advanced Refraction(高级折射)

- Use Max Distance：最大折射距离开关；
- Max Distance：最大折射距离；
- Use Color At Max Distance：最大距离颜色开关；
- Color At Max Distance：最大距离颜色，效果如图 5-64 所示，不启用(左)、黑色(中)、蓝色(右)；
- Max Trace Depth：最大跟踪深度；
- Cutoff Threshold：临界阈值；

透明物体分为：实体和空心两种物体，下面两个选项就是分别两种类型

- Thin Walled：实体；
- Solid：薄壁；

效果如图 5-65 所示，Thin Walled(左)、Solid(右)。

图 5-64

图 5-65

下列两个选项是由折射影响阴影的两种方式

- Refractive Caustic：折射焦散效果，如图 5-66 所示；
- Transparent Shadow：透明阴影效果，如图 5-67 所示。

图 5-66

图 5-67

- Backface Culling：去除背面。当要给一个狭小的室内选择一个好的相机角度，就会发现墙会阻挡相机视线，利用 miamaterial_x 材质中的 Backface Culling 选项，就可以将墙壁渲染不可见(注意：墙的法线反面朝向相机，这样该选项才生效)，没有使用 Backface Culling 的效果，如图 5-68 所示。

使用 Backface Culling 效果，如图 5-69 所示。

图 5-68

图 5-69

• Propagate Alpha：传递通道，此选项一般用于玻璃或水等带有透明和折射属性的材质，选中后，alpha 通道会区分出透明和折射效果。

7. Anisotropy

Anisotropy(各向异性)设置如图 5-70 所示。

• Anisotropy：各向异性，亦称“非均质性”。物体的全部或部分物理、化学等性质随方向的不同而各自表现出一定的差异的特性，即在不同的方向所测得的性能数值不同，如头发、光盘的反光，如图 5-71 所示。

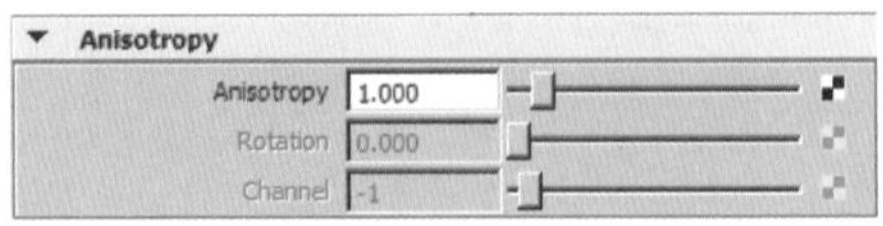

图 5-70

反射和折射可以使用该选项，此选项是设置高光的宽高比，当值为 1 时，为各向同性，则没有效果。

anisotropy 值高于和低于 1.0 均有效，高光的“形状”(和反射的外观)将发生更改，如图 5-72 所示。anisotropy 值分别为 1.0(左)、4.0(中)和 8.0(右)。

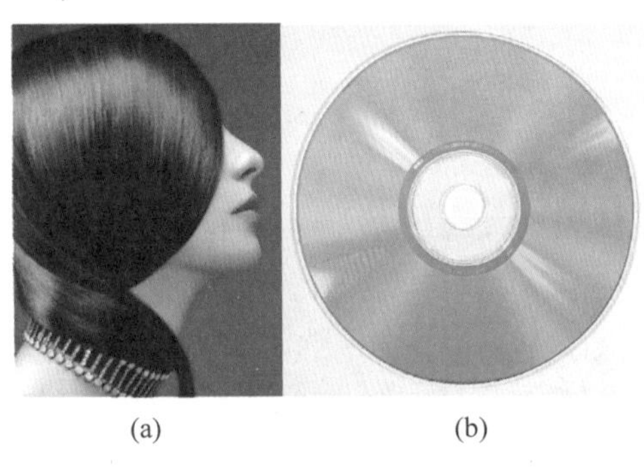

(a) (b)

图 5-71

图 5-72

• Rotation：旋转角度，值 0.0 表示不旋转；值 1.0 表示一个完整的旋转(即 360 度)；

• Channel：通道，共 4 种特殊的通道。

－1：根旋转遵循局部对象坐标系；

－2：根旋转遵循凹凸基础向量；

－3：根旋转遵循曲面导数；

－4：根旋转遵循调用菜单命令 state|texmia_material 之前放置的向量。

8. BRDF

BRDF(双向反射分布)设置如图 5-73 所示。

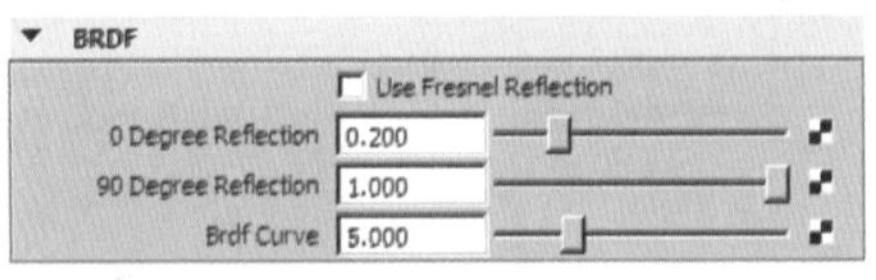

图 5-73

BRDF(双向反射分布)功能是基于现实中，物体表面的一种特定的光线反射特性，是由于物体表面的工艺处理的差异性以及特殊手段改变了正常光照在物体表面的表现。现实中可以参照的例子如拉丝不锈钢以及 CD 光盘等。BRDF 就是用于表现这类物体表面反射特性的方法，它用于定义物体表面的光谱和空间反射特性。

• Use Fresnel Reflection：使用菲涅尔反射。

菲涅尔反射概念，简单地说就是视线垂直于物体表面时，反射较弱，当视线近似水平于表面时，反射最强。例如，看一个球体表面反射时，球体中心的反射较弱，靠近边缘的区域反射较强(这种过渡关系受折射率影响)，如图 5-74 所示。绿色为 0 度，红色为 90 度。

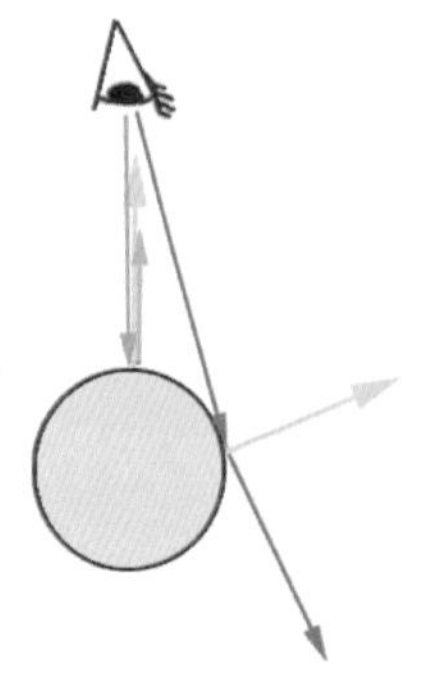

图　5-74

也可手动定义反射强度：

- 0Degree Reflection：0 度反射强度；
- 90Degree Reflection：90 度反射强度；
- Brdf Curve：双向反射分布过渡曲线。

以上为 miamaterial_x 材质的常用选项，也是比较重要的选项，了解了这个材质的属性后，下面具体的对此案例的质感进行调试。

5.4　材质贴图制作

打开配套光盘“D:\My File\projects_JingWu\scenes\JingWu_Light_FG. mb”中的文件，这是在灯光章节已经完成布光的文件。

1. 背景墙材质

执行菜单命令 Window|General Editors|Hypershade，打开材质编辑器，创建一个 miamaterial_x 材质球，如图 5-75 所示。

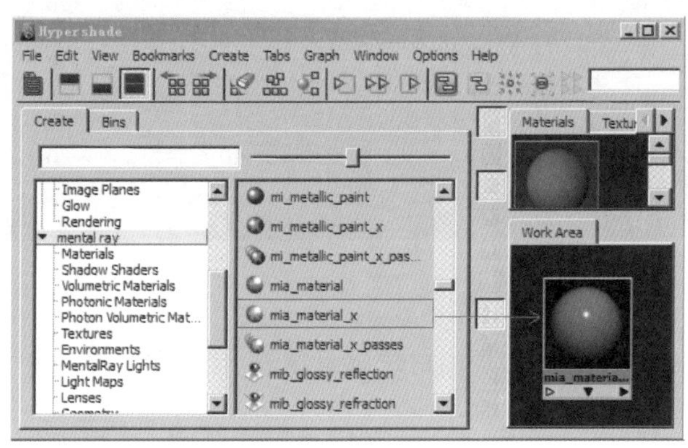

图　5-75

按下 Ctrl＋A 组合键，打开材质球的属性面板，单击 Color 选项右侧的棋盘格图标，在弹出的 Create Render Node 工作面板中选择 Ramp 图标，如图 5-76 所示。

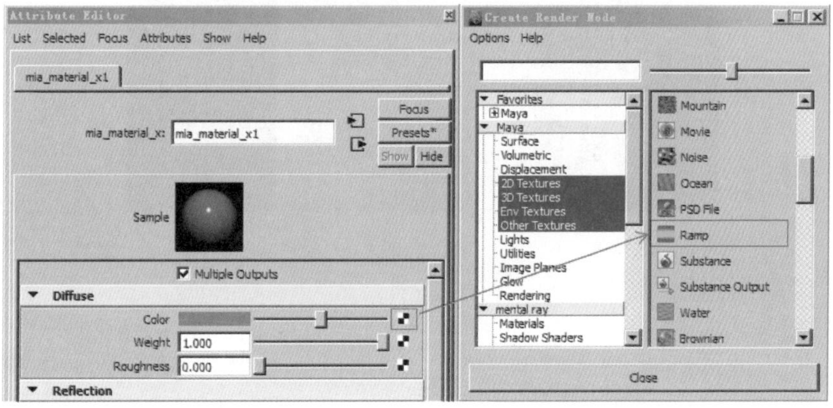

图　5-76

调整 Ramp 的参数，并将材质的 Reflectivity 参数调整为 0，如图 5-77 所示。

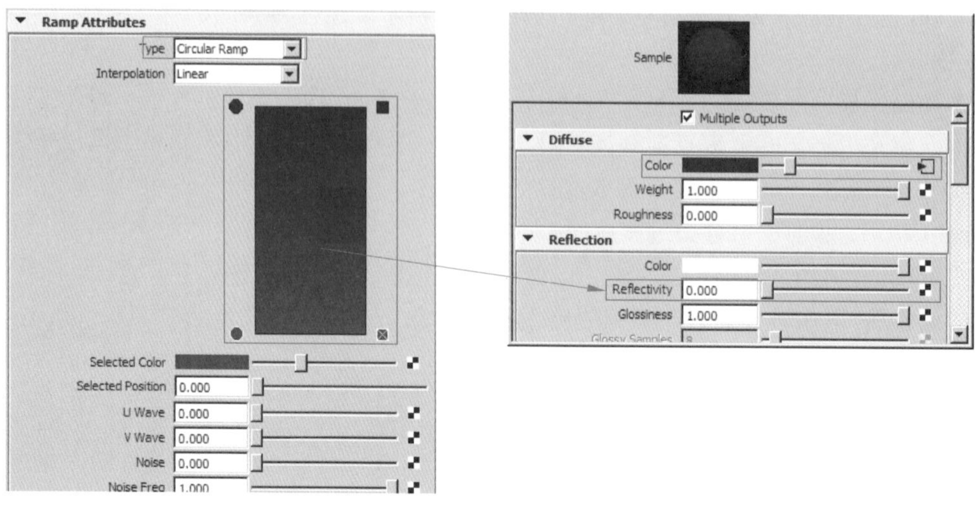

图 5-77

完成后的节点连接如图 5-78 所示。

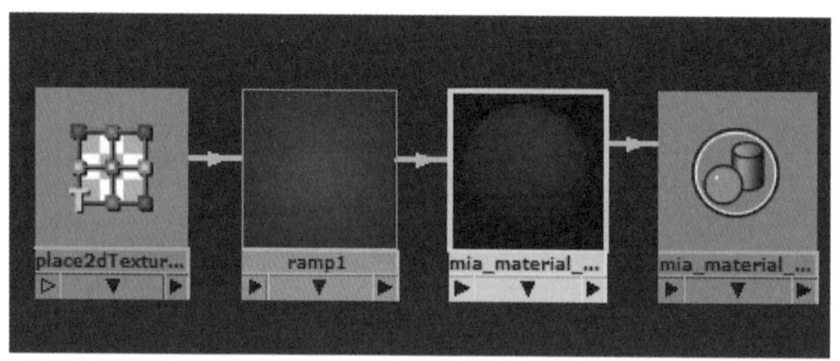

图 5-78

选择背景墙，在材质编辑器中，在背景墙材质球上右击，在弹出的菜单中执行 Assign Material To Selection 命令，将材质赋予墙壁，如图 5-79 所示。

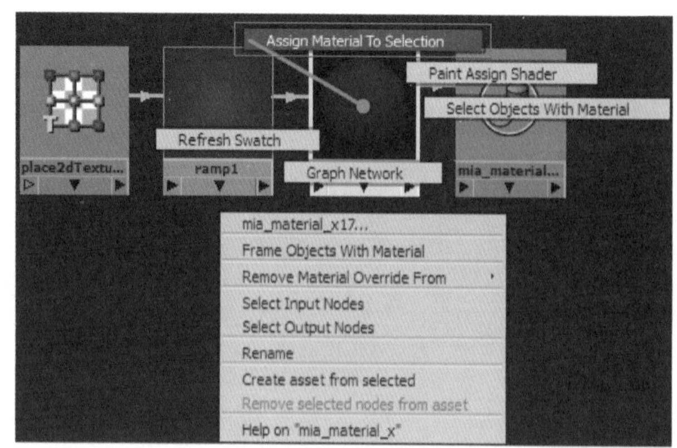

图 5-79

2. 相框材质

在材质编辑器中，再次创建一个 mia_material_x 材质球，打开材质球的属性面板，修改 Color 选项参数，调整 Reflectivity 和 Glossiness 参数，如图 5-80 所示。

选择相框，在材质编辑器中，在材质球上右击，在弹出的菜单中执行 Assign Material To Selection 命令，将材质赋予相框。

3. 相框画

在材质编辑器中，创建一个 Lambet 材质球，如图 5-81 所示。

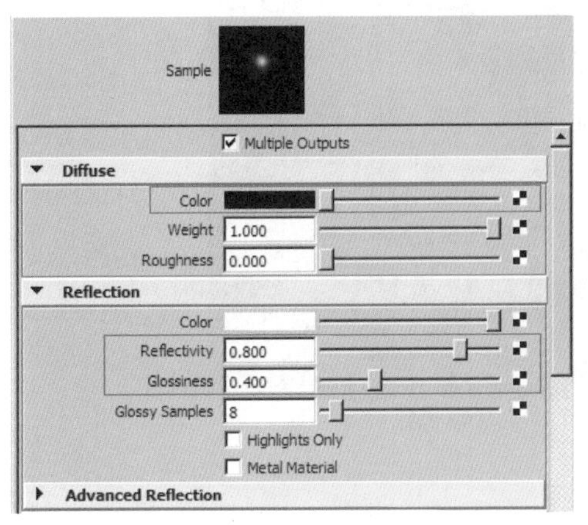

图 5-80

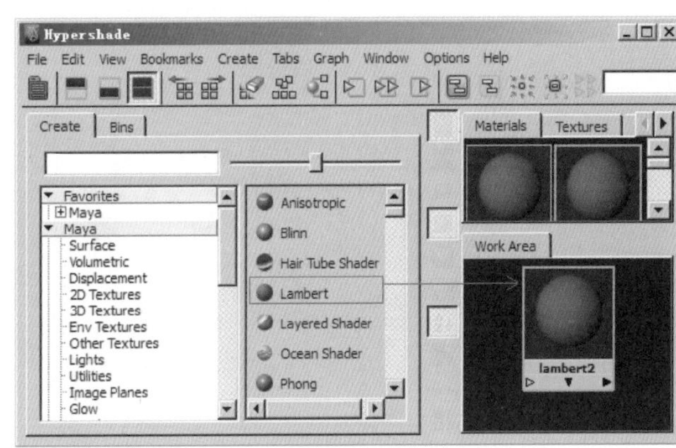

图 5-81

双击 Lambet 材质球，打开它的属性面板，单击 Color 右侧的棋盘格图标，在弹出的 Create Render Node 工作面板中选择 File，如图 5-82 所示。

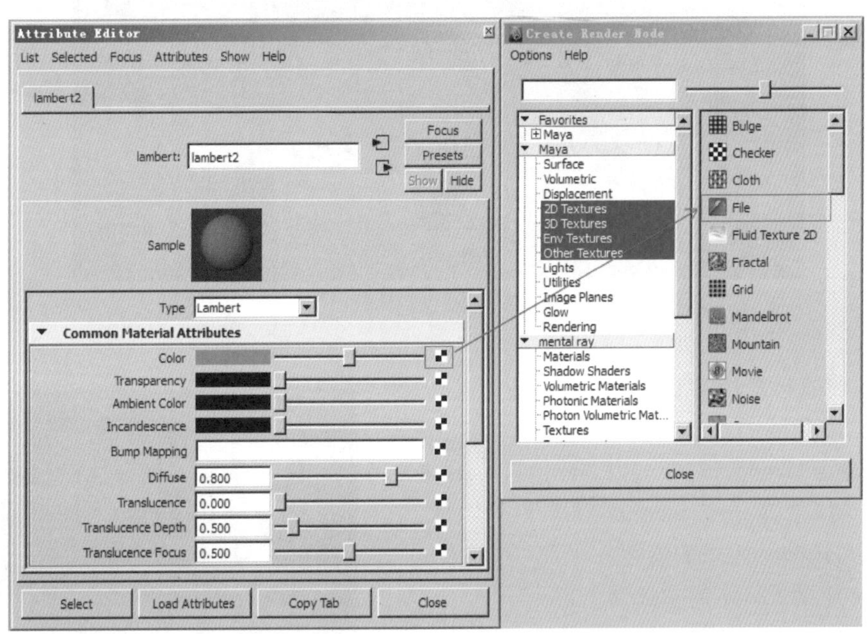

图 5-82

在 File 节点中，单击 Image Name 后的文件夹图标，在"D:\My File\projects_JingWu\sourceimages"文件夹中选择相框的贴图 Bihua.jpg，如图 5-83 所示。

材质球的其他参数使用默认，将此材质赋予给相框中的画。完成后的节点连接如图 5-84 所示。

完成后的相框和相框画效果如图 5-85 所示。

此处可参考源文件"D:\My File\projects_JingWu\scenes\ JingWu_Shader01.mb"文件。

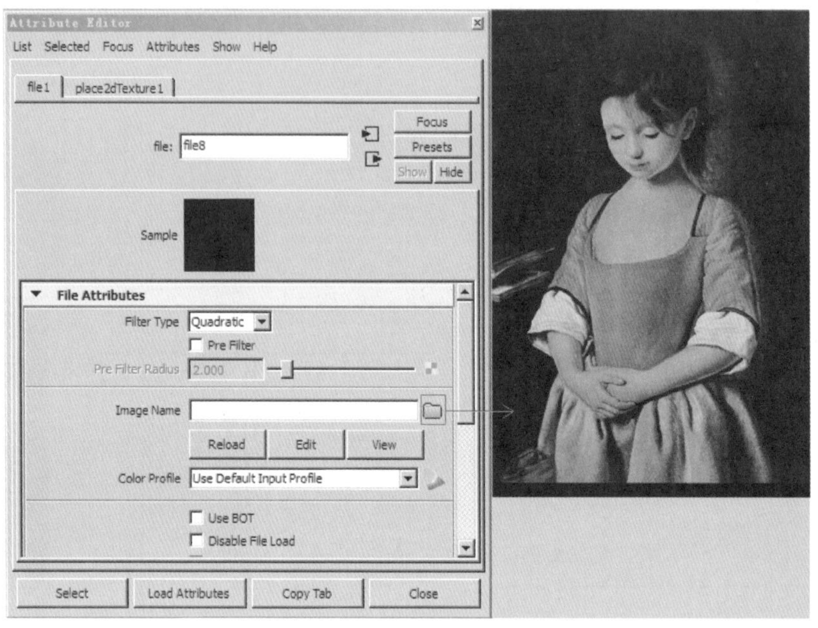

图 5-83

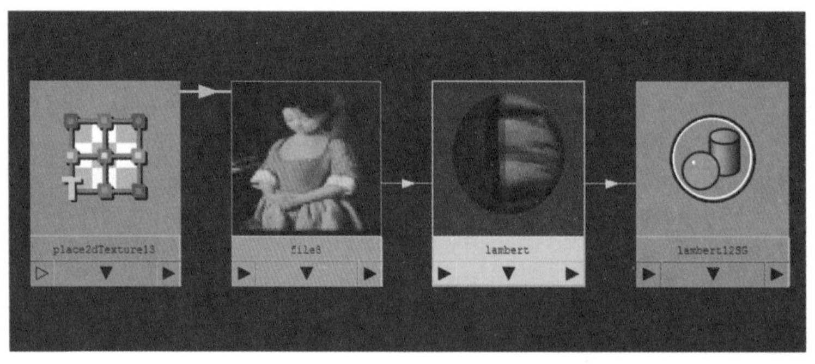

图 5-84

4. 黑色玻璃瓶材质和酱油材质

1）黑色玻璃

执行菜单命令 Window|General Editors|Hypershade，打开材质编辑器，创建一个 miamaterial_x 材质球，双击，打开材质球，调节材质球的参数。

- Diffuse 中的 Color 调整成黑色；
- 反射值 reflectivity 调整为 1；
- 折射率 Index of Refraction 调整为 1.5，即现实中玻璃的折射率；
- 折射选项中的透明 Transparency 调整为 0.7；
- 各向异性 Anisotropy 参数调整为 0.1；
- 通道 Channel 调整为－1 采用本地坐标。

图 5-85

在 BRDF 选项中，选中 Use Fresnel Reflection 选项，参数设置如图 5-86 所示。

完成材质设置后，将其赋予场景中的 3 个黑色玻璃瓶。

2）酱油

瓶子里的酱油，采用 Blinn 材质，创建材质球的方法同上，这里就不赘述了。打开 Blinn 材质球的操作面板，调整 Transparency 的颜色为浅褐色，Eccentricity 的参数为 0.058，Specular Roll Off 参数为 1，Specular Color 调整为白色，参数设置如图 5-87 所示。

完成酱油的材质设置后，将其赋予场景中的模型，黑色玻璃和酱油的材质如图 5-88 所示。

5. 蓝色玻璃瓶和瓶子中的粉末

1）蓝色玻璃

蓝色玻璃使用 miamaterial_x 材质，参数设置如下。

- Diffuse 中的 Color 调整成黑色；
- 反射值 reflectivity 调整为 1；
- 折射率 Index of Refraction 调整为 1.5，即现实中玻璃的折射率；
- 折射选项中的透明 Transparency 调整为 1；
- 在 Advanced Refraction 选项中，选中 Use Max Distance 选项，调整 Max Distance 参数为 30，Color At Max Distance 选项调整为淡蓝色；
- 通道 Channel 调整为-1 采用本地坐标。

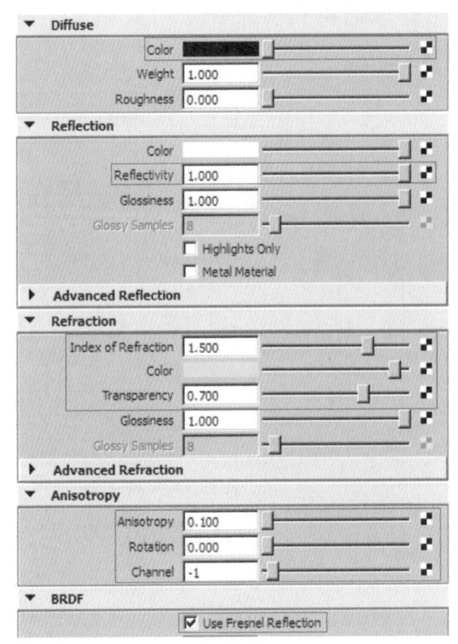

图 5-86

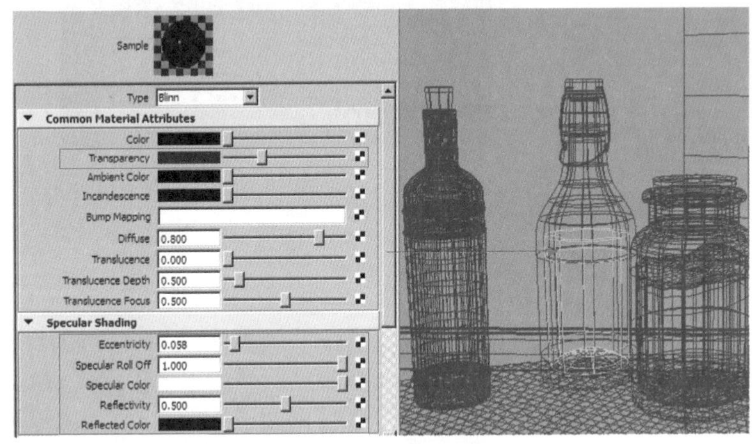

图 5-87

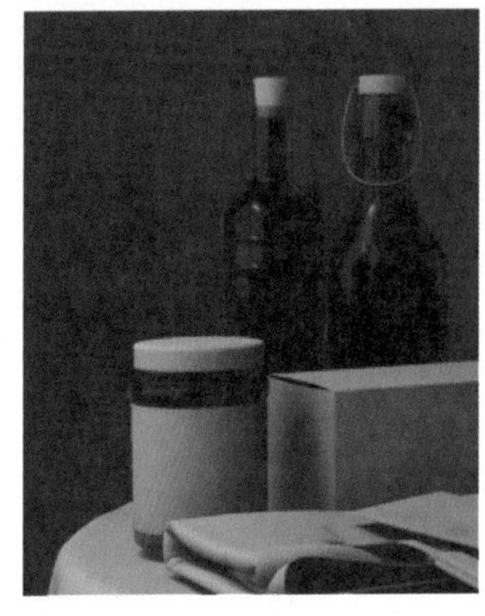

图 5-88

在 BRDF 选项中，选中 Use Fresnel Reflection 选项。参数设置如图 5-89 所示。

完成材质设置后，将其赋予场景中的蓝色玻璃瓶。

2）玻璃瓶子中的粉末

粉末也使用 miamaterial_x 材质，参数设置如下。

- Diffuse 中的 Color 调整成白色；
- Weight 调整为 1；
- 粗糙度 Roughness 调整为 1；
- 关闭反射值 reflectivity 调整为 0；

参数设置如图 5-90 所示。

完成后的将材质赋予给蓝色玻璃瓶中的物体模型，如图 5-91 所示。

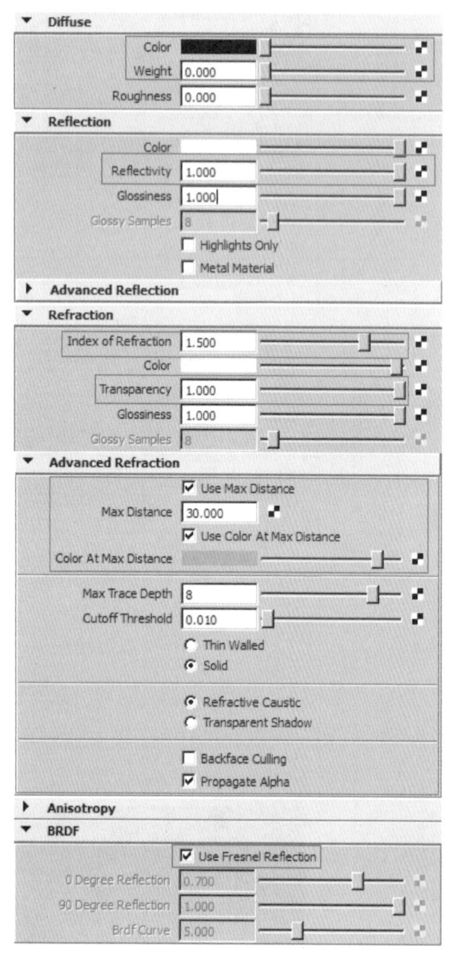

图 5-89

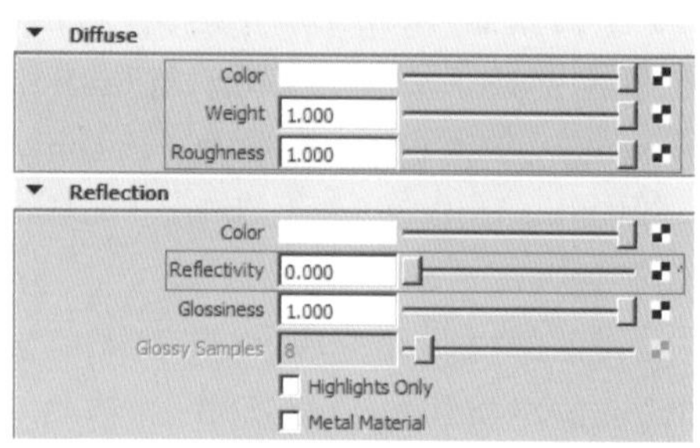

图 5-90

图 5-91

6. 石膏罐和商标纸

1）石膏罐

石膏罐也采用 miamaterial_x 材质，参数设置如下，结果参见图 5-92。

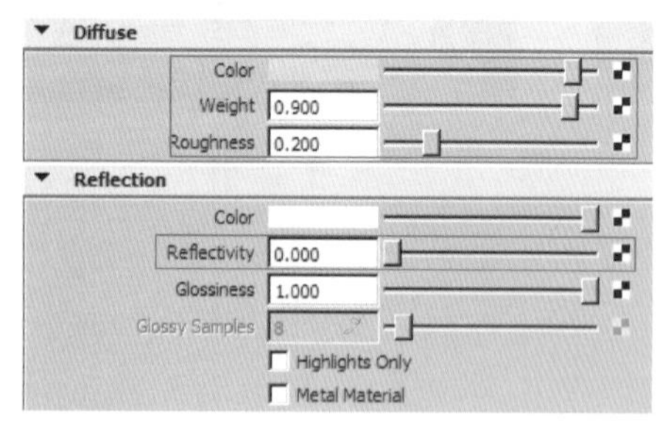

图 5-92

- Diffuse 中的 Color 调整成淡淡的土黄色；
- Weight 调整为 0.9；
- 粗糙度 Roughness 调整为 0.2；
- 关闭反射值 reflectivity 调整为 0。

材质调整完成后，将它赋予给石膏罐。

2）商标纸

商标纸也采用 miamaterial_x 材质，在 Diffuse 选项下单击 Color 参数右边的棋盘格图标，打开 Create Render Node 窗口，在其中选择 File 选项，如图 5-93 所示。

在 File 节点中，单击 Image Name 后的文件夹图标，在“D:\My File\projects_JingWu\sourceimages”文件夹中选择花生酱的贴图 Huashengjiang.jpg，如图 5-94 所示。

材质球的 Reflection 选项中，调整 Reflectivity 参数为 0，关闭反射效果，完成连接后的材质如图 5-95 所示。

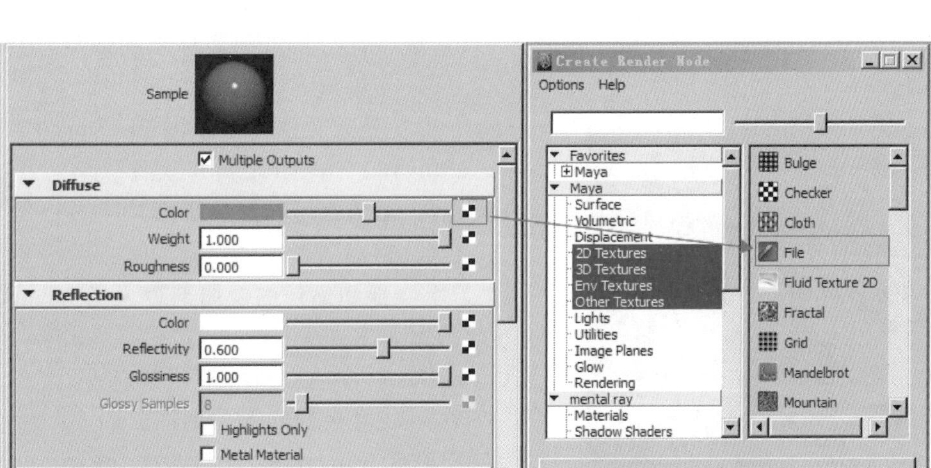

图 5-93

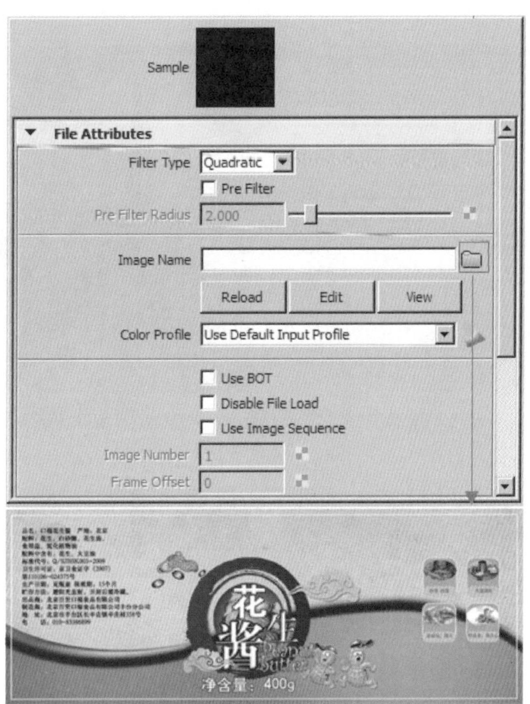

图 5-94

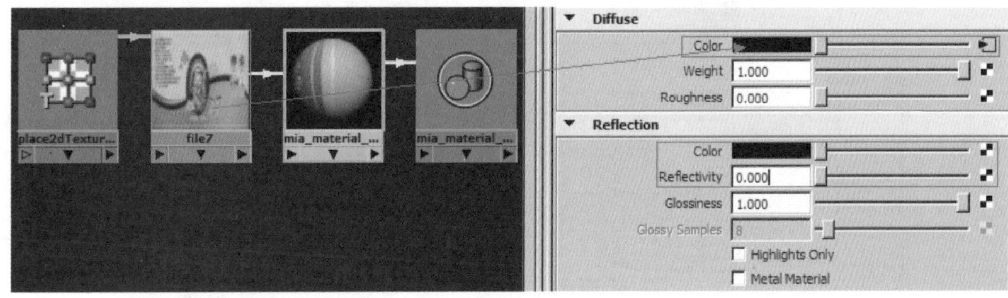

图 5-95

将此材质赋予给花生酱的包装纸。玻璃瓶、石膏罐、酱油、粉末和商标纸完成后，渲染的效果如图 5-96 所示。

图 5-96

此处可参考源文件“D:\My File\projects_JingWu\scenes\JingWu_Shader02.mb”文件。

7. 金属、哑光木质和塑料商标

1）金属（钢）

菜刀上半部和锅铲的金属部分采用 miamaterial_x 材质，参数设置如下。

- Diffuse 中的 Color 调整成灰色；
- Weight 参数调整为 0.3；
- 反射值 reflectivity 参数调整为 0.8；
- Glossiness 参数调整为 0.9；
- Glossy Samples 参数调整为 16。参数设置如图 5-97 所示。

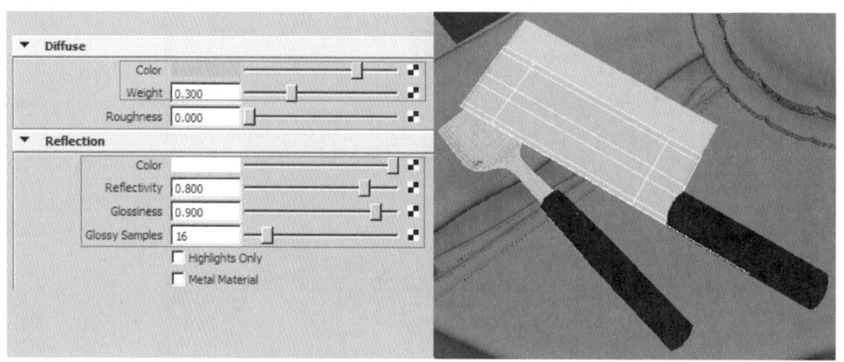

图 5-97

菜刀刀刃部分的金属材质也采用 miamaterial_x 材质，但参数不同。

- Diffuse 中的 Color 调整成灰色；
- Weight 参数调整为 0.1；
- 反射值 reflectivity 参数为 1；
- Glossiness 参数调整为 0.3；
- Glossy Samples 参数调整为 30。参数设置如图 5-98 所示。

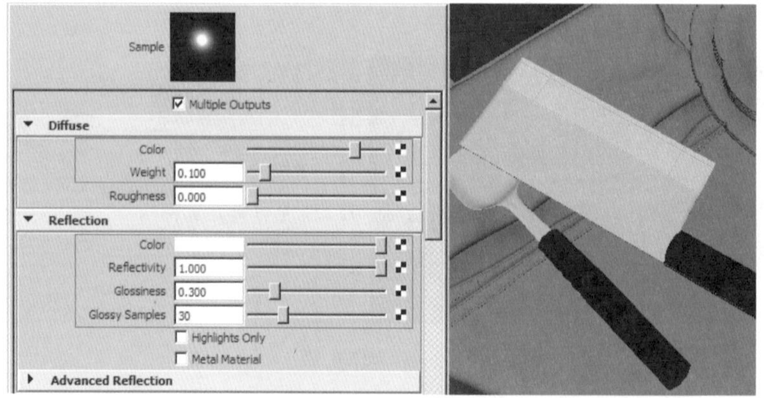

图 5-98

完成材质参数调整后，将材质赋予相应的模型。

2）瓶塞和刀把的棕色木纹

瓶塞和刀把也使用 mia_material_x 材质，完成后的效果，如图 5-99 所示。

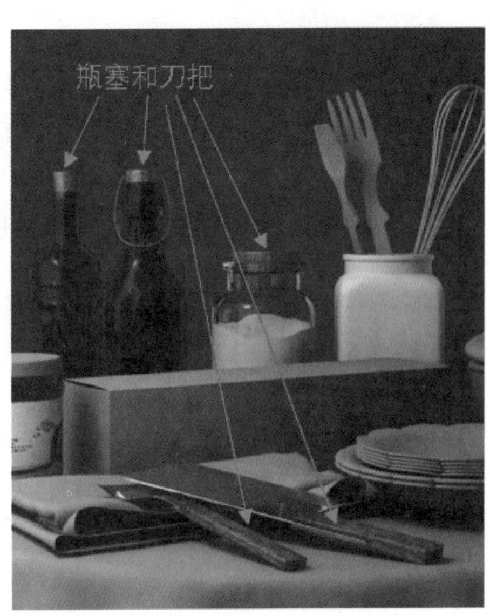

图　5-99

在材质编辑器中创建 mia_material_x 材质，在 Diffuse 选项下单击 Color 参数右边的棋盘格图标，打开 Create Render Node 窗口，在其中选择 File 选项，如图 5-100 所示。

在 File 节点中单击 Image Name 后的文件夹图标，在“D:\My File\projects_JingWu\sourceimages”文件夹中选择木纹贴图 Muwen_zong.jpg，如图 5-101 所示。

- Weight 参数调整为 0.8；
- 反射选项的 reflectivity 参数为 0.4；
- Glossiness 参数调整为 0.3；
- Glossy Samples 参数调整为 24。

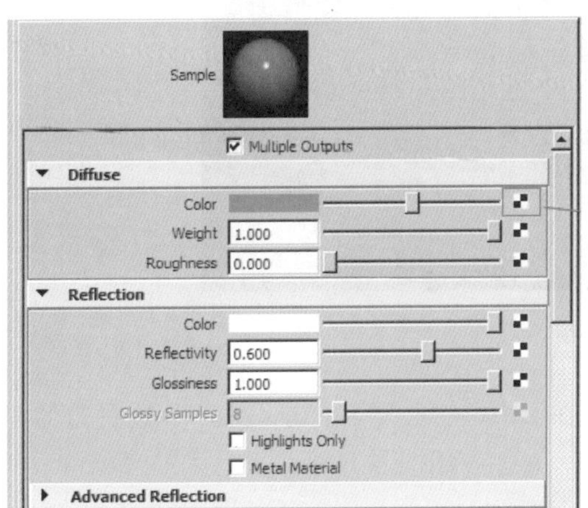

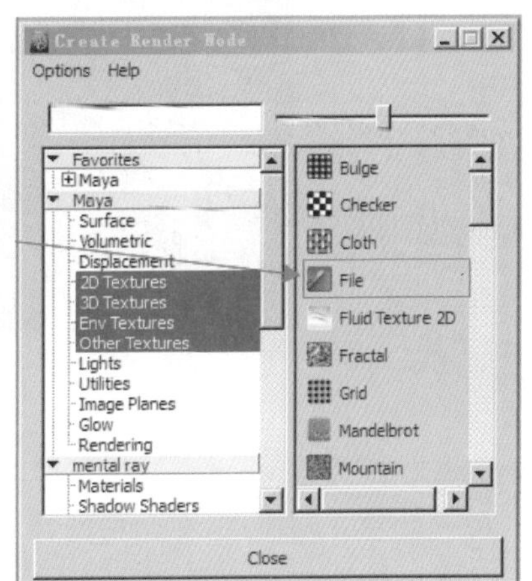

图　5-100

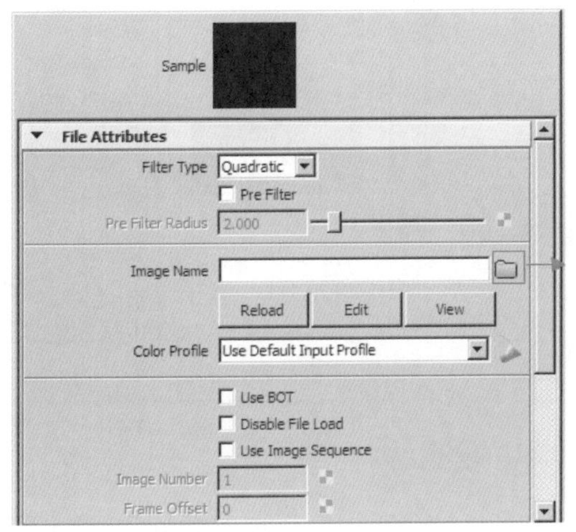

图　5-101

参数设置如图 5-102 所示。

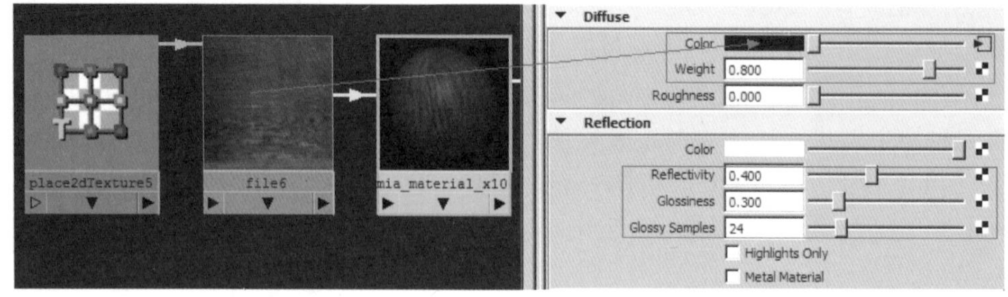

图 5-102

完成连接后的材质如图 5-103 所示，将此材质赋予给瓶塞和刀把。

3）哑光木质

木铲和木叉的木质效果也采用 miamaterial_x 材质，完成后的效果如图 5-103 所示。

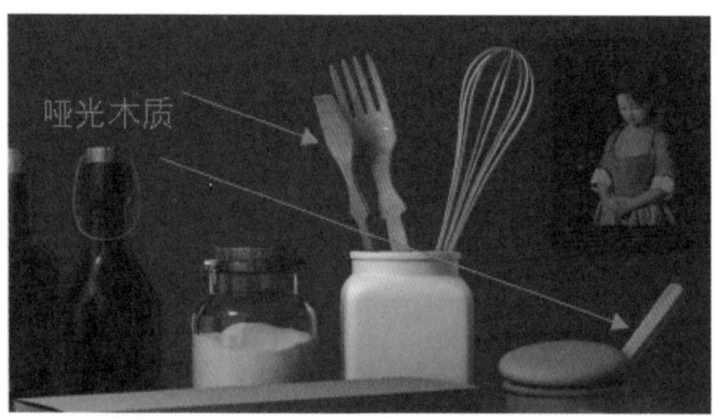

图 5-103

在材质编辑器中创建 miamaterial_x 材质，在 Diffuse 选项下单击 Color 参数右边的棋盘格图标，打开 Create Render Node 窗口，在其中选择 File 选项，如图 5-104 所示。

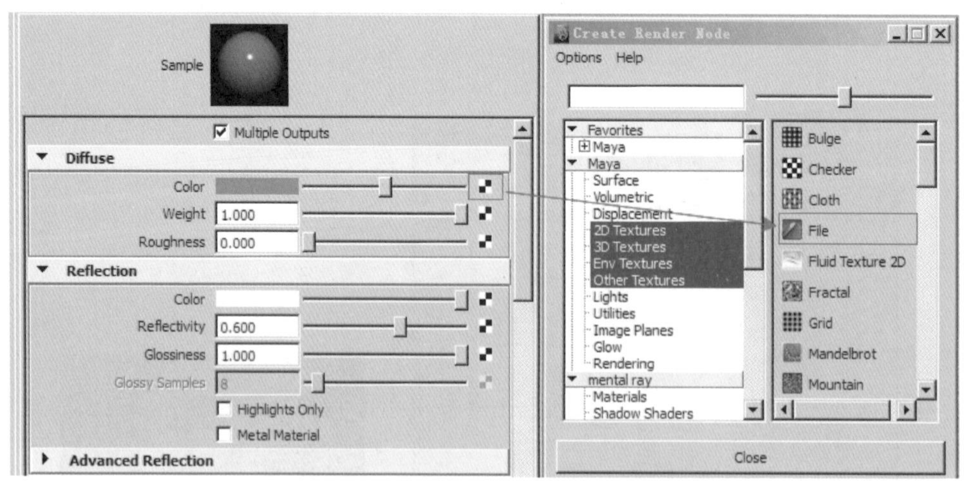

图 5-104

在 File 节点中，单击 Image Name 后的文件夹图标，在“D:\My File\projects_JingWu\sourceimages”文件夹中选择木纹贴图 Muwen_hong.jpg，如图 5-105 所示。

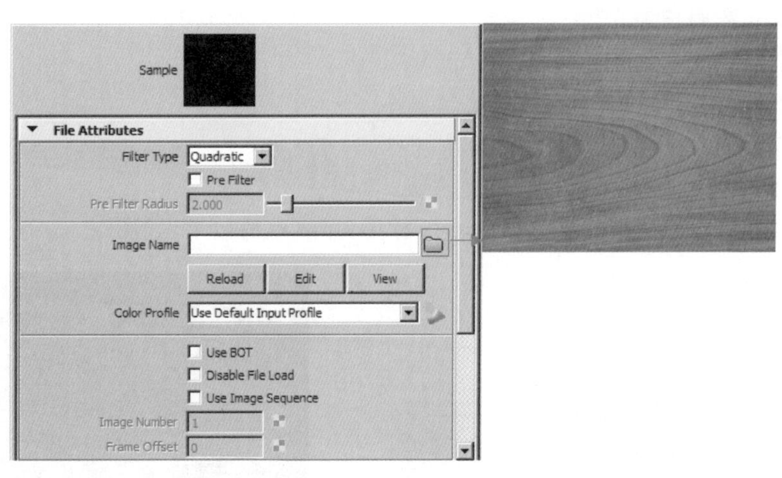

图 5-105

- Weight 参数调整为 0.8；
- 反射选项的 reflectivity 参数为 0.4；
- Glossiness 参数调整为 0.3；
- Glossy Samples 参数调整为 24。

参数设置如图 5-106 所示。

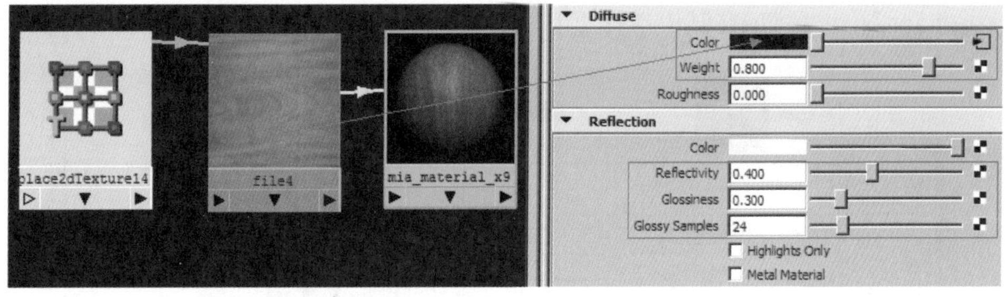

图 5-106

完成连接后的材质如图 5-107 所示，将此材质赋予给木铲、木叉。

4）金属（磨砂）

瓶子的盖子和罐子的盖子的磨砂金属效果也采用 miamaterial_x 材质，如图 5-107 所示。

图 5-107

- Diffuse 中的 Color 调整成灰色；
- Weight 参数调整为 0.7；
- 反射值 reflectivity 参数为 0.8；

- Glossiness 参数调整为 0.3；
- Glossy Samples 参数调整为 24。

参数设置如图 5-108 所示。

完成材质参数调整后将材质赋予两个瓶盖。

5）铁盒包装哑光塑料商标

铁盒包装哑光塑料商标使用 mia_material_x 材质，完成后的效果，如图 5-109 所示。

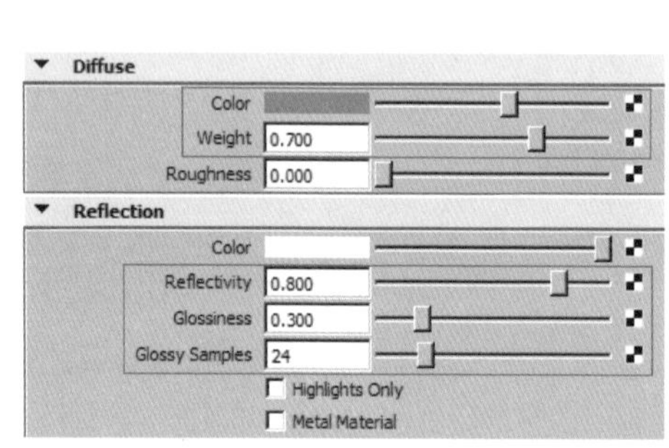

图 5-108

图 5-109

在材质编辑器中创建 miamaterial_x 材质，在 Diffuse 选项下单击 Color 参数右边的棋盘格图标，打开 Create Render Node 窗口，在其中选择 File 选项，如图 5-110 所示。

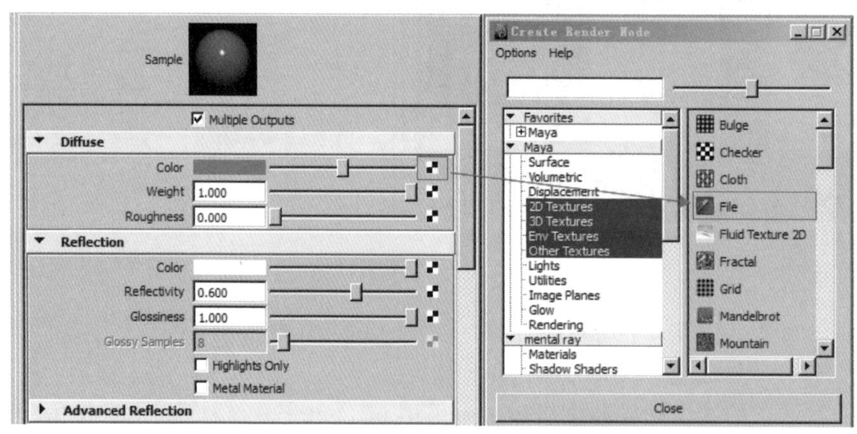

图 5-110

在 File 节点中，单击 Image Name 后的文件夹图标，在“D:\My File\projects_JingWu\sourceimages”文件夹中选择包装纸贴图 Jiang.jpg，如图 5-111 所示。

- Weight 参数调整为 1；
- 反射选项的 reflectivity 参数为 0.4；
- Glossiness 参数调整为 0.4；
- Glossy Samples 参数调整为 24。

完成连接后的材质如图 5-112 所示，将此材质赋予给铁盒的包装纸模型。

完成这部分材质渲染后的效果如图 5-113 所示。

此处可参考源文件“D:\My File\projects_JingWu\scenes\JingWu_Shader03.mb”文件。

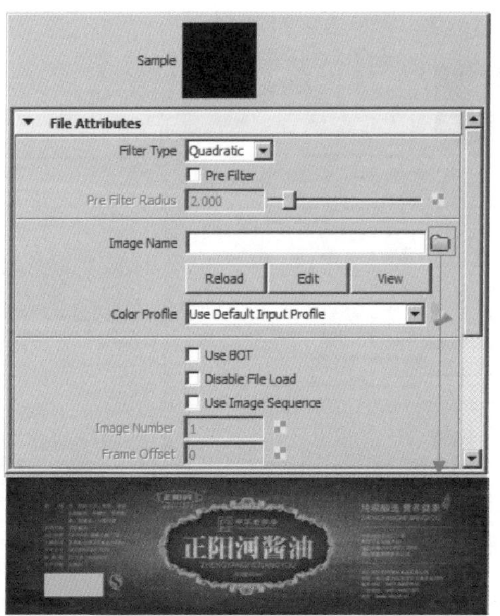

图　5-111

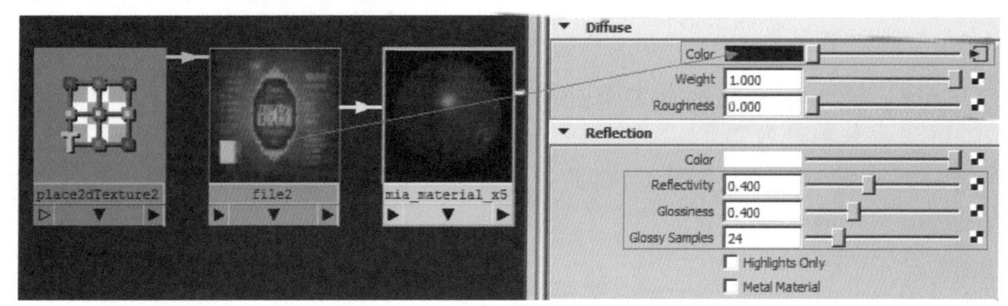

图　5-112

8. 陶瓷、高光纸包装

1）印花瓷盘

印花瓷盘的陶瓷效果使用 miamaterial_x 材质，完成后的效果如图 5-114 所示。

图　5-113

图　5-114

在材质编辑器中创建 miamaterial_x 材质，给 Color 参数添加贴图，如图 5-114 所示。

在 Diffuse 选项下，单击 Color 参数右边的棋盘格图标，打开 Create Render Node 窗口，在其中选择 File 选项，如图 5-115 所示。

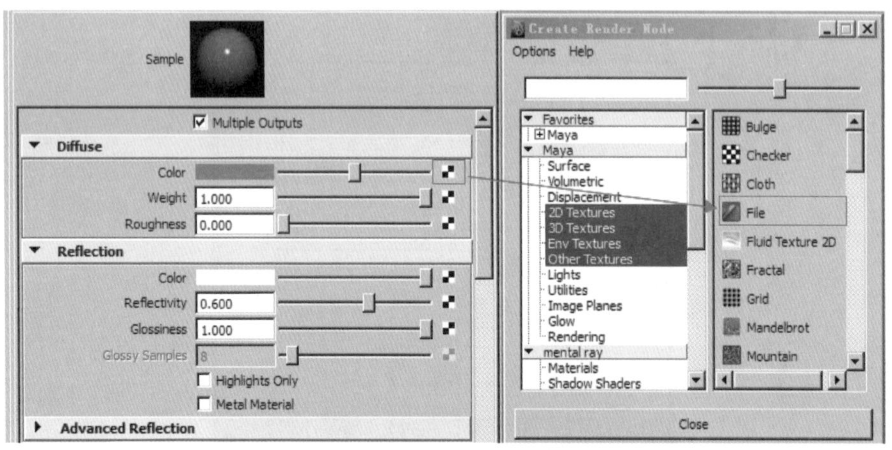

图 5-115

在 File 节点中，单击 Image Name 后的文件夹图标，在“D:\My File\projects_JingWu\sourceimages”文件夹中选择包装纸贴图 Cipan.jpg，如图 5-116 所示。

- Weight 参数调整为 1；
- 反射选项的 reflectivity 参数为 0.8；
- Glossiness 参数调整为 0.8。

完成连接后的材质如图 5-117 所示，将此材质赋予给瓷盘。

2）陶瓷（瓷罐）

白色的瓷罐材质也使用 mia_material_x 材质，完成的效果如图 5-118 所示。

- Diffuse 选项下的 Color 调整为白色；
- Weight 参数调整为 1；
- 反射选项的 reflectivity 参数为 0.8；
- Glossiness 参数调整为 0.8。

材质参数如图 5-119 所示，将此材质赋予给瓷罐模型。

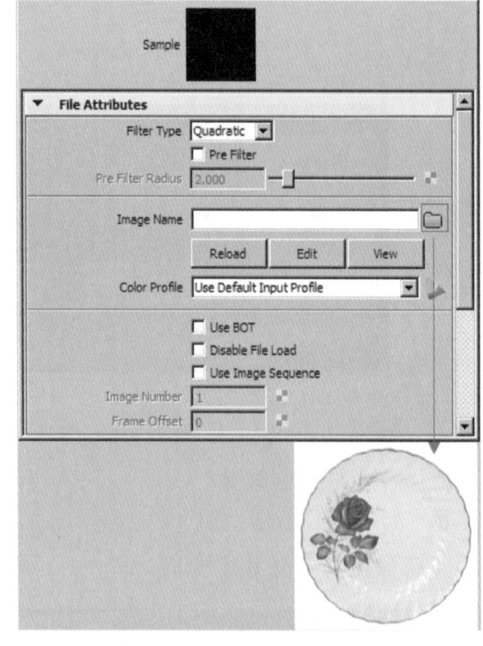

图 5-116

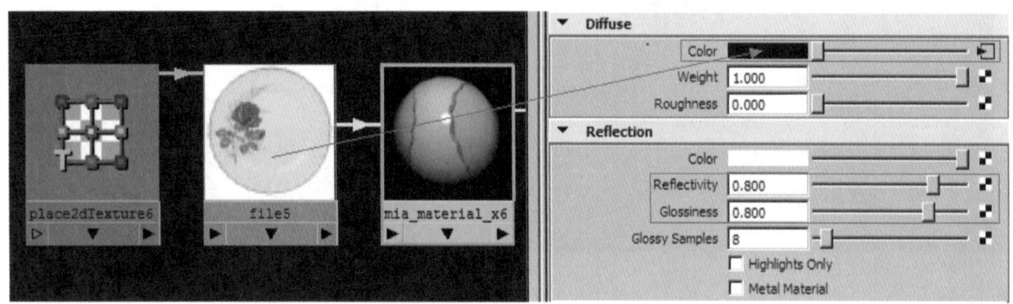

图 5-117

图　5-118

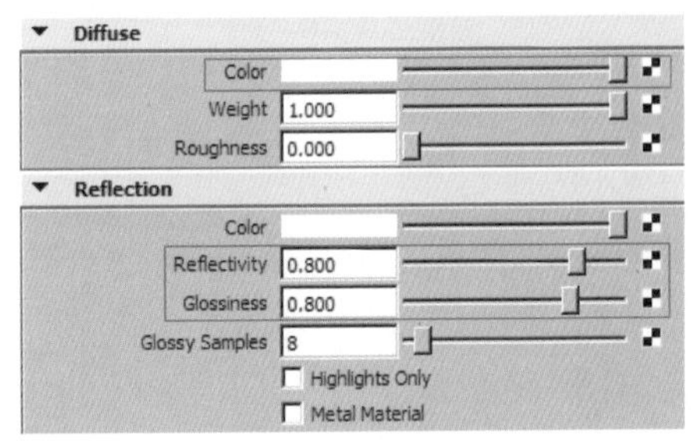

图　5-119

3）高光纸包装

纸盒使用 Blinn 材质，完成后的效果，如图 5-120 所示。

在材质编辑器中创建 Blinn 材质，如图 5-121 所示。

图　5-120

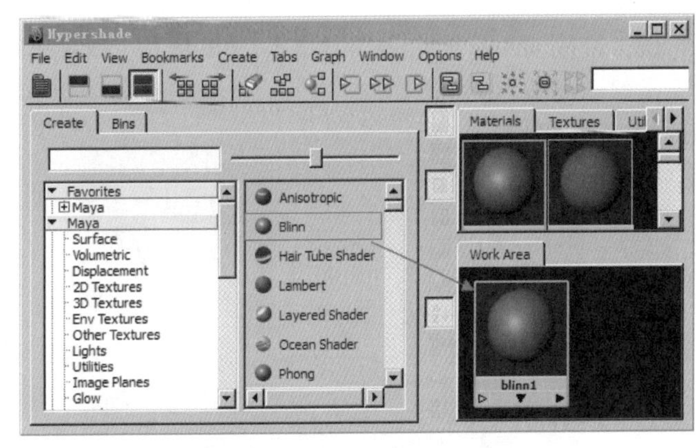

图　5-121

双击 Blinn 材质球，打开它的参数面板，单击 Color 参数右边的棋盘格图标，打开 Create Render Node 窗口，在其中选择 File 选项，如图 5-122 所示。

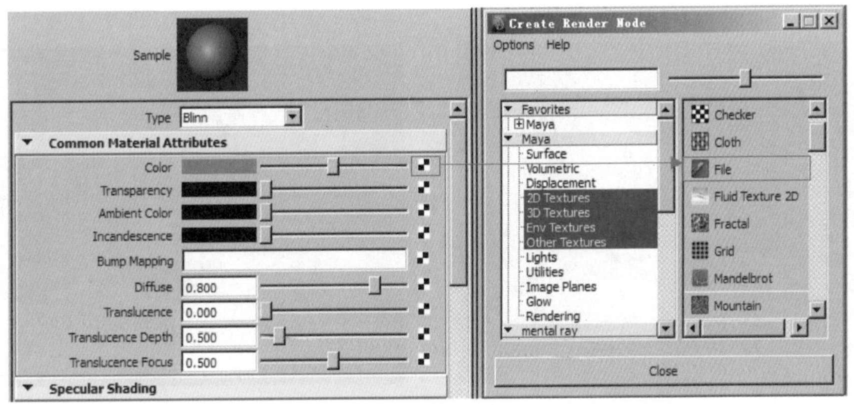

图　5-122

在File节点中，单击Image Name后的文件夹图标，在“D:\My File\projects_JingWu\sourceimages”文件夹中选择包装纸贴图Baoxianmo.jpg，如图5-123所示。

其中，Specular Shading下，Eccentricity参数调整为0.041，Reflectivity参数调整为0.187，完成连接后的材质，如图5-124所示。

将此材质赋予给纸盒模型。完成这部分材质渲染后的效果如图5-125所示。

此处可参考源文件“D:\My File\projects_JingWu\scenes\JingWu_Shader04.mb”文件。

9. 桌布和毛巾

桌布和毛巾完成材质后的效果如图5-126所示。

1）桌布

桌布没有高光、反射，所以我们采用Lambert材质，完成后的效果如图5-127所示。

在材质编辑器中，创建一个Lambet材质球，双击Lambet材质球，打开它的属性面板，单击Color参数右边的棋盘格图标，打开Create Render Node窗口，在其中选择Ramp节点，如图5-128所示。

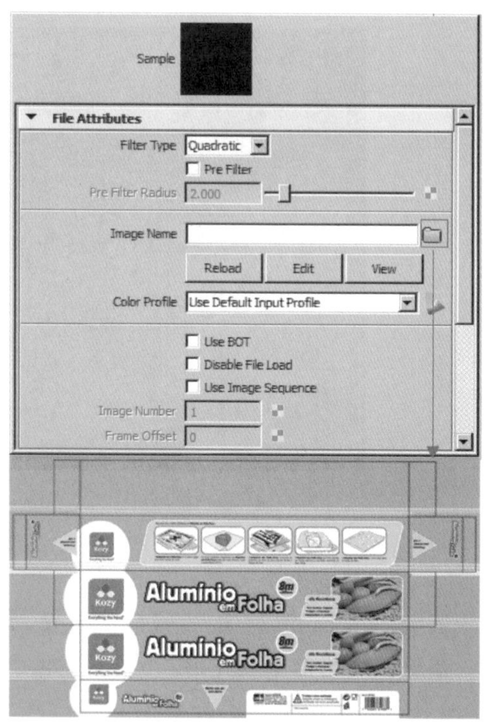

图 5-123

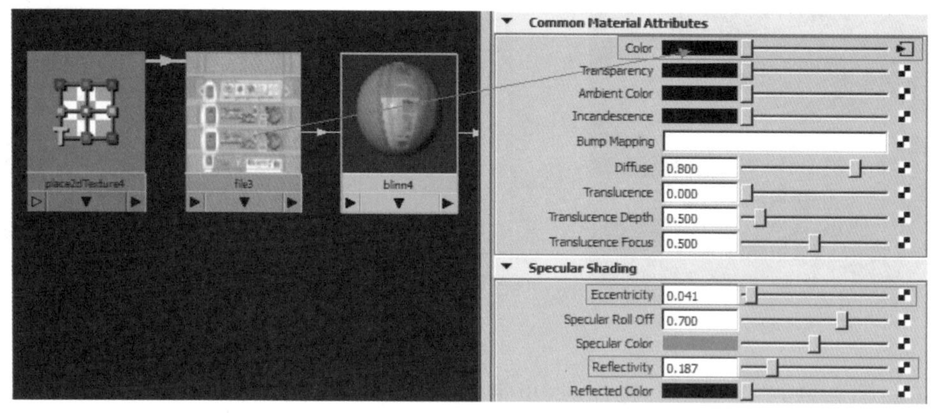

图 5-124

图 5-125

图 5-126

图 5-127

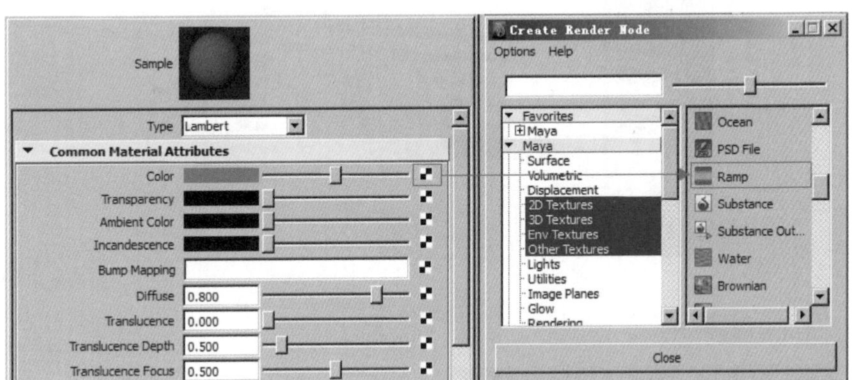

图 5-128

调整 Ramp 节点的参数，如图 5-129 所示。

在材质编辑器中创建一个 Sampler Info 节点，如图 5-130 所示。

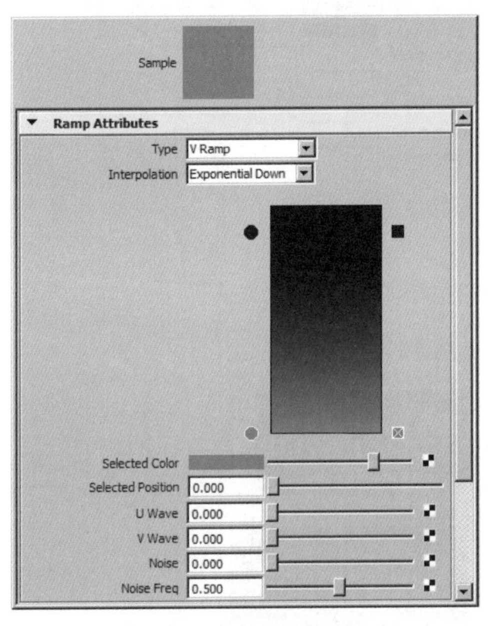

图 5-129

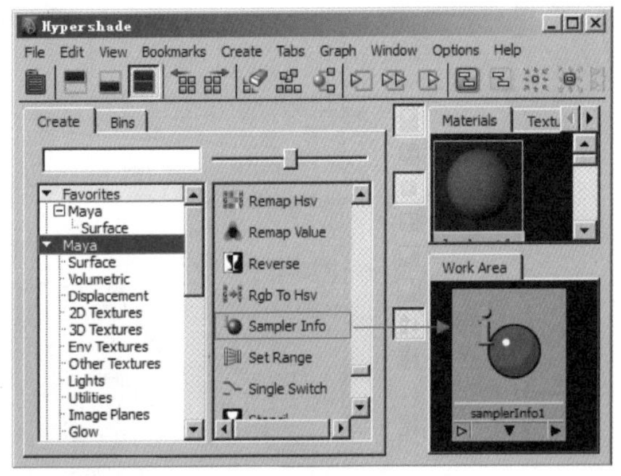

图 5-130

将 sampler Info 的 Facing Ratio 项连接 Ramp 的 VCoord 项，如图 5-131 所示。

Ramp 连接 lambet 的 Color 项后的节点图，如图 5-132 所示。

布料的凹凸纹理，本例使用了 Cloth 布料节点，用于表现布料的凹凸细节。在材质编辑器中创建 Cloth 节点，如图 5-133 所示。

将 Cloth 节点连接到 Lambet 材质的 Bump Mapping 上（连接后 Maya 会自动添加一个 bump2d

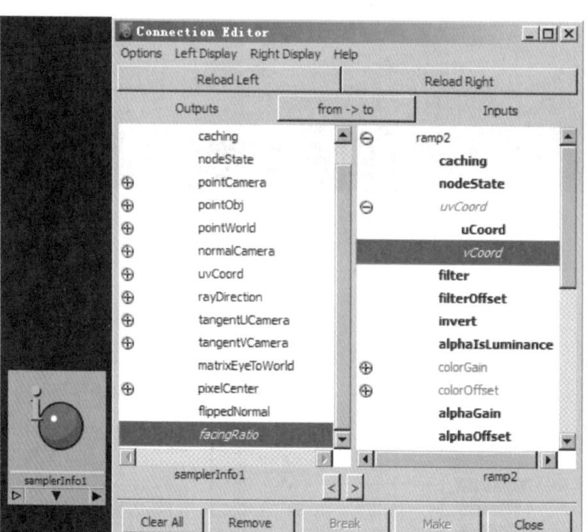

图 5-131

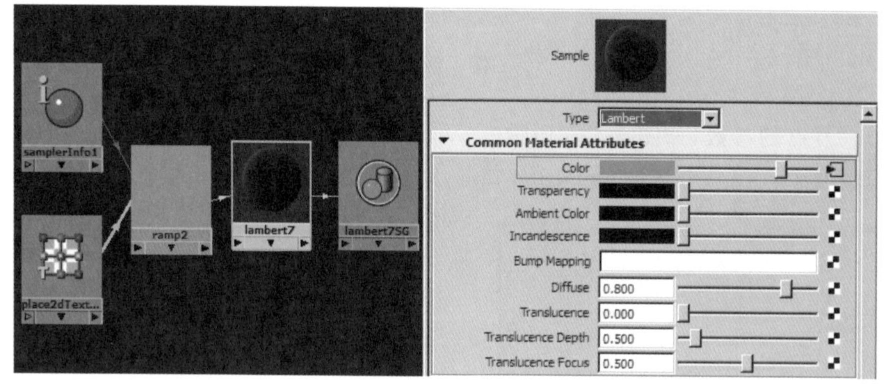

图 5-132

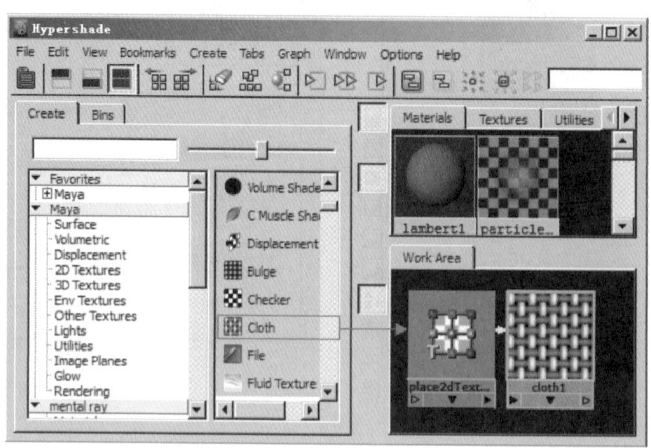

图 5-133

节点)，调整凹凸值为 0.03，lambet 其他属性为默认，如图 5-134 和 5-135 所示。

2）毛巾

毛巾采用 misss_fast_skin_maya(sss 材质)，sss 材质会更柔和的接受光的照射，所以选择它作为

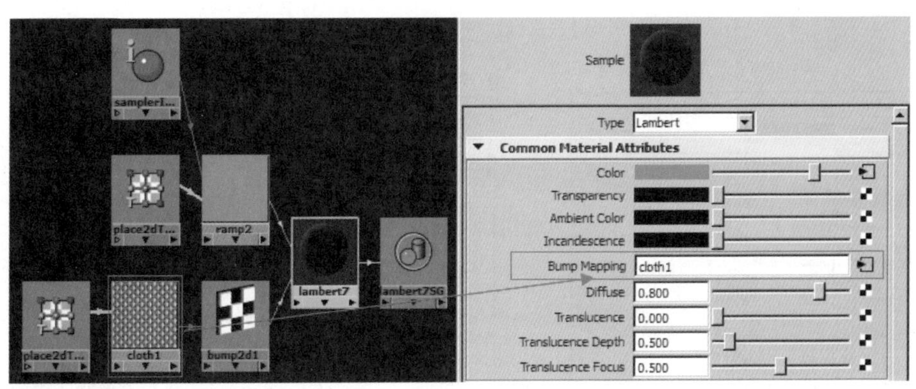

图　5-134

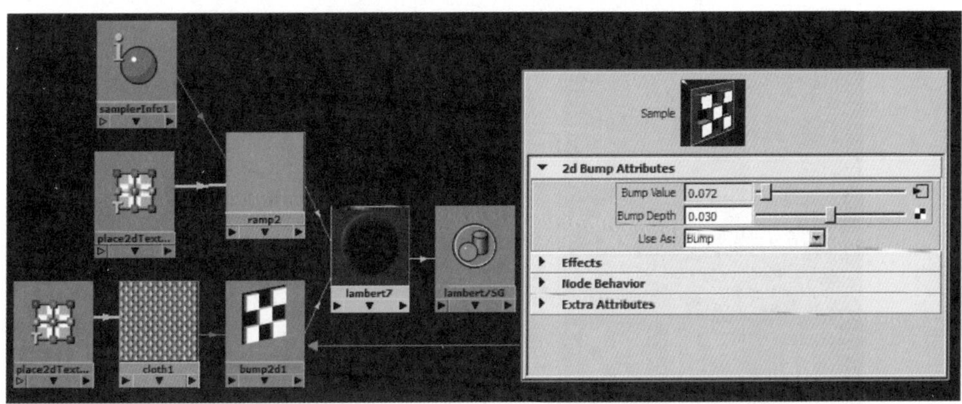

图　5-135

毛巾材质，完成后的效果如图 5-136 所示。

创建 misss_fast_skin_maya(sss 材质)，如图 5-137 所示。

图　5-136

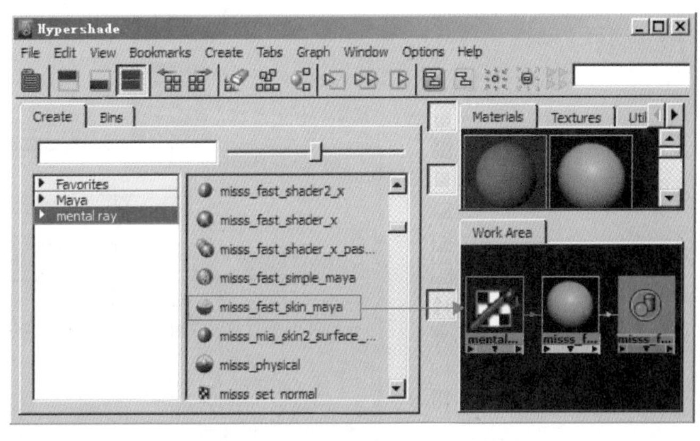

图　5-137

调整 misss_fast_skin_maya 材质参数，去掉材质的高光，参数设置如图 5-138 所示。

毛巾的表面不平整，需要加入一些凹凸效果，本例中采用 Noise 节点制作毛巾的凹凸贴图，创建 Noise 节点，操作步骤如图 5-139 所示。

将 Noise 节点与 misss_fast_skin_maya 材质的 Bump 选项连接(连接后 Maya 会自动添加一个 bump2d 节点)，如图 5-140 所示。

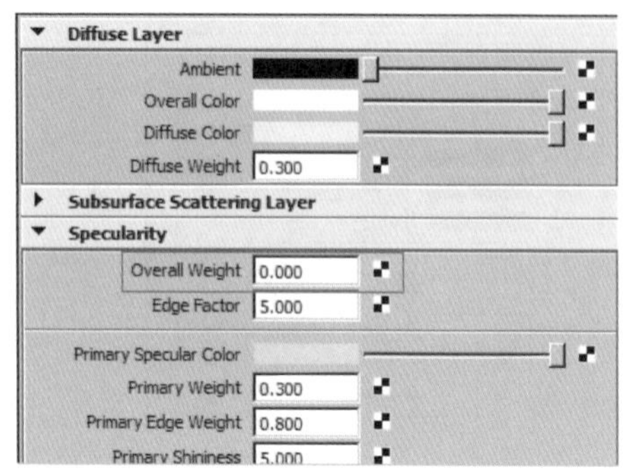

图 5-138

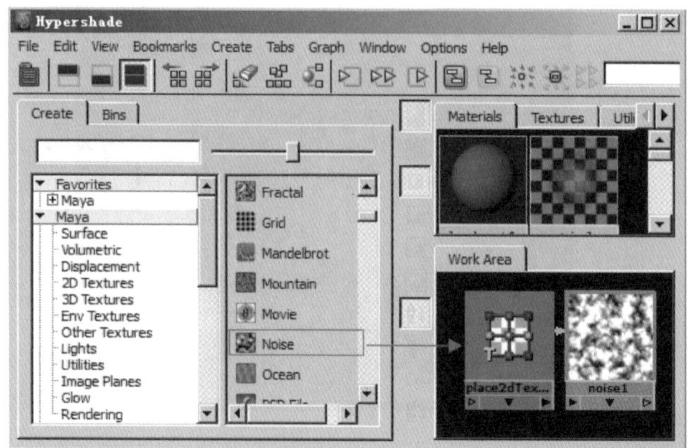

图 5-139

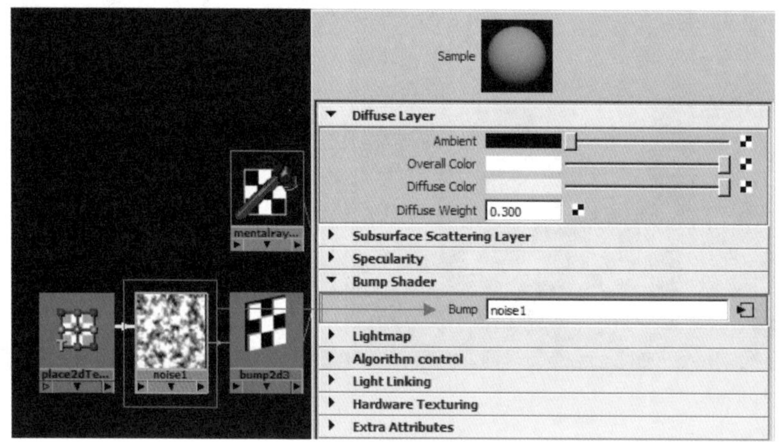

图 5-140

再调整 place2dTexture 节点的参数如图 5-141 所示。

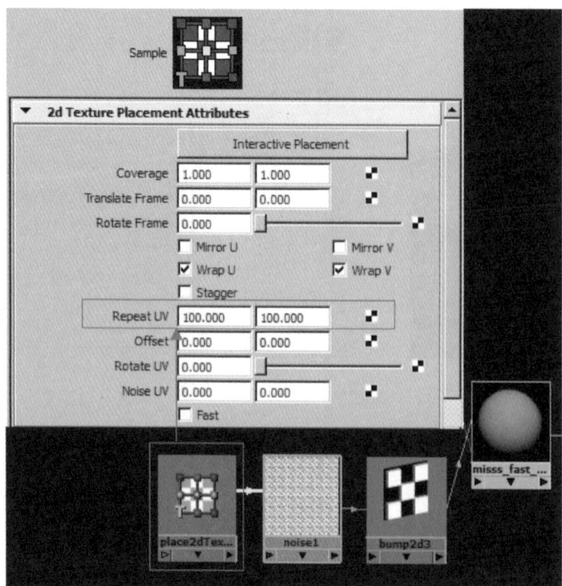

图 5-141

毛巾的材料会有一些半透特性，所以当光线穿过毛巾本身，会透过毛巾，则产生毛巾固有色颜色的阴影，这里看到毛巾的阴影是黑色，是错误效果。但如果将灯光阴影改变颜色，则场景全部阴影都将改变，这不是我们所想要的效果，这时就需要利用一个 shadow 节点，来单独控制毛巾的阴影。

在 Hypershade(材质编辑器)中 mental ray 下创建 mib_shadow_transparency 节点，如图 5-142 所示。

将 mib_shadow_transparency 节点连接到毛巾材质的 Shading Group 上，如图 5-143 所示。

mib_shadow_transparency 材质参数设置：mib_shadow_transparency 材质共有两个选项，分别为 Color(阴影颜色)、Transp(阴影透明度)，设置如图 5-144 所示。

最后设置渲染品质，渲染输出如图 5-145 所示。

渲染效果如图 5-146 所示。

至此，本例的灯光材质全部调试完成。完成后的文件可参考配套“D:\My File\projects_JingWu\scenes\JingWu_Final.mb”文件。

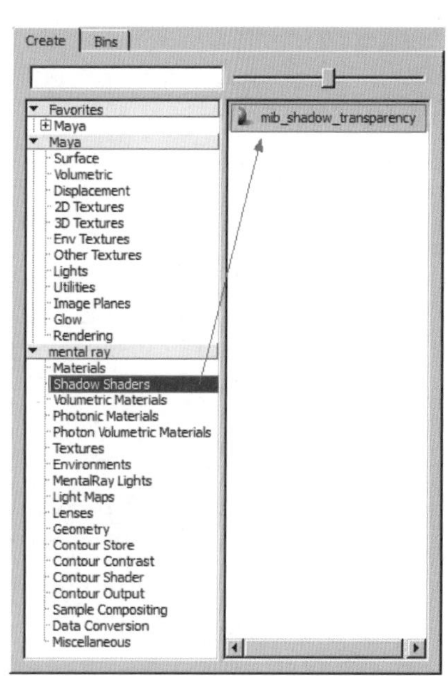

图 5-142

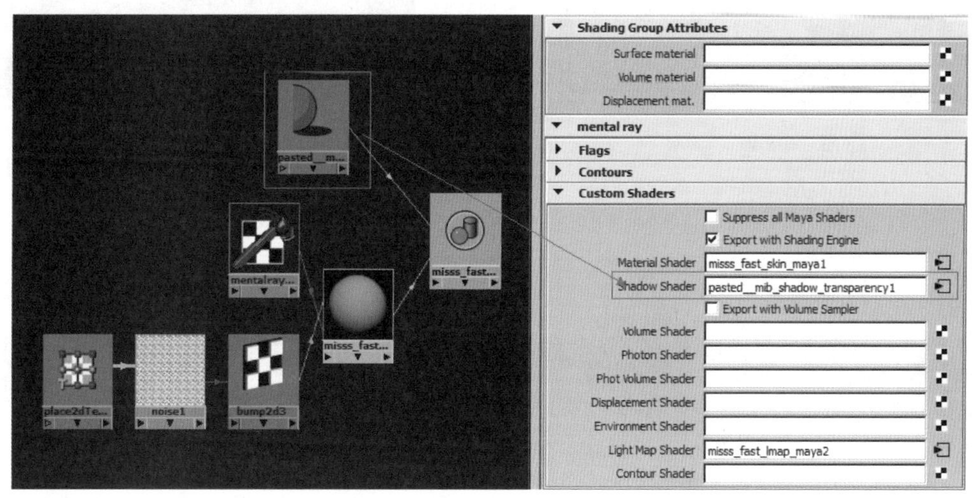

图 5-143

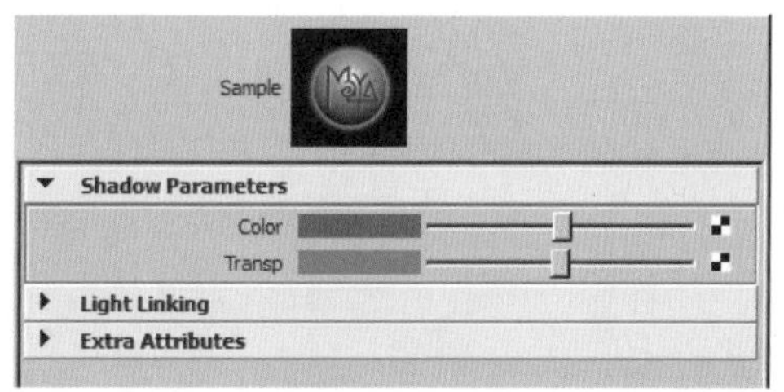

图 5-144

渲染完成后，为使画面更加生动，可为画面加入 Glow(辉光)效果，Glow 可以在任意一款后期软件中添加，例如，Nuke、Fusion、shake、AE 等，这里就不对 Glow 多做解释。

最终加入 Glow 后的效果如图 5-147 所示。

Render Settings
Edit Presets Help
Render Layer masterLayer
Render Using mental ray
Common | Passes | Features | Quality | Indirect Lighting | Options
Quality Presets Custom
Anti-Aliasing Quality
Raytrace/Scanline Quality
Sampling Mode Adaptive Sampling
Min Sample Level 0
Max Sample Level 2
Number of Samples at least 1 sample per pixel at most 16 samples per pixel
Diagnose samples
Anti-aliasing Contrast 0.100
Rasterizer Quality
Visibility Samples 0
Shading Quality 1.000
Multi-Pixel Filtering
Filter Mitchell
Filter Size 4.000 4.000
Sample Options
Jitter
Sample Lock
Raytracing
Rasterizer
Shadows
Shadow Method Simple
Close

图 5-145

图 5-146

图 5-147

总结

本章重点讲解了 mia_material 材质。mia_material 材质的属性较多，针对实际的物理现象 mia_material 材质提供了很多模拟选项。虽然材质设置参数很重要，但更重要的是我们在观察现实生活中的各个质感的物理特性，只有了解了这些特性，加上软件中的参数设置，我们才能对每种质感运用自如。

第 6 章

卡通角色灯光材质制作

Chapter 06

本章知识点

1. UVlayout软件的使用方法。
2. 卡通角色的布光。
3. Mudbox软件入门。
4. 角色贴图绘制。
5. 3s皮肤质感。

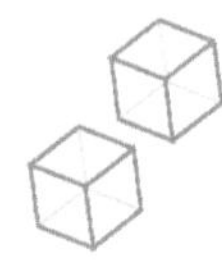

本章将学习制作卡通角色的灯光和材质，这其中将讲解到在实际生产中如何通过 UVlayout 拆分 UV、角色贴图如何绘制、质感的调整等知识点。

本例中要完成的卡通角色如图 6-1 所示。

角色未上材质之前的素模如图 6-2 所示。

图 6-1

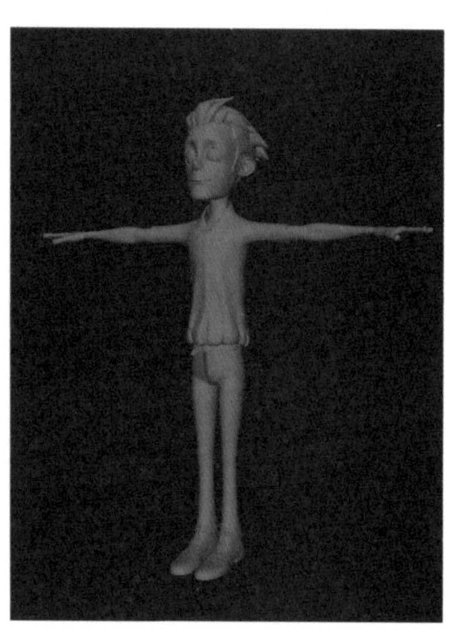

图 6-2

在三维动画制作流程中，灯光、材质部分大致需要做的工作有拆分 UV、贴图绘制、灯光制作、质感调试、渲染等几个环节，如图 6-3 所示。

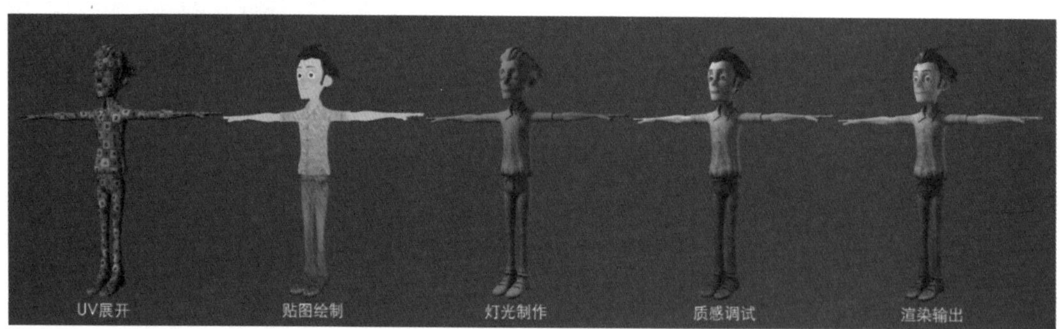

图 6-3

6.1 UVlayout 软件拆分 UV

多边形角色模型创建完成后，一般情况下模型的 UV 是混乱的，这种状态下是无法进行贴图的绘制的，如图 6-4 所示，没有展 UV 的模型。

当展平 UV 后，一般会利用一张网格图，来观察 UV 的走向，通过网格可以快速的分辨出 UV 是否有拉伸或重叠，如图 6-5 所示。

这张贴图可参考配套源文件“D:\My File\projects_Jake\sourceimages\ wangge.jpg”文件。

本例中角色展开 UV 后，在模型上贴上网格图的效果，如图 6-6 所示。

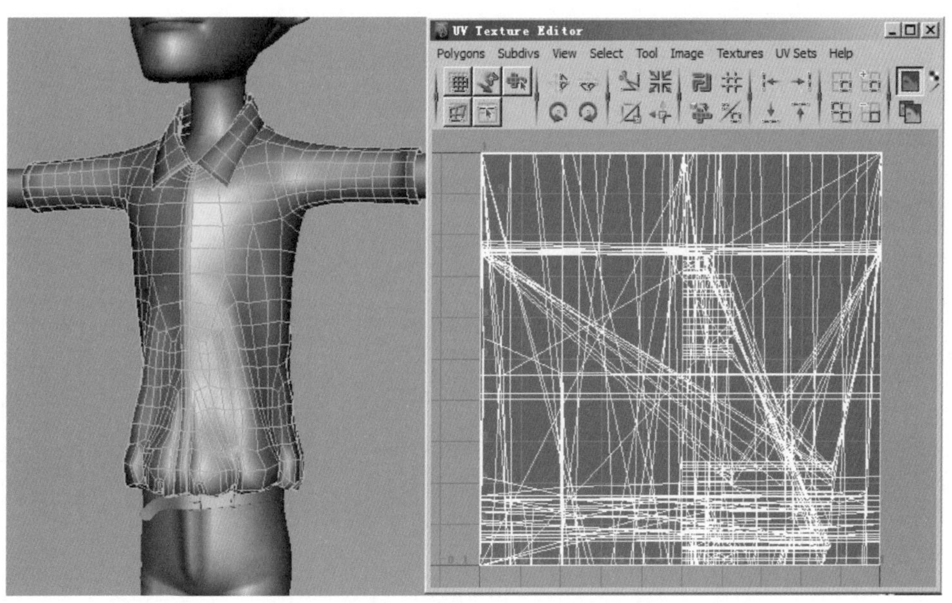

图　6-4

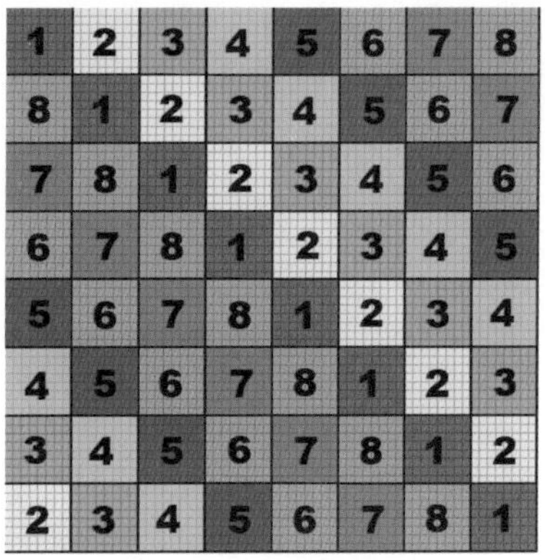

1	2	3	4	5	6	7	8
8	1	2	3	4	5	6	7
7	8	1	2	3	4	5	6
6	7	8	1	2	3	4	5
5	6	7	8	1	2	3	4
4	5	6	7	8	1	2	3
3	4	5	6	7	8	1	2
2	3	4	5	6	7	8	1

图　6-5

图　6-6

6.1.1　拆分 UV 的方法

每个角色都是由多个模型组成的，所以有必要在 UV 部分把相同或类似质感的部件的 UV 进行整合，方便我们更快速地绘制贴图。本例中角色模型可以分为四部分，包括头发、皮肤、衣服裤子（布料）、腰带皮鞋（皮革）。

头发模型拆分完成后的 UV 的效果，如图 6-7 所示。

头部、脖子和手臂模型拆分 UV 后的效果，如图 6-8 所示。

衣服、裤子模型拆分 UV 后的效果如图 6-9 所示。

腰带、皮鞋模型拆分 UV 的效果如图 6-10 所示。

在前面的章节中已学习了 Maya 自身的 UV 工具。在实际生产中，对于角色模型这样的曲面比较复杂的模型，为提高工作效率，一般会采用专门的拆分 UV 工具来完成本工序，在本章中将学习这

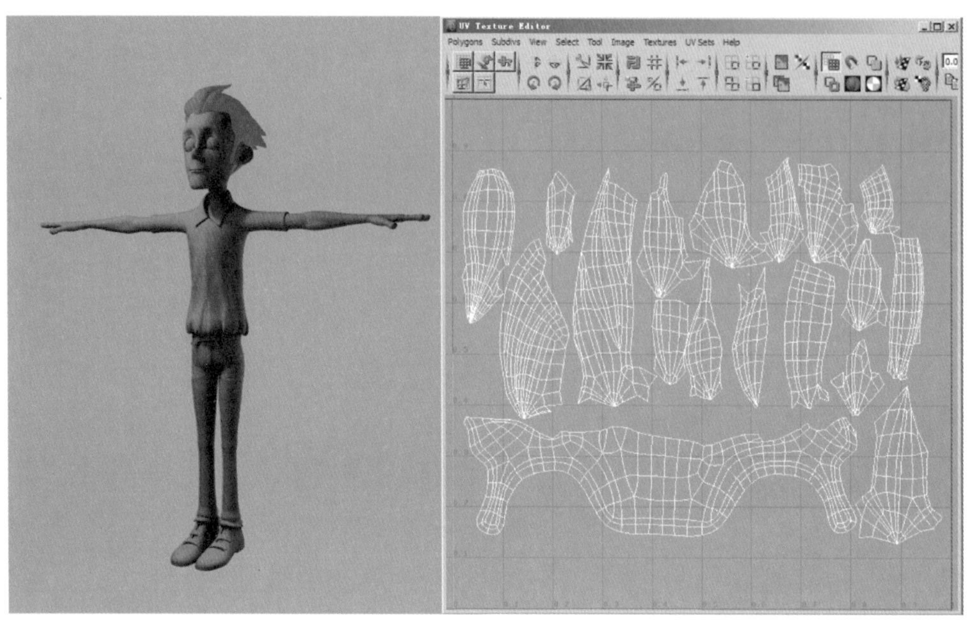

图 6-7

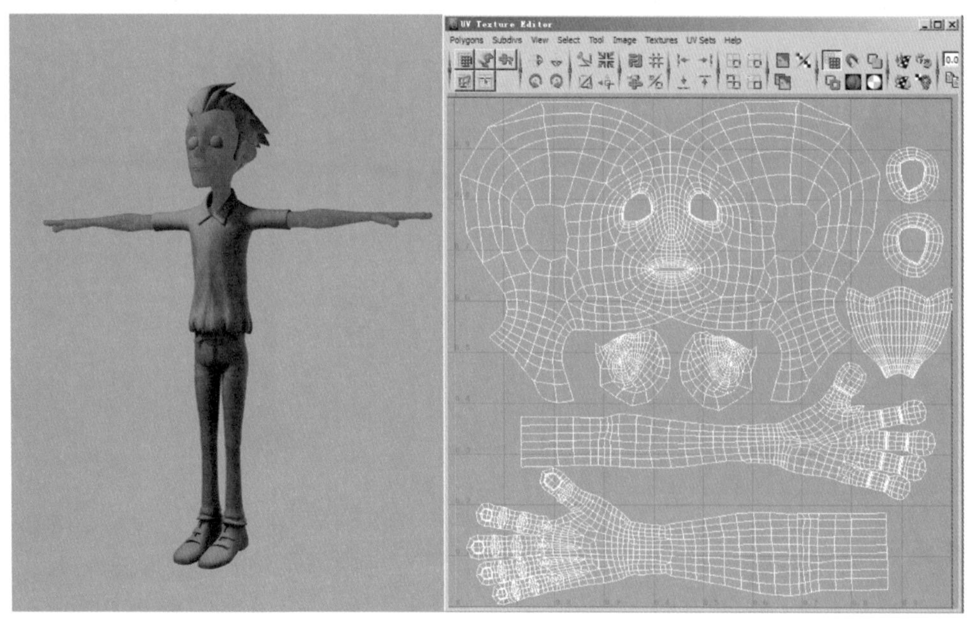

图 6-8

种新工具。

UVlayout 是一个展 UV 的非常强大的软件，展生物曲面模型的 UV 非常方便，UVlayout 和 Maya 也有很好的衔接，UVlayout 提供与 Maya 的接口文件，可以方便快捷地从 Maya 中发送模型到 UVlayout 中进行操作，编辑完毕后再从 UVlayout 中发送回来。

在展 UV 的过程中需要注意的是切线的位置。切线的位置决定操作者之后的贴图绘制时的贴图接缝位置，一般会把 UV 接缝处放在不容易看到的地方，例如说头上部及后脑位置，一般会有头发遮挡，看不见。由于头不只是球形，还包含五官的各种起伏细节，所以头部的切线最为麻烦，一般情况下会把头部后边切开，眼睛内部、口腔、耳朵切开，下巴下面切开。

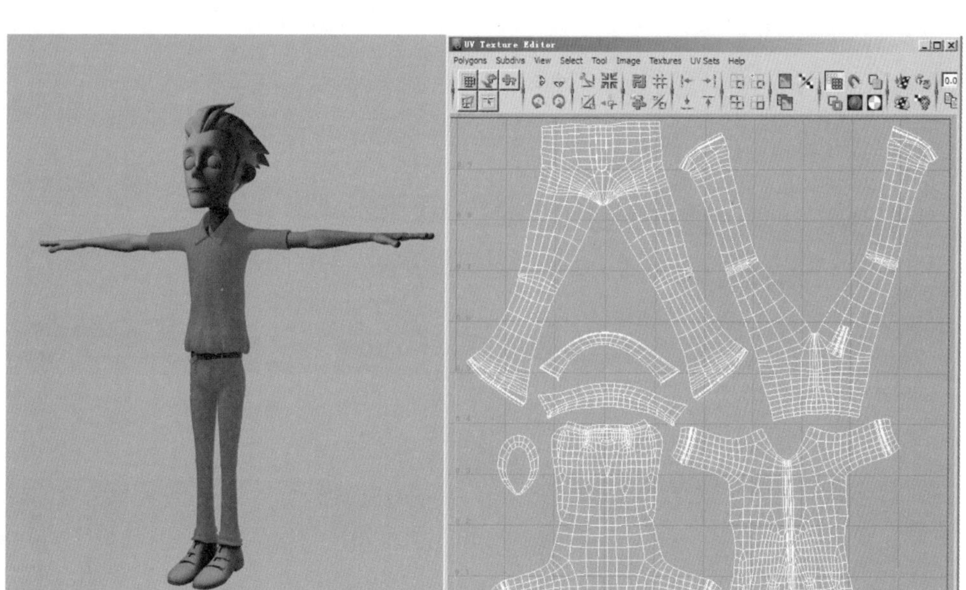

图　6-9

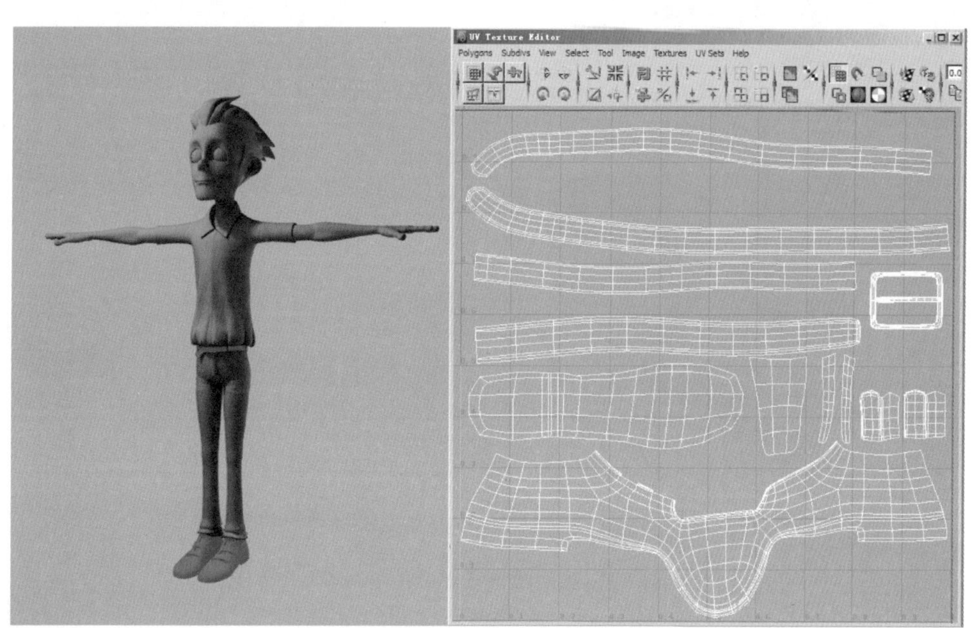

图　6-10

头部后方的切线如图 6-11 所示。

下巴位置的切线如图 6-12 所示。

耳朵位置的切线如图 6-13 所示。

眼睛内部的切线如图 6-14 所示。

口腔内的切线如图 6-15 所示。

下面以角色头部为例介绍 UVlayout 与 Maya 的工作流程及常用工具。

安装完 UVlayout 与 Maya 接口文件后，自定义菜单中会多出一个 UVlayout 的标签，如图 6-16 所示。

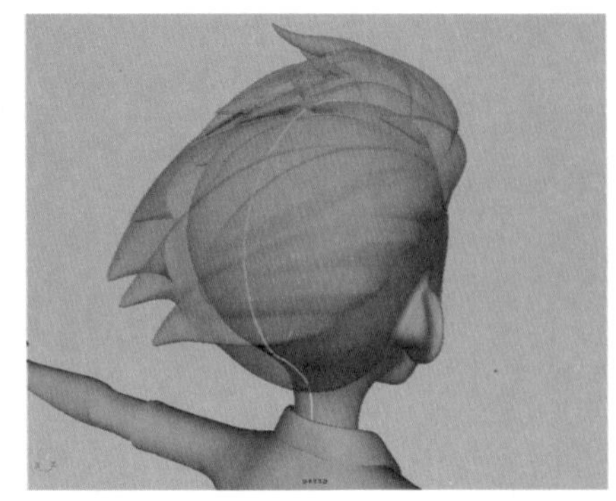
图 6-11

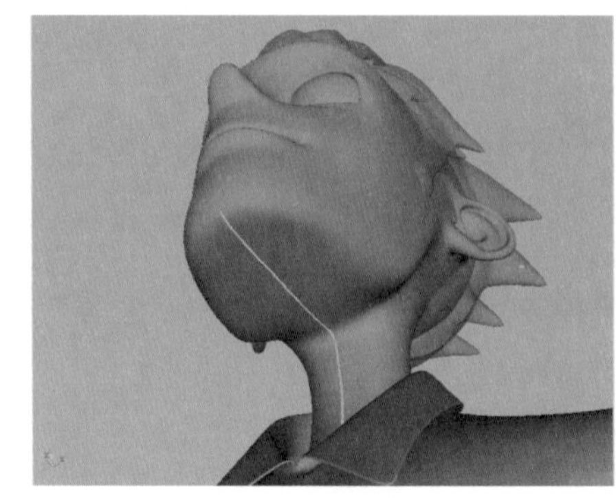
图 6-12

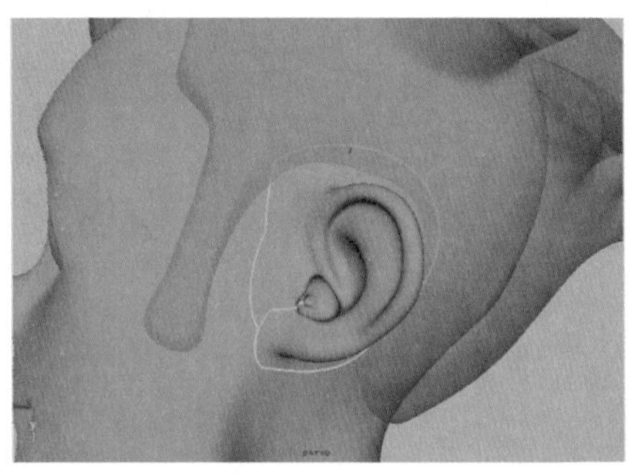
图 6-13

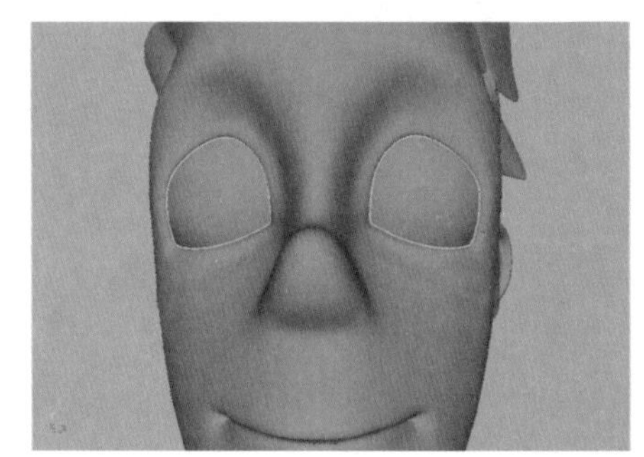
图 6-14

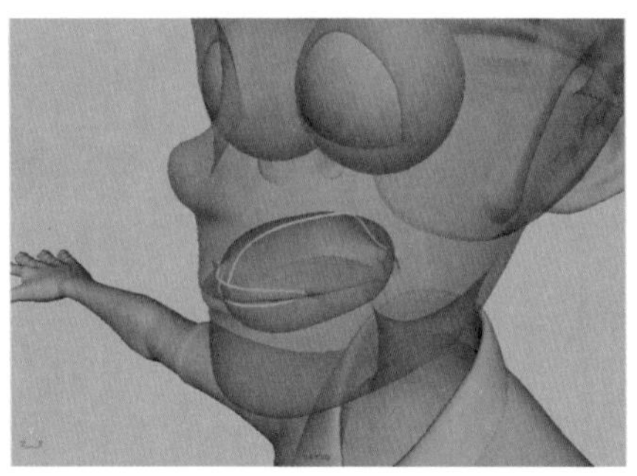
图 6-15

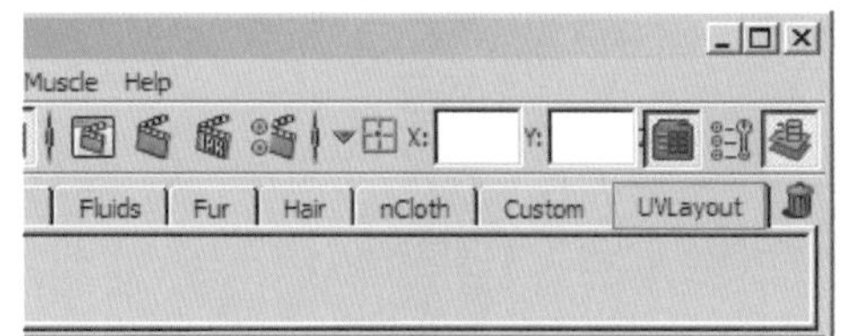

图 6-16

这个标签下有 4 个按钮，如图 6-17 所示。单击 Info 按钮，将弹出如图 6-18 所示菜单。

图 6-17

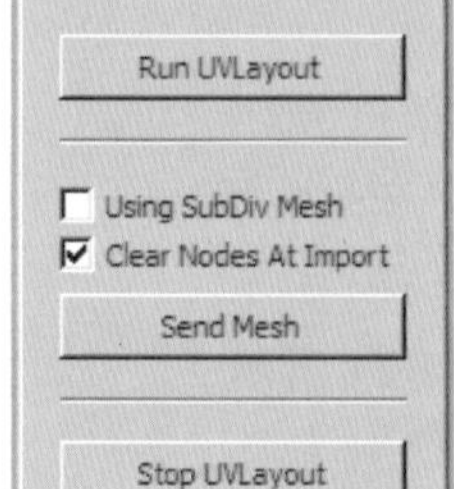

图 6-18

这里的 3 个按钮与 UVlayout 标签下的后 3 个按钮相同。

- Run UVlayout：运行 UVlayout；
- Send Mesh：发送模型；
- Stop UVlayout：停止 UVlayout。

首先，单击 Run UVlayout 按钮，启动 UVlayout；然后选择要展 UV 的模型，单击 Send Mesh，注意在单击发送之前一定要确认 Maya 插件管理器中的 objExport. mll 是开启状态，如图 6-19 和图 6-20 所示。

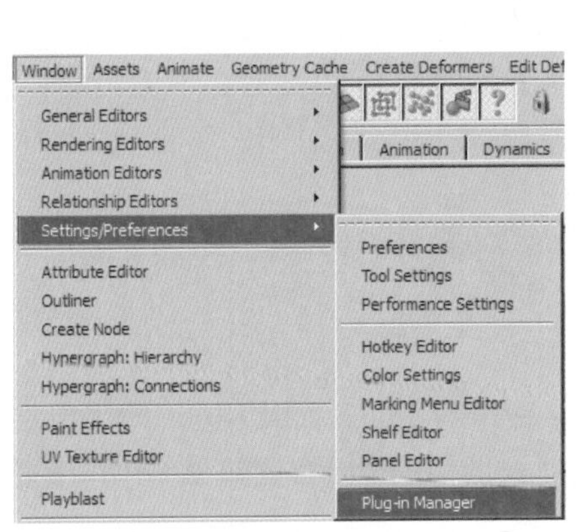

图 6-19

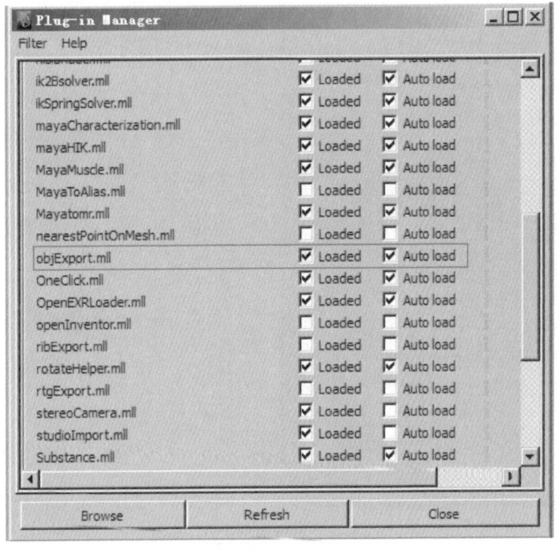

图 6-20

单击 Send Mesh 按钮后，模型会进入 UVlayout 软件中，如图 6-21 所示。

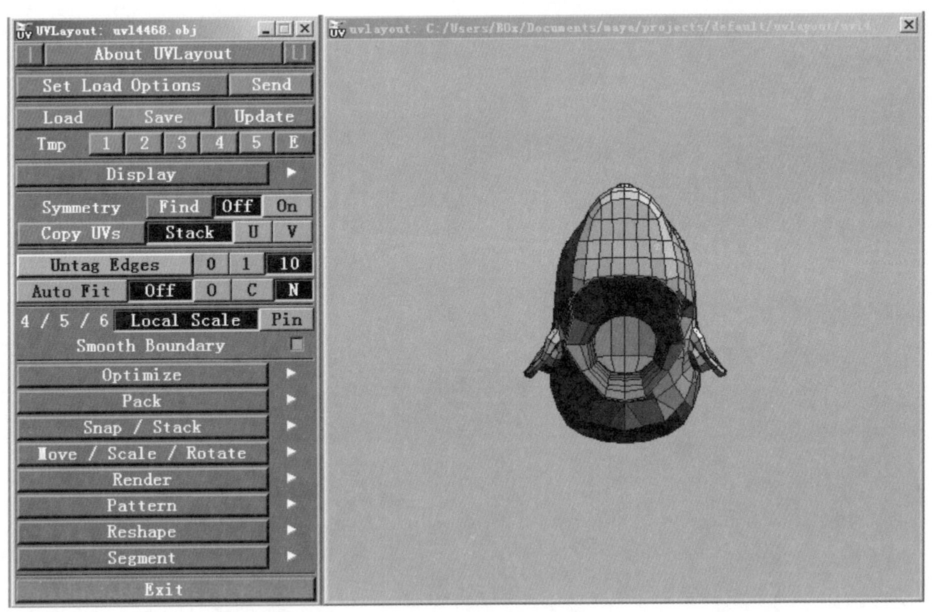

图 6-21

6.1.2 UVlayout 拆分 UV 的步骤

UVlayout 拆分 UV 的操作步骤如下。

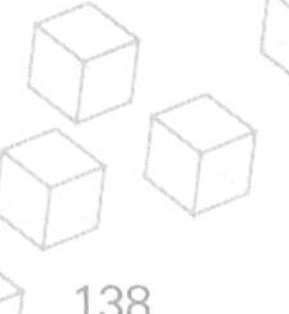

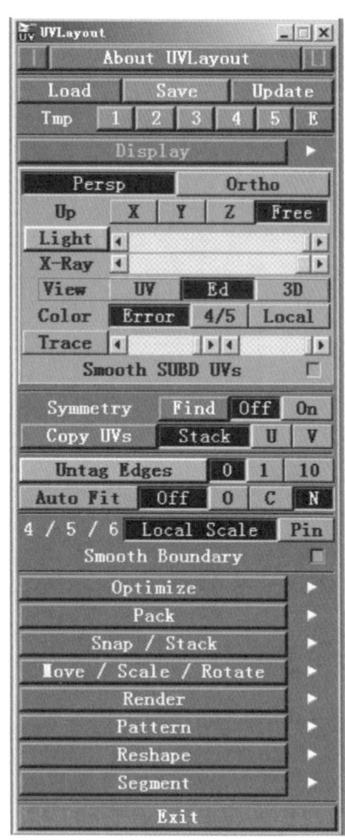

图 6-22

步骤1　UVlayout 设置

首先需要知道的是 UVlayout 软件中的 3 个视图，如图 6-22 所示。

Display(显示)菜单下，View(视图)中分别是：

- UV 平面视图(UV)；
- 编辑视图(Ed)；
- 3D 视图按钮(3D)。

当模型刚发送到 UVlayout 中时，默认是在 Ed 编辑视图中，在 Ed 视图中的工作是切线、划分 UV 区域，当切线完成后，把模型送到 UV 平面视图。

在 UV 平面视图中是对 UV 进行编辑，3D 视图可以说是一个查看视图，这个视图所显示的状态颜色和 UV 平面视图一致，也可以利用 3D 视图进行选择线，有时会比在 UV 平面视图中选择更方便，更直观。

在 Display 菜单下 Up 行是向上轴向，Free 按钮是自由视图操作，单击不同的轴向选项，模型会以不同的视角出现，如图 6-23 所示。

UVlayout 在视图中操作与 Maya 大致相同，即用鼠标左键旋转视图，用鼠标中键移动视图，用鼠标右键缩放视图，滚轮也可缩放视图。

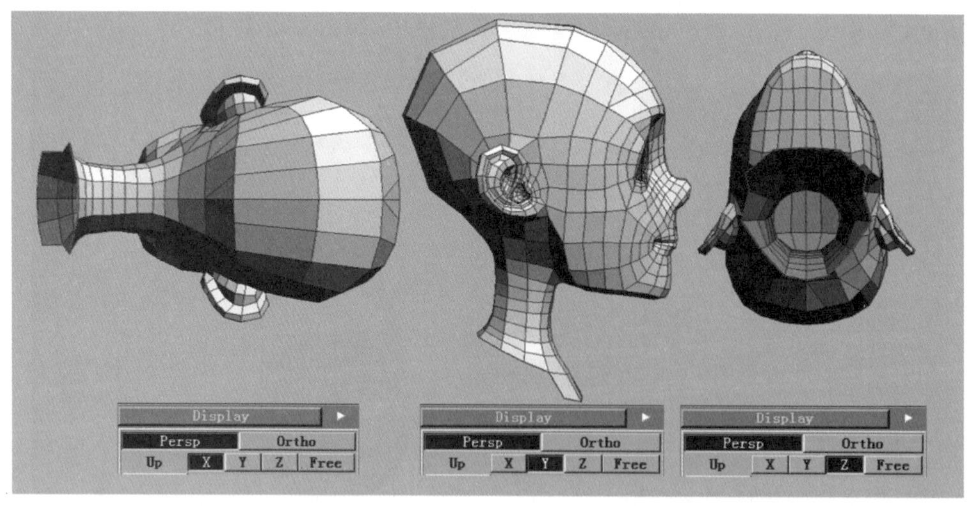

图 6-23

按住 Alt 键加鼠标左中右键，操作的效果与不按住 Alt 键一样。

Light 行会让模型显示无光状态，也可拖动旁边滚动条改变灯光方向，如图 6-24 所示。

单击 Light 按钮后，会发现模型上去除了灯光效果，这样更方便人们观察结构线，如图 6-25 所示。

X-Ray 选项可调整模型的半透明效果，如图 6-26 所示。

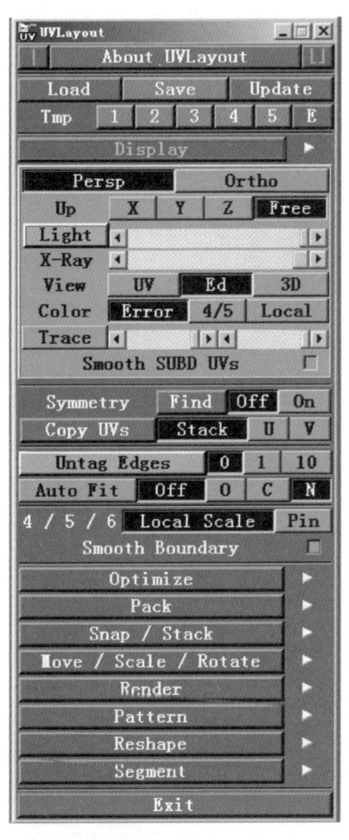

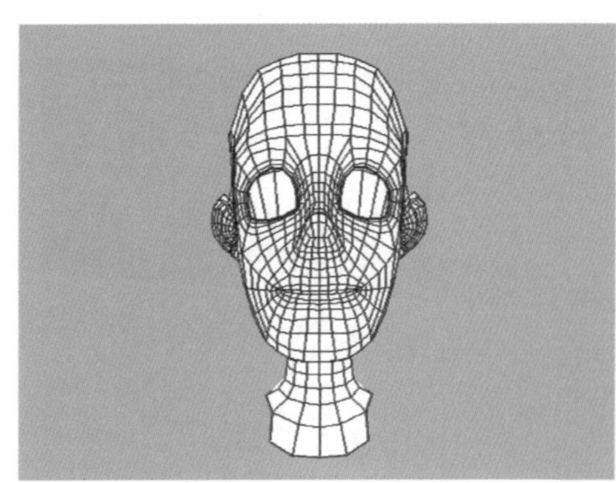

图　6-25

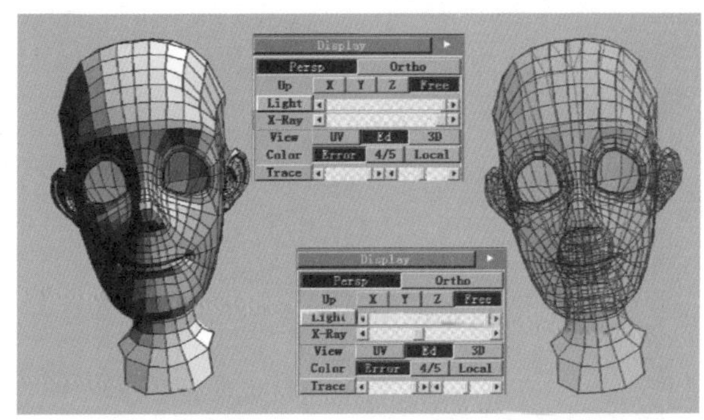

图　6-24

图　6-26

步骤 2　设置镜像

在拆分对称模型的 UV 时，会用到 UV 镜像；单击 Find 按钮，如图 6-27 所示。

使用鼠标确认一条中心轴线，按下空格键，如图 6-28 所示。

此时模型左右的显示为灰、白两色，则为对称模式，如图 6-29 所示。

步骤 3　切线

上面我们分析了头部的切线思路和位置，接下来按照上面的切线位置进行操作：首先，把鼠标放到耳朵切线的位置，然后按下切线的快捷键 C 键（注意：这里说的快捷键全部为小写），如图 6-30 所示。

按下 C 键后，会发现 UVlayout 会自动沿着所选线选择连续的环线，红色的线是用鼠标指示的线，黄色的线则是 UVlayout 计算出环线的延长线，黄线也是起切线作用的。如果 UVlayout 为操作者计算的黄线不符合要求，可以把鼠标放到想要取消选择的线上，按 W 键，如图 6-31 所示。

继续在耳朵的前方线上按 C 键选择，直到把耳朵周围的线全部选择，如图 6-32 所示。

步骤 4　分离 UV

将鼠标放到环线中间的耳朵模型上，按下 Enter 键，将耳朵与头部分开，如图 6-33 所示。

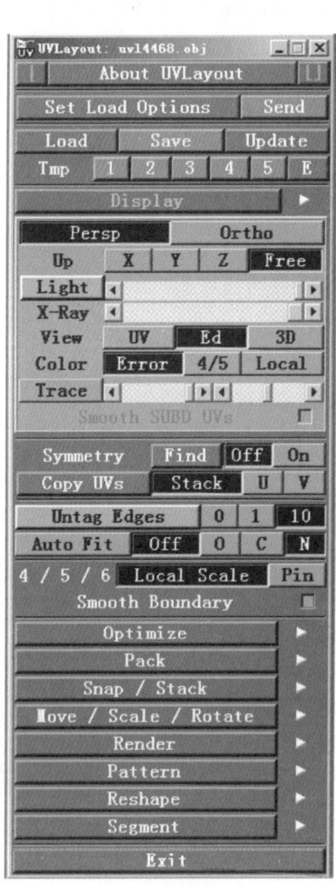

图　6-27

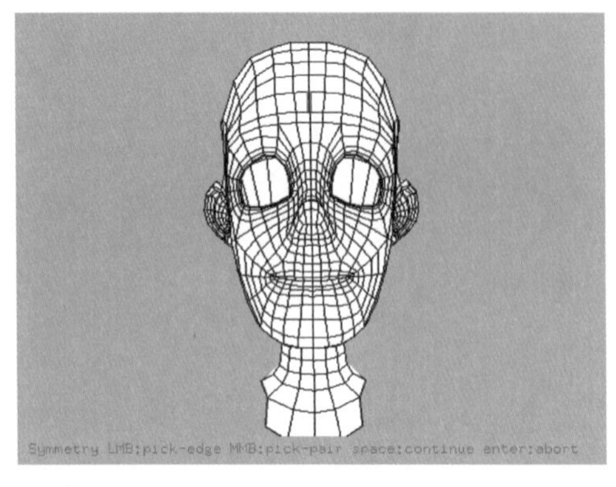

图 6-28

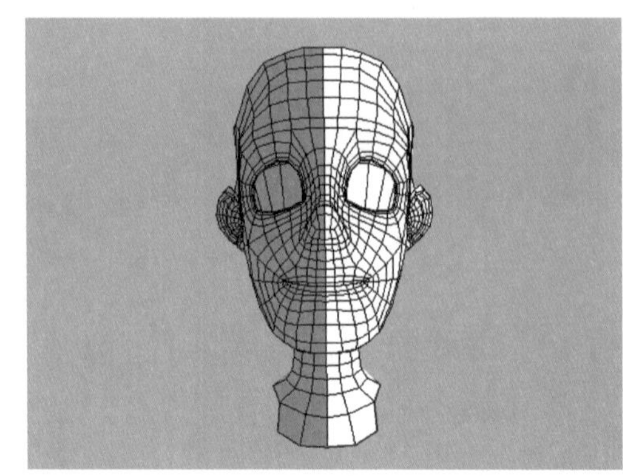
图 6-29

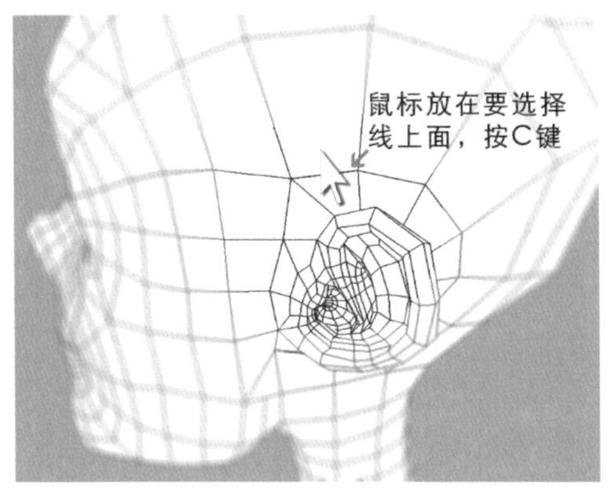

图 6-30

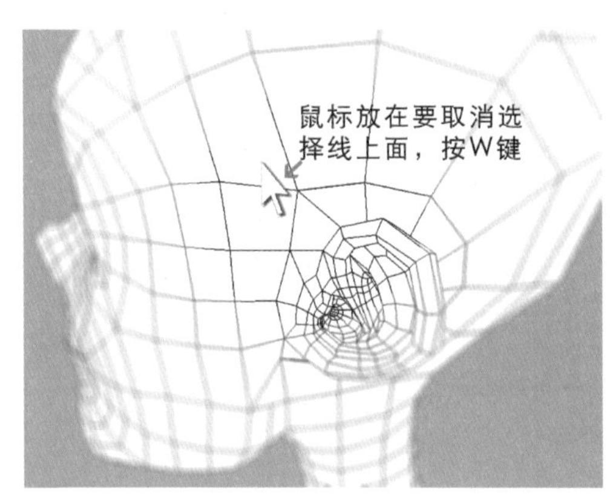

图 6-31

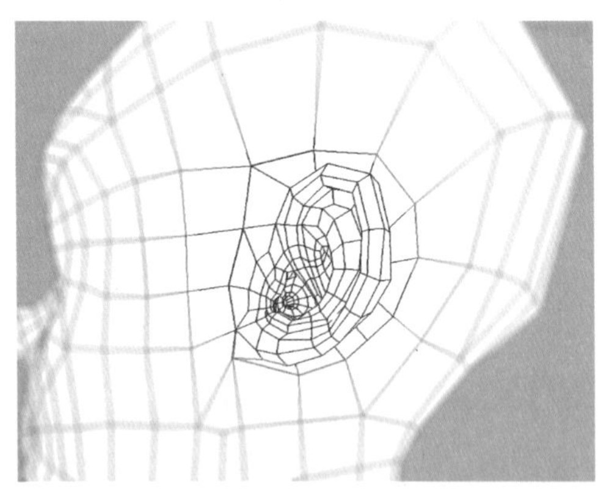
图 6-32

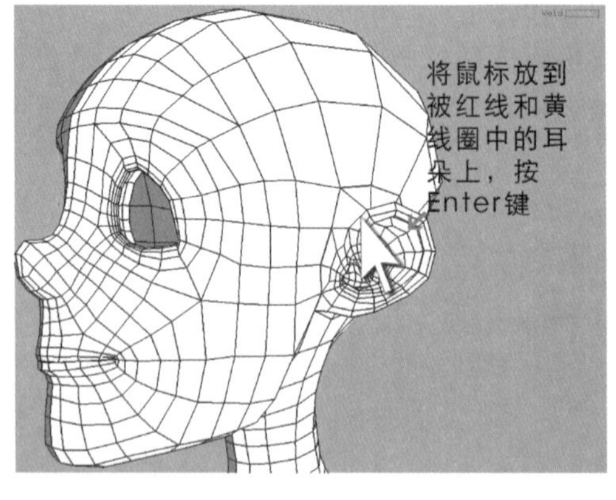

图 6-33

按住 Enter 键，将耳朵分离出来，如图 6-34 所示。

因为我们之前做过镜像操作，所以此时会发现两只耳朵同时被分离开。此处可参考配套源文件“D:\My File\projects_Jake\scenes\UV\Jake_Tou_UV 01. uvl”。

接下来再用同样的操作，将眼睛内部、头部中心和口腔内分离出来。这里需要说明一下，之前在划分头部切线的时候只划分了头后和下巴区域，如图 6-35 所示。

但在 UVlayout 中，如果想要把模型 UV 切开，就必须用环线完全把模型分离开，所以要把脸部的线也要进行切线，最后再把脸部的线拼合在一起。

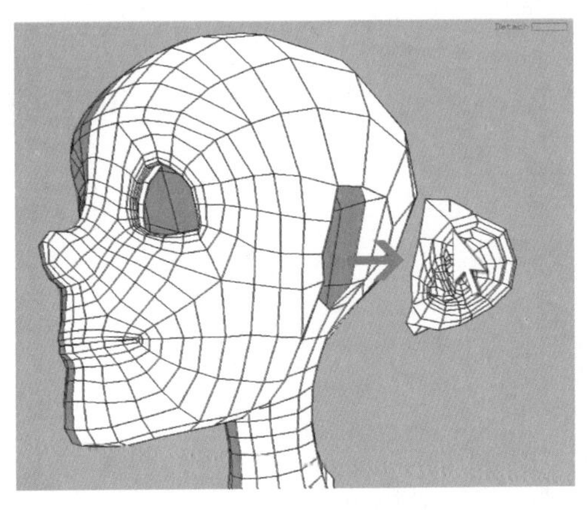
图　6-34

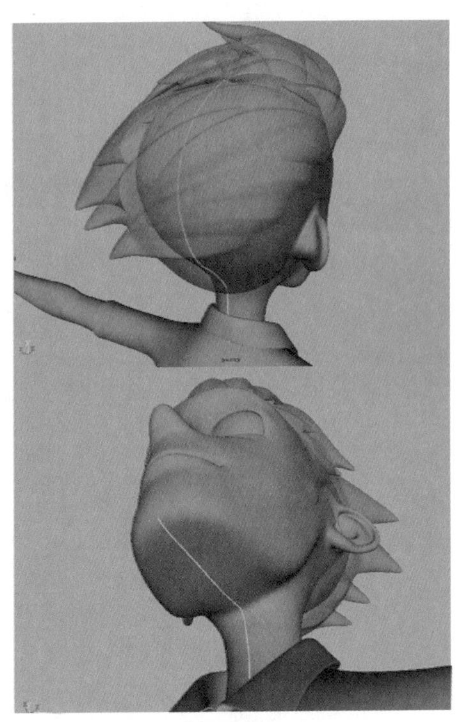
图　6-35

耳朵、眼睛、口腔切线区域如图 6-36 所示。

头部中心切线如图 6-37 所示。

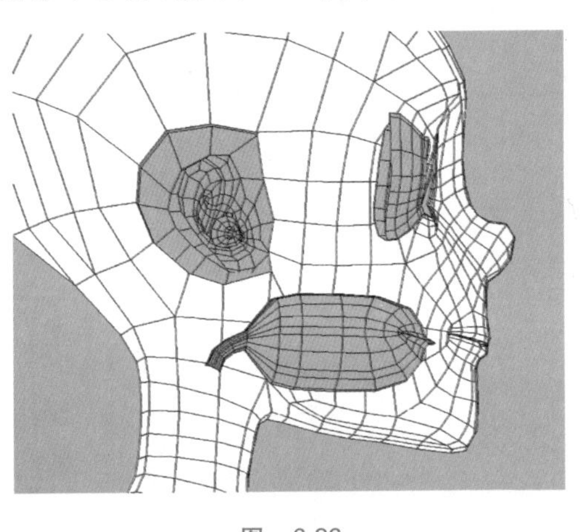
图　6-36

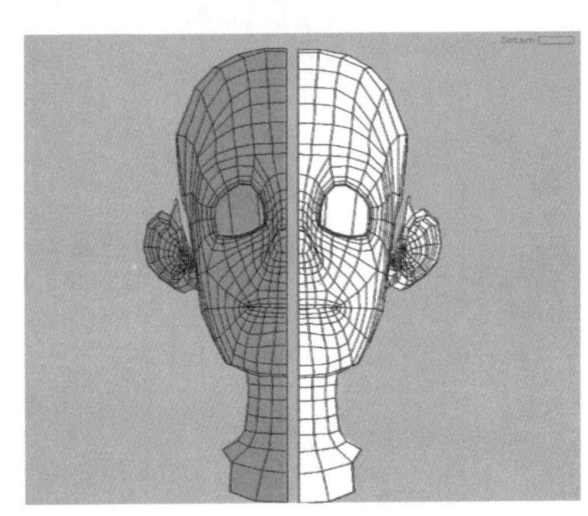
图　6-37

可以按住空格键，在想要移动的模型上按住中键拖动。各个部位切线后重新排列后如图 6-38 所示。

此处可参考配套源文件“D:\My File\projects_Jake\scenes\UV\Jake_Tou_UV\Jake_Tou_UV 02.uvl”。

现在就可以把所有被分离部件送到 UV 平面视图中进行 UV 展平工作，把鼠标放到分离出来的模型上，按下 D 键，将每个切开的模型送到 UV 平面编辑视图中，如图 6-39 所示。

当把所有部件全部按 D 键后，会自动切换到 3D 视图，如图 6-40 所示。

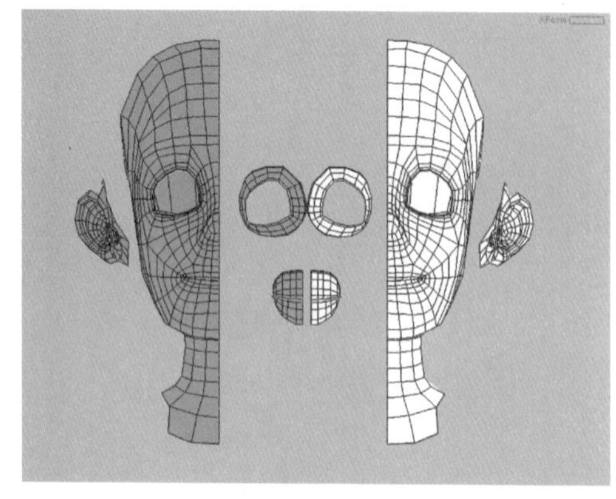
图 6-38

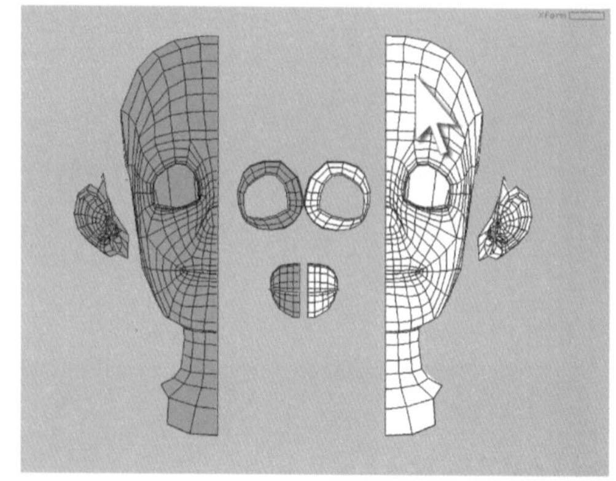
图 6-39

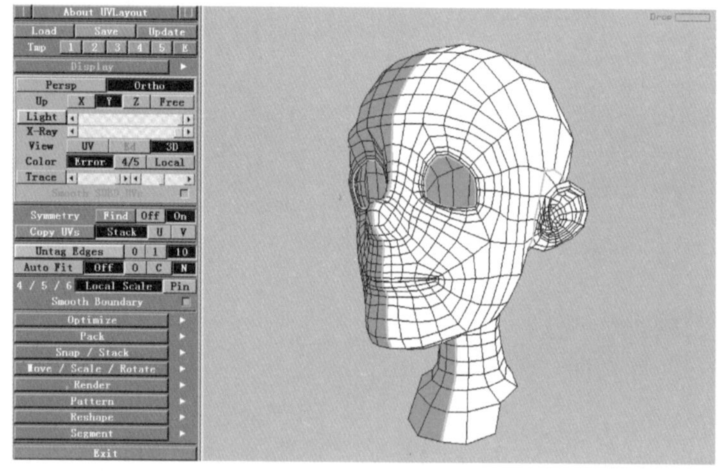

图 6-40

步骤 5 UV 展开

接下来按下 U 键，进入 UV 平面视图，如图 6-41 所示。

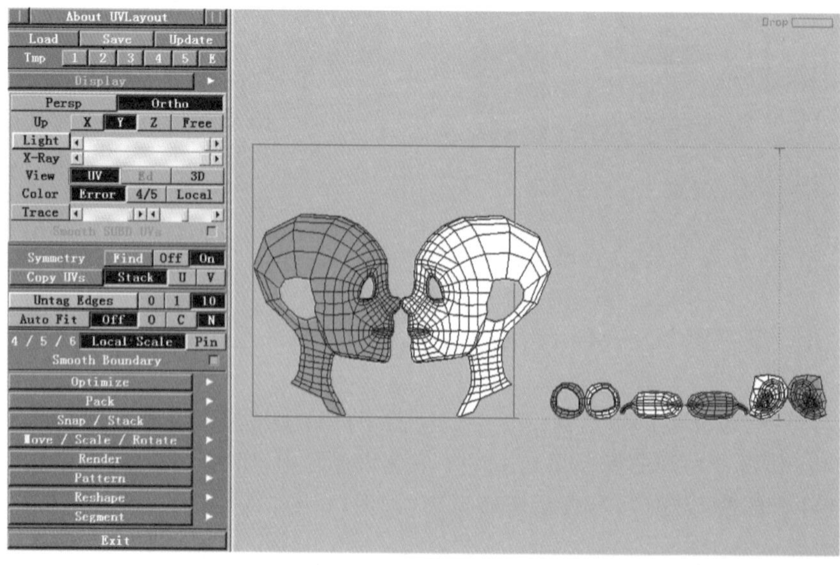

图 6-41

在 UV 编辑视图中的旋转、移动、缩放操作如下(前提都是鼠标放在被操作的 UV 上)。

- 旋转:按住空格键+鼠标左键;
- 移动:按住空格键+鼠标中键;
- 缩放:按住空格键+鼠标右键。

把鼠标放到要展平的模型上,按住 F 键不放,UVlayout 会自动展平 UV,如图 6-42 所示。

此处可参考配套源文件“D:\My File\projects_Jake\scenes\UV\Jake_Tou_UV\ Jake_Tou_UV 03.uvl”文件。

此时会看到 UV 被展平、铺开,而且上边带有颜色的分布,绿色部分代表展平的状态比较好,蓝色为一般,红色为最差。当然,也不必要非得全部展开成绿色状态,模型是球体,就算有一部分为红色状态也是可以,只要不是大红色。

然后要把另外一边的脸部镜像过来,单击 Find 按钮,此时软件会寻找模型的另一侧的 UV,如图 6-43 所示。

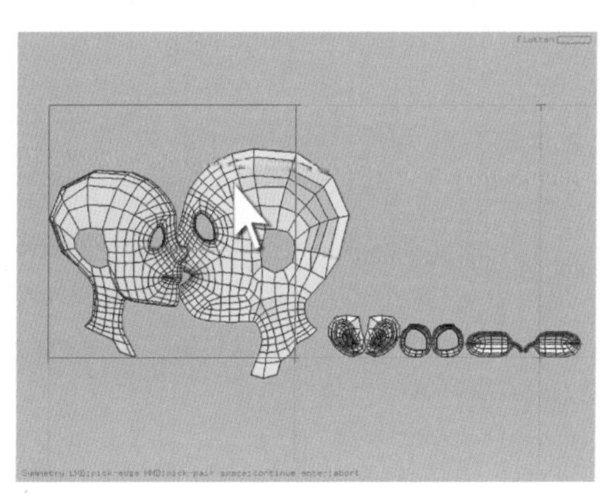

图　6-42

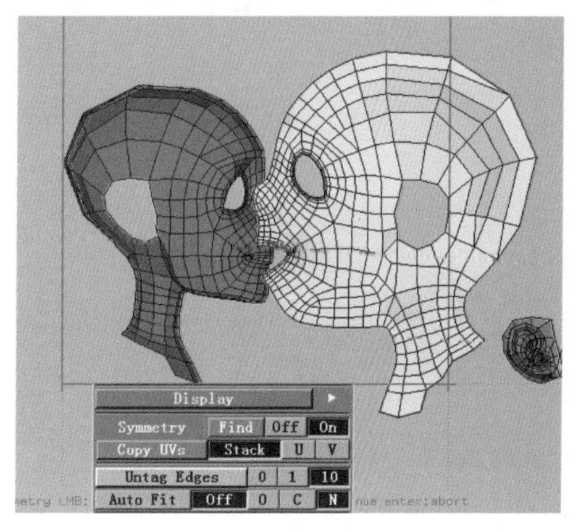

图　6-43

把鼠标放在已经展平的 UV 上,按下 S 键,如图 6-44 所示。

此处可参考配套源文件“D:\My File\projects_Jake\scenes\UV\Jake_Tou_UV\ Jake_Tou_UV 04.uvl”文件。

这时,左右两边的 UV 变成一致。现在要将面部的部分拼接在一起,首先,选择面部要对接的线,在 UV 视图和三维视图中按 W 键选择线,为了方便选择,这里在 3D 视图中操作,把鼠标放在要选择线上,按 W 键,选择线位置如图 6-45 所示。

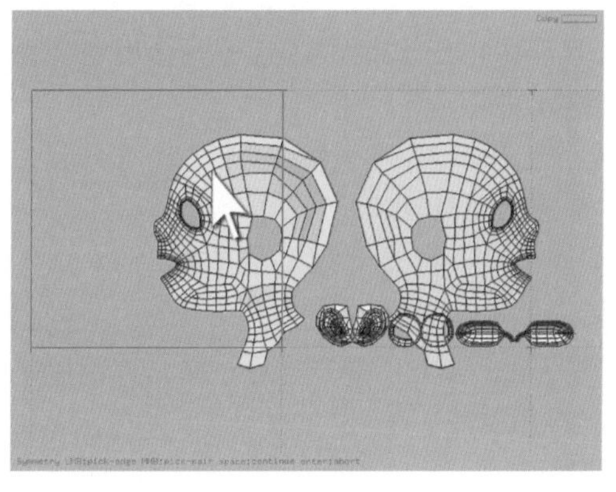

图　6-44

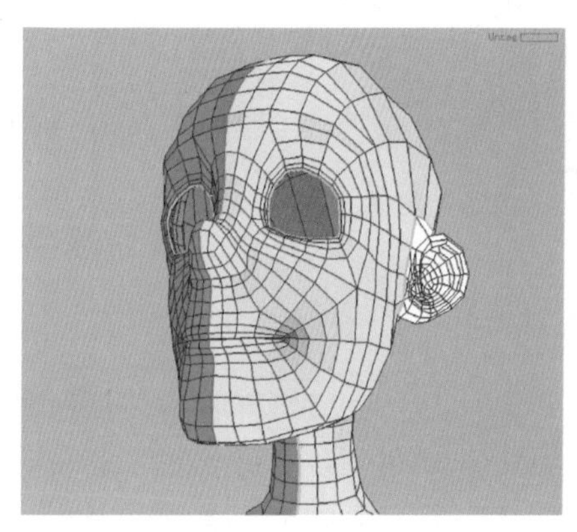

图　6-45

然后按U键，切换回UV平面视图，可以看到，UV平面视图中的面部的线同时也是选择状态，如图6-46所示。

选择后，按组合键Ctrl+M，进行合并线，UV平面视图，如图6-47所示。

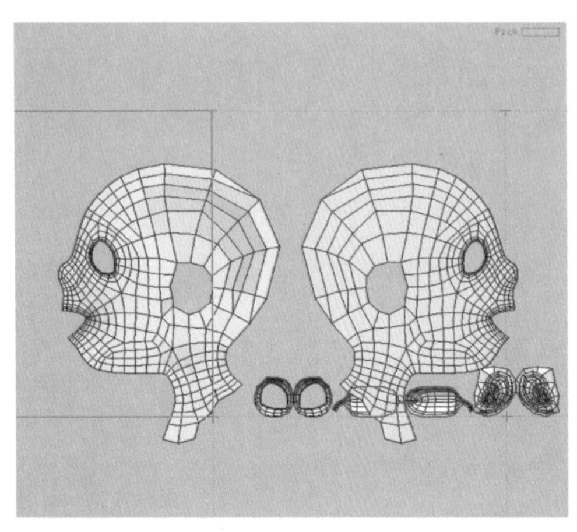

图 6-46

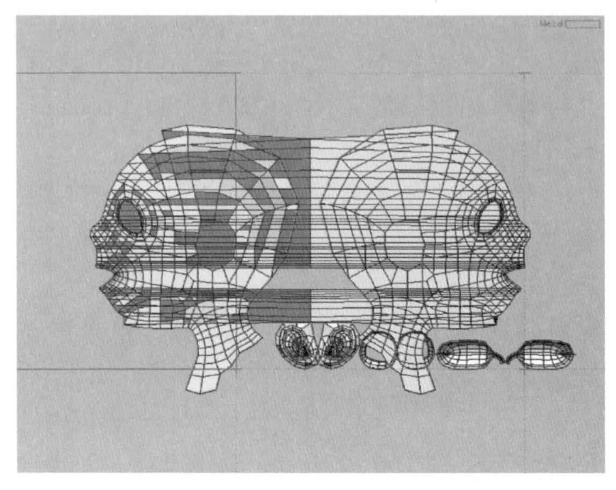

图 6-47

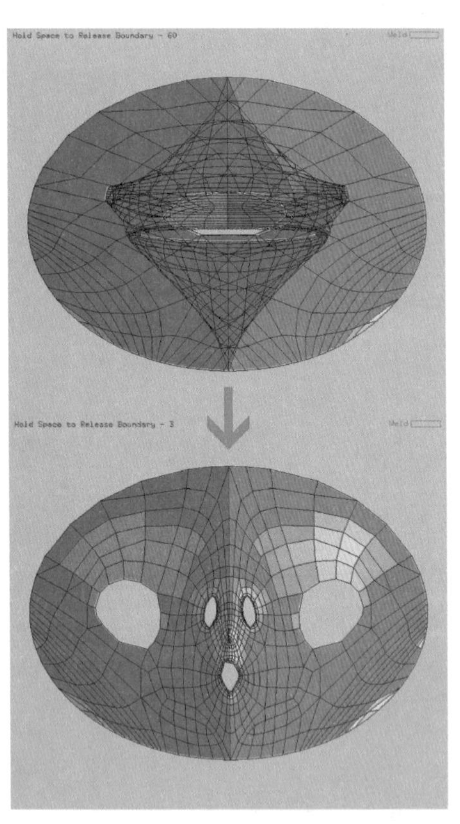

图 6-48

此处可参考配套源文件“D:\My File\projects_Jake\scenes\UV\Jake_Tou_UV\ Jake_Tou_UV 05. uvl”文件。

合并后会出现很怪异的UV状态，不要紧，接着将鼠标放到模型上，按组合键Shift+F，按下之后会发现UV被拉成椭圆形，不停地抖动，这是UVlayout在把UV平面重新拉平，如图6-48所示。

等到UV几乎被拉平之后，按下空格键，开始以拓扑结构展平计算，如图6-49所示。

UVlayout会一直计算，等到UV被完整展开后，就可以再次按下空格键，停止计算，计算结果如图6-50所示。

此处可参考配套源文件“D:\My File\projects_Jake\scenes\UV\Jake_Tou_UV\Jake_Tou_UV 06. uvl”文件。

步骤6　局部UV处理

眼睛和嘴的位置模型布线相对密集和复杂，这也是我们在分UV时需要细致考虑的位置，在刚才的自动计算完成后，UV大形态基本被展平的很好，如图6-51所示。

但是还需要再次局部处理，这里就会用到3种笔刷，它们的快捷键分别是：

(1) O键：UV模式下用笔刷方式解开搅在一起的UV，不记录笔刷信息；

(2) R键：UV模式下用笔刷方式smooth UV(光滑UV)，并记录笔刷信息；

(3) B键：UV模式下用笔刷方式以物理算法放松UV(和按F键的效果一样)，并消除笔刷信息。

笔刷大小可通过下列键调整。

- =：UV模式下放大笔刷；
- -：UV模式下缩小笔刷。

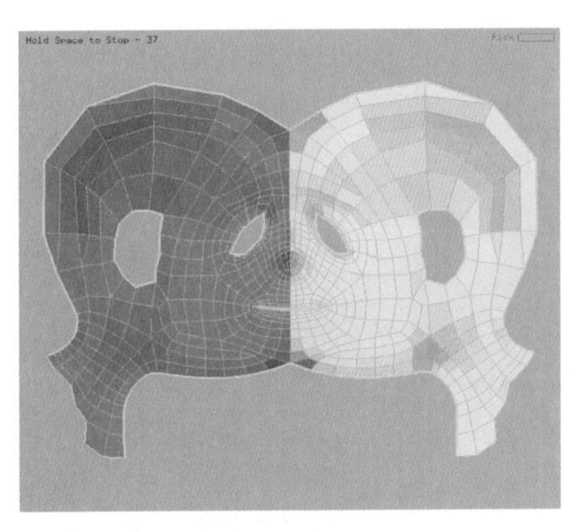

图　6-49

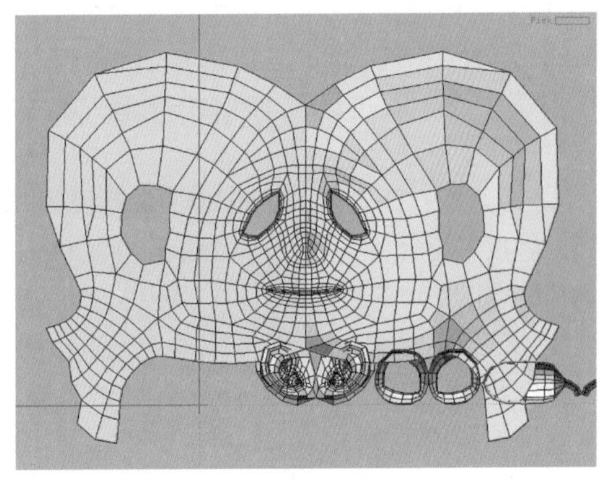

图　6-50

可以对局部不满意的位置再次处理，也可以用 Shift＋鼠标右键或中键，拖动处理，如图 6-52 所示。

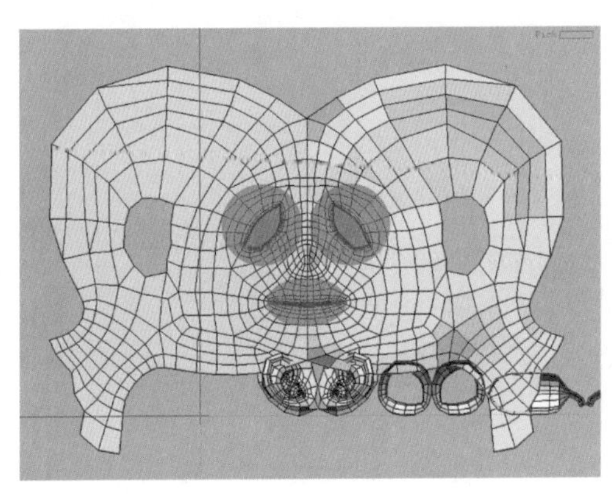

图　6-51

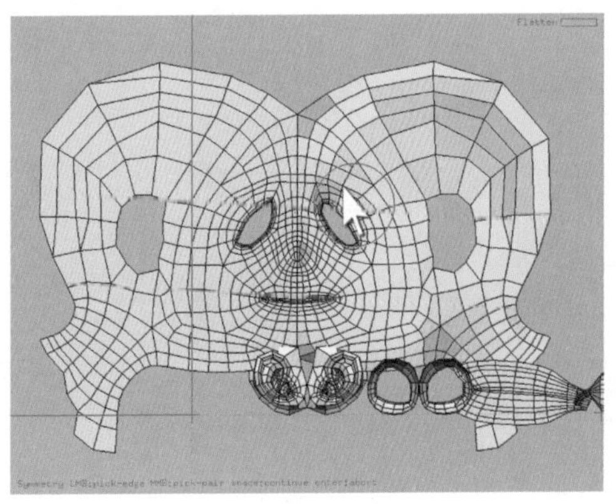

图　6-52

当处理好半边以后，在单击 Find 按钮后，在已编辑的一边按下 S 键，镜像 UV 到另一边，如图 6-53 所示。

此处可参考配套源文件“D:\My File\projects_Jake\scenes\UV\Jake_Tou_UV\Jake_Tou_UV07.uvl”文件。

头部完成，接下来是耳朵，同样把鼠标放在一只耳朵上，然后按下 F 键，展开，如图 6-54 所示。

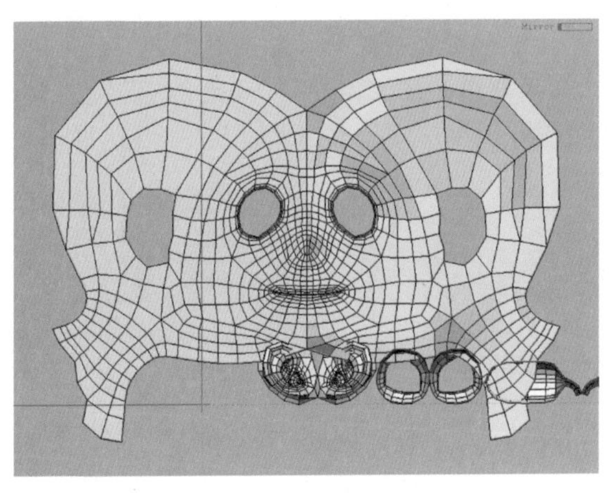

图　6-53

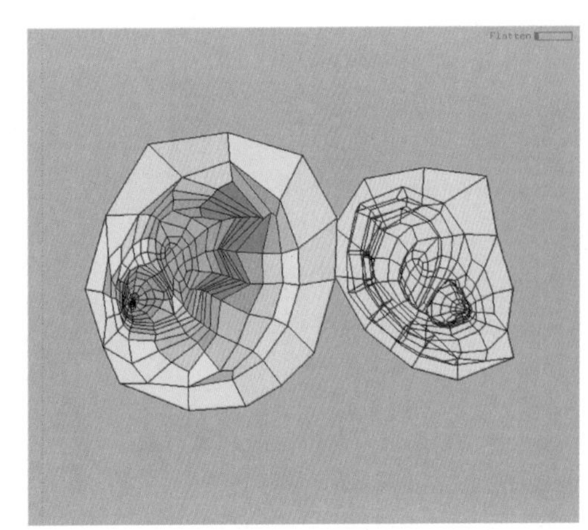

图　6-54

由于耳朵结构过于复杂，扭曲的比较严重，所以我们必须再次为耳朵切线，为了方便选择，切换到三维视图操作，按下 C 键，从边缘位置切入耳洞，如图 6-55 所示。

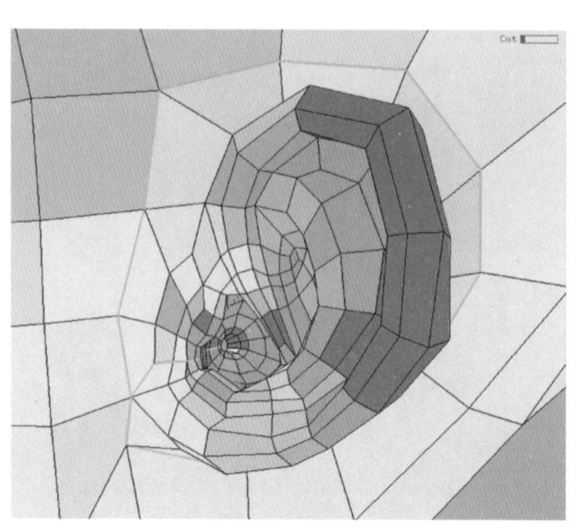

图 6-55

切好之后，按下 U 键，切换回 UV 编辑视图，鼠标放到耳朵上，按下组合键 Shift＋F，重新展平（和头部展平操作相同），如图 6-56 所示。

当自动展平后，还是有一部分扭曲，还需要再次手动调整，同样利用 Shift＋鼠标中键或右键进行拖曳处理，处理结果如图 6-57 所示。

把拉伸严重的位置尽可能地修掉即可。单击 Find 按钮后，在已编辑的耳朵 UV 上，按下 S 键，镜像 UV，耳朵 UV 的拆分完成，如图 6-58 所示。

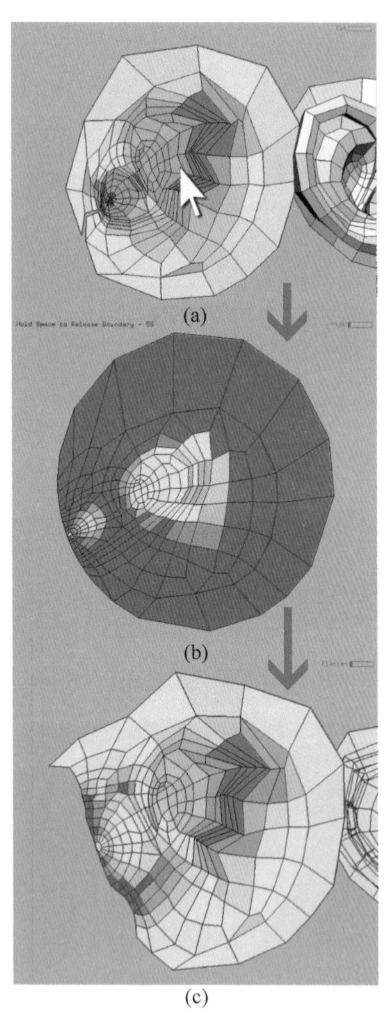

图 6-56

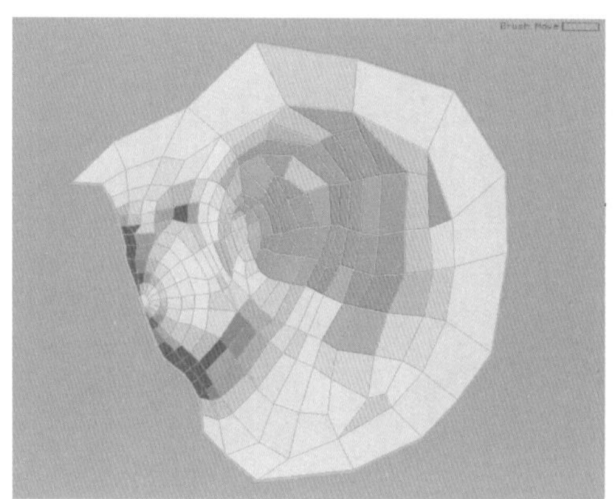

图 6-57

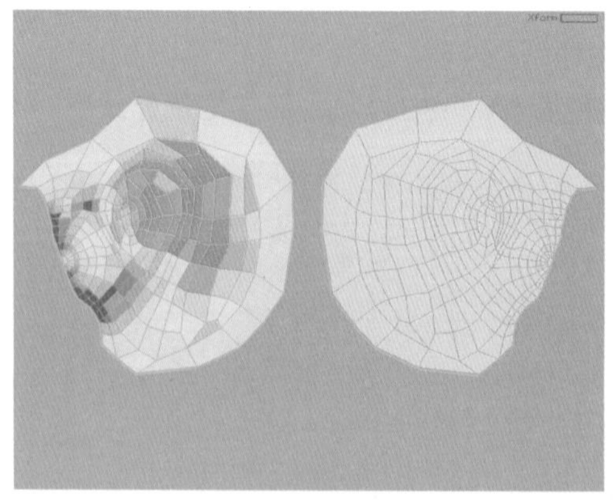

图 6-58

此处可参考配套源文件“D:\My File\projects_Jake\scenes\UV\Jake_Tou_UV\ Jake_Tou_UV 08. uvl”文件。

口腔 UV 展开，如图 6-59 所示。

同样，鼠标放在其中一个 UV 上，按下 F 键，展平，如图 6-60 所示。

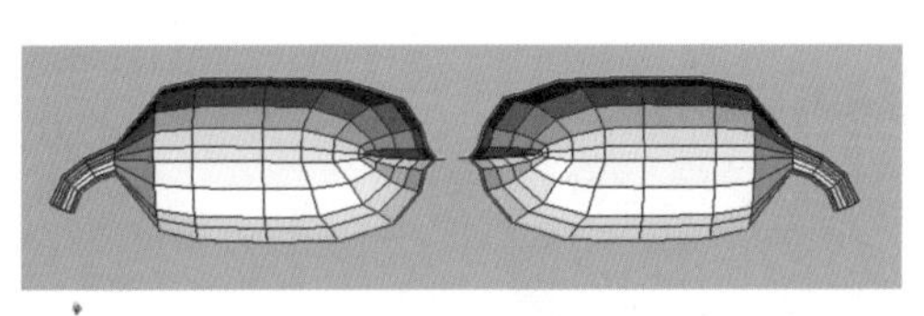

图　6-59

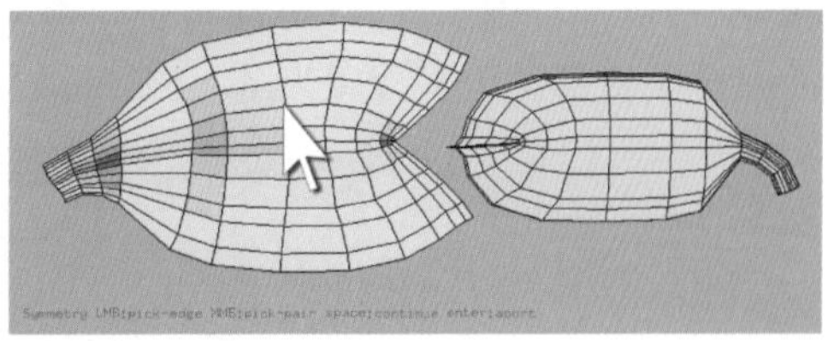

图　6-60

展平后先镜像，如图 6-61 所示。

接下来要把两片 UV 对接，按下 W 键，选择边缘线，如图 6-62 所示。

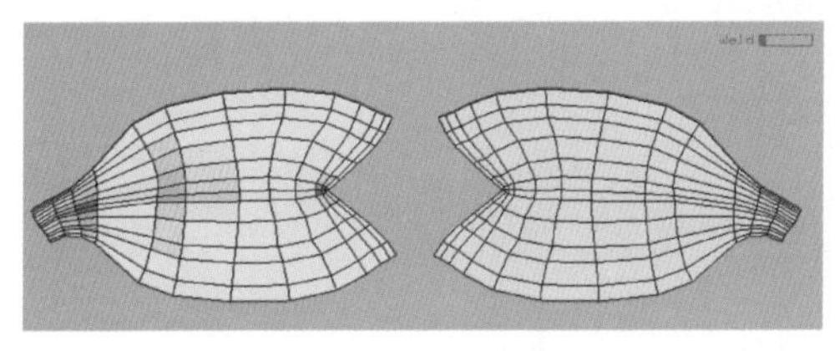

图　6-61

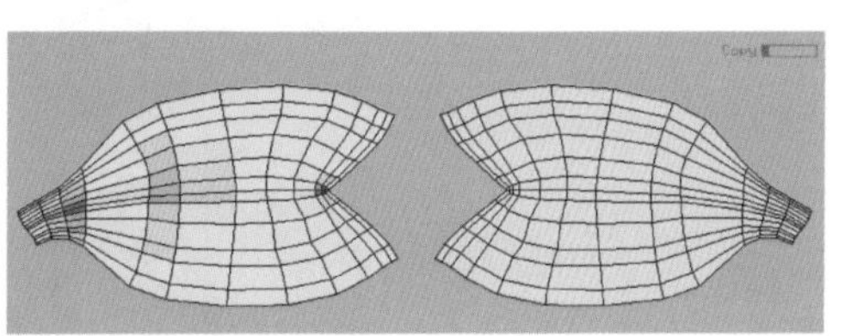

图　6-62

按下 Ctrl+M 组合键，合并线，如图 6-63 所示。

然后按下 Shift+F 组合键，重新展开，结果如图 6-59 所示，至此完成口腔 UV 的拆分，如图 6-64 所示。

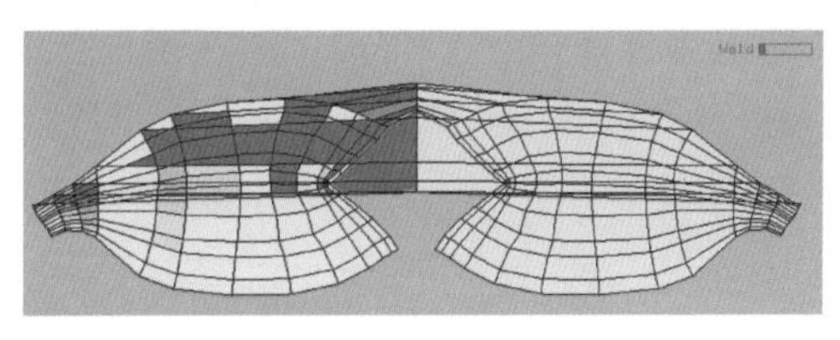

图　6-63

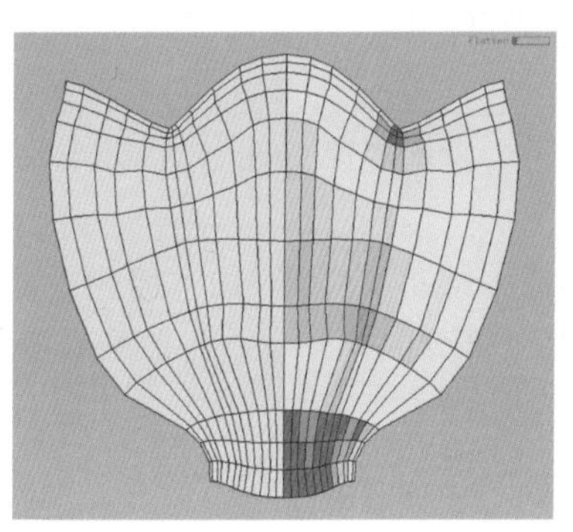

图　6-64

此处可参考配套源文件“D:\My File\projects_Jake\scenes\UV\Jake_Tou_UV\Jake_Tou_UV09.uvl”文件。

眼睛内 UV 展开，眼睛部分的 UV 如图 6-65 所示。

眼睛内部的结果比较简单，只需要按下 F 键，展平镜像即可，如图 6-66 所示。

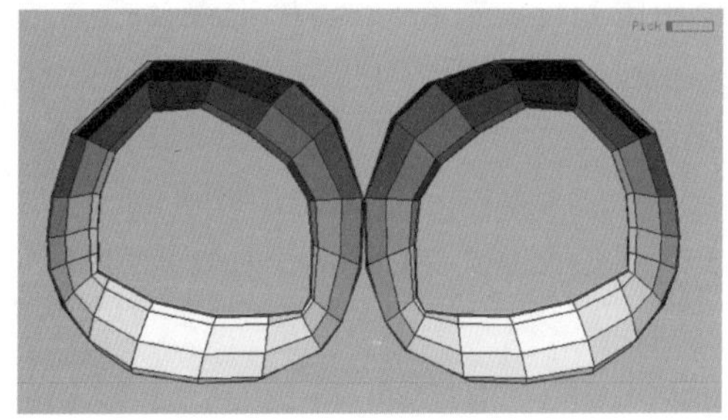

图　6-65

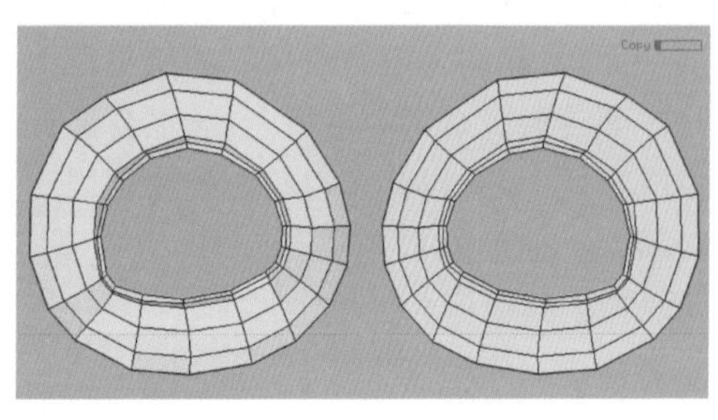

图　6-66

步骤 7 UV 排列

当把每一个部件都展平后，还要对它们进行排列，在 UV 平面视图中，单击选择 UV，按住空格键＋左键旋转，空格键＋右键缩放，空格键＋中间移动。

下面是整个头部的 UV 展开状态和排列，如图 6-67 所示。

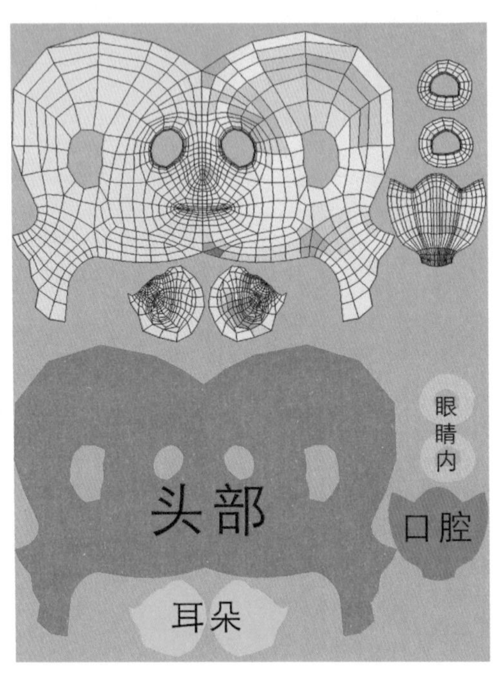

图 6-67

此处可参考配套源文件 D:\My File\projects_Jake\scenes\UV\Jake_Tou_UV\Jake_Tou_UV 10. uvl”文件。

头部的 UV 拆分完毕，这一部分主要了解 UV 的切线方式，和 UVlayout 软件的工具、命令的使用，模型其他部分的 UV 可以参照配套源文件“D:\My File\projects_Jake\scenesJake_UV. mb”。

6.2 灯光制作

在绘制贴图和质感调试之前，首先来制作一套标准灯光。用中度灰的 lambet，在此前的灯光原理部分介绍关于灯光的一些特性，人物灯光一般都是以三点光源为基准。首先创建一个摄像机，调整位置，如图 6-68 所示。

摄像机创建完毕之后，再来定义光源的位置，所谓三点光源，不一定只有 3 盏灯光，只是代表 3 个方向的光源照明，如图 6-69 所示。

因为我们把摄像机创建在画面的右边，所以会选择把主光位置放在左边，极少数会把主光和摄像机放在同一面，放在同一面的情况下的结果则为平光，会把人物五官结构照射的相对不够立体，但在制作影片中因为影片造型的需要，有时也会选择此种打光的方式，同样，是因为摄像机的位置，背光源会和摄像机在同一边，用背光勾勒人物轮廓线。

现在结合上面的分析来进行制作，先来看一下这个角色完成灯光分布后的效果，如图 6-70 和图 6-71 所示。

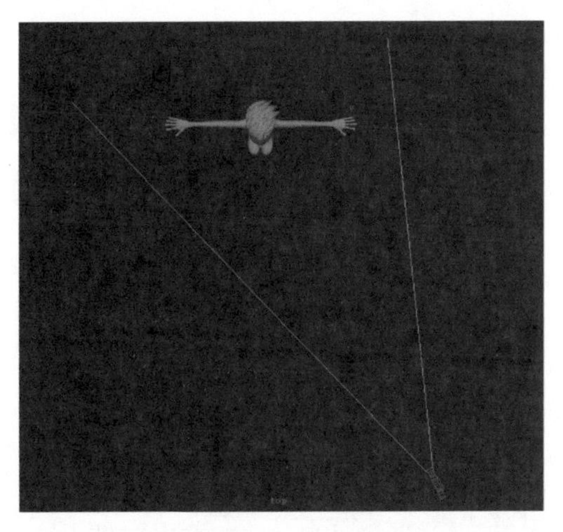

图　6-68

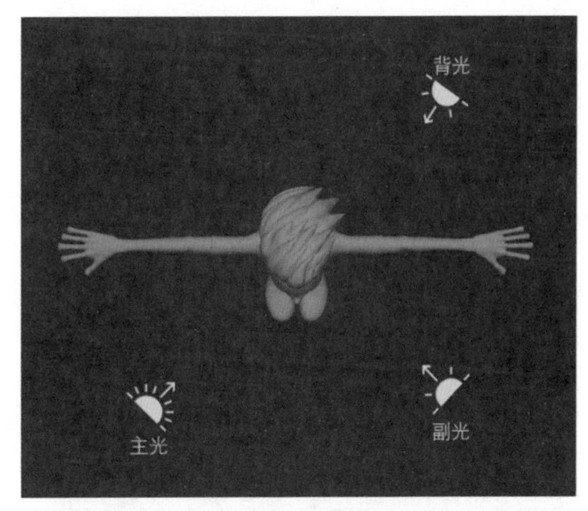

图　6-69

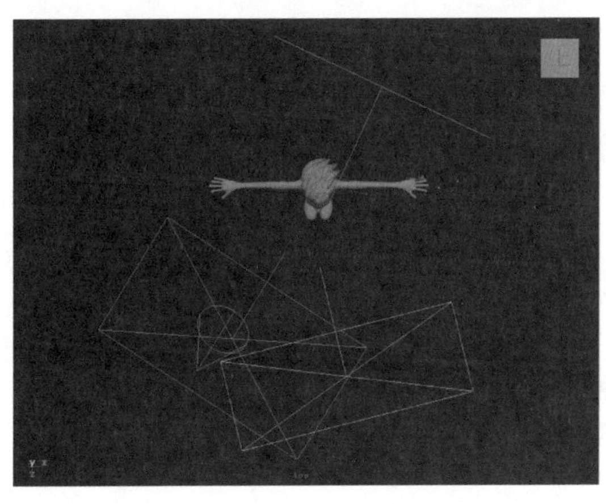

图　6-70

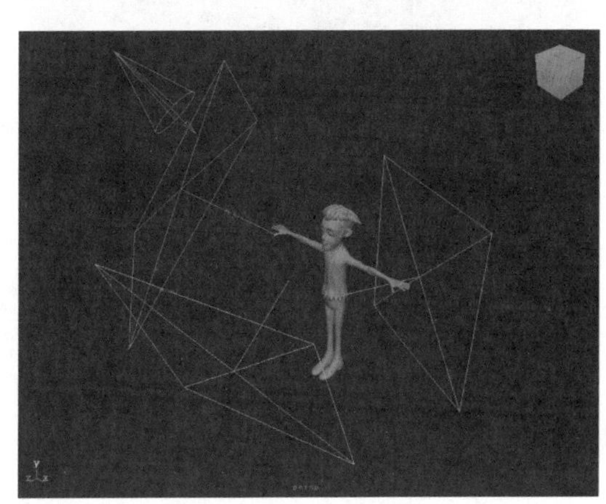

图　6-71

这里用了三盏面光源和一盏聚光灯，粉色线条灯光为主光，黄色线条灯光为副光，蓝色线条为背光，聚光灯为主光投影灯光，选择面光源主要是因为它的照明特性近似我们现实生活中的柔光，下面分别来看一下每盏灯的照明区域及照度。

步骤 1　主光聚光灯（粉色聚光灯）

首先设置聚光灯的位置，执行菜单命令 Create|Lights|Spot Light，创建聚光灯；选择聚光灯，在透视图中执行菜单命令 Panels|Look Through Selected，从主聚光灯位置看角色（这是一种定位灯光的方法），如图 6-72 所示。

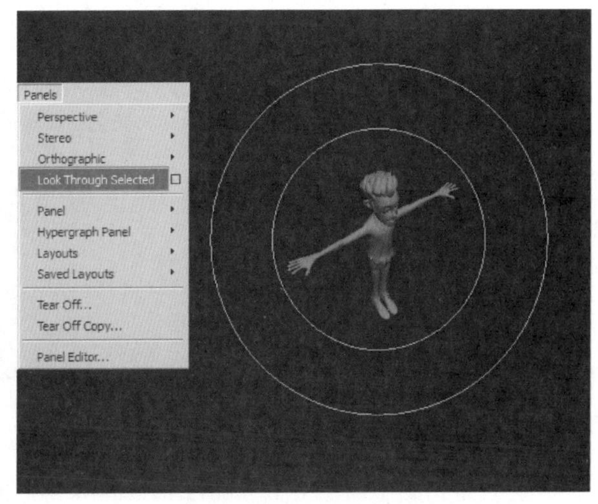

图　6-72

主聚光灯最主要的作用是会产生比较硬的阴影（注意下巴下边的阴影），如图 6-73 所示。

主光聚光灯参数设置，开启了衰减功能，需要注意的是，在真实世界中，一般的光源都具备衰减特性，所以在模拟的时候都需要开启衰减功能，根据不同的需要，选择不同的衰减类型，这里选择线性的方式。主光聚光灯的照度信息，如图 6-74 所示。

图 6-73

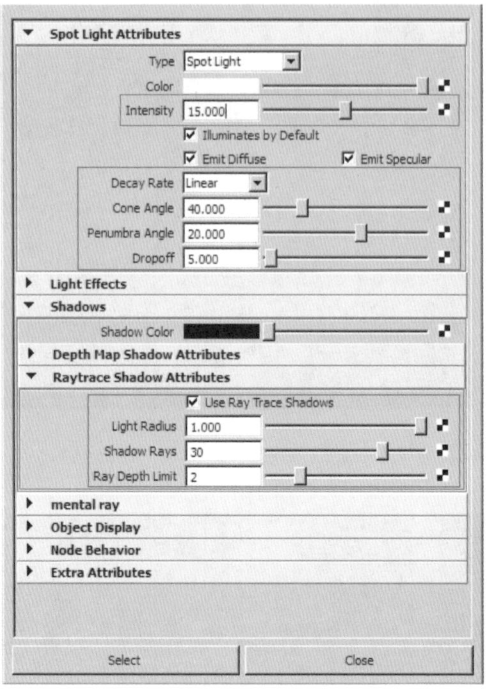

Spot Light Attributes
Type Spot Light
Color
Intensity 15.000
Illuminates by Default
Emit Diffuse Emit Specular
Decay Rate Linear
Cone Angle 40.000
Penumbra Angle 20.000
Dropoff 5.000
Light Effects
Shadows
Shadow Color
Depth Map Shadow Attributes
Raytrace Shadow Attributes
Use Ray Trace Shadows
Light Radius 1.000
Shadow Rays 30
Ray Depth Limit 2
mental ray
Object Display
Node Behavior
Extra Attributes
Select Close

图 6-74

步骤 2 主光面光源(粉色面光源)

执行菜单命令 Create|Lights|Area Light，创建区域光(面光源)。在透视图中执行菜单命令 Panels|Look Through Selected，从主光面光源位置看角色，如图 6-75 所示。

主光面光源效果如图 6-76 所示。

图 6-75

图 6-76

这里的面光源全部使用了 mental ray 的区域光属性，这个属性可以让光源发光很自然的过渡，还会为材质增添漂亮的高光，主光面光源参数如图 6-77 所示。

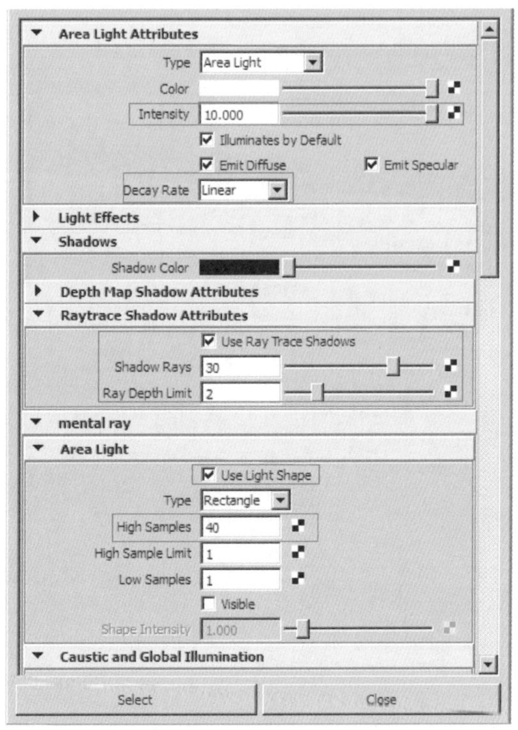

图　6-77

步骤 3　副光面光源(黄色面光源)

执行菜单命令 Create|Lights|Area Light,创建区域光(面光源)。在透视图中执行菜单命令 Panels|Look Through Selected,从副光面光源位置看角色,如图 6-78 所示。

副光也称补光或辅光,为角色亮部和暗部之间补充柔和的过渡,灯光角度略微向上,可模拟光反弹,副光面光源效果,如图 6-79 所示。

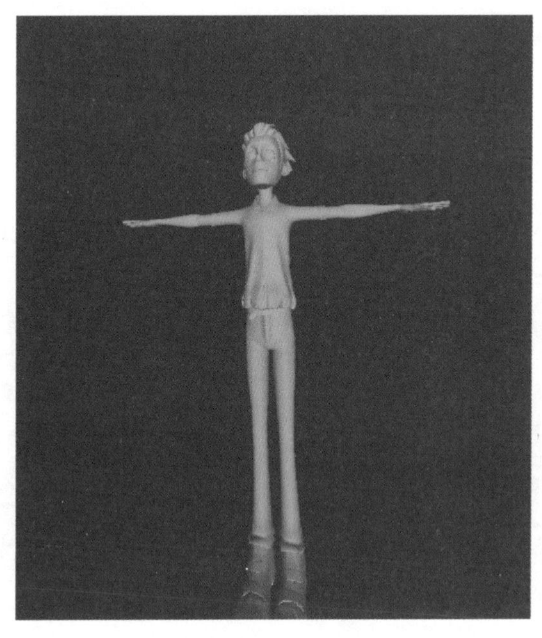

图　6-78

图　6-79

副光面光源参数如图 6-80 所示。

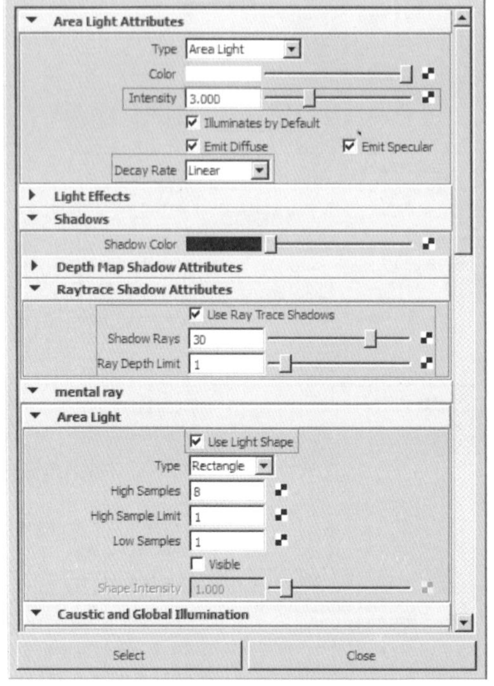

图 6-80

步骤 4 背光面光源(蓝色面光源)

执行菜单命令 Create|Lights|Area Light,创建区域光(面光源)。在透视图中执行菜单命令 Panels|Look Through Selected,从背光面光源位置看角色,如图 6-81 所示。

背光也称轮廓光,为角色勾勒出漂亮的轮廓,刻画角色的形体,还能让角色从画面背景中突出出来,背光源的效果如图 6-82 所示。

图 6-81

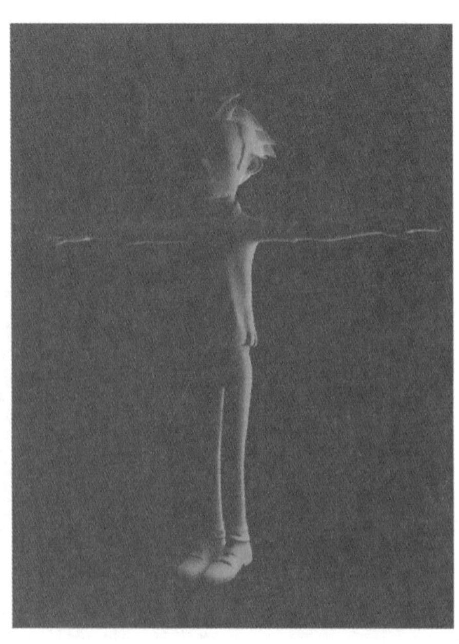

图 6-82

背光面光源参数如图 6-83 所示。

步骤 5　把所有灯光进行组合

现在应该就能很好地理解模型上的照度信息分别的来源，在制作的过程中，一定要分析好每盏灯光的照明强度，前期打灯要为后面做贴图留出一定的空间，所以高光部分不要太白，暗面部分也不能完全黑，控制好中间过渡区域的强度，尽可能地控制在中间灰。

所有灯光合起来的效果如图 6-84 所示。

Area Light Attributes
Type　Area Light
Color
Intensity　20.000
Illuminates by Default
Emit Diffuse　Emit Specular
Decay Rate　Linear
Light Effects
Shadows
Shadow Color
Depth Map Shadow Attributes
Raytrace Shadow Attributes
Use Ray Trace Shadows
Shadow Rays　20
Ray Depth Limit　1
mental ray
Area Light
Use Light Shape
Type　Rectangle
High Samples　40
High Sample Limit　1
Low Samples　1
Visible
Shape Intensity　1.000
Caustic and Global Illumination
Select　Close

图　6-83

图　6-84

此处可参考配套源文件“D:\My File\projects_Jake\scenes\Jake_light. mb”文件。

6.3　Mudbox 软件入门学习

卡通角色的贴图需要使用 Mudbox 软件进行贴图的绘制，因此本节将简单介绍该软件的使用。

Mudbox 软件主要是雕刻软件，但是它的贴图绘制功能也非常的强大，在视图中的操作方法也与 Maya 类似，能很好地与 Maya 结合。

6.3.1　界面布局和基本操作

1. 快速的启动面板

在启动 Mudbox 软件时有一个快速的启动面板，在这里可以选择一些默认的模型，也可以观看 3 个最简单的入门小视频教程，如图 6-85 所示。

2. Mudbox 2012 界面

Mudbox 软件由菜单栏、视图、属性窗和工具栏等组成，如图 6-86 所示。

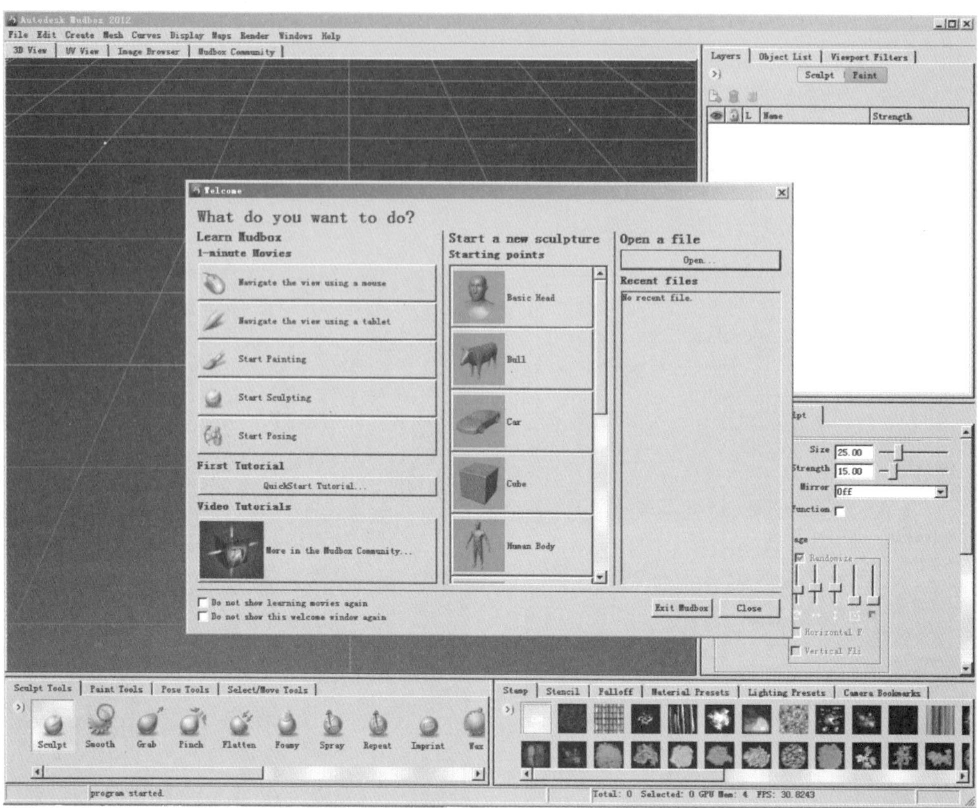
What do you want to do?
Learn Mudbox
1-minute Movies
Start a new sculpture
Starting points
Open a file
Recent files
First Tutorial
Video Tutorials

图 6-85

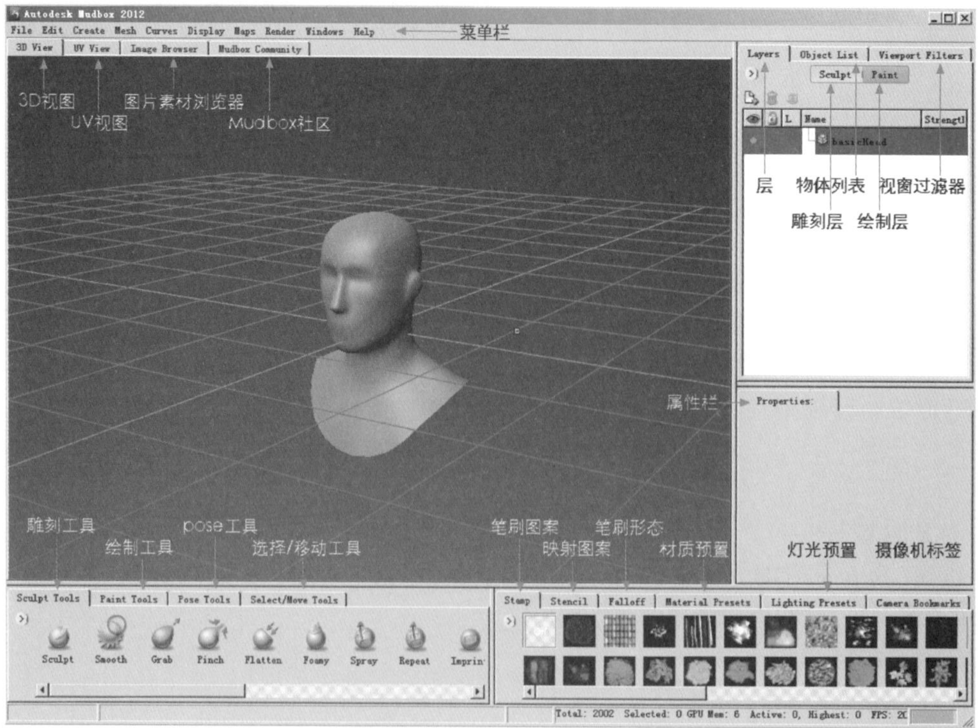
菜单栏
3D视图
UV视图
图片素材浏览器
Mudbox社区
层
物体列表
视窗过滤器
雕刻层
绘制层
属性栏
雕刻工具
绘制工具
pose工具
选择/移动工具
笔刷图案
映射图案
笔刷形态
材质预置
灯光预置
摄像机标签

图 6-86

在 3D 视图中，可以通过移动、旋转、缩放视图观察和编辑模型，如图 6-87 所示。

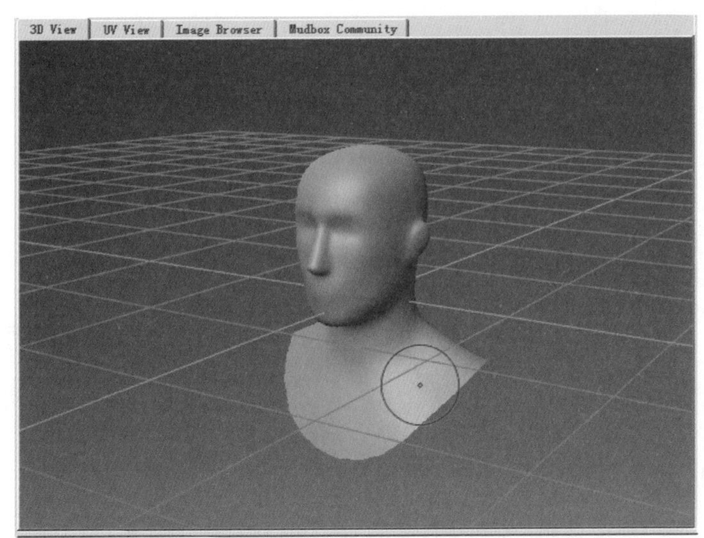

图　6-87

3. 操作方式

在 3D 视图中，Mudbox 默认的操作方式与 Maya 大致相同，常用快捷的方式包括：

- Alt＋鼠标左键：旋转视图；
- Alt＋鼠标右键：缩放视图(Alt＋鼠标左键和中键缩放视图)；
- Alt＋鼠标中键：平移视图。

A 键可以最大化显示视窗中所有的物体。另外还可以按下 T(大小写作用相同)键，将主窗口满屏，这相当于一个专家模式，再次按下 T 键，又将切换到默认模式，如图 6-88 所示为专家模式效果。

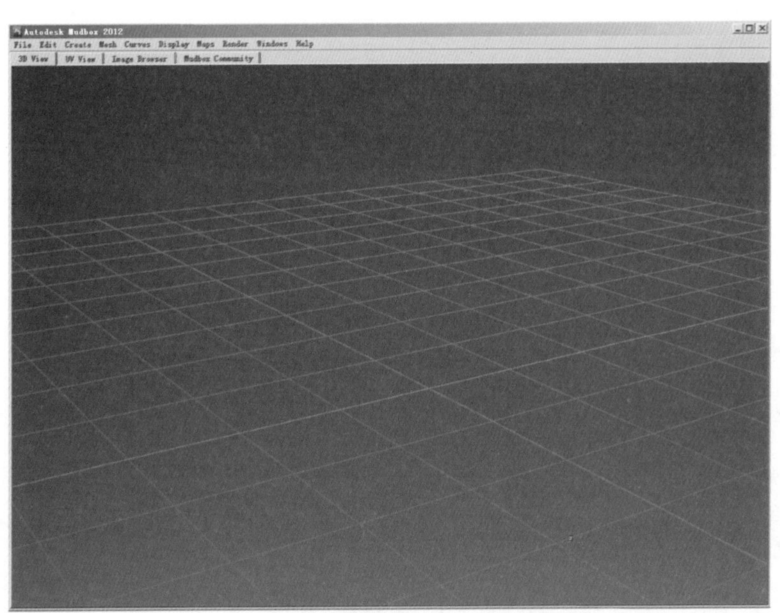

图　6-88

4. 改变窗口大小和关闭子面板

Mudbox 软件界面布局可以通过鼠标拖动来修改视窗的大小，如图 6-89 所示，拖动红色框标示的区域都可以改变窗口的大小。

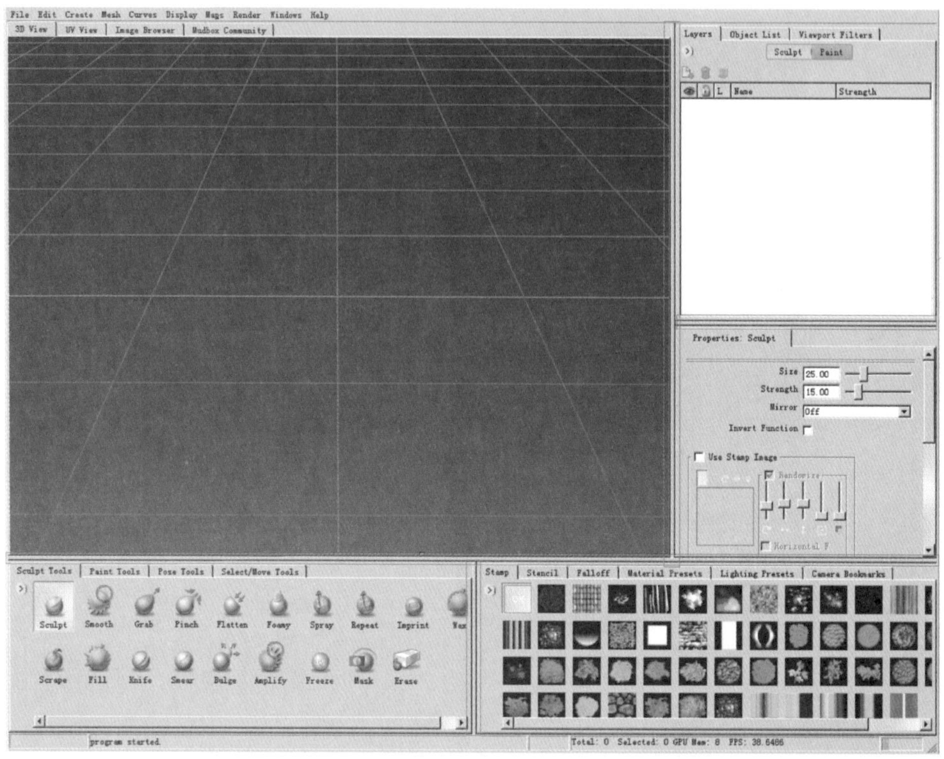

图 6-89

所有的子面板都可以关闭，方法是在面板的名字上右击，然后从弹出的菜单中选中命令 Close Tab，如图 6-90 所示。

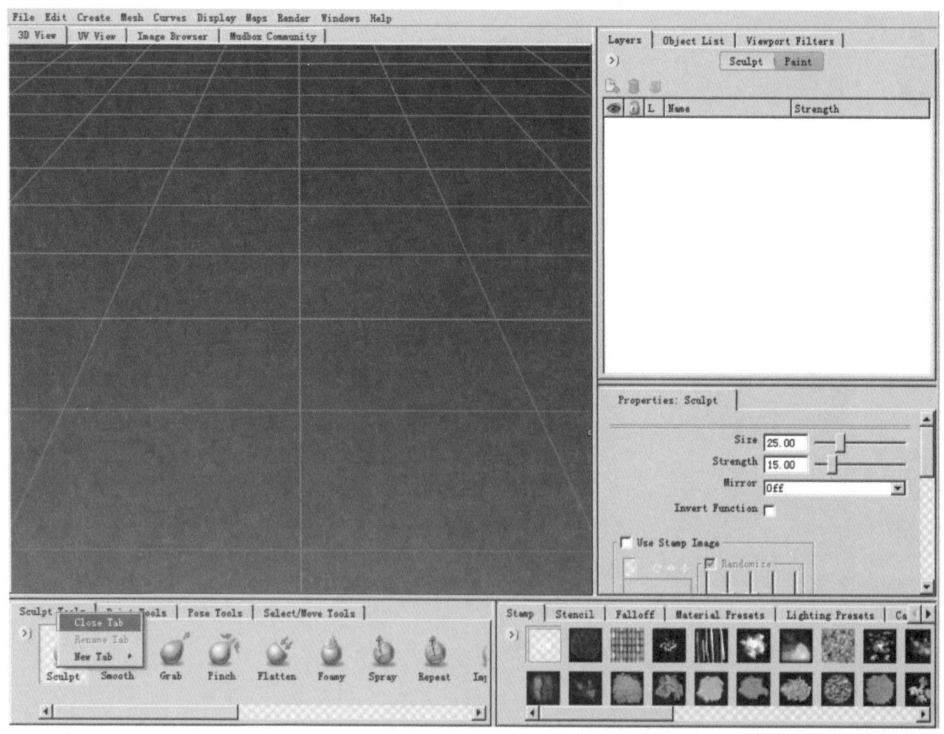

图 6-90

5. 关闭背景的渐变、网格

执行菜单命令 Display|Grid，即可关闭视图中网格的显示，如图 6-91 所示，再次选中又可以打开网格的显示。

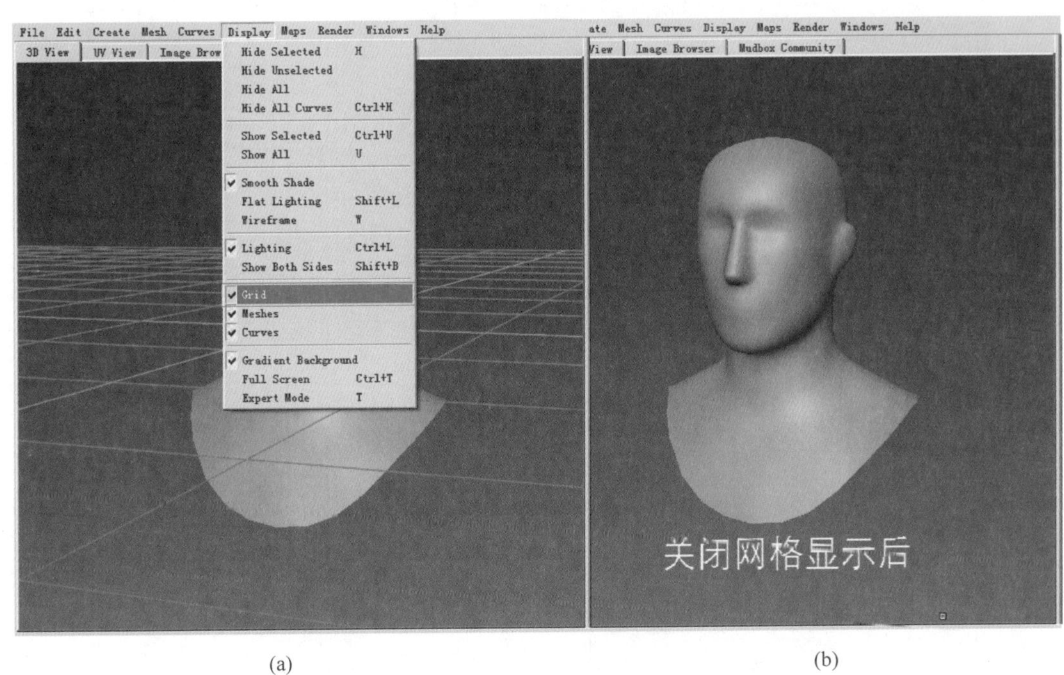

(a) (b)

图 6-91

6. 物体列表(Object List)

物体列表类似 Maya 中的大纲视图，可以在其中查看物体，选择或是命名物体，如图 6-92 所示。

可以在物体列表(Object List)中选择一个相机，右击，在弹出的菜单中选择 Look Through 命令，进入到选择的相机视角，如图 6-93 所示。

也可通过 Rename Camera 命令重新命名相机，或是通过 Delete Camera 命令删除相机，如图 6-94 所示。

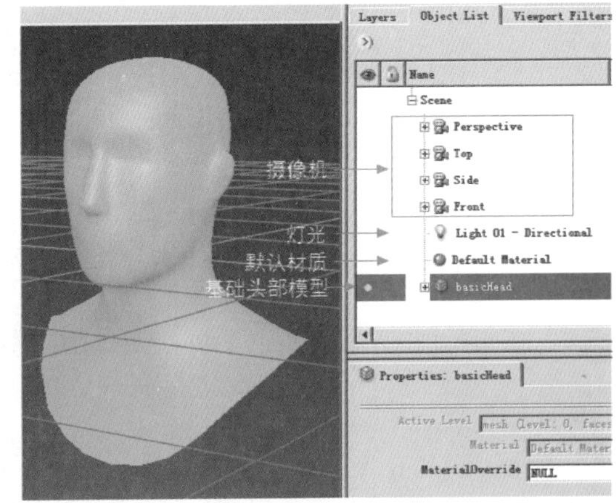

图 6-92

7. 属性窗口

主界面的右边是属性窗，可以用于修改工具、灯光、摄像机等的属性，选择不同的物体，在属性栏中会出现物体的相关属性参数。

在物体列表中选择摄像机，右击，在弹出的菜单中选择 Properties 命令，打开相机的属性面板，可在其中进行参数的调整。在选择摄像机后，视图上的属性栏中也同样会出现摄像机的参数面板，如图 6-95 所示。

8. UV 视图

在物体列表窗口中，选择模型，转换到 UV 视图中，此时就可以观察处于选择状态的物体 UV 分布状态，如图 6-96 所示。

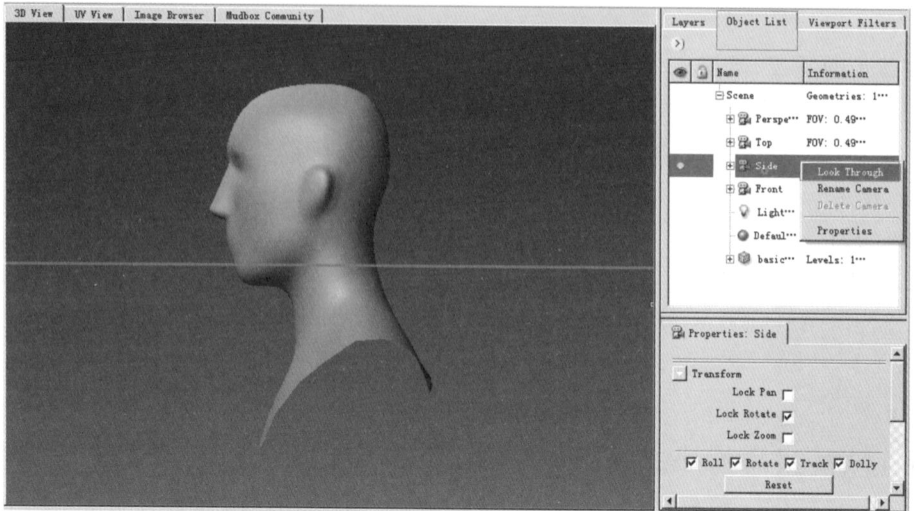

图 6-93

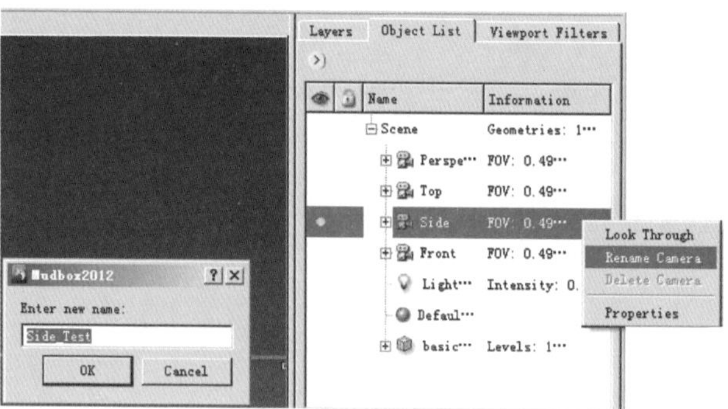

图 6-94

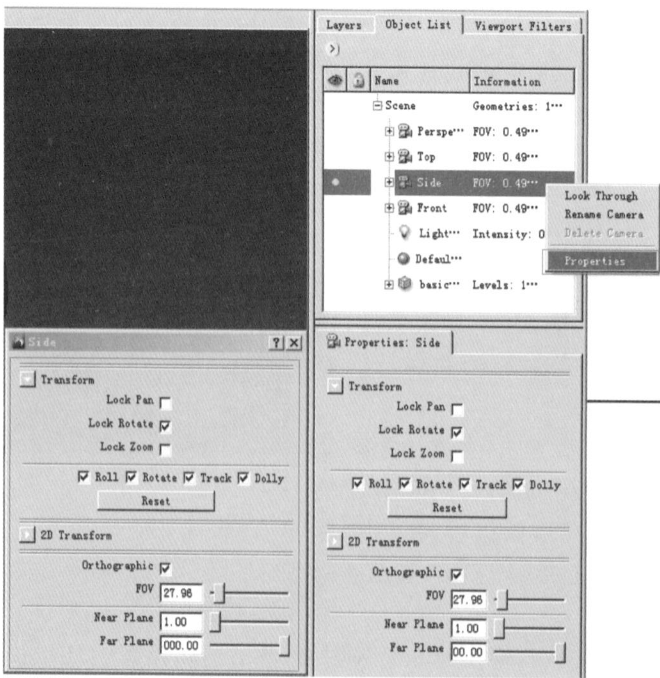

图 6-95

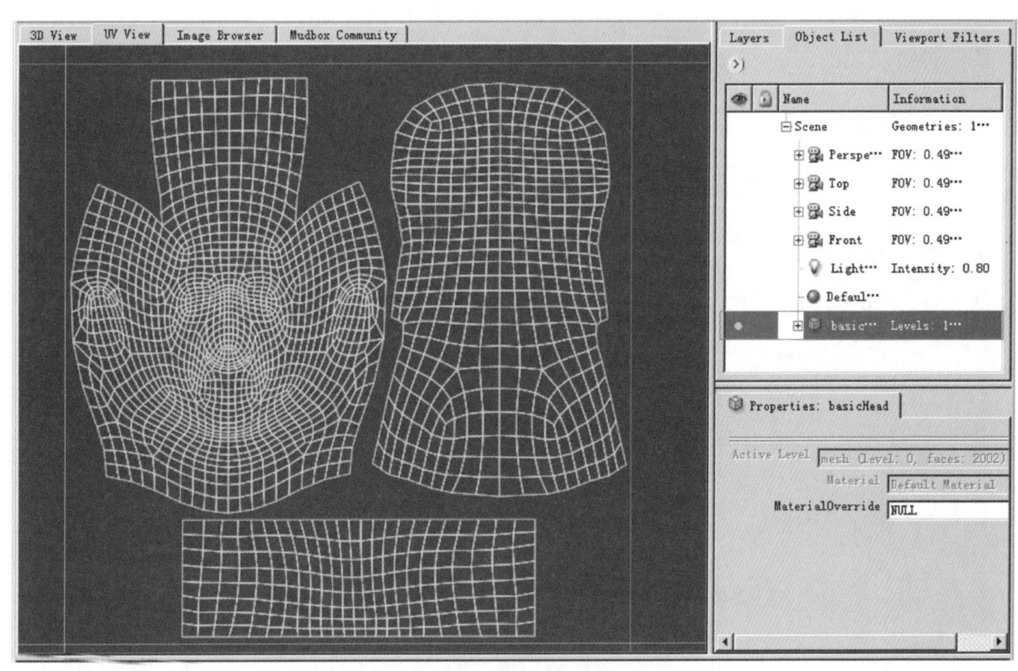

图 6-96

9. 图片素材浏览器

在图像浏览器中，可以选择、观看和审阅本地硬盘中或网络上的2D图像和纹理，其支持各种格式和比特深度的图像，如图6-97所示。

图 6-97

10. Mudbox 社区

如果计算机可以上网，可以进入Mudbox的社区查看相关的信息，如图6-98所示。

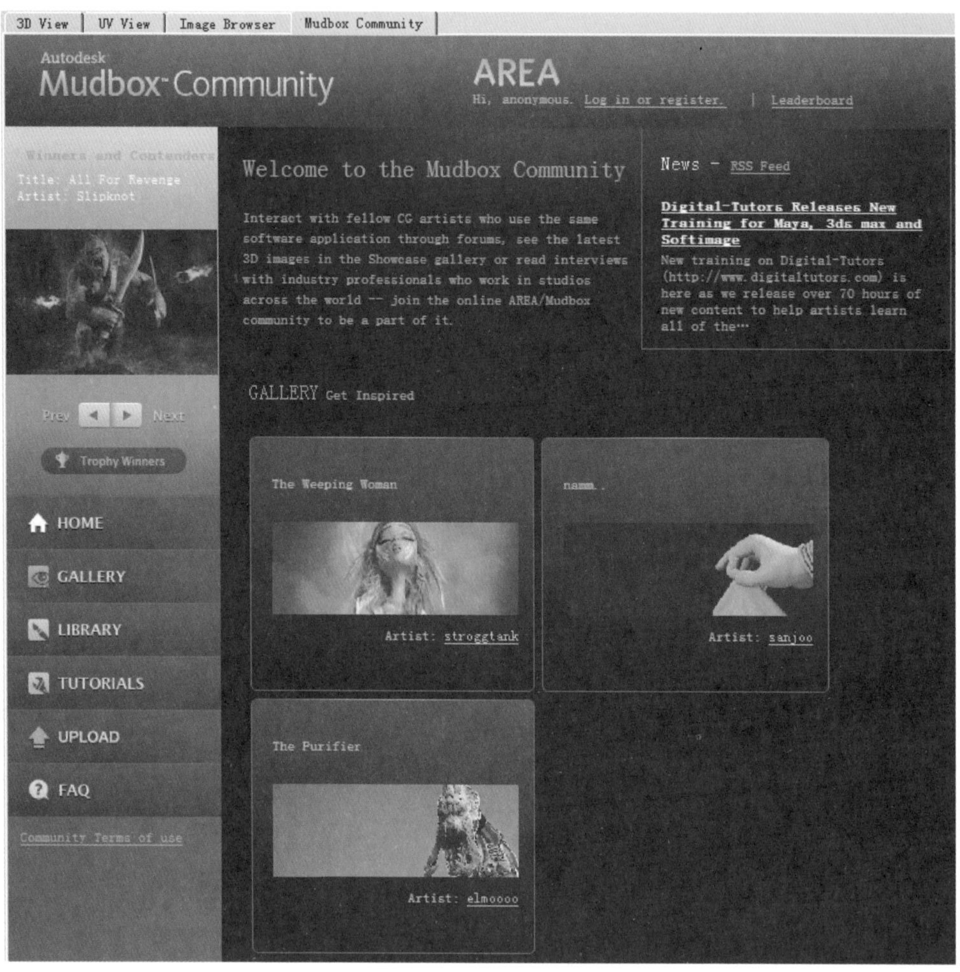

图 6-98

11. 工具栏及工具功能

1）Sculpt Tools

这个工具栏中放置的是各种雕刻用的笔刷，如图 6-99 和 6-100 所示。

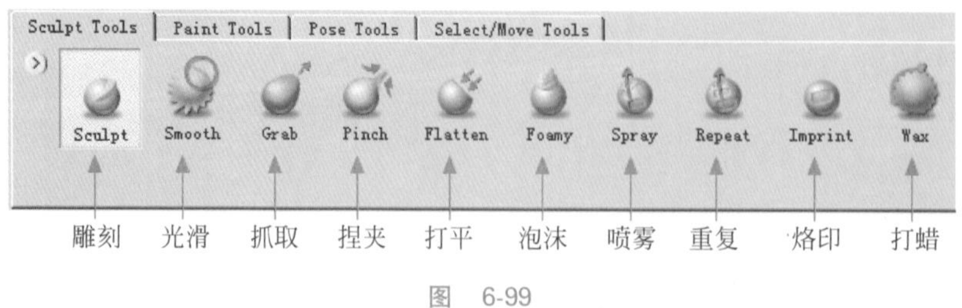

图 6-99

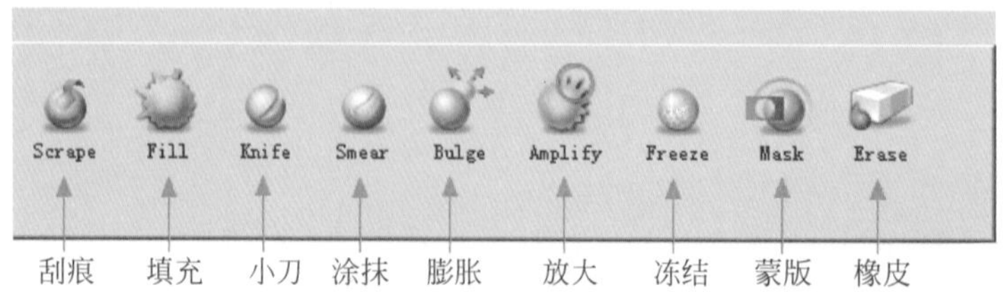

图 6-100

(1) Sculpt 雕刻模型大型的工具，通过移动顶点的方式对模型进行雕刻，可以在笔刷属性里调整相应的对称轴 X、Y、Z。

(2) Smooth 光滑工具可以将临近的顶点的位置互相平均化，从而达到平滑过渡的效果，比如一般我们雕刻的时候可能有的地方太尖锐了，或凹凸不平的地方就可以用到此工具。

(3) Grab 抓取工具可以对点进行快速的平移操作，而且可以约束顶点移动的平面，例如，在 XY 方向的约束可以使所选的点只在 XY 平面内移动。

(4) Pinch 捏夹，它可以使抓取顶点向中心靠拢，比如做一些褶皱、较硬的边缘时候都可以使用它。

(5) Flatten 打平工具可以使不同高度的模型细节平铺到一个平面上。

(6) Foamy 泡状工具是一个辅助雕刻工具，它可以像雕刻工具一样对模型进行雕刻，雕出的部分凸起与周围过渡会很柔和。

(7) Spray 喷雾工具主要用于表面和细节的结合，可以选择图像纹理来进行创作。

(8) Repeat 重复工具很有用，它通常用于创建循环纹理，例如，拉链、缝纫线、纽扣等等。

(9) Imprint 烙印工具使雕刻纹理像烙铁一样烙在模型的表面。

(10) Wax 打蜡，通常用于模拟模型表面打蜡的效果。

(11) Scrape 刮痕，它可以尽量较少或消除突出点，它能快速地计算出刮痕所在的平面，然后压扁平面内的点。

(12) Fill 填充工具可以填补模型表面的空洞位置，并且可以平均顶点。

(13) Knife 小刀工具用于切割非常细杆模型的表面，它类似于一个真正的刀切进软表面的效果。

(14) Smear 涂抹工具可以让顶点在其原有的平面位置进行移动涂抹。

(15) Bulge 膨胀工具可以使每个受影响的顶点沿着自己的法线方向创建一个隆起样的效果。

(16) Amplify 放大工具可以使每个受影响的顶点相互离开，以产生放大的效果。

(17) Freeze 冻结工具可以让部分点锁定并无法修改，可以冻结顶点的细分级。默认情况下，受影响的面出现蓝色时，就表示被冻结了。

(18) Mask 蒙版工具可以绘制不透明区域的模型，隐藏不需要雕刻的部分，蒙版工具只适用于雕刻层、基础层和细分级层。这个工具在使用中大大地方便了人们的雕刻和对局部雕刻时的观察。

(19) Erase 橡皮工具会移除雕刻层中的雕塑效果，原始基础网格不受影响。

2) Paint Tools

这里放置的是绘制颜色时用的各种绘图工具，如图 6-101 和 6-102 所示。

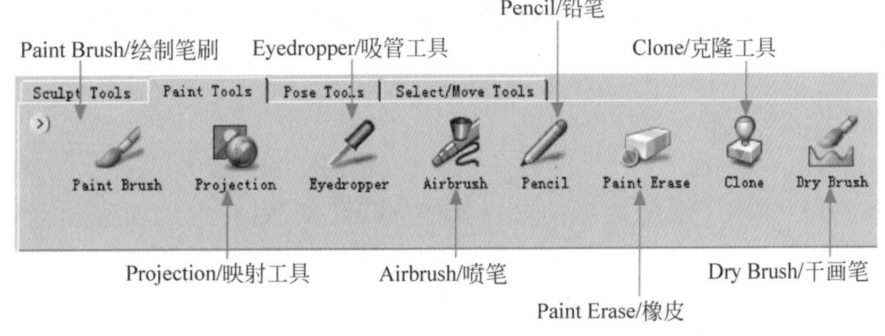

图　6-101

3) Pose Tools 工具

这个工具是调整角色姿势的工具，如图 6-103 所示。

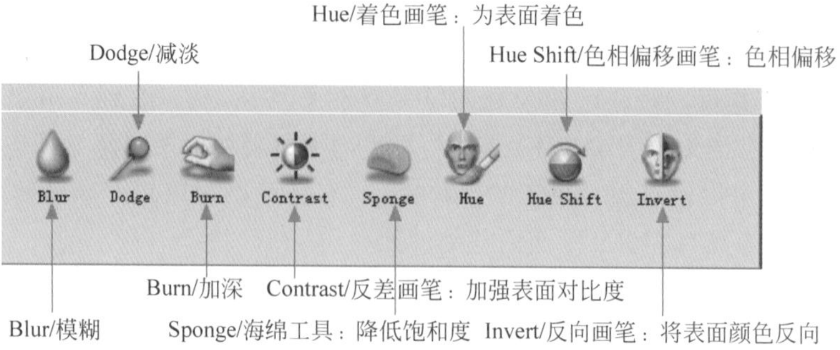

图 6-102

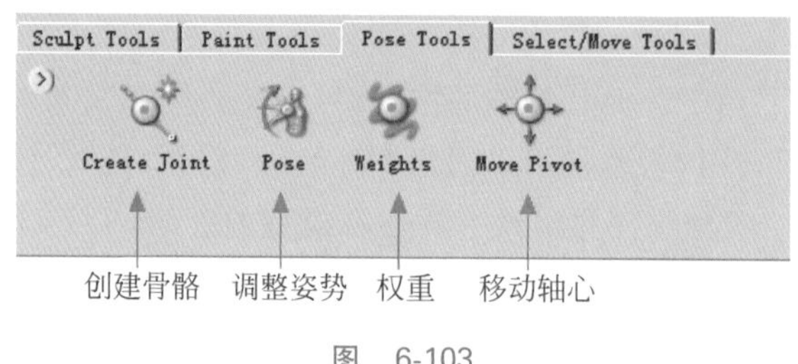

图 6-103

4）Select/Move Tools

这里放置的是模型的选择工具和操纵工具，如图 6-104 所示。

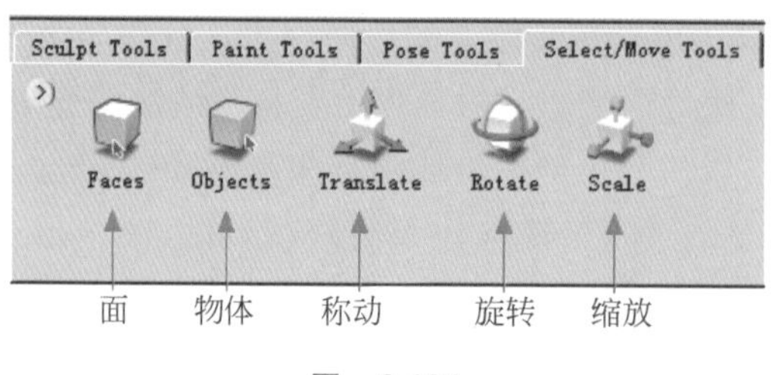

图 6-104

右边部分集成的是雕刻贴图、笔刷蒙版、衰减、预设的材质、灯光预设、摄像机书签，如图 6-105 所示。

图 6-105

笔刷蒙版如图 6-106 所示。

衰减(Falloff)属性控制工具笔刷影响力度随区域变化的状态，它以曲线的形式进行调节，如图 6-107 所示。

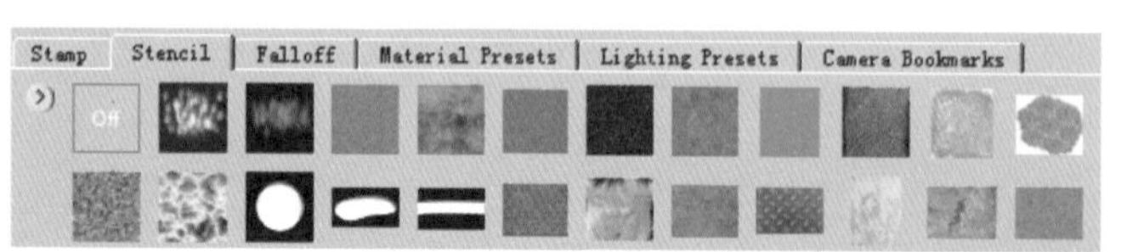

图 6-106

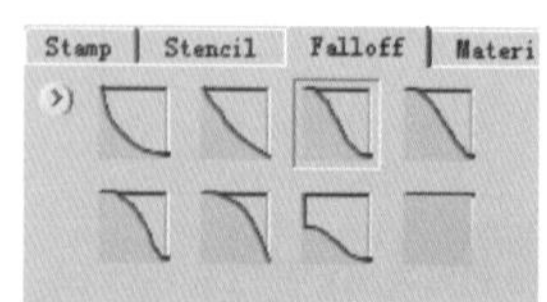

图 6-107

预设的材质如图 6-108 所示。

灯光预设如图 6-109 所示。

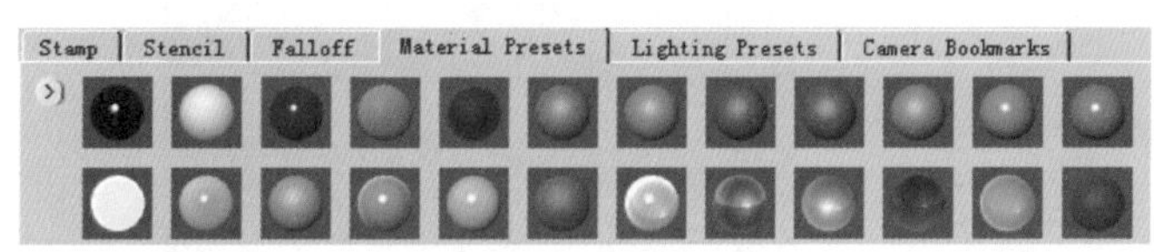

图 6-108

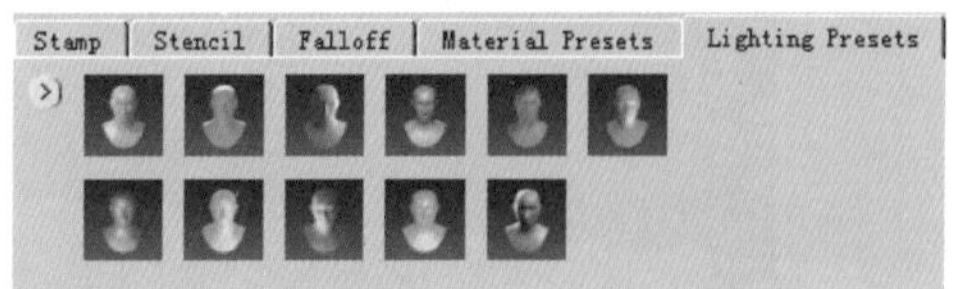

图 6-109

12. 层窗口

在 Mudbox 中层分为两类，雕刻层(Sculpt Layer)和绘制层。层的概念类似于 Photoshop 中的层，有多个层时，在其中一层中操作，不会影响其他层，同时层和层之间可以进行混合再编辑、叠加或者合并等操作，层的元素相关作用如图 6-110 所示。

图 6-110

在层窗口中设置雕刻层和绘制层。Mudbox 会根据用户目前选定的工具，进行层级判定选择。

Sculpt Layers 说明如下。

在雕刻层中创建一个层，然后在模型上雕刻。如果此时关闭层，这时层的雕刻效果也随之关闭，如图 6-111 所示。

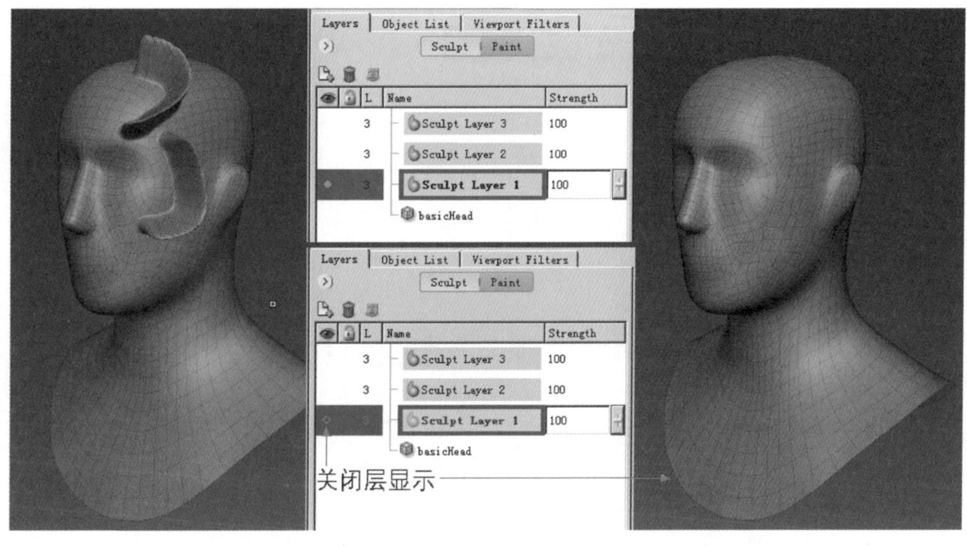

图 6-111

在不同层中雕刻,可以达到雕刻叠加效果,关闭其中一个层,叠加效果也随之消失,如图 6-112 所示。

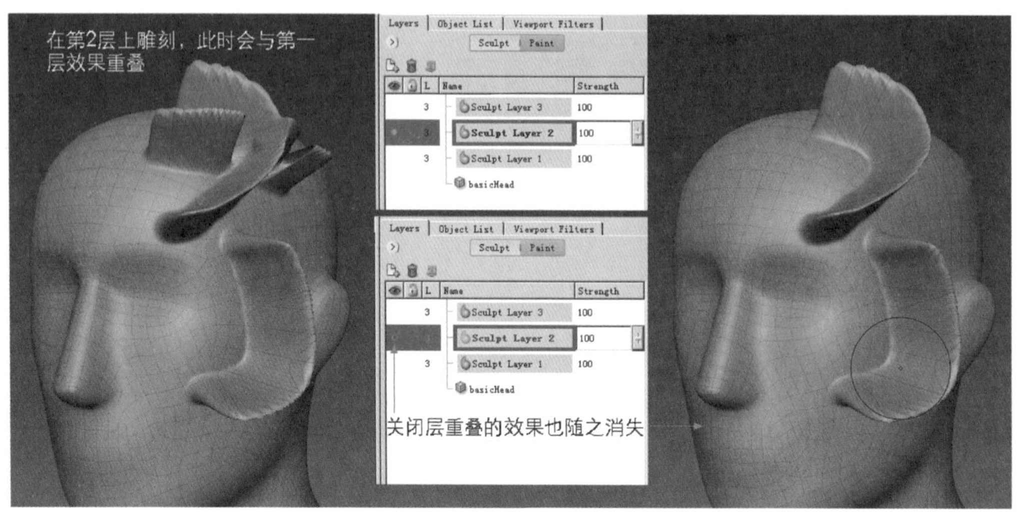

图 6-112

层的透明度控制着层的雕刻效果大小,如图 6-113 所示。

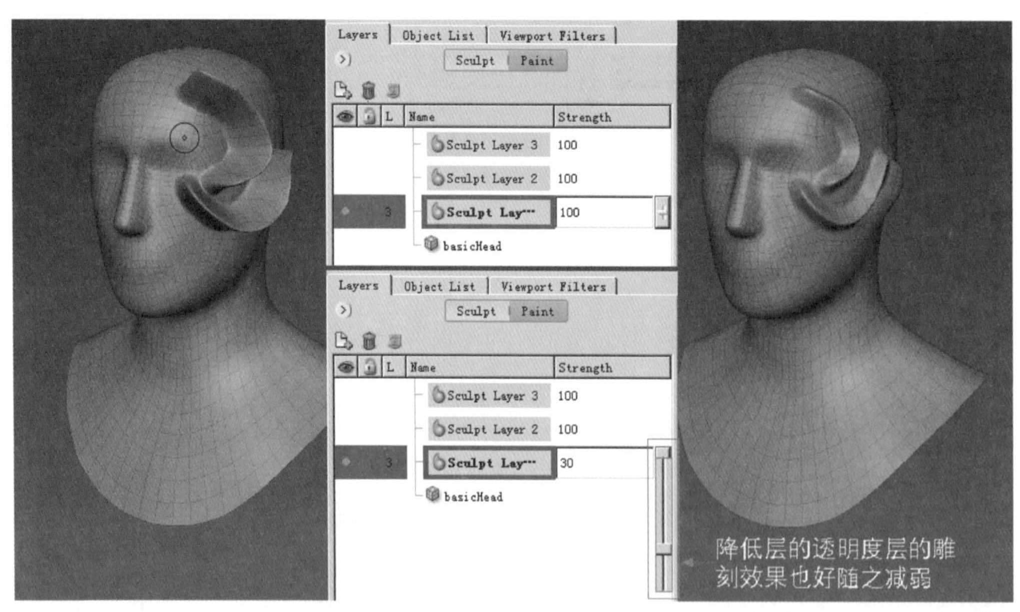

图 6-113

6.3.2 雕刻工具及操作

Mudbox 软件的主要功能是雕刻和绘制纹理,通常我们有两种方式开始模型的雕刻。

1. 使用自带的一些模型

在启动 Mudbox 软件时有一个快速的启动面板,在这里可以选择一些默认的模型,如图 6-114 所示。

也可在菜单栏中执行菜单命令 Create|Mesh,创建基础模型,如图 6-115 所示。

2. 从其他软件导入模型

执行菜单命令 File|Import,打开操作面板,可通过此处导入模型。与 Maya 配合时一般导入 OBJ

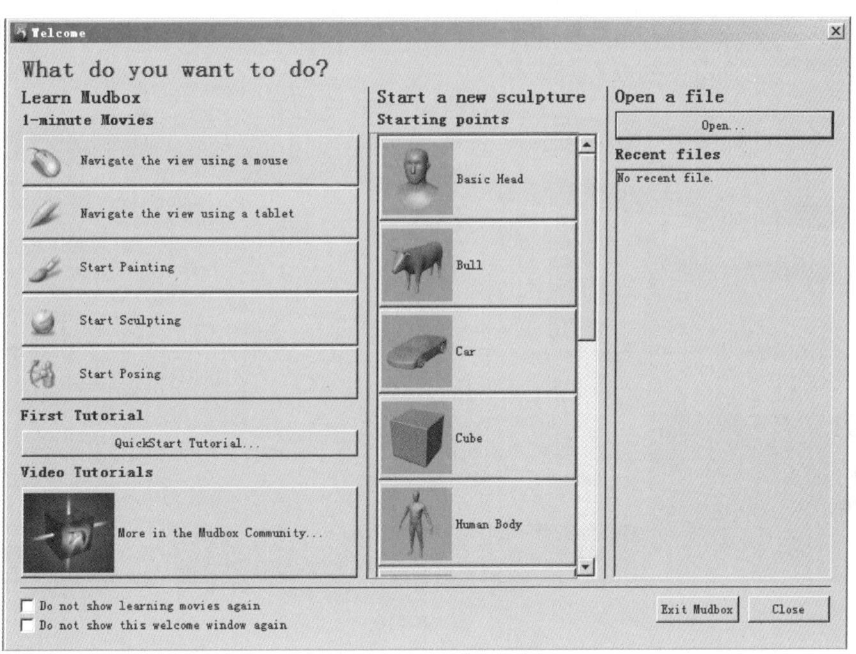

图　6-114

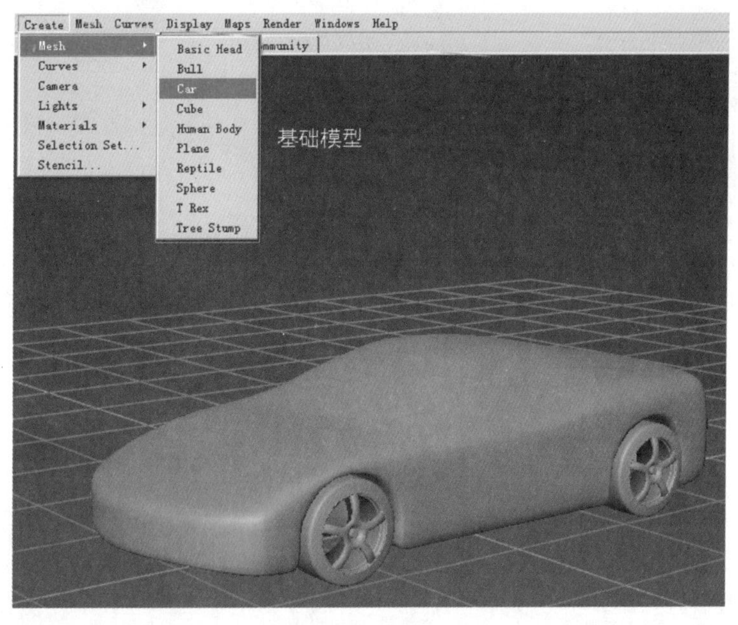

图　6-115

格式的模型，如图 6-116 所示。

下面我们调入一个基本的模型，并以此为例做一些简单的操作。

(1) 按下 W 键，打开模型的线框显示，再次按下 W 键，即可取消线框显示，如图 6-117 所示。

(2) 添加模型的细分级别。执行菜单命令 Mesh|Add New Subdivision Level，增加模型的细分级别，也可按下 Shift+D 快捷命令。每按一次面增加四倍，每一次细分模型，视图右上角会显示多边形的细分级别和面数，如图 6-118 所示。

当我们给一个模型多次细分后，我们可以通过键盘上的 Pagedown 和 Pageup 键来切换模型的细分级别。

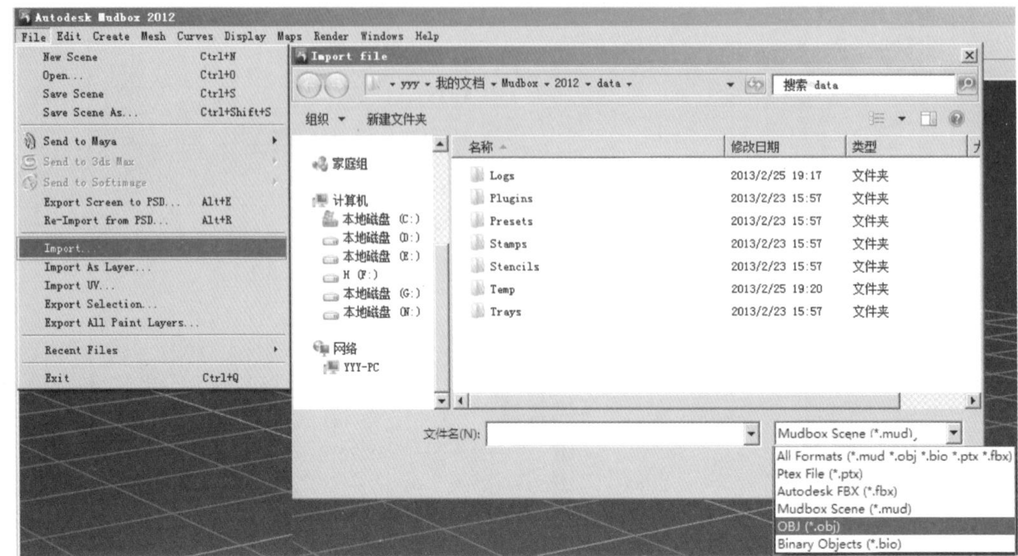

图 6-116

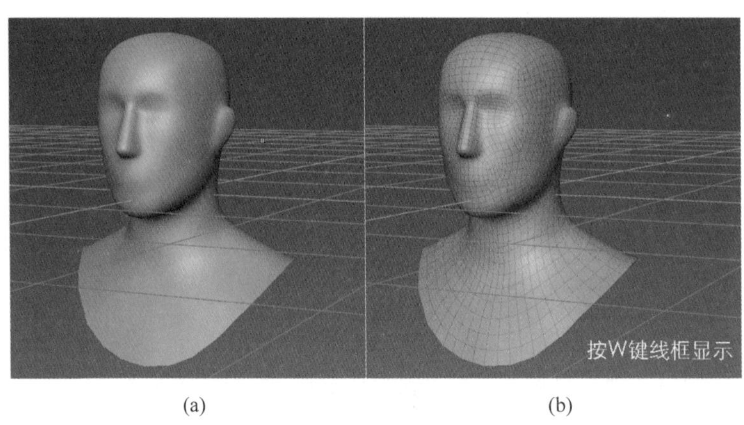

(a) (b)

图 6-117

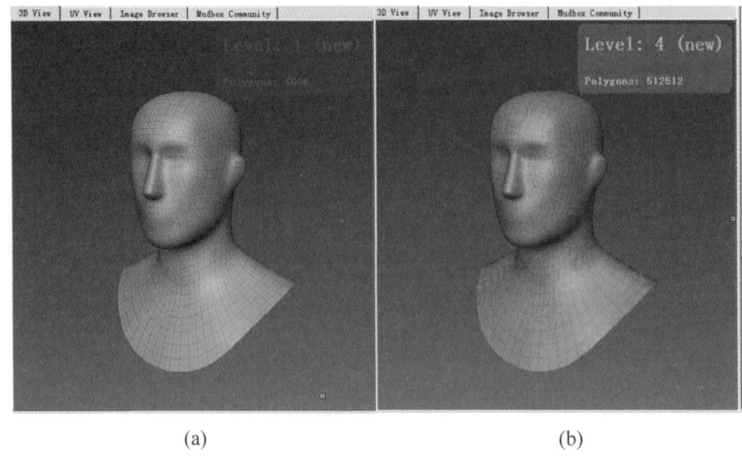

(a) (b)

图 6-118

(3) 模型经过几次细分后，此时就可以使用雕刻笔刷进行雕刻了，选择 Sculpt 雕刻笔工具，在第二次细分级别上雕刻，如图 6-119 所示。

可以按下 Ctrl 键，将凸的雕刻效果变成下凹，如图 6-120 所示。

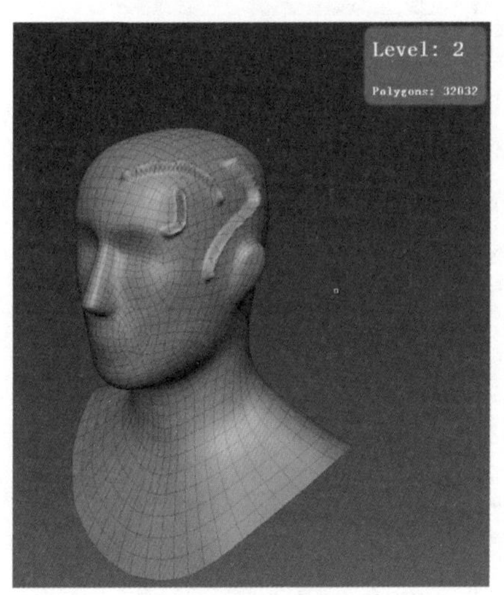

图 6-119

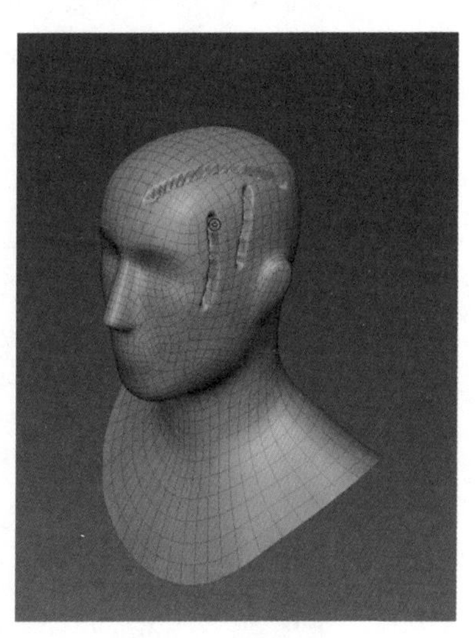

图 6-120

3. 调整笔刷的大小、强度和镜像等属性

在软件右边参数栏中可以调整笔刷的大小强度等属性，也可使用快捷操作，选择笔刷，按 B 和 M 键，同时调节笔刷的尺寸和强度，也可使用“[”键(减小笔刷)和“]”键(加大笔刷)调节笔刷的大小，如图 6-121 所示。

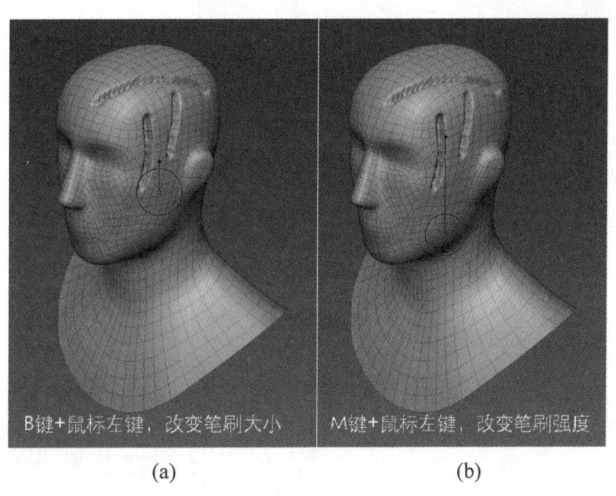

(a) (b)

图 6-121

可以在笔刷的属性栏中打开笔刷的镜像效果，此时雕刻模型，与之对应的轴向上也会出现雕刻效果，如图 6-122 所示，X 轴向的镜像效果。

4. 为模型绘制纹理雕刻效果

可以给笔刷指定一个笔刷图案，在属性栏中选中 Use Stamp Image 选项，然后在 Stamp 选项中选择一个笔刷图案，此时在模型上涂刷，笔刷的形态就会呈现出当前选择的笔刷图案的样子，如要取消笔刷图案，可以取消选中或是在 Stamp 选项中选择 Off 按钮即可，如图 6-123 所示。

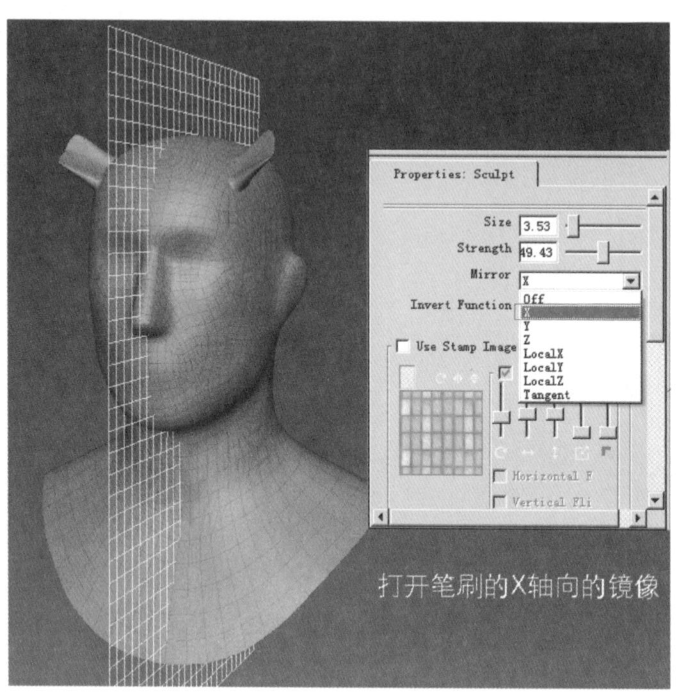

图 6-122

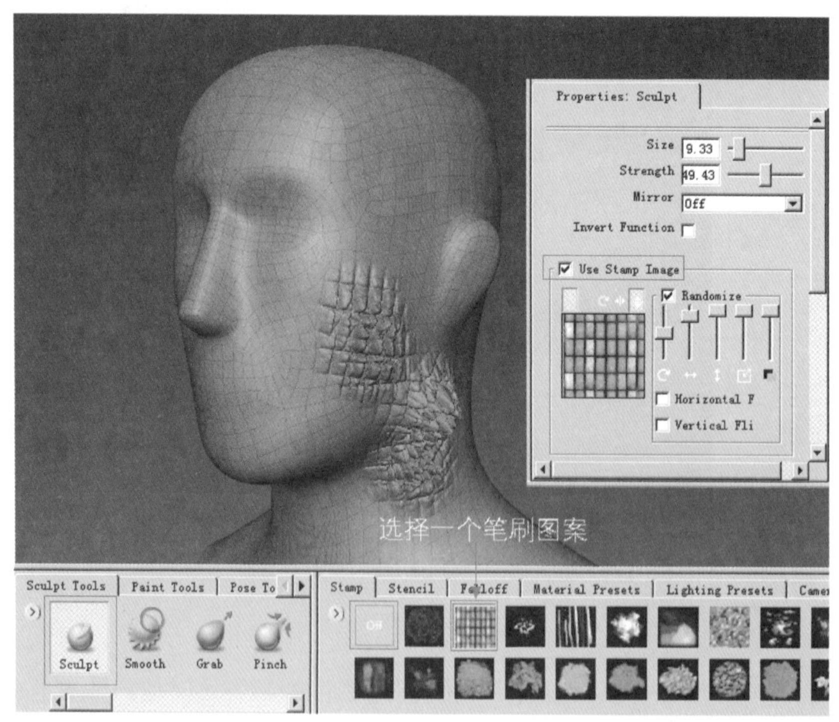

图 6-123

6.3.3 Mudbox 贴图功能介绍

Mudbox 能在模型表面绘制高分辨率的贴图，其优点有：①可利用强大的贴图通道和图层的功能；②能在视图中直接显示出颜色贴图、高光贴图、凹凸贴图、法线贴图等；③丰富的绘画画笔。

选择绘图工具，创建绘图层，默认为 Diffuse 层，如图 6-124 所示。

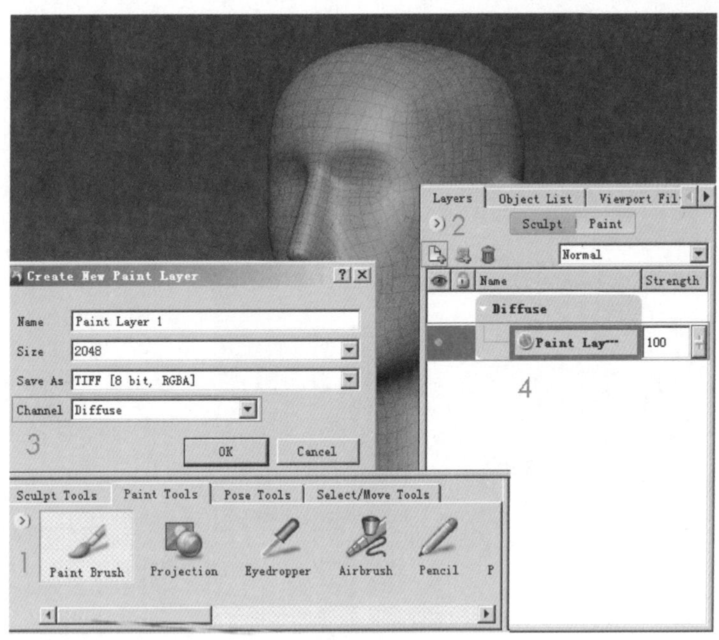

图　6-124

可以在右侧属性栏中调节笔刷的颜色，如图 6-125 所示。

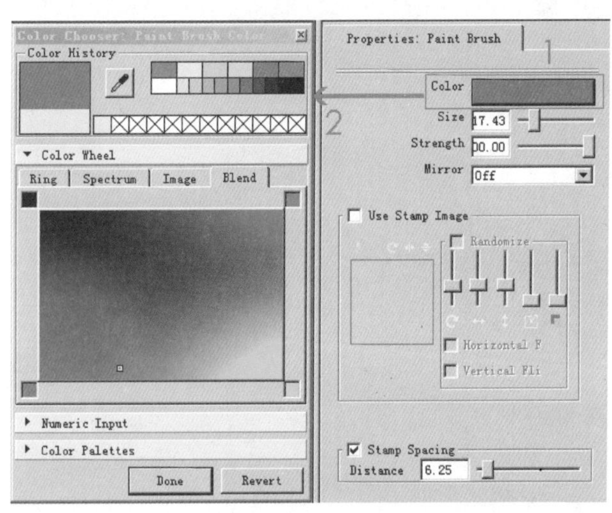

图　6-125

选择一个笔刷图案，单击后会有个像蜡纸一样的东西出现在视图，右边是它的参数，同时画面左下角有一些操作的相关提示信息，这些是对笔刷图案的操作说明，如图 6-126 所示。

- S 键＋左键：旋转笔刷图案；
- S 键＋中键：移动笔刷图案；
- S 键＋右键：缩放笔刷图案；
- Q 键：隐藏笔刷图案。

可以在属性栏中调节 Visibility 参数，以调整笔刷图案的透明度，如图 6-127 所示。

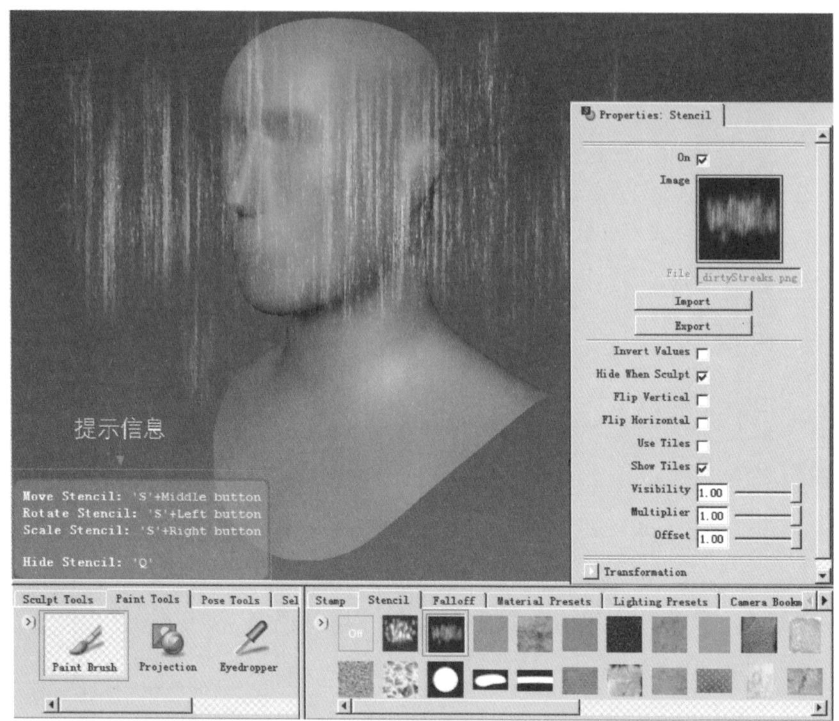
Properties: Stencil
On
Image
File dirtyStreaks.png
Import
Export
Invert Values
Hide When Sculpt
Flip Vertical
Flip Horizontal
Use Tiles
Show Tiles
Visibility 1.00
Multiplier 1.00
Offset 1.00
Transformation
提示信息
Move Stencil: 'S'+Middle button
Rotate Stencil: 'S'+Left button
Scale Stencil: 'S'+Right button
Hide Stencil: 'Q'
Sculpt Tools
Paint Tools
Pose Tools
Paint Brush
Projection
Eyedropper
Stamp
Stencil
Falloff
Material Presets
Lighting Presets
Off

图 6-126

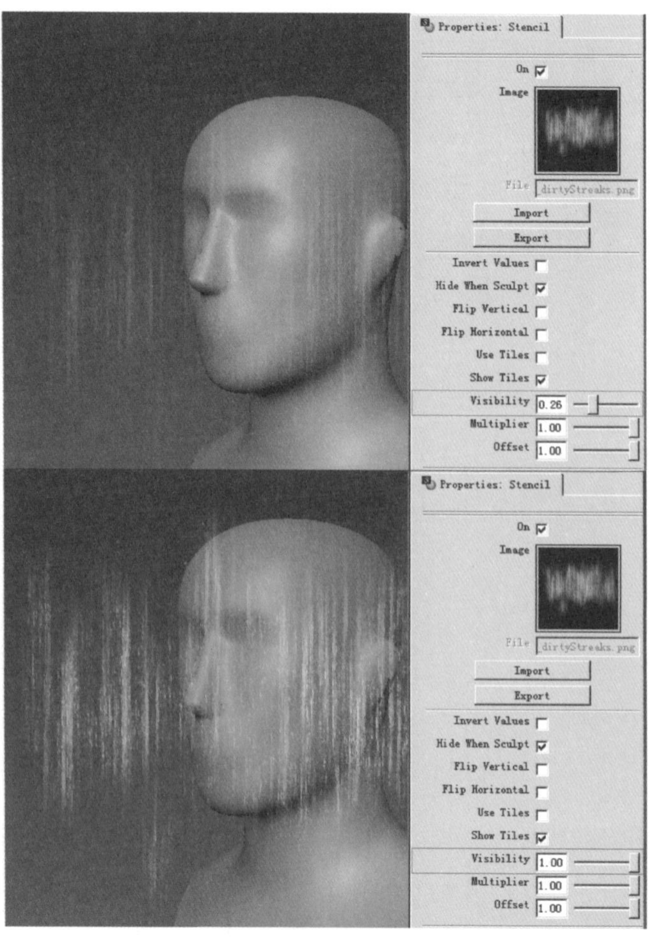
Properties: Stencil
On
Image
File dirtyStreaks.png
Import
Export
Invert Values
Hide When Sculpt
Flip Vertical
Flip Horizontal
Use Tiles
Show Tiles
Visibility 0.26
Multiplier 1.00
Offset 1.00
Properties: Stencil
On
Image
File dirtyStreaks.png
Import
Export
Invert Values
Hide When Sculpt
Flip Vertical
Flip Horizontal
Use Tiles
Show Tiles
Visibility 1.00
Multiplier 1.00
Offset 1.00

图 6-127

6.4　贴图绘制

角色的贴图中包含各种控制贴图，其中最基本的 3 张贴图分别是颜色贴图(Color map)、高光贴图(Specular map)、凹凸贴图(Bump map)，首先绘制颜色贴图。

6.4.1　角色完成后贴图

角色颜色贴图完成后的效果如图 6-128 所示。

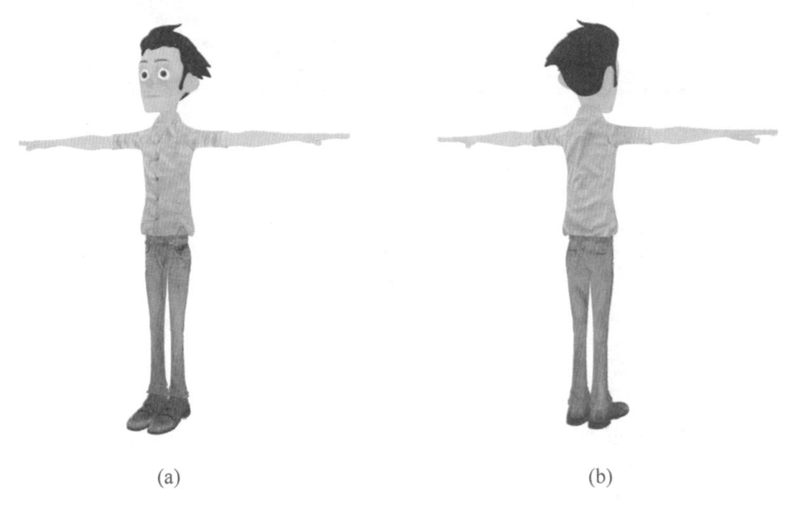

(a)　　(b)

图　6-128

在这个角色中有五张颜色贴图，分别是头发贴图、皮肤贴图、衣服裤子贴图、皮鞋腰带贴图、眼球贴图。

完成后的头发贴图如图 6-129 所示。

完成后的皮肤贴图如图 6-130 所示。

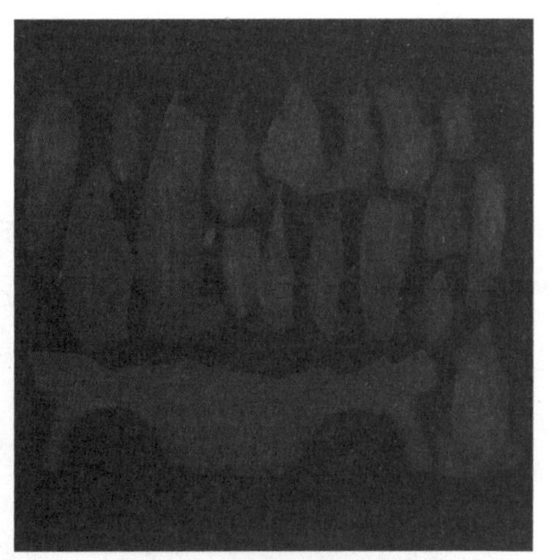

图　6-129

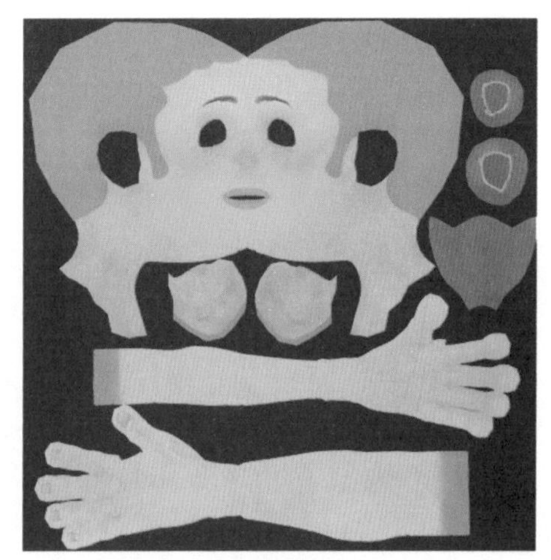

图　6-130

完成后的衣服裤子贴图如图 6-131 所示。

完成后的皮鞋腰带贴图如图 6-132 所示。

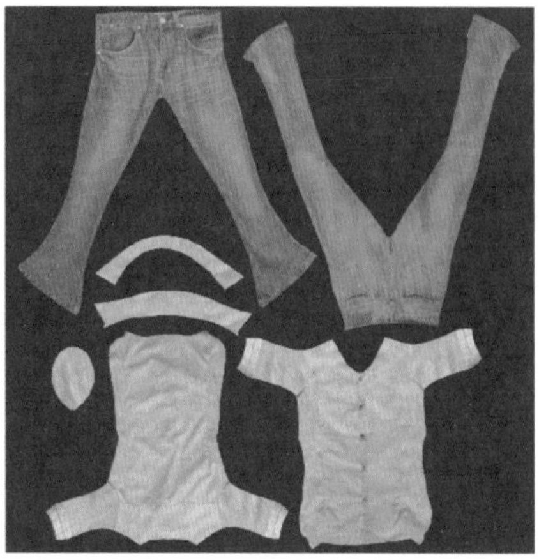

图 6-131

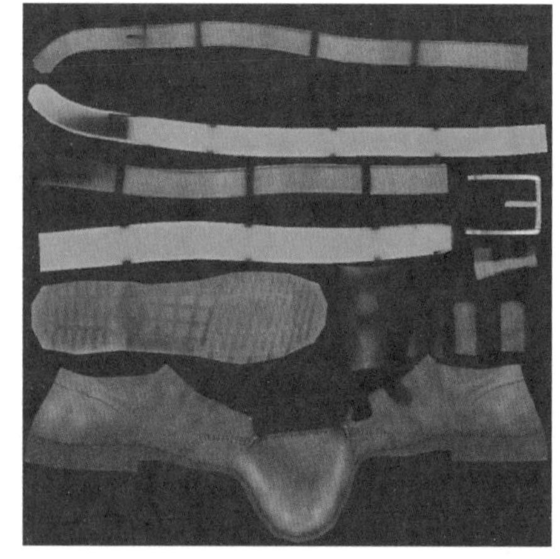

图 6-132

图 6-133

完成后的眼球贴图如图 6-133 所示。

下面介绍贴图绘制的两种方法。

1. 在 Photo shop 中绘制

在 Photo shop 中为平面绘制，利用素材匹配 UV，再加以细节的处理。

优点：处理方式灵活。

缺点：因为是平面处理，相对不够直观。

2. 在 Mudbox 中绘制

Mudbox 是三维绘制，可直接在模型表面投射纹理或绘制。

优点：处理结果快速直观，可以准确地绘制每个部位。

缺点：工具相对 Photoshop 不够灵活，对于细微处理较弱。

6.4.2 皮肤贴图步骤

下面分别学习这两种方法，首先利用 Photo shop 绘制皮肤。

步骤 1　导出头部和手臂的 UV 坐标

打开配套源文件"D:\My File\projects_Jake\scenes\Jake_UV. mb"，选择头部和手臂模型，如图 6-134 所示。

执行菜单命令 Window|UV Texture Editor，打开 UV 编辑面板，如图 6-135 和 6-136 所示。

在 UV 编辑器面板中，执行菜单命令 Polygons|UVsnapshot，打开 UV 快照命令，如图 6-137 所示。

在弹出的 UV Snapshot 面板中，设置下列参数，结果如图 6-138 所示。

- File name：设置导出图片路径为"D:\My File\projects_Jake\images\outUV"。
- Size：设置图片大小为 X：2048，Y：2048。
- Image format：图片格式设置为 JPEG，设置完成后，单击 OK 按钮，导出 UV 快照。

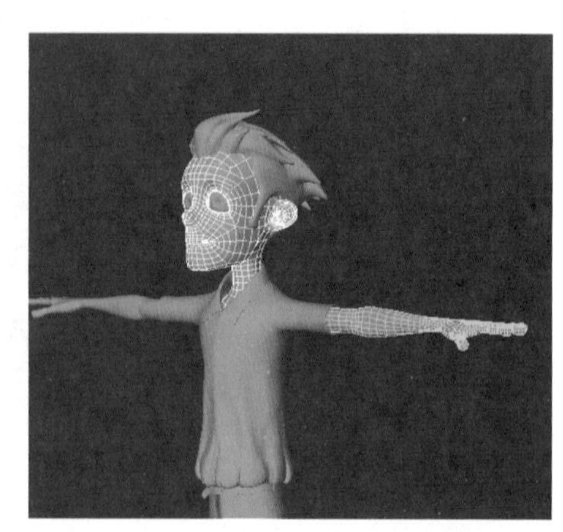

图 6-134

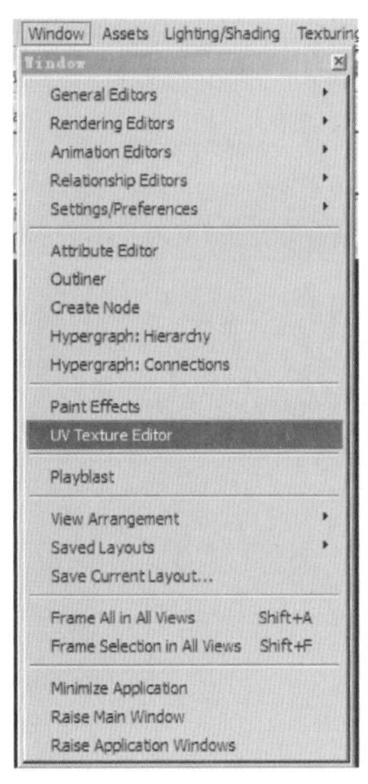

图　6-135

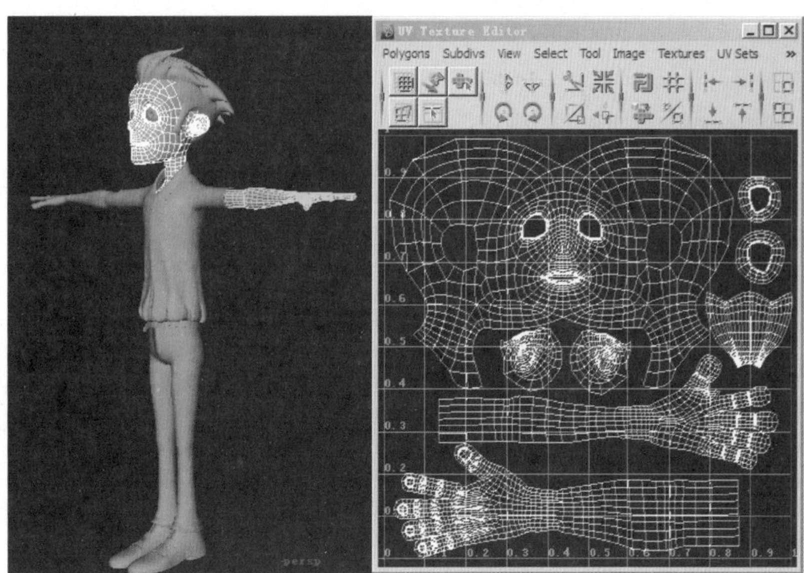

图　6-136

步骤 2　Occlusion 方式烘焙贴图

同样选择头部和手臂模型，在 Rendering 模块下，执行菜单命令 Lighting/Shading | Batch Bake (mental ray)，批量烘焙选项，如图 6-139 所示。

图　6-137

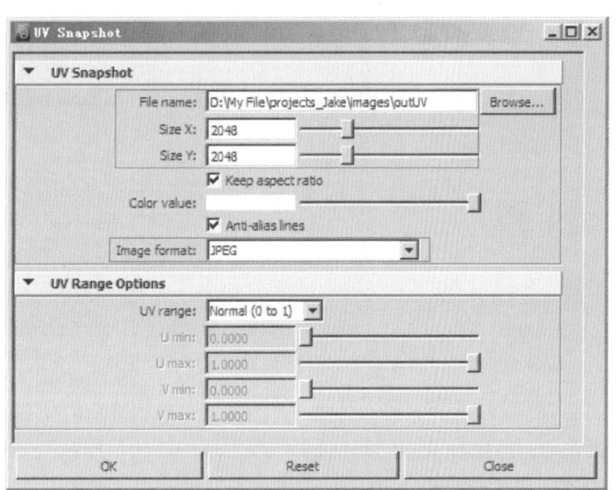

图　6-138

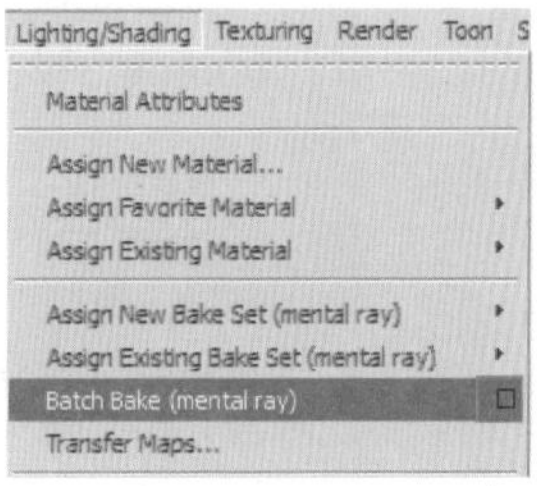

图　6-139

执行命令后，弹出面板，设置下列参数。

- Use bake set override：使用烘焙设置；
- Color mode：图像模式为 Occlusion 方式；
- Prefix：文件名设置为 Jake_pifu_occ；
- Resolution：X 和 Y 的分辨率设置为 2048；
- File format：格式设置为 TGA；
- Bake to one map：烘焙成一张图（在选择多个物体的时候选择此选项）。

设置完成后，单击 Convert and Close，开始烘焙，具体参数如图 6-140 所示。

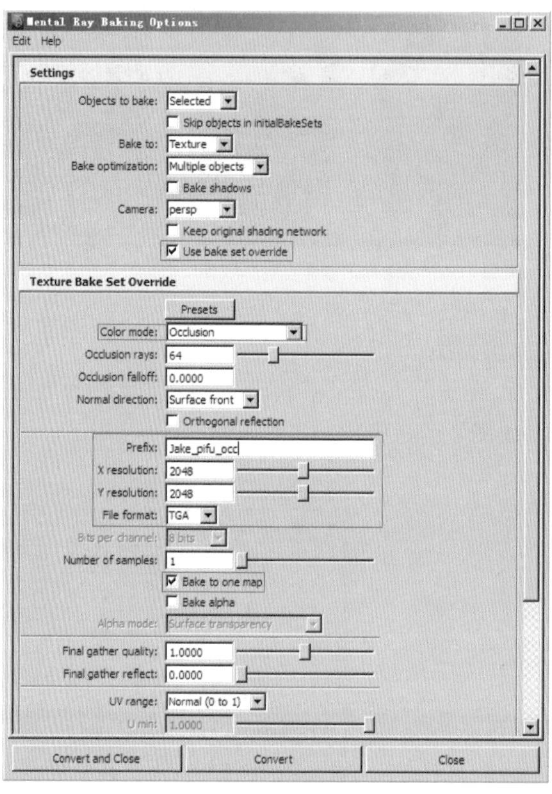

图 6-140

烘焙后的位置在工程“D:\My File\projects_Jake\renderData\mentalray\lightMap”文件夹中。

步骤 3　绘制贴图

打开 Photoshop，新建一张 2K 画布，如图 6-141 所示。

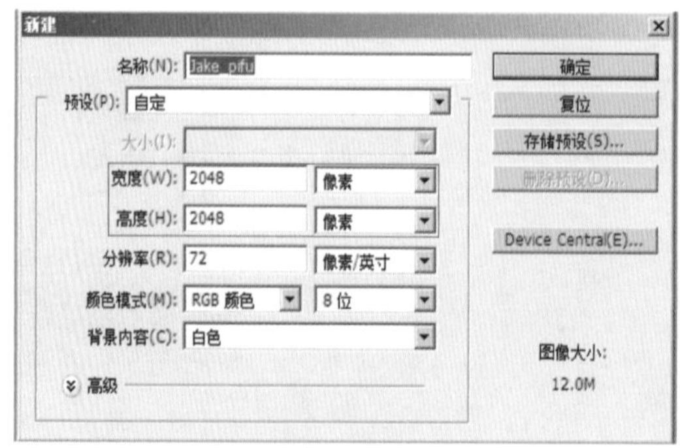

图 6-141

填充皮肤底色，颜色参考如图 6-142 所示。

底色填充之后，导入之前准备好的两张辅助图像，图层顺序，如图 6-143 所示。

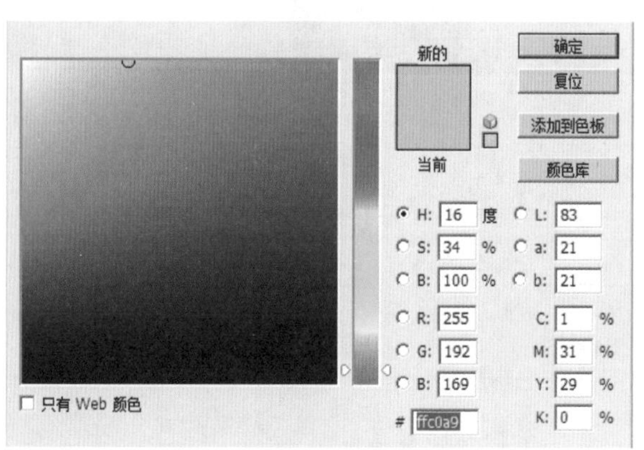

图　6-142

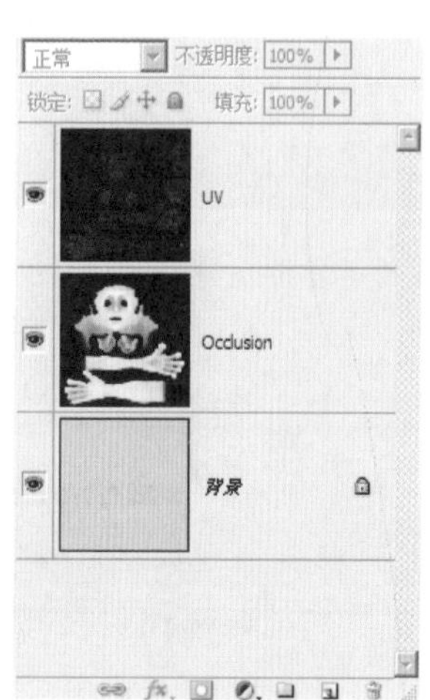

图　6-143

UV 层叠加方式如图 6-144 所示。

Occlusion 层叠加方式如图 6-145 所示。

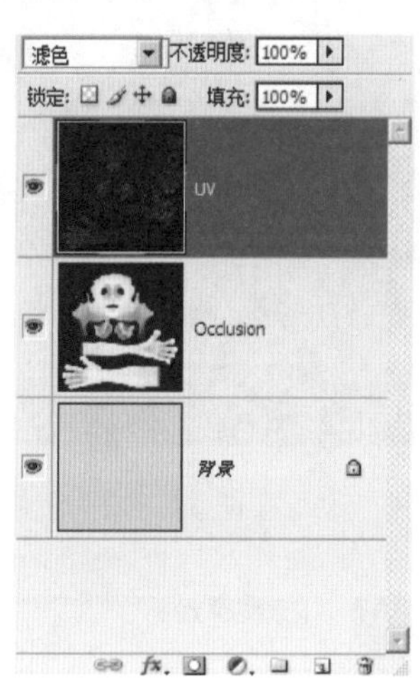

图　6-144

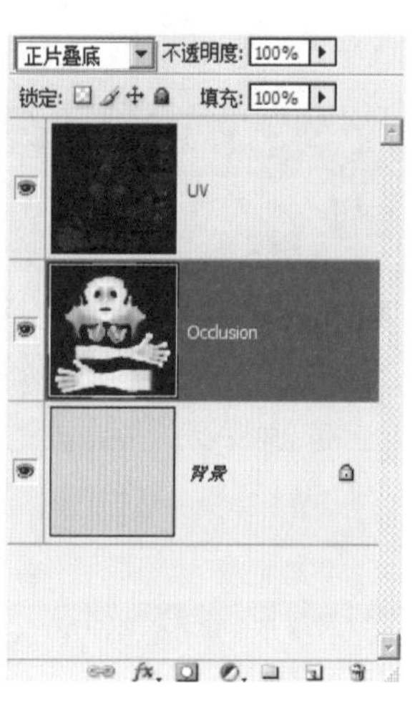

图　6-145

叠加结果如图 6-146 所示。

UV 层使用滤色模式后，会过滤掉黑色，只剩白色线条，方便观察。

Occlusion 层使用正片叠底，但结果不是很理想，还需要将该层的透明度和明度做一些调整，如图 6-147 所示。

调整之后，关闭 UV 层显示，如图 6-148 所示。

为了方便观察，把没有 UV 的区域填充为黑色，使用魔棒工具选择 UV 外的区域，然后新建图层填充黑色，如图 6-149 和图 6-150 所示。

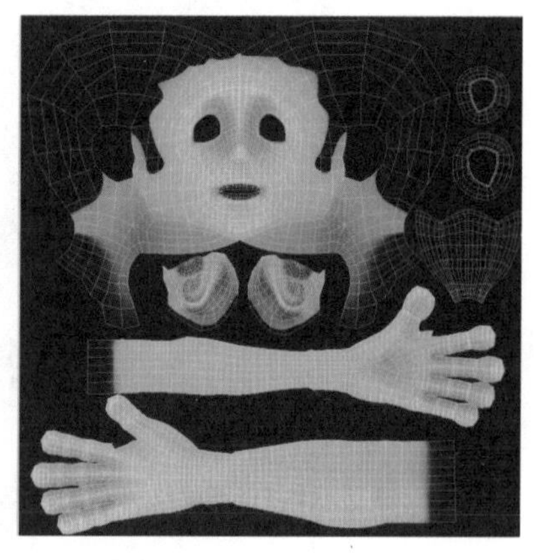

图　6-146

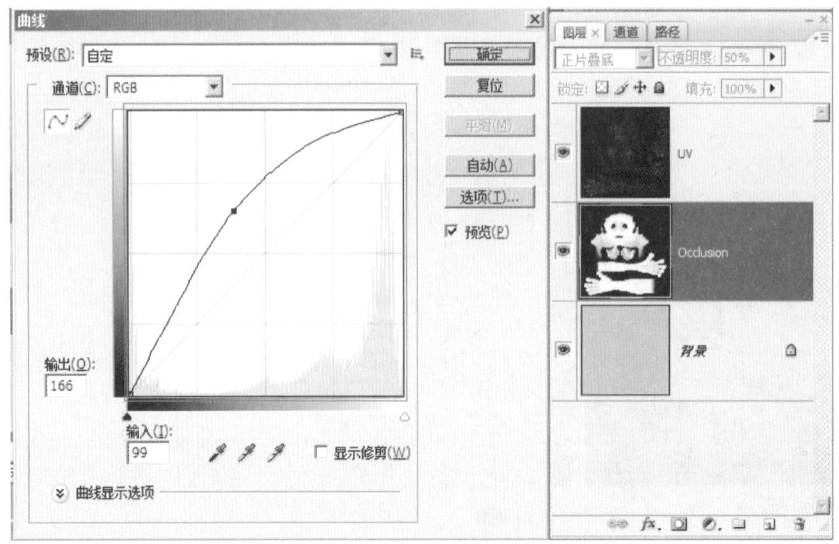

图 6-147

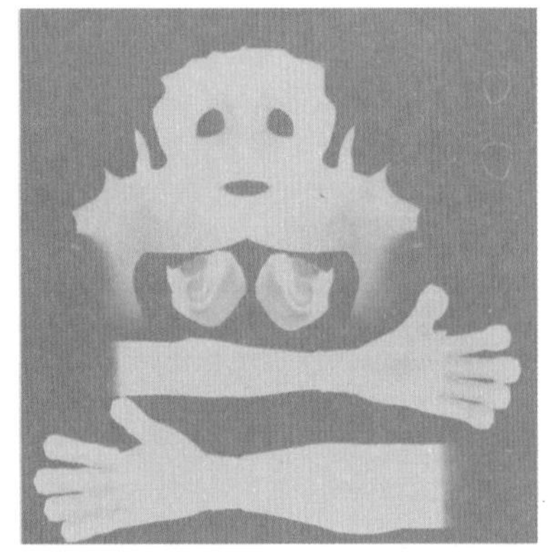

图 6-148

图 6-149

图 6-150

方便观察，关掉 UV 层显示，如图 6-151 所示。

然后将 Occlusion 中多余的区域擦掉及减淡处理，如脖子处、耳朵处的颜色。如图 6-152 所示。

这时基本的皮肤底色区域完成，接下来的工作就是为脸部绘制细节，例如，眉毛、嘴唇、指甲、口腔，这些可以利用素材进行拼合。还有面部区域、鼻子区域、耳朵区域，这些利用加深、减淡工具调整颜色，最终效果如图 6-153 所示。

完成后的贴图可以参考源文件“D:\My File\projects_Jake\sourceimages\Jake_pifu.tga”文件。

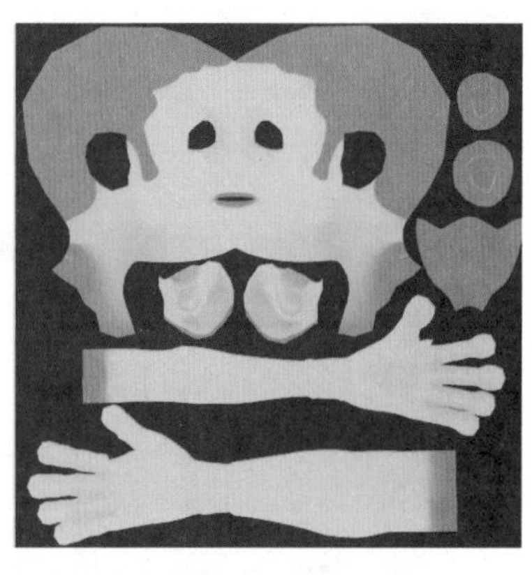

图　6-151

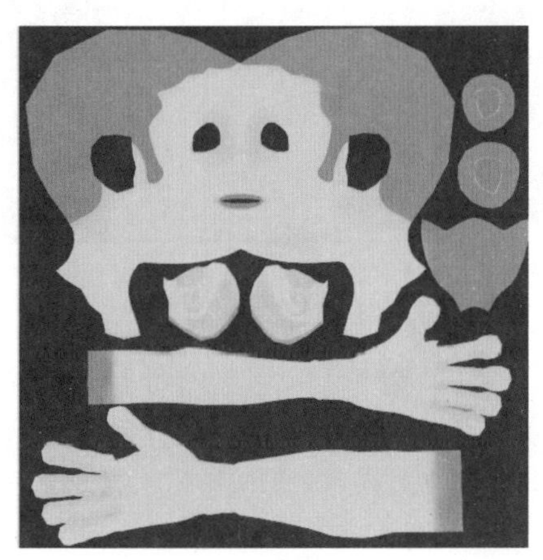

图　6-152

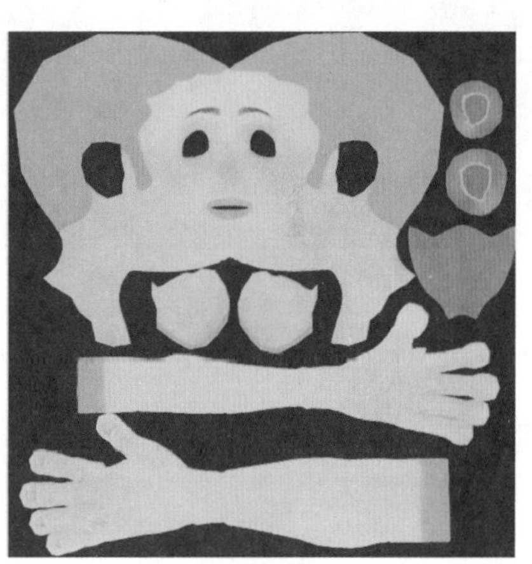

图　6-153

6.4.3　衣服、裤子贴图

步骤 1　初步调整素材

衣服和牛仔裤的图片可以通过网络搜索得到，或是自己拍摄，下面是衬衣、牛仔裤的素材，如图 6-154 所示。

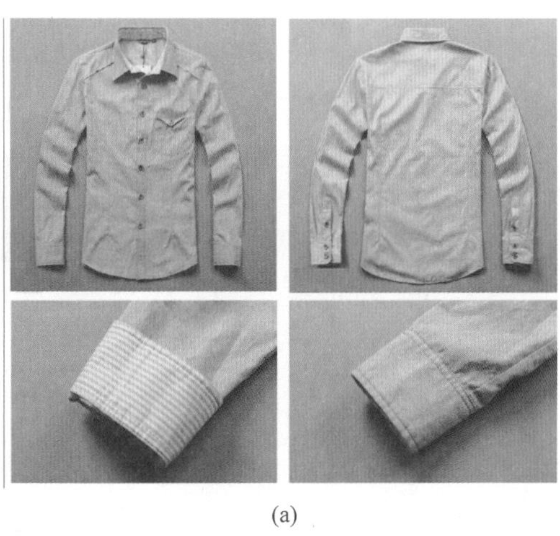

(a)

(b)

图　6-154

同样，在 Photoshop 中建立一张 2K 的画布，与头部的做法一样，导入 UV 分布图，再分别导入衣服正面、背面，裤子正面、背面素材，对应 UV 分布图，如图 6-155 所示。

把素材图片多余空白区域删掉，并切开，尽可能地把素材匹配 UV，如图 6-156 所示。

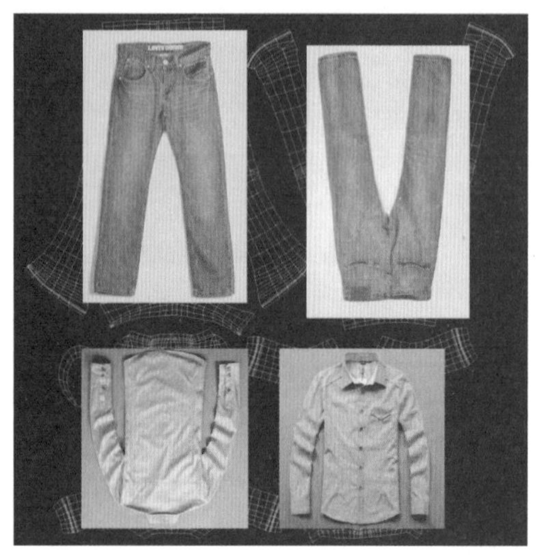

图 6-155

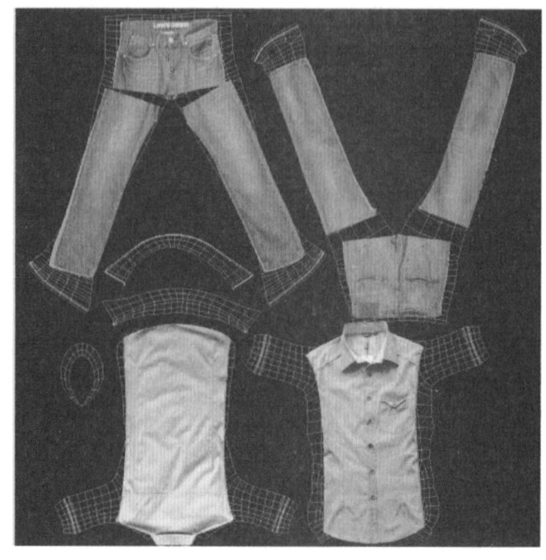

图 6-156

步骤 2　变形衣服素材匹配 UV

由于衣袖的褶皱太乱，这里就把它删除，再用平整的区域填补上去，接着按下组合键 Ctrl＋T，打开变形工具，适当调整大小，使其匹配 UV；然后右击，打开变形工具，调整衣服材质的形态，如图 6-157 和图 6-158 所示。

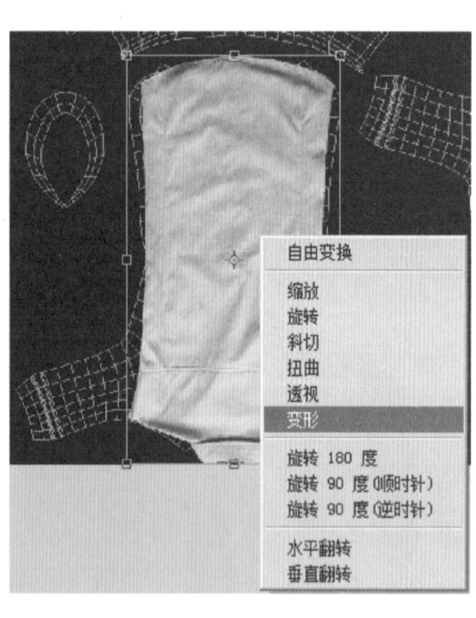

图 6-157

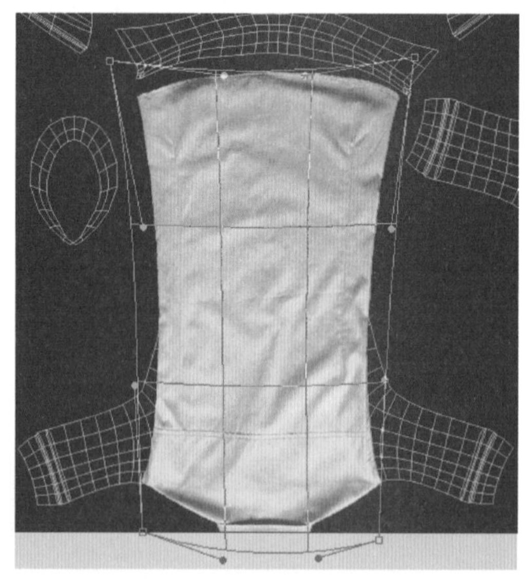

图 6-158

设置图层半透明，再局部变形调整，如图 6-159 所示。

填补袖子，删掉领口多余区域，如图 6-160 所示。

步骤 3　修整衣服接缝

复制衣服的背部接缝，将它移动到袖子与身体的接口处，如图 6-161 所示。

删除领口多余的地方，如图 6-162 所示。

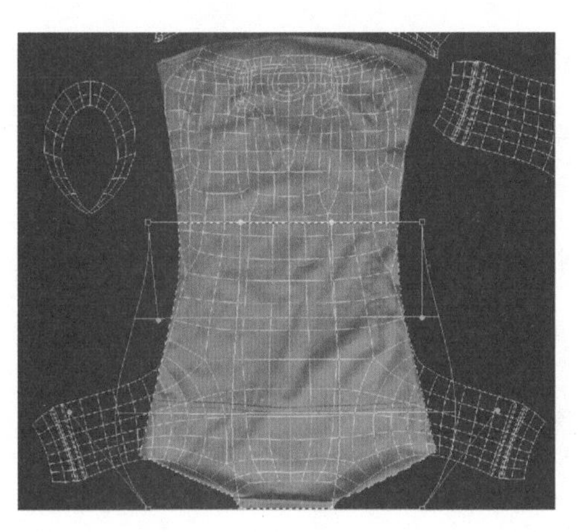
图　6-159

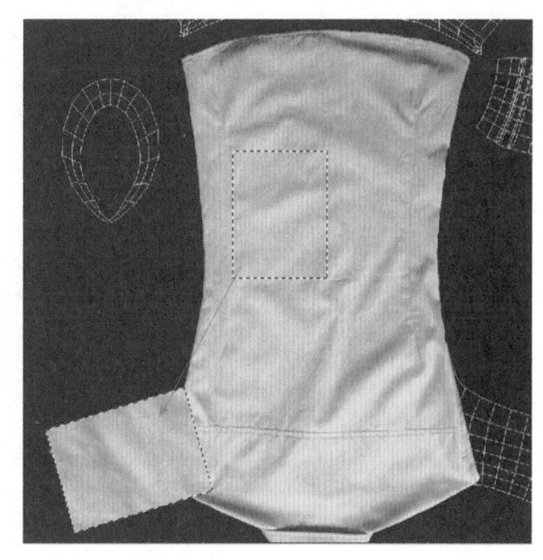
图　6-160

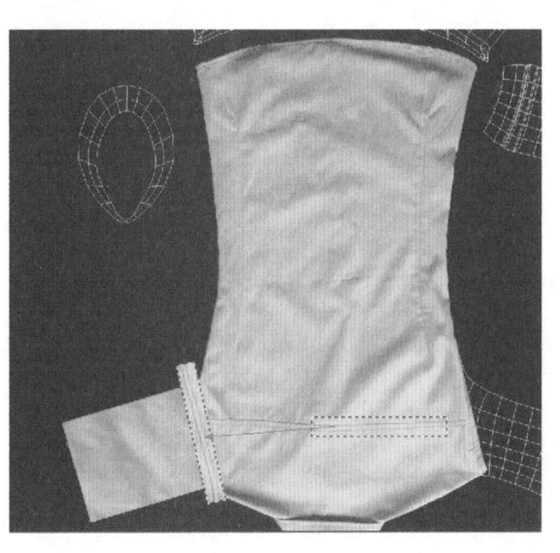
图　6-161

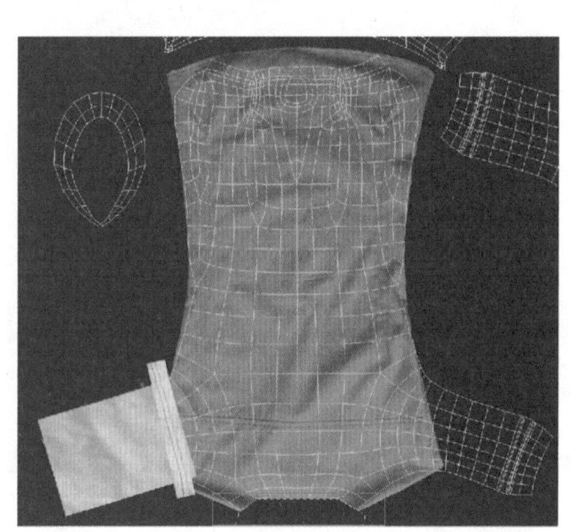
图　6-162

调整接缝的形态，如图 6-163 和图 6-164 所示。

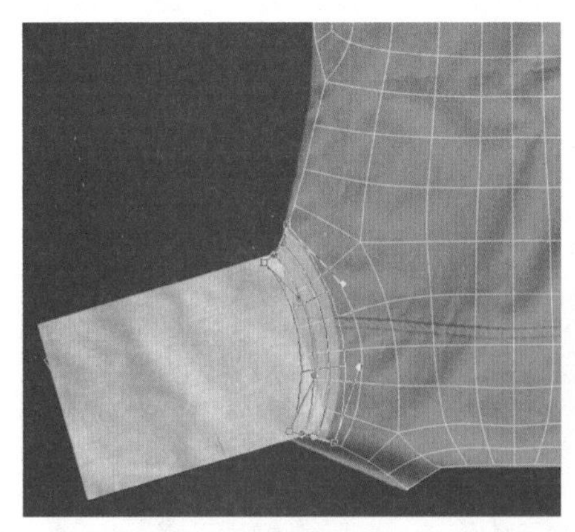
图　6-163

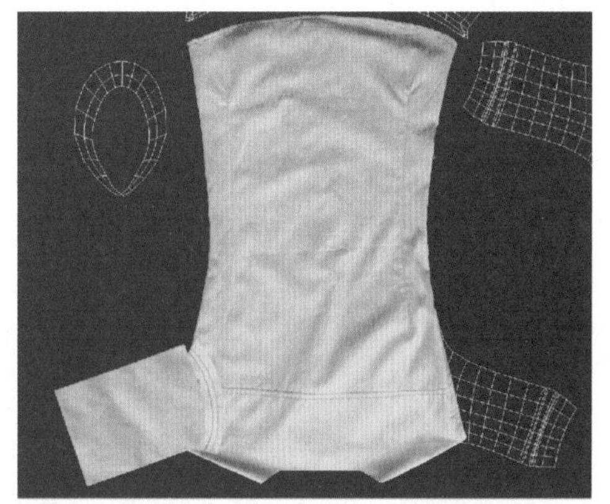
图　6-164

在衣服与袖口的地方调色，然后再融合，如图 6-165 所示。

步骤 4　衣服材质细节修整

利用素材，添加袖口花纹，如图 6-166 所示。

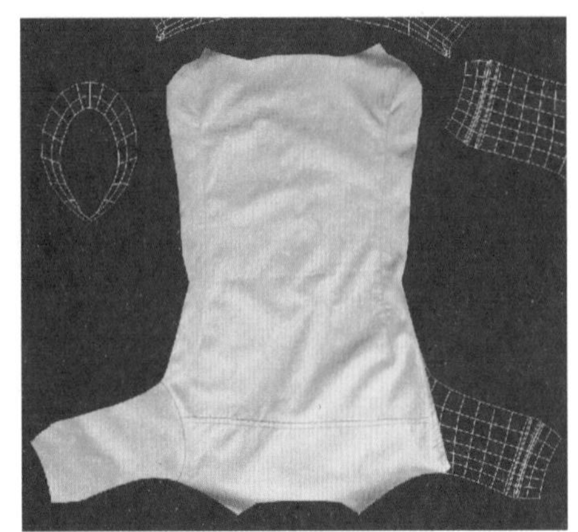

图 6-165

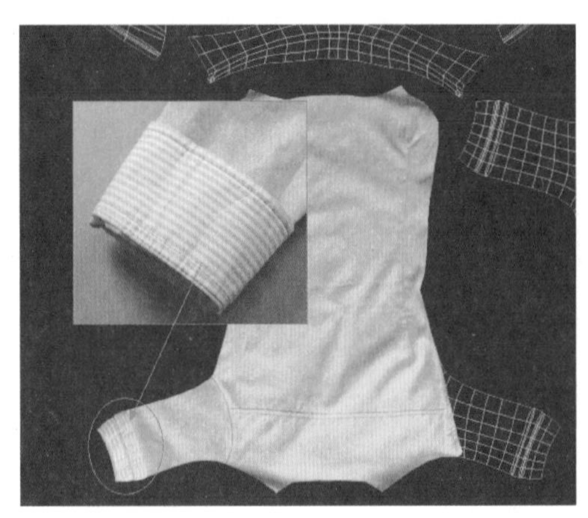

图 6-166

衣服正面的制作方法与背面相同，这里就不逐步介绍，衣服处理结果如图 6-167 所示。

步骤 5　制作裤子材质

裤子材质的制作与衣服方法雷同，使用变形工具匹配衣服材质与 UV，如图 6-168～图 6-171 所示。

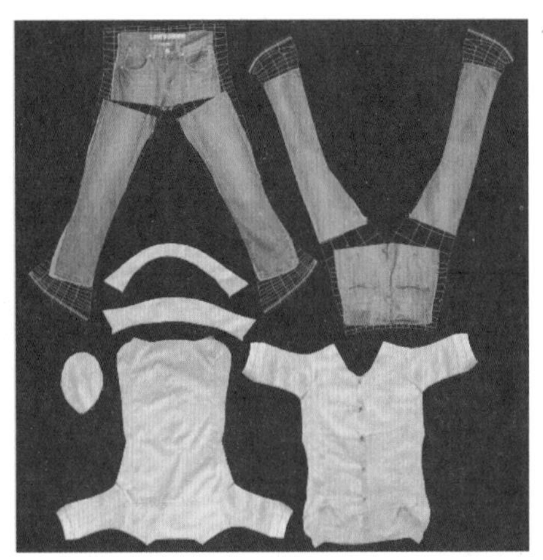

图 6-167

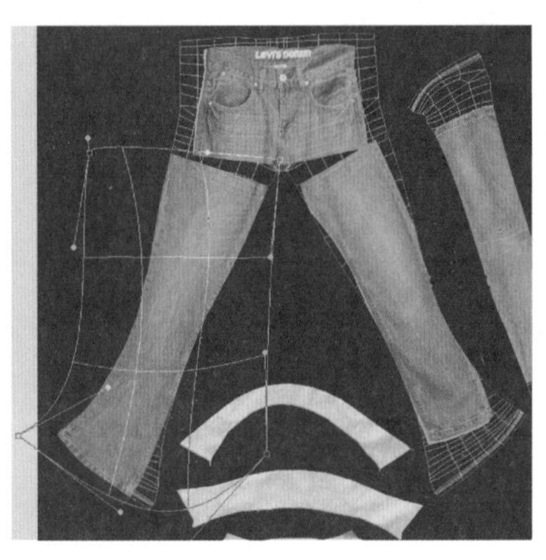

图 6-168

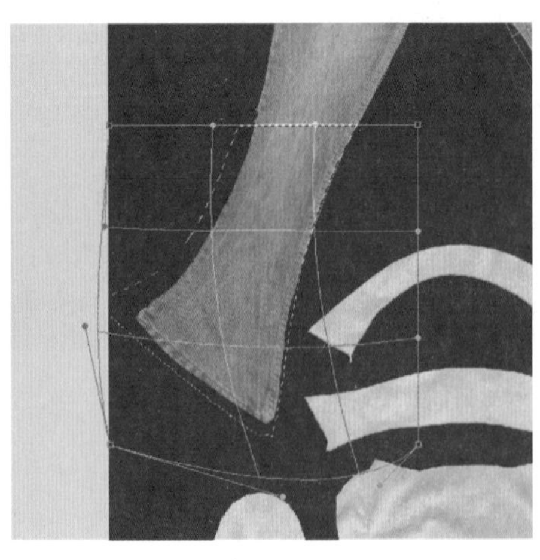

图 6-169

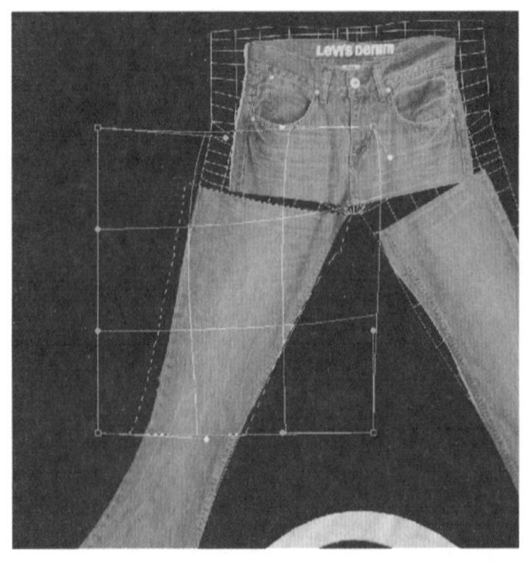

图 6-170

衣服、裤子贴图完成，最终处理结果如图 6-172 所示。

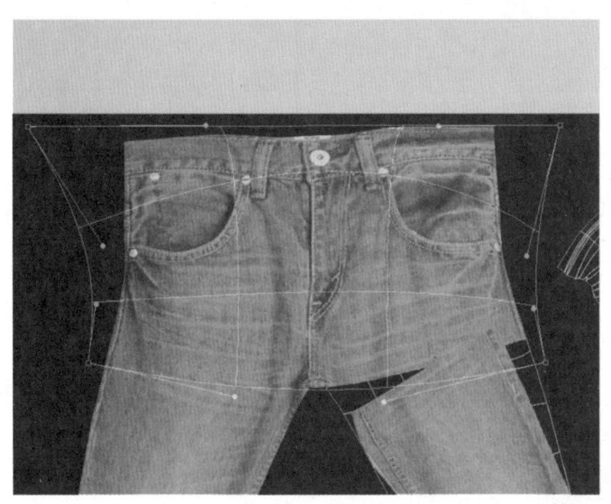

图 6-171

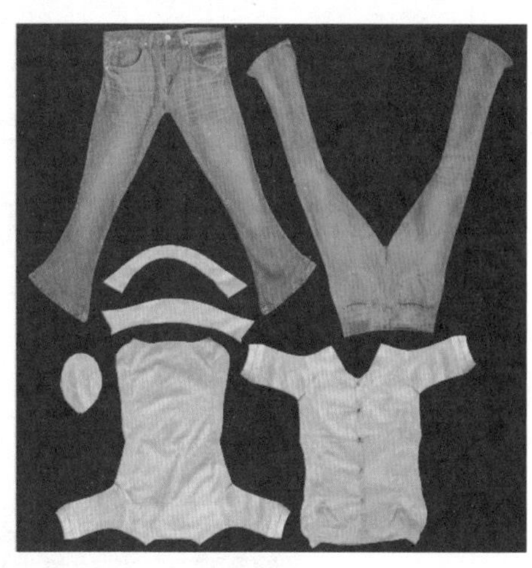

图 6-172

这部分制作方法可以参考配套文件“D:\My File\Video\jake. avi”中的视频文件。

完成后的贴图可以参考源文件“D:\My File\projects_Jake\sourceimages\ Jake_yifukuzi. tga”文件。

6.4.4 头发贴图

本例将利用 Mudbox 软件制作头发作贴图。首先选择头发模型，执行菜单命令 File | Send to Mudbox | Send as New Scene，将头发模型发送至 Mudbox 软件中（注意：Maya 与 Mudbox 接口功能必须在 Maya 2012 或以上版本），如图 6-173 所示。

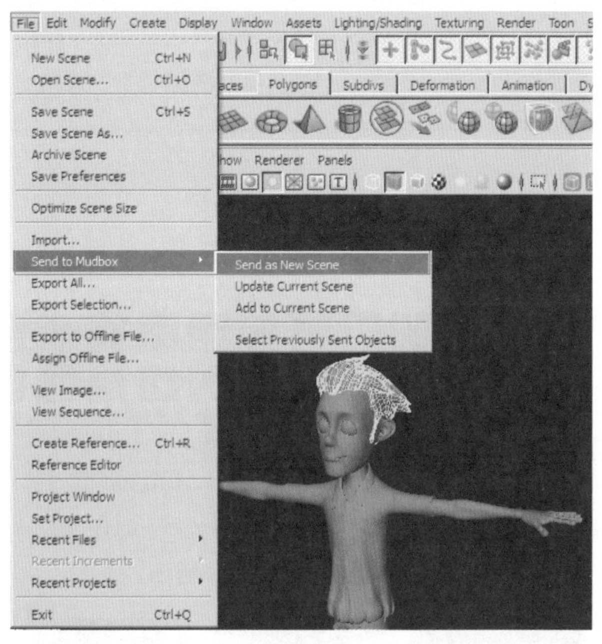

图 6-173

到 Mudbox 后会提示模型有多余顶点，因为模型中有不规则面，单击 Keep ALL 按钮，保持所有，如图 6-174 所示。

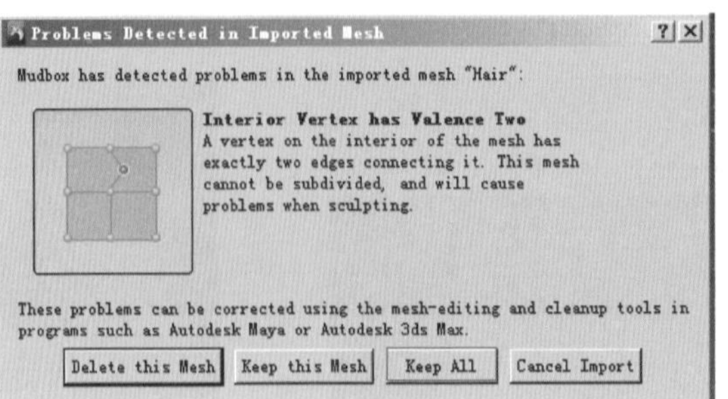

图 6-174

导入模型后，首先创建绘制层，在绘制层中再创建 Diffuse 层，如图 6-175 所示。

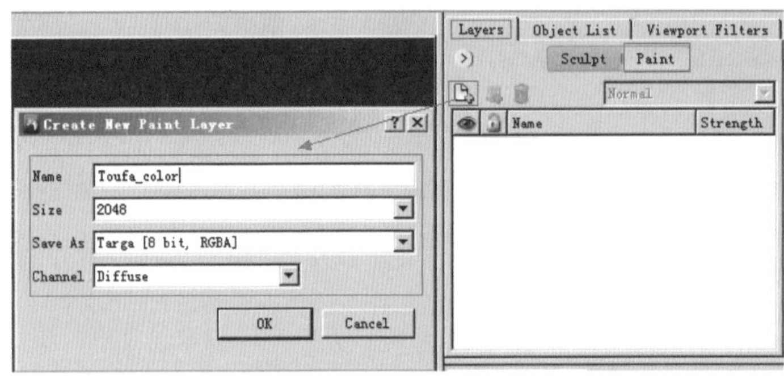

图 6-175

选择绘制笔刷如图 6-176 所示。

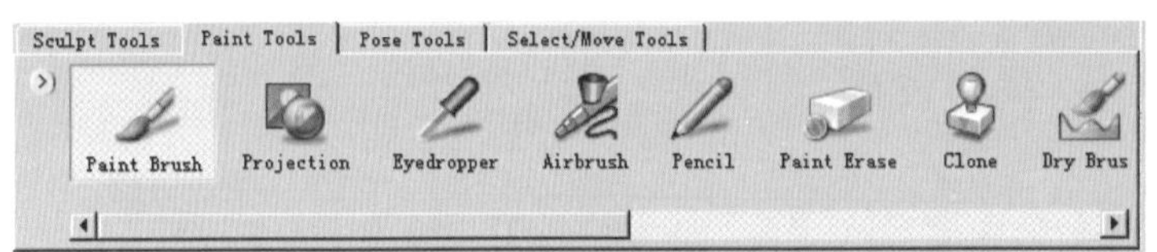

图 6-176

选择笔刷形状如图 6-177 所示。

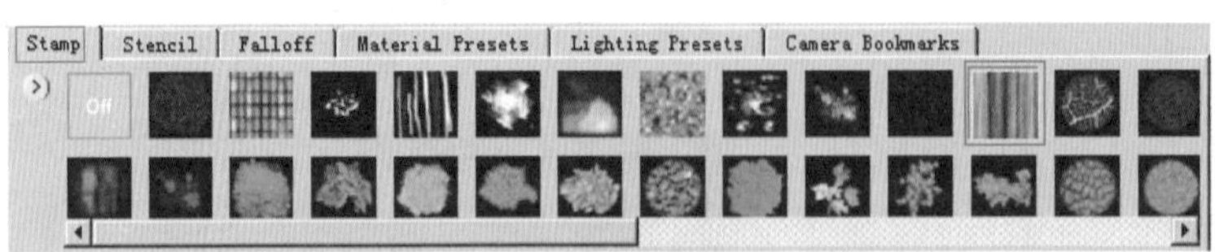

图 6-177

在模型表面绘制，根据模型头发走向绘制，头发颜色为棕色，利用相同色系不同明度的颜色，这里我们选择了 3 种不同的棕红色作为笔刷的颜色，如图 6-178 所示。

图 6-178

在头发上使用 3 种不同颜色涂刷 3 遍，如图 6-179 所示。

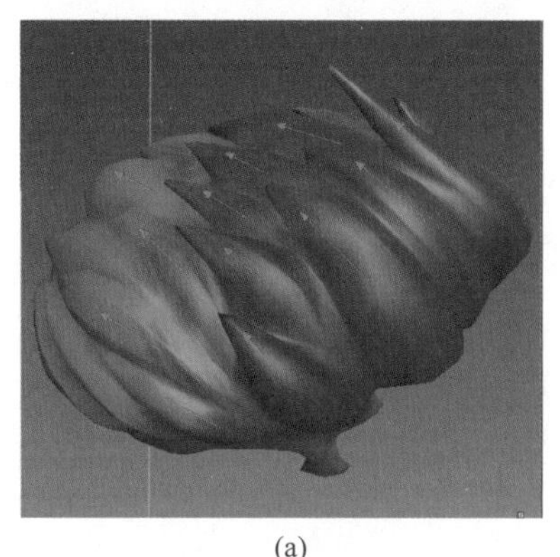
(a)

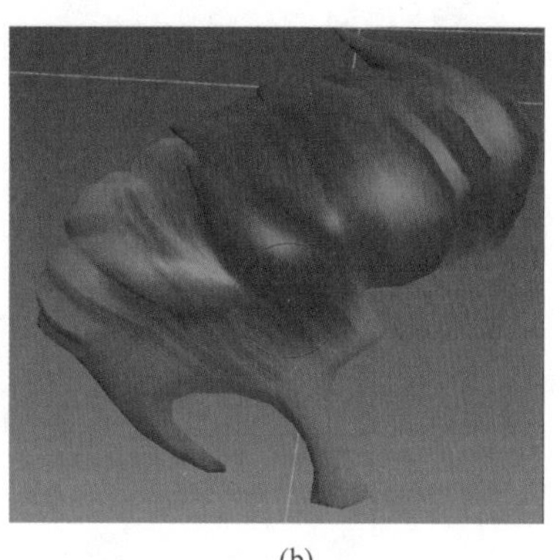
(b)

图　6-179

头发材质绘制结果如图 6-180 所示。

将模型显示改为平板照明模式显示，右击，选择 Flat Lighting，如图 6-181 所示。

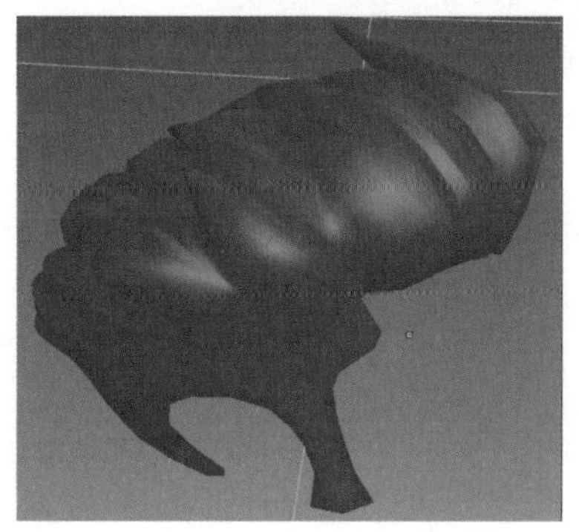
图　6-180

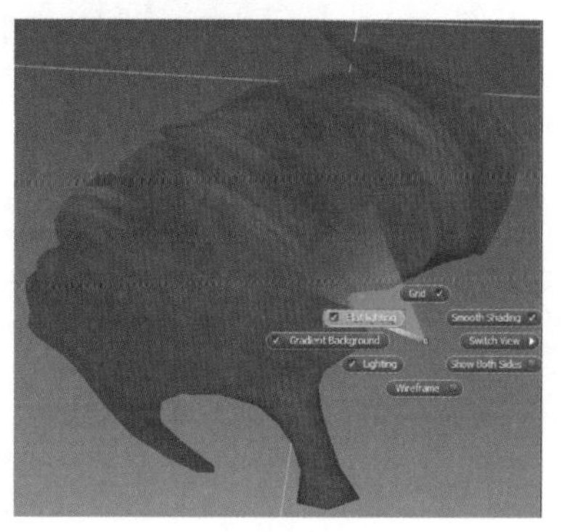
图　6-181

当绘制完成后，单击右下角 Update 按钮，如图 6-182 所示。

将模型同步到 Maya 模型中，如图 6-183 所示。

头发的绘制比较简单，只需切换颜色进行绘制，完成后的头发贴图如图 6-184 所示。

图　6-182

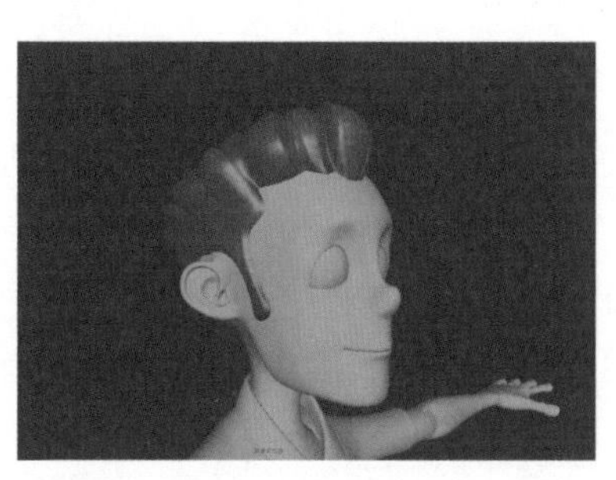
图　6-183

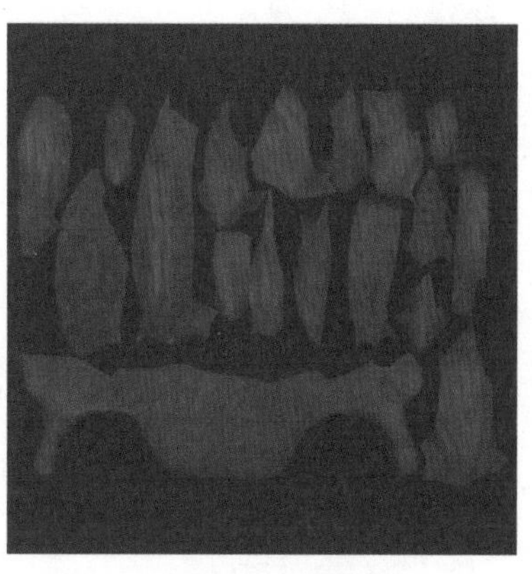
图　6-184

头发贴图可以参考配套源文件“D:\My File\projects_Jake\sourceimages\Jake_toufa. tga”文件。

6.4.5 皮鞋贴图绘制

皮鞋的素材如图 6-185 所示。

图 6-185

我们将利用 Mudbox 映射方式将皮鞋素材映射到模型上，再做衔接处理来制作皮鞋贴图。

步骤 1 发送皮鞋模型到 Mudbox 中

选择皮鞋模型，执行菜单命令 File|Send to Mudbox|Send as New Scene，将皮鞋模型发送至 Mudbox 软件中，如图 6-186 所示。

为了方便观察，执行 Shift+D 快捷命令，提高模型细分，如图 6-187 所示。

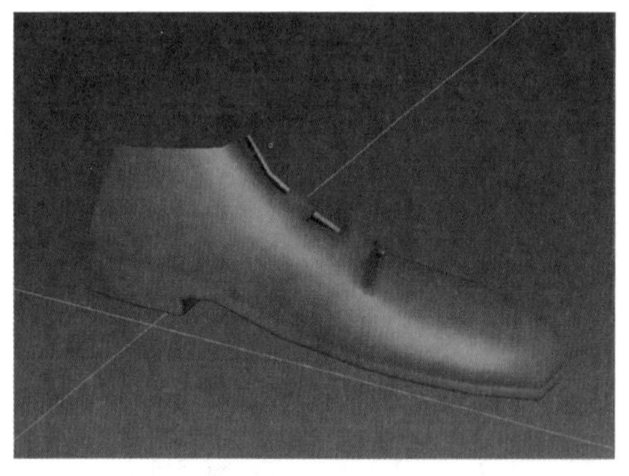

图 6-186

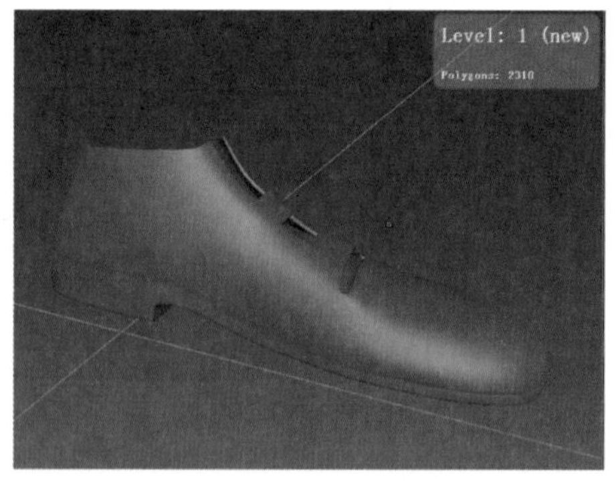

图 6-187

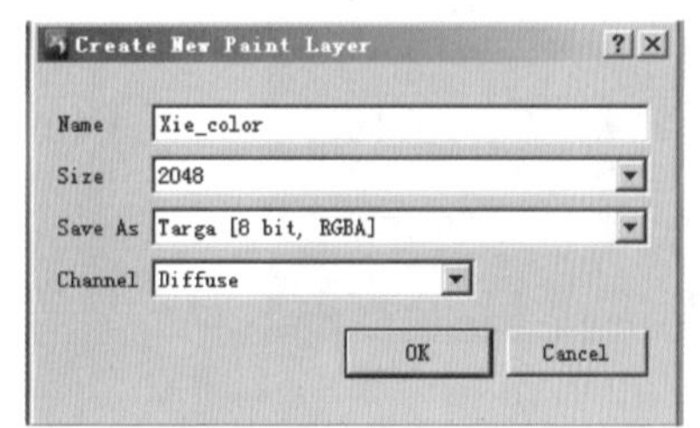

图 6-188

步骤 2 映射图案到皮鞋模型上

新建 Diffuse 绘制层，如图 6-188 所示。

在图片浏览器中打开素材文件夹，如图 6-189 所示。

选择素材，将其作为映射图案，单击 按钮，如图 6-190 所示。

切换回 3D 视图，在视图屏幕区域出现素材半透明显示状态的映射模板，但是黑白显示，单击映射工具笔刷，则素材正常显

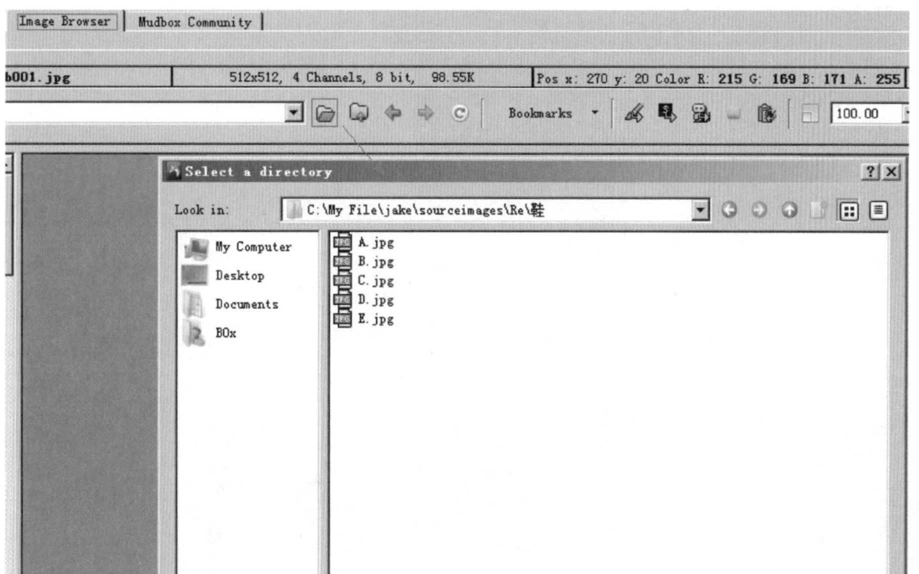

图　6-189

图　6-190

示，如图 6-191 所示。

通过旋转、平移、缩放映射模板，将映射模版与模型匹配，操作方法如下。

- S 键＋左键：旋转映射模版；
- S 键＋中键：平移映射模版；
- S 键＋右键：缩放映射模版；
- Q 键：显示/隐藏映射模板。

由于模型和素材形状差别太大，所以在操作时需要局部对位置，当位置匹配后即可直接在模型上涂抹，如图 6-192～图 6-194 所示。

图　6-191

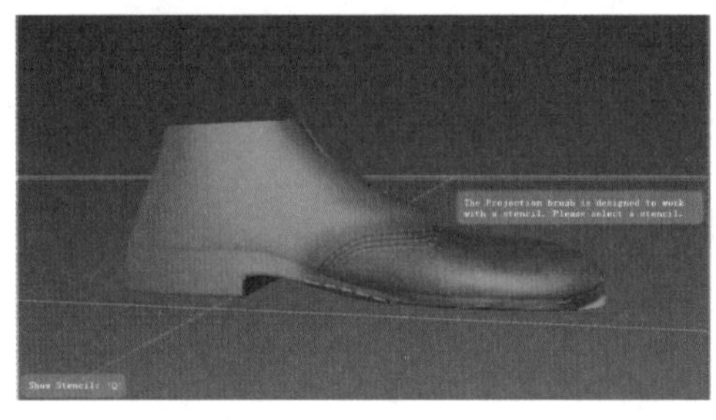

图　6-192

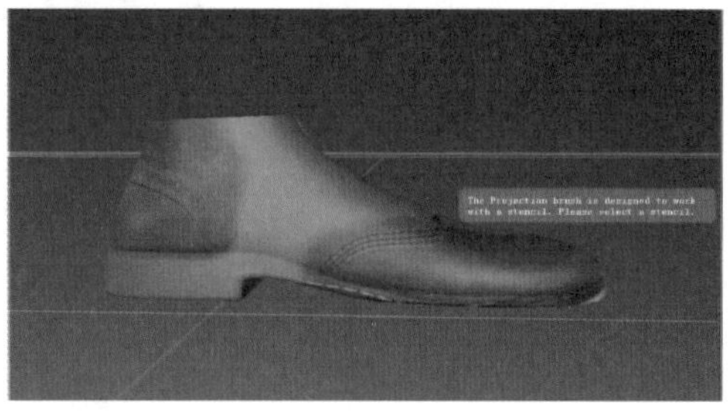

图　6-193

步骤 3　另一侧模型的绘制

大体纹理映射完成后，使用克隆工具进行细节处理，按住 Ctrl 键＋鼠标左键，拾取克隆区域，然后绘制，如图 6-195 所示。

图　6-194

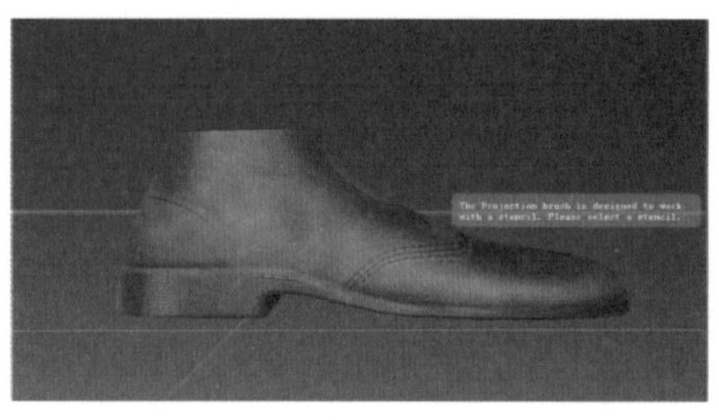

图　6-195

绘制模型另一侧，在属性栏右键添加 stencil 标签，如图 6-196 所示。

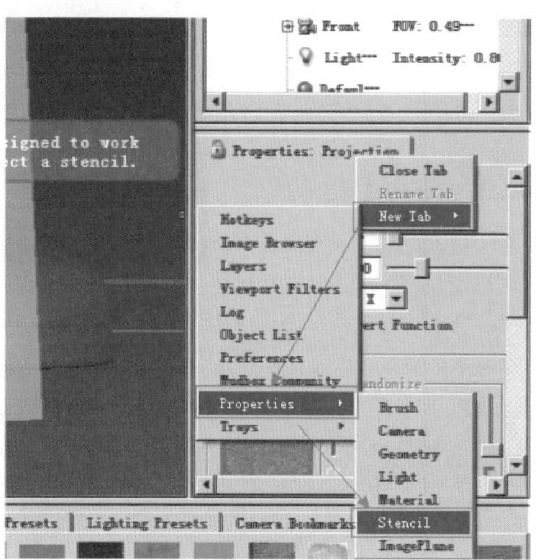

图　6-196

将映射模板镜像，绘制，如图 6-197～图 6-200 所示。

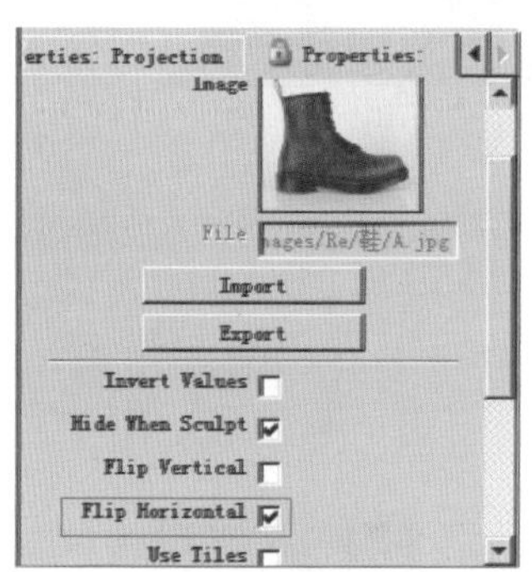

图　6-197

图　6-198

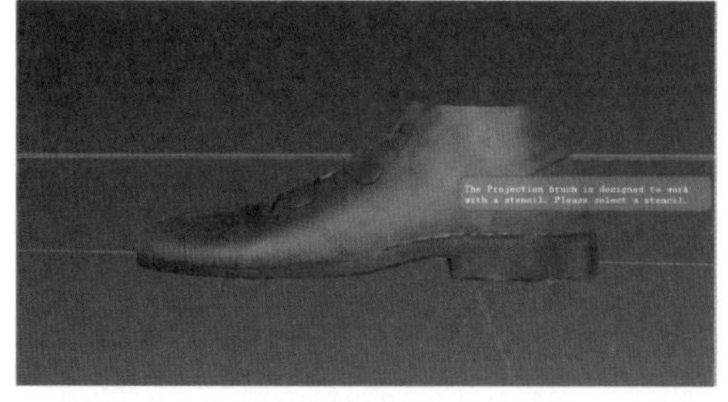

图　6-199

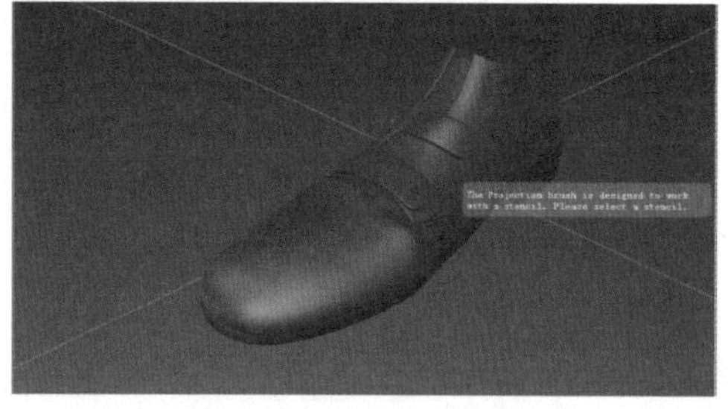

图　6-200

步骤 4　细节处理

将绘制好的贴图导出到 Photoshop 中，完善细节，右键单击绘制层，执行菜单命令 Paint Lay | Export Channel to PSD，将绘制的贴图输出到 Photoshop 中，如图 6-201 和图 6-202 所示。

选择皮鞋模型，在 rendering 模块下，执行 Lighting/Shading | Batch Bake(mental ray)，批量烘焙选项，制作皮鞋的烘焙贴图，具体参数参考皮肤的制作。

再将烘焙出的 occlusion 图与刚导出的皮鞋贴图叠加，叠加方式采用正片叠底，如图 6-203 所示。

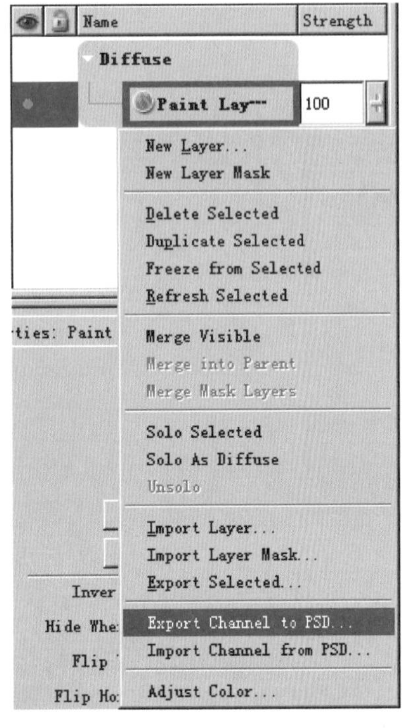

图 6-201

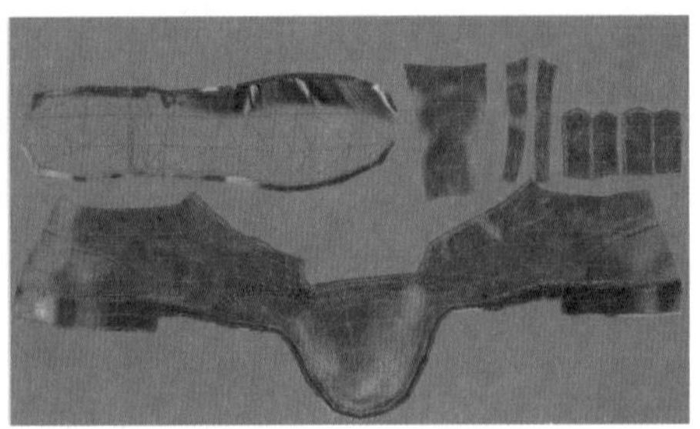

图 6-202

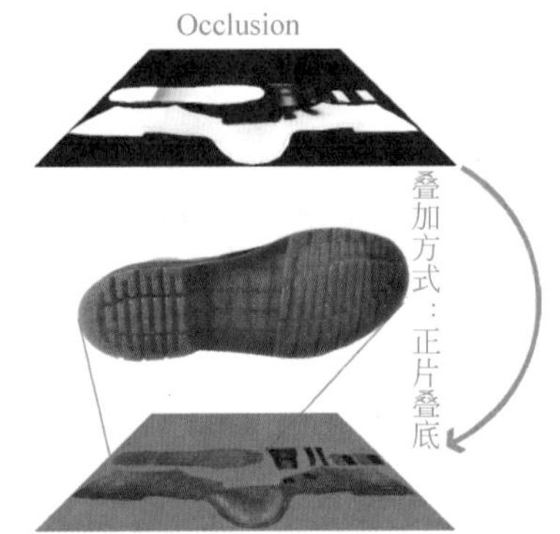

图 6-203

在 Photoshop 中进行编辑，如图 6-204 所示。

将图像保存，分层的顺序按照导入时的顺序，如图 6-205 所示。

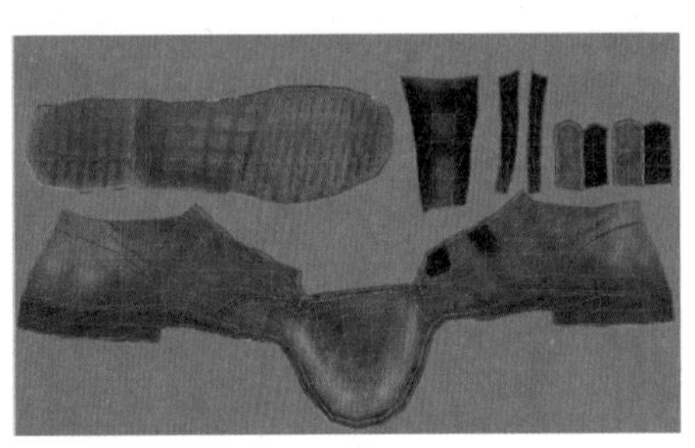

图 6-204

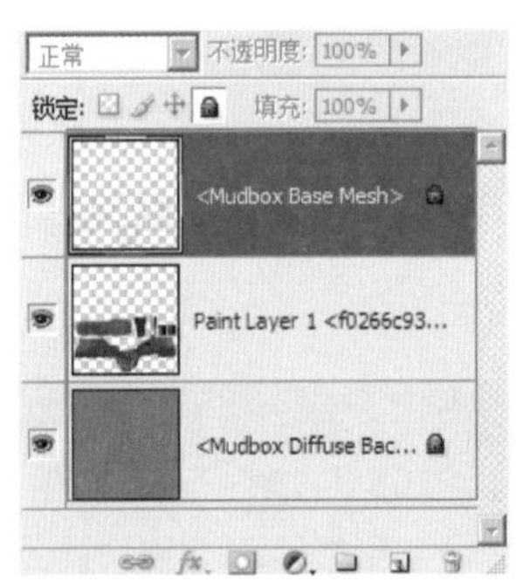

图 6-205

切换到 Mudbox 中，单击 Re-Import 按钮，如图 6-206 所示。

在 Mudbox 软件中进行绘制，绘制结果如图 6-207 所示。

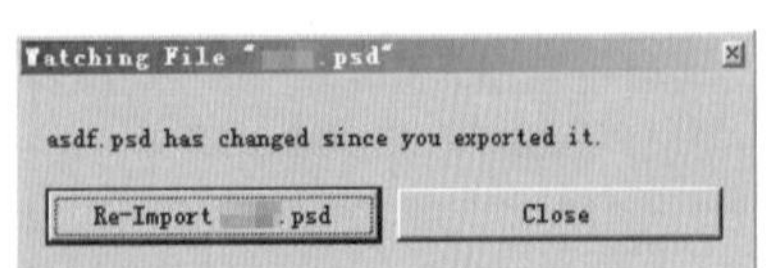

图 6-206

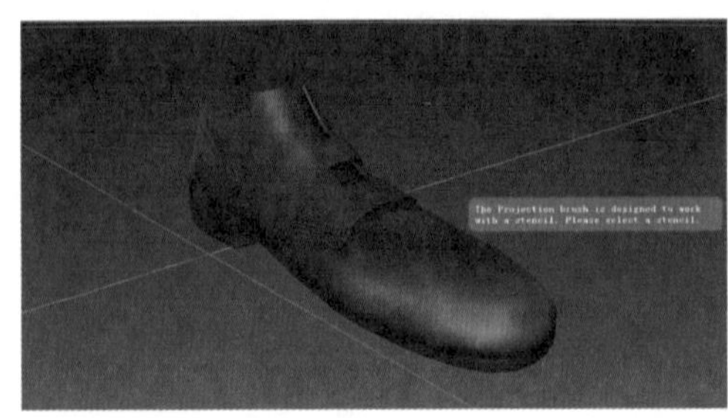

图 6-207

执行菜单命令 Mesh|Step Level Down(快捷命令为 PgDown),将细分级别还原回默认,如图 6-208 和图 6-209 所示。

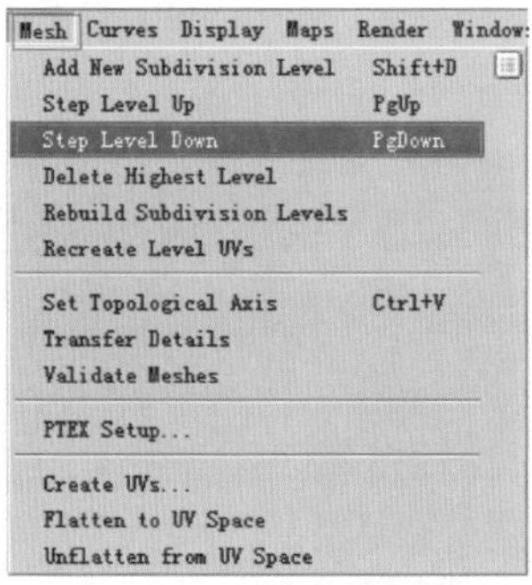

图　6-208

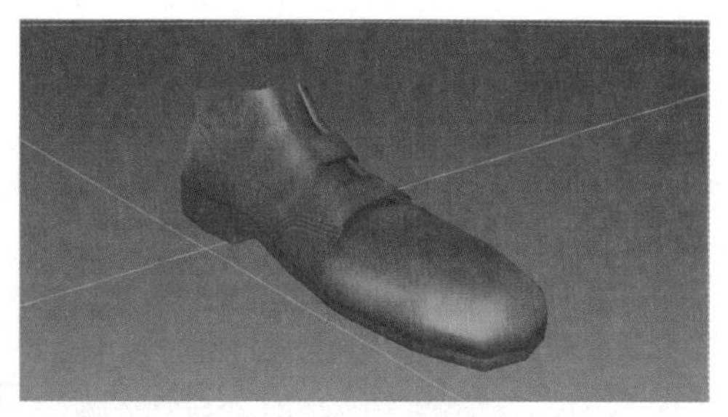

图　6-209

单击 Connected to Maya Update 更新按钮,同步至 Maya,如图 6-210 所示。

皮带的制作可用 Photoshop 方法制作,这里就不多做说明,最终贴图如图 6-211 所示。

图　6-210

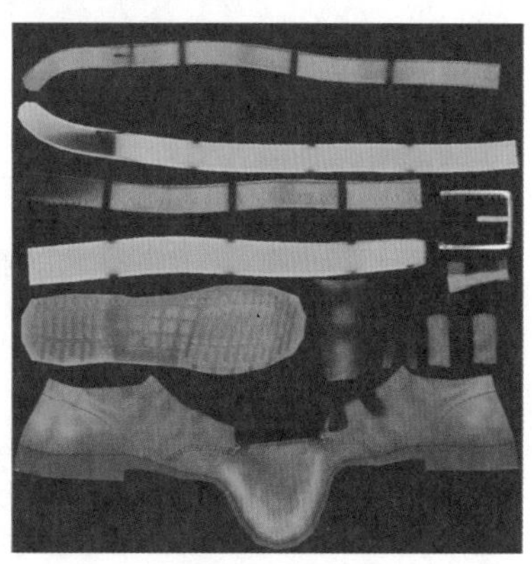

图　6-211

这部分内容可以参考源文件“D:\My File\projects_Jake\sourceimages\Jake_xie. tga”贴图文件。

6.4.6　眼球贴图制作

角色的眼球是用 NURBS 曲面模型,NURBS 的 UV 是不可编辑且平整状态的,针对 NURBS 模型,会使用投射方式制作。眼球素材如图 6-212 所示。

步骤 1　将素材投射在模型上

首先尝试将素材贴在模型上,如图 6-213 所示。

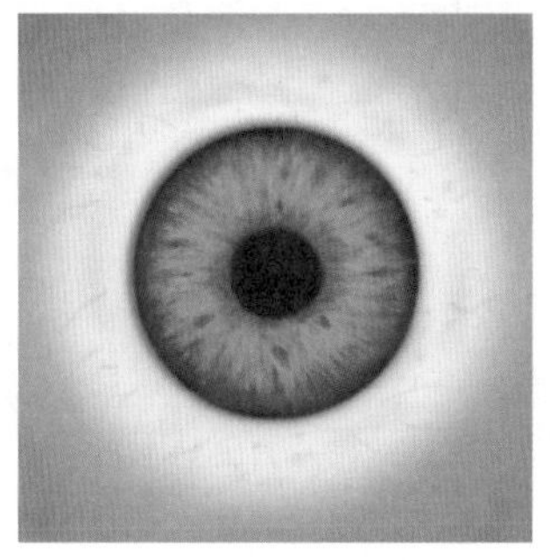

图　6-212

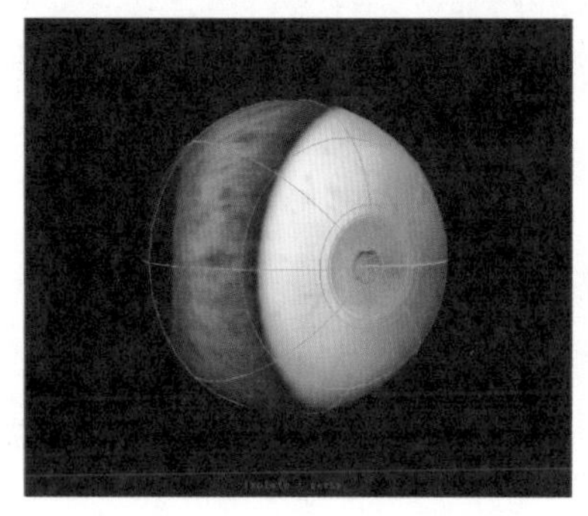

图　6-213

现在结果不是我们想要的，现在需要使用材质编辑器中的投射节点，在材质编辑器中，单击 Projection 按钮，创建投射节点，如图 6-214 所示。

将图片连接到投射节点，操作方法如下，将图片拖曳到投射节点上，在弹出的菜单上选择 image 项，如图 6-215 所示。

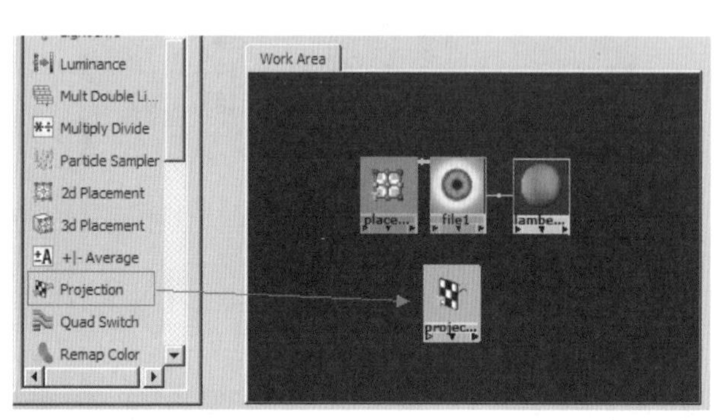

图 6-214

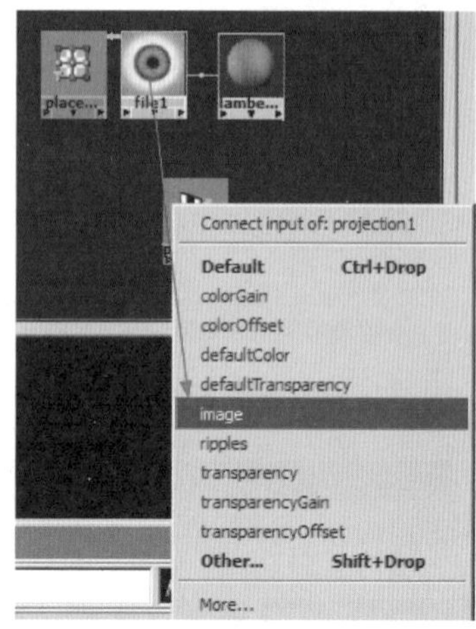

图 6-215

再将投射节点连接材质球 color 属性，完成后的节点网络如图 6-216 所示。

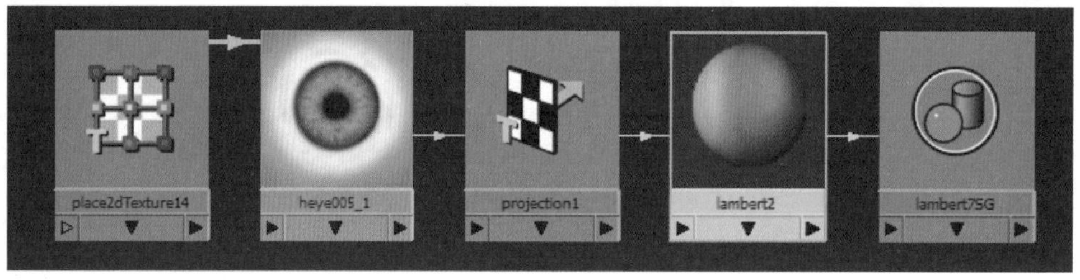

图 6-216

选择投射节点，单击 Interactive Placement 按钮，如图 6-217 所示。

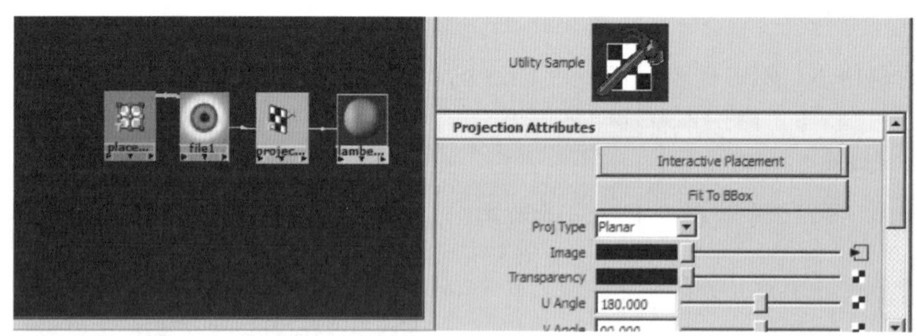

图 6-217

弹出对话框，单击 Create A Placement Node 按钮，创建坐标节点，如图 6-218 所示。

创建之后，在网格中心位置会出现 UV 坐标节点，如图 6-219 所示。

选择坐标节点，单击 Fit to Group BBox 按钮（如图 6-220 所示），则坐标节点和位置匹配，如图 6-221 所示。

图　6-218

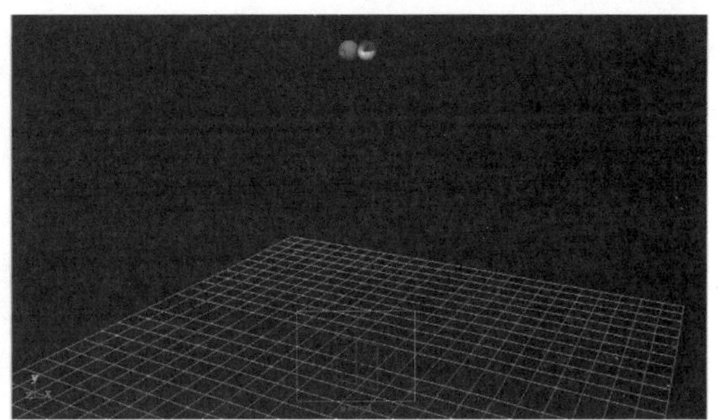

图　6-219

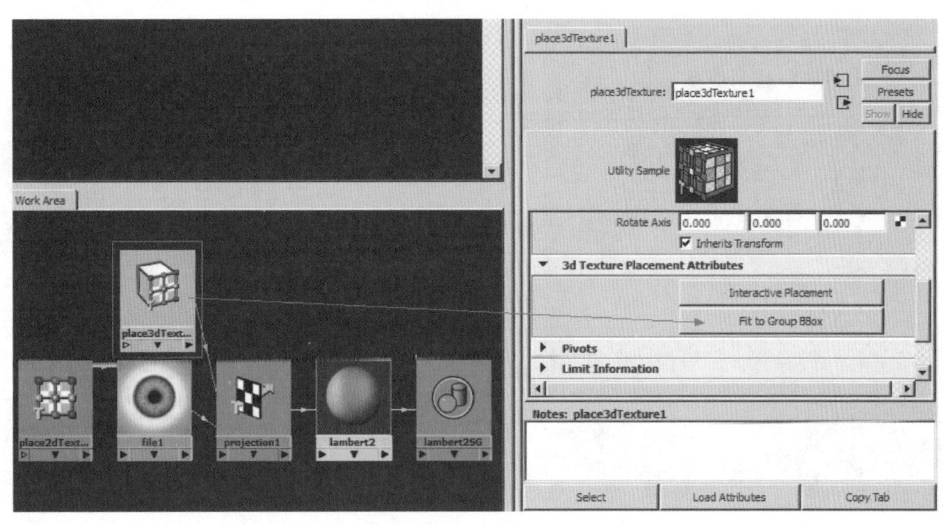

图　6-220

由于使用投射节点，所以贴图纹理显示不正确，执行菜单命令 Renderer|High Quality Rendering，这是材质高品质显示按钮，如图 6-222 所示。

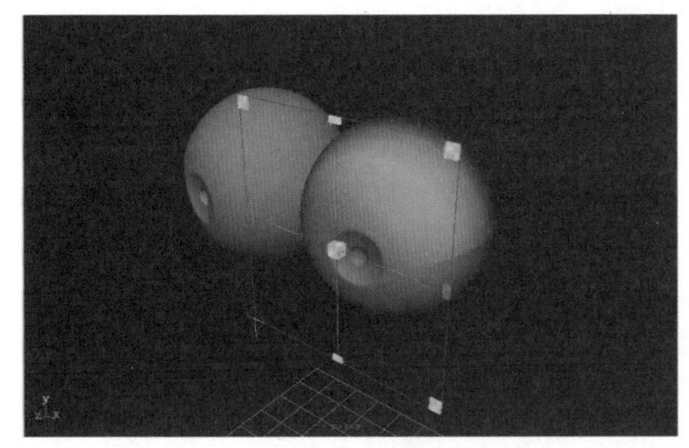

图　6-221

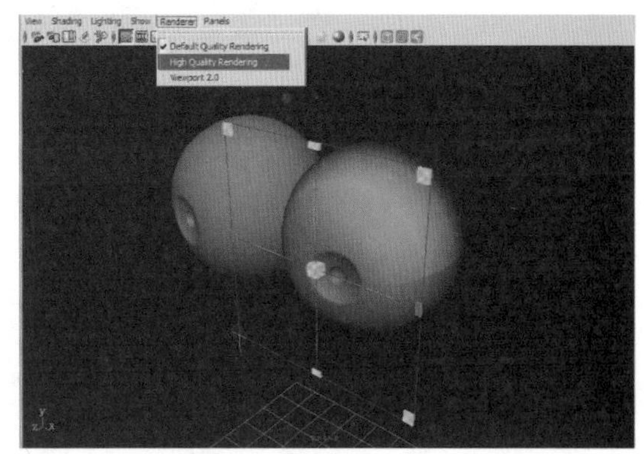

图　6-222

眼球材质此时可以清晰地看见，如图 6-223 所示。

这样方便在调整坐标时观察贴图，调整坐标，匹配眼球瞳孔位置，效果如图 6-224 所示。

步骤 2　烘焙眼球贴图

位置匹配后，将投射的贴图烘焙，选择模型和材质球，执行菜单命令 Edit|Convert to File Texture (Maya Software)，如图 6-225 所示。

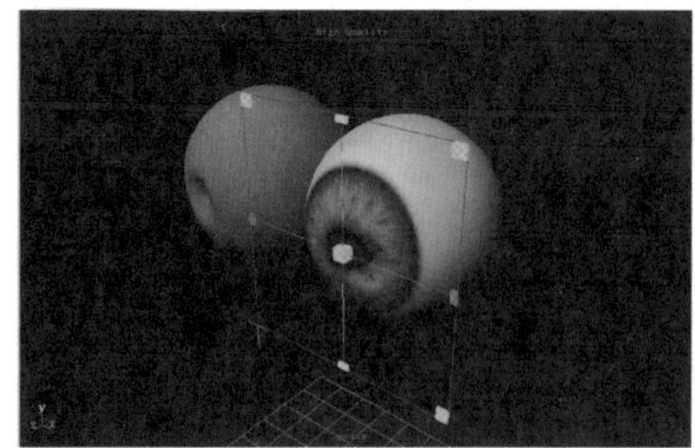

图 6-223

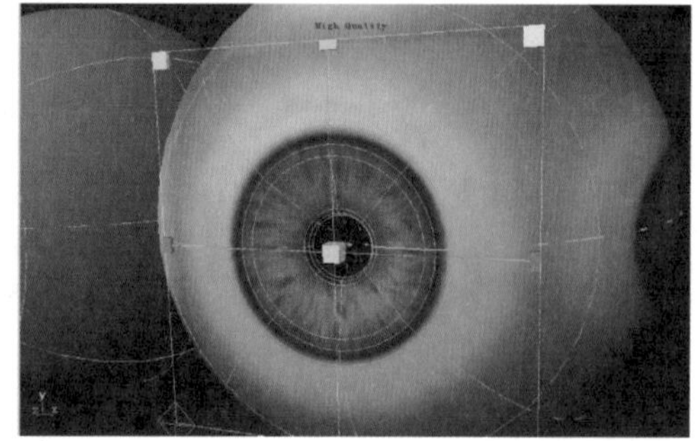

图 6-224

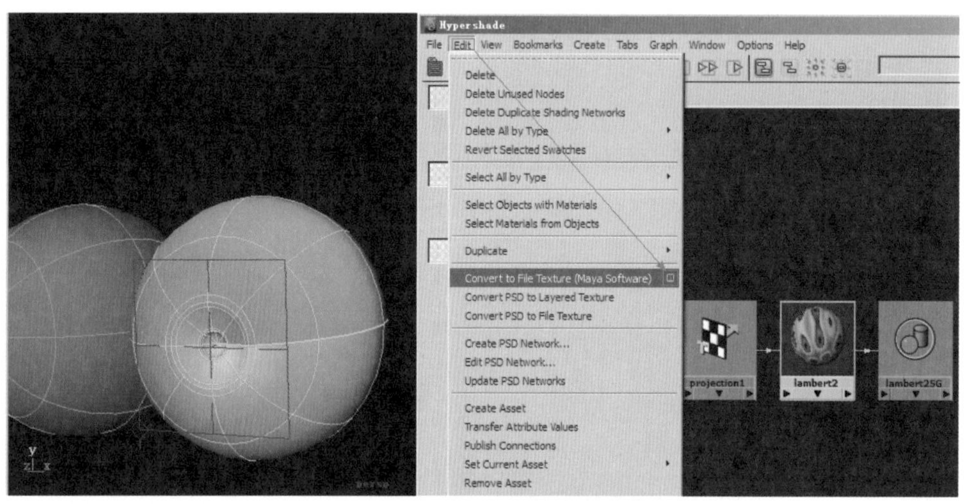

图 6-225

设置大小和格式，设置完成后单击 Convert and Close 按钮，如图 6-226 所示。

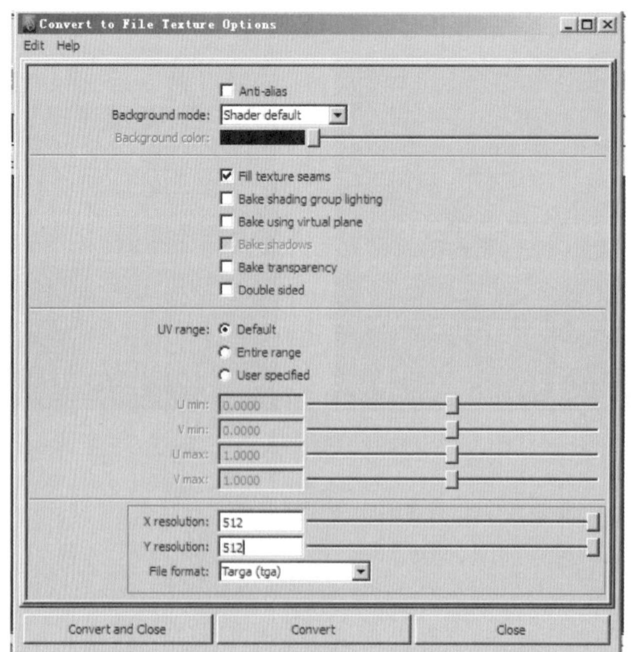

图 6-226

烘焙后，增加了一组材质网络，这时可以将之前的材质网络删除，如图 6-227 所示。

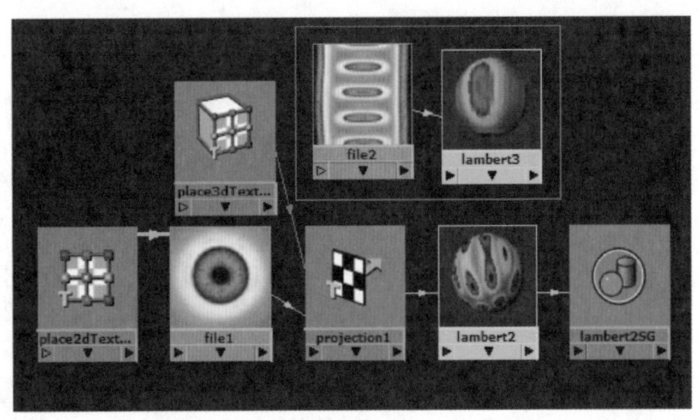

图　6-227

这张烘焙后的贴图在工程文件夹 sourceimages 中，用 Photoshop 将多余信息擦出及较色，处理结果如图 6-228 所示。

眼睛材质最终结果如图 6-229 所示。

图　6-228

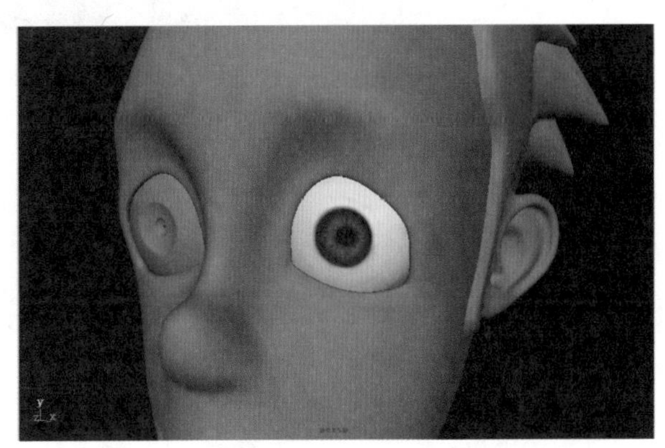

图　6-229

眼睛贴图可以参考配套源文件“D:\My File\projects_Jake\sourceimages\Jake_eye.tga”文件。

这部分内容可以参考配套源文件“D:\My File\projects_Jake\scenes\Jake_textures.mb”文件。

6.5　质感调试

颜色贴图与灯光结合的效果，如图 6-230 所示。

图　6-230

6.5.1　3S 材质简介

下面要为角色的各个部位调整质感，首先调试皮肤质感，这里就要用到 3S 材质，如图 6-231 所示。

Sub-Surface-Scattering(次表面散射)，简称 3S 效果。什么是 3S 效果呢？我们日常生活能见到的物体如蜡烛、翡翠、皮肤、植物等，在光从背面照射它们时都属于 3S 效果等。它们都有一个共同点，就是光线可以穿透它们，在逆光和侧光的时候，我们可以模糊地看到物体内部，如图 6-232 和图 6-233 所示。

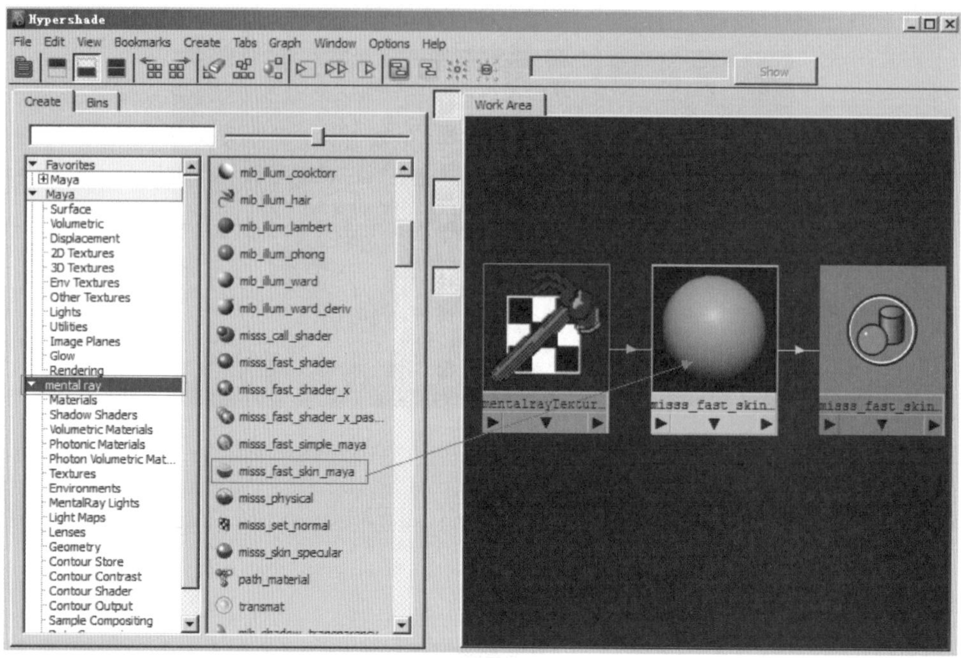

图 6-231

图 6-232

图 6-233

3S 材质的属性比较多，也是调节质感最为复杂的一个材质。下面我们了解一下 mental ray 的 misss_fast_skin 材质属性，如图 6-234 所示。

图 6-234 说明如下。

(1) Ambient 是环境成分或者通过任何光影增加的任何额外的漫反射光。与亮度有关，用来照亮没有照明的地方。

(2) Overall Color 基于 Diffuse Color 亮度的倍加器，将 Overall Color 的颜色叠加到 Diffuse Color 上，得到一个混合颜色。

(3) Diffuse Color(漫反射颜色)是定义照明的颜色，设置对象主要表面的颜色。

(4) Diffuse Weight(漫反射权重)是漫反射的正规朗伯的权重，在整个效果中控制漫反射照明比例的多少。为 1 时没有光线散射透出物体表面。

(5) Epidermis Scatter Color(表皮散射颜色)是设置对象表皮层的散射颜色。

(6) Epidermis Scatter Weigh(表皮散射权重)是设置表皮层散射的多少程度。

(7) Epidermis Scatter Radius(表皮散射半径)是设置表皮接受光照的半径值。

(8) Subdermal Scatter Color(真皮散射颜色)是设置对象真皮层的散射颜色。

(9) Subdermal Scatter Weigh(真皮散射权重)是设置真皮层散射的多少程度。

(10) Subdermal Scatter Radius(真皮散射半径)是设置真皮接受光照的半径值。

(11) Back Scatter Color(背面散射颜色)是设置对象背面的散射颜色。

(12) Back Scatter Weigh(背面散射权重)是设置背面散射的多少程度。

(13) Back Scatter Radius(背面散射半径)是设置背向接受光照的半径值。

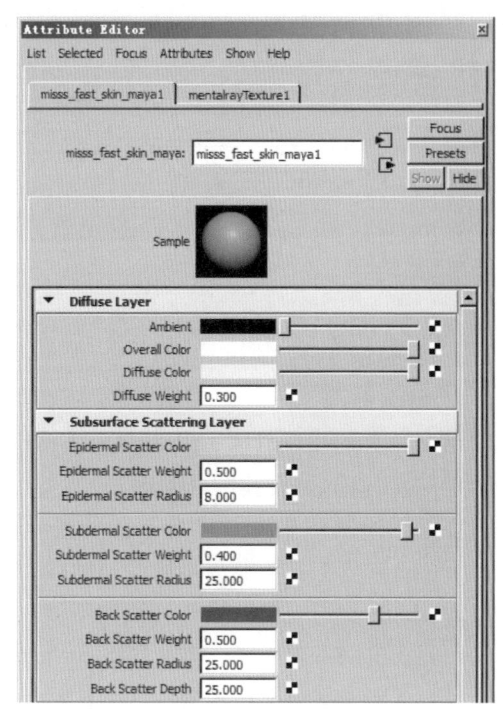

图　6-234

(14) Back Scatter Depth(背面散射深度)控制灯光在对象散射多少的深度,如果是高数值,在摄像机视点可看到更多的背面散射。反射的相关属性参数面板如图 6-235 所示。

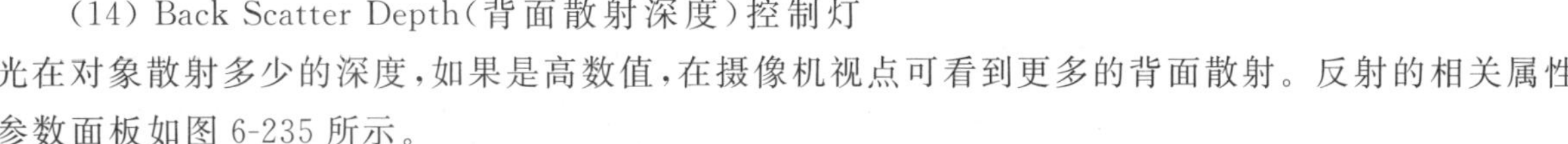

图 6-235 说明如下。

(1) Overall Weight(全局权重)是光泽度和反射度的全面的级别。一般地,光泽度贴图在这里被包括并且将影响下面跟随的所有光泽级别。

(2) Edge Factor(边因数)设置边界反射效果的"边度宽"。当该参数设置边界为狭窄时,以几乎垂直的角度观看皮肤,它会产生更多的反射,较高的值产出一条薄边,该边宽度适用于所有下面列出的边界权重。

(3) Primary Specular Color/Primary Weight(首次高光颜色和首次高光强度)是第一层的光泽度和基础权重,皮肤光泽度功能有两层,允许模拟皮肤宽阔部分的柔和光泽。

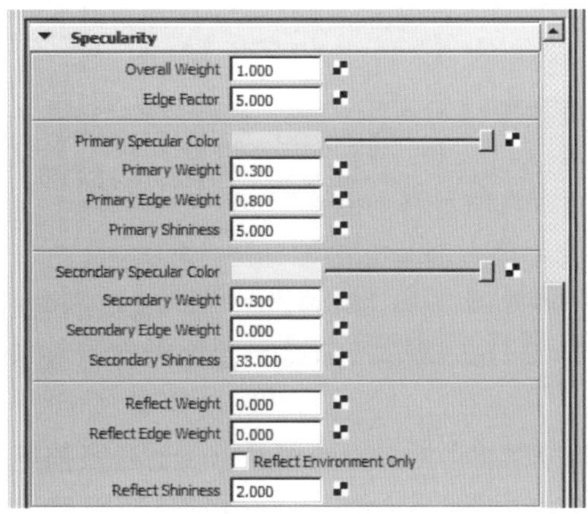

图　6-235

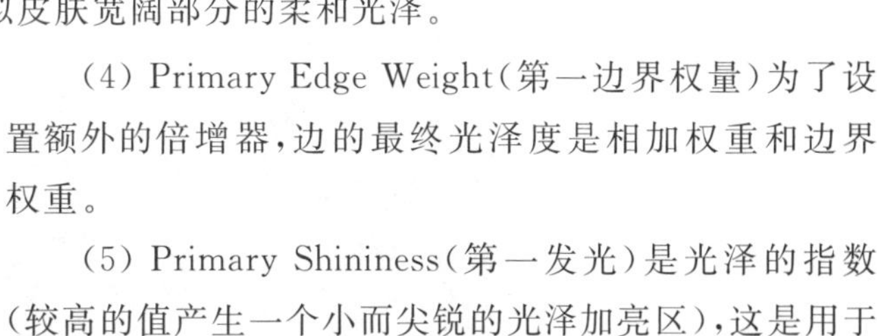

(4) Primary Edge Weight(第一边界权量)为了设置额外的倍增器,边的最终光泽度是相加权重和边界权重。

(5) Primary Shininess(第一发光)是光泽的指数(较高的值产生一个小而尖锐的光泽加亮区),这是用于修改 Phong 模型边柔化。

(6) Secondary Specular Color、Secondary Weight、Secondary Edge Weight and Secondary Shininess 同上相似的工作方式,但只是第二层光泽。

(7) Reflect Weight(反射的权重),反射的多少程度。

(8) Reflect Edge Weight(反射的边界权重)如果非零,实际的(高光)反射增加。凹凸属性和灯光贴图参数如图 6-236 所示。

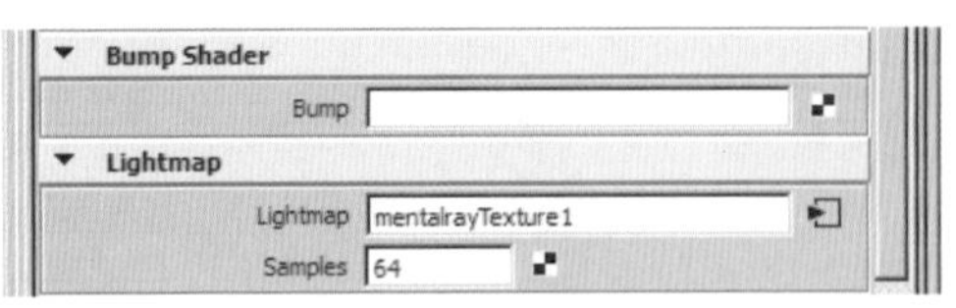

图 6-236

图 6-236 说明如下。

(1) Bump Shader(凹凸属性)用来连接凹凸贴图。

(2) Lightmap(灯光贴图)创建 sss 材质球时会自动连接。

(3) Samples 是采样精度值。

6.5.2 皮肤材质调试

1. 载入贴图

这个角色的皮肤材质一共用到 5 张贴图,分别是颜色贴图(这里也作为真皮贴图)、表皮贴图、背向散射贴图、高光贴图和凹凸贴图。

在贴图绘制章节我们讲解了怎样绘制皮肤的颜色贴图,在这张贴图的基础上,将颜色贴图用 Photoshop 较色工具转换成不同的辅助贴图,如图 6-237 所示。

Photoshop 中的较色操作这里就不赘述了,具体贴图可以参考配套源文件。

(1) 表皮贴图参考"D:\My File\projects_Jake\sourceimages\Jake_pifu_A. tga"。

(2) 背向散射贴图参考"D:\My File\projects_Jake\sourceimages\Jake_pifu_C. tga"。

(3) 凹凸贴图参考"D:\My File\projects_Jake\sourceimages\Jake_pifu_bump. tga"。

(4) 高光贴图参考"D:\My File\projects_Jake\sourceimages\Jake_pifu_sp. tga"。

将所有贴图连入相应属性,如图 6-238 所示。

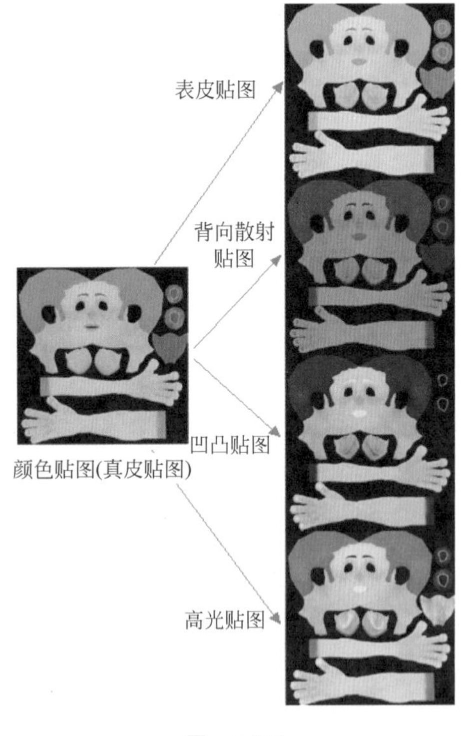

图 6-237

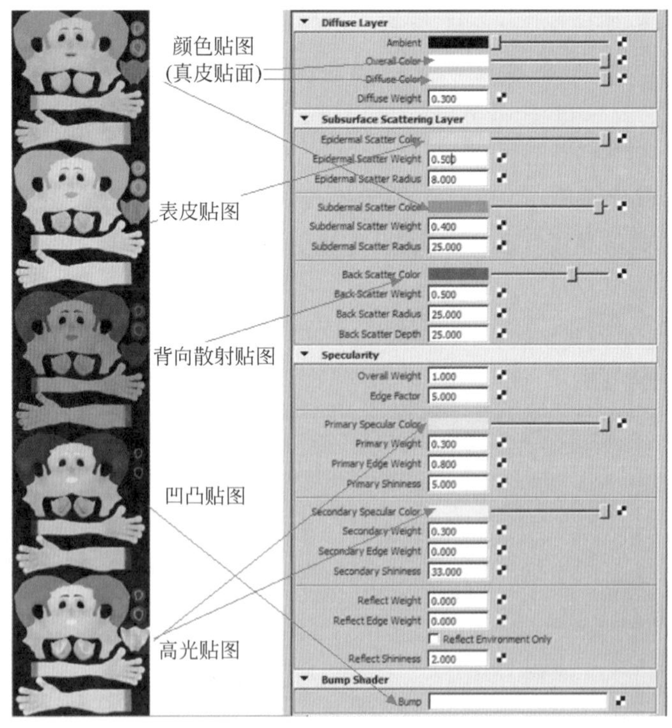

图 6-238

3S 的受光度也与模型有关系,因为头部和手臂的模型的体积差距比较大,所以这里分别使用了两个 3S 材质球,贴图的方式一致,只是各个属相参数设置不同,先来看一下头部材质属性设置,如

图 6-239 和图 6-240 所示。

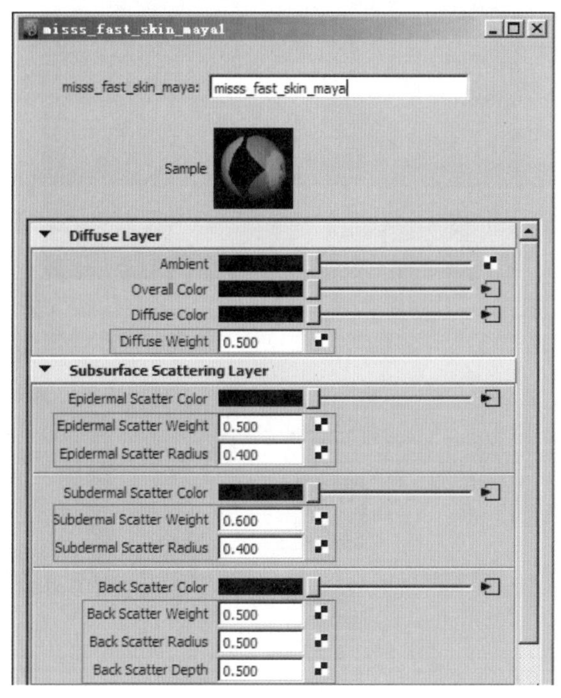

图　6-239

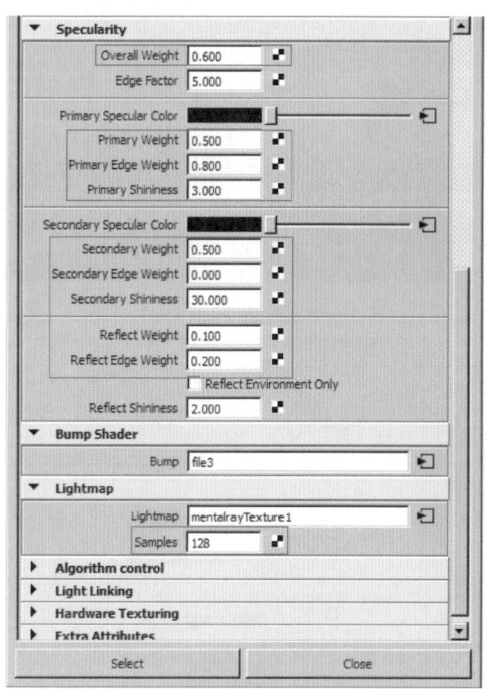

图　6-240

2. 手臂材质属性设置

下面列出的是与头部不同的属性，其他设置与头部材质设置相同，如图 6-241 所示。

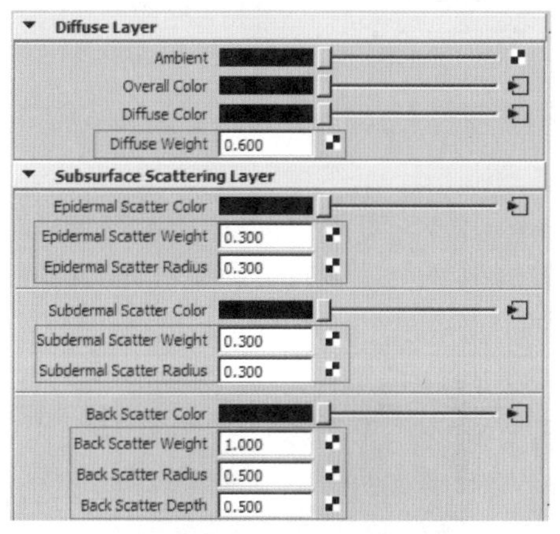

图　6-241

至此皮肤材质设置完成。

6.5.3　眼睛材质和质感调试

眼睛分为眼球部分和角膜部分，角膜的作用接受高光和反射，如图 6-242 所示。

眼球与角膜合并，如图 6-243 所示。

角膜材质采用 Blinn 材质，具体的属性参数设置如图 6-244 所示。

眼球材质采用 misss_fast_skin 材质，具体的属性设置如图 6-245 所示。

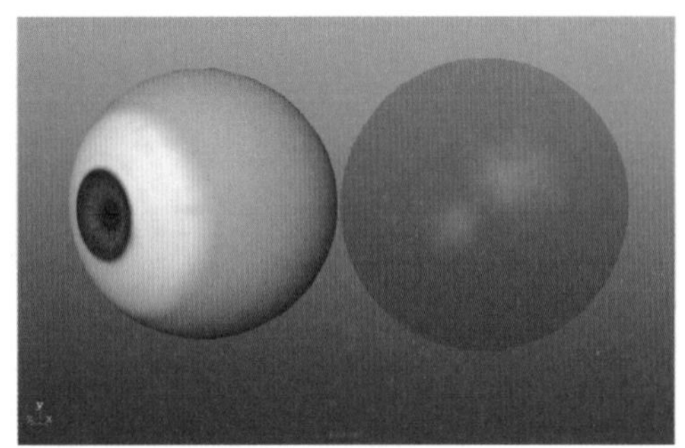

图 6-242

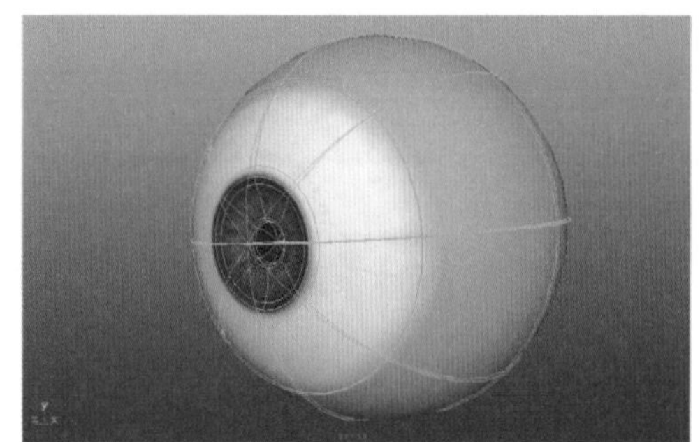

图 6-243

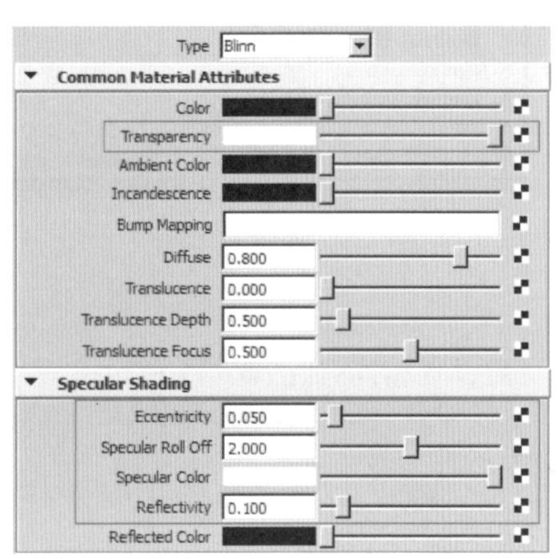

图 6-244

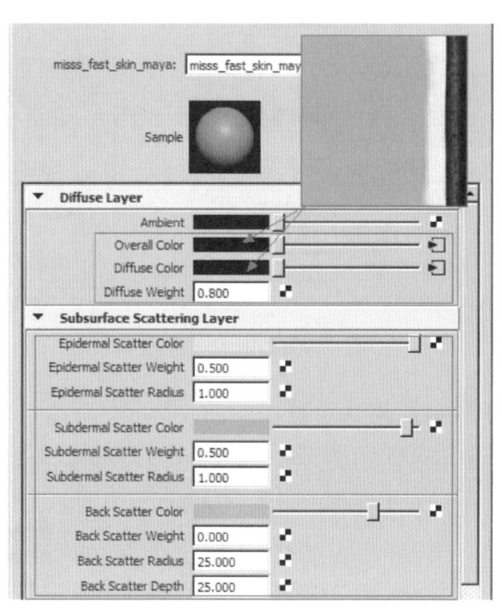

图 6-245

最后还要为眼睛添加眼神光，眼神光会使眼睛更加通透，如图 6-246 所示。

创建一盏点光源，并取消照明开关，如图 6-247 所示。

图 6-246

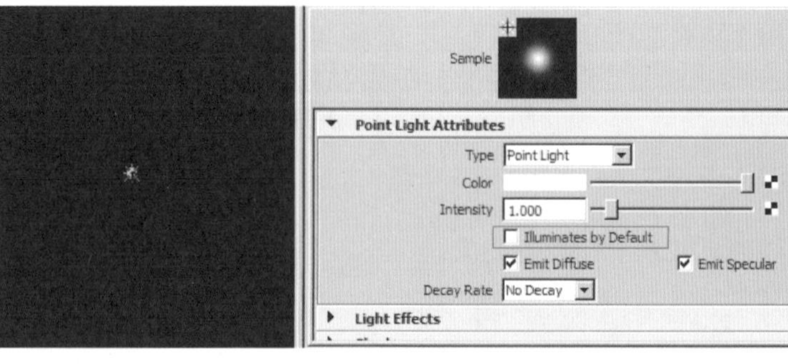

图 6-247

将眼神光移至眼睛前方，选择点光源，加选角膜模型，执行菜单命令 Lighting/Shading | Make LightLinks 命令，将灯光与眼球链接，如图 6-248 所示。

左眼也同样操作制作眼神光。这里就不赘述了。

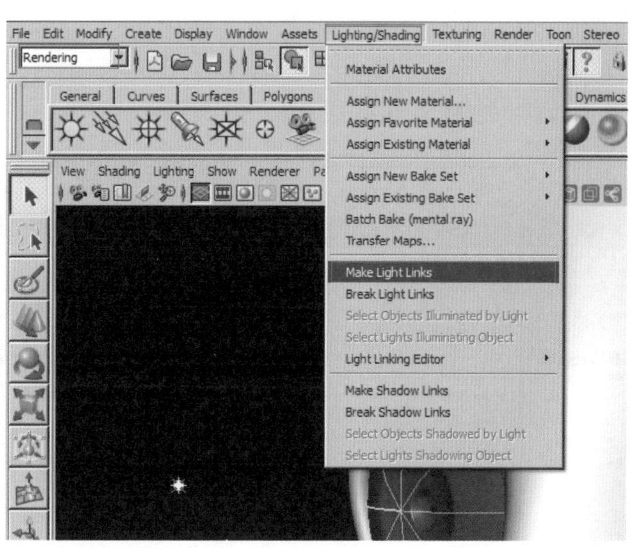

图 6-248

6.5.4 头发材质调试

头发采用 Blinn 材质，具体的贴图连接和参数如图 6-249 所示。

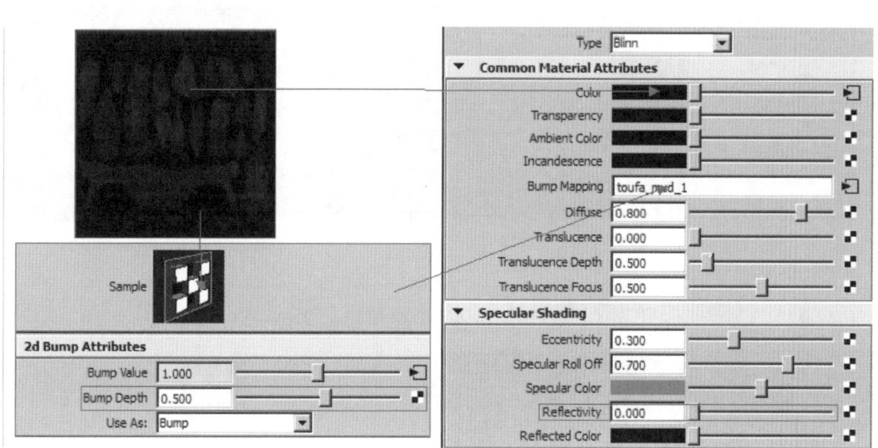

图 6-249

完成后的节点网络如图 6-250 所示。

渲染结果如图 6-251 所示。

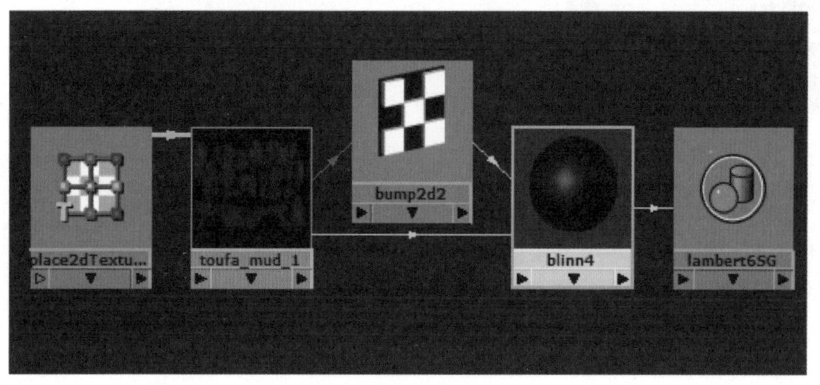

图 6-250

图 6-251

接下来为头发加上一丝亮边，突出角色卡通化，这里就使用到 Sampler Info 节点和 Ramp 节点，操作如图 6-252～图 6-258 所示。

创建 Sampler Info 节点，如图 6-252 所示。

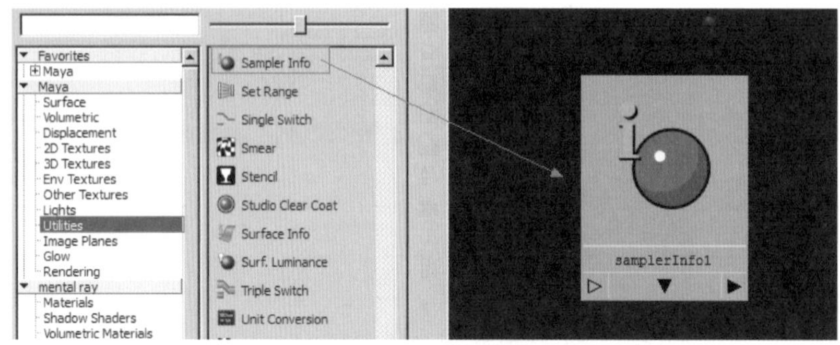

图　6-252

创建 Ramp 节点，如图 6-253 所示。

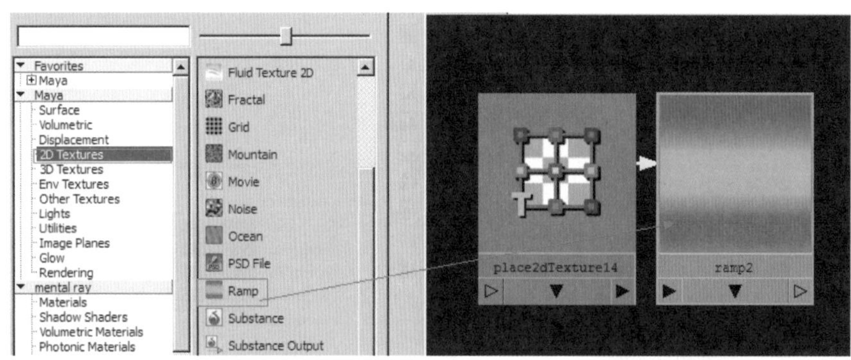

图　6-253

将 Ramp 节点的颜色调成黑色和白色，Interpolation 方式改为 Exponential Down，如图 6-254 所示。

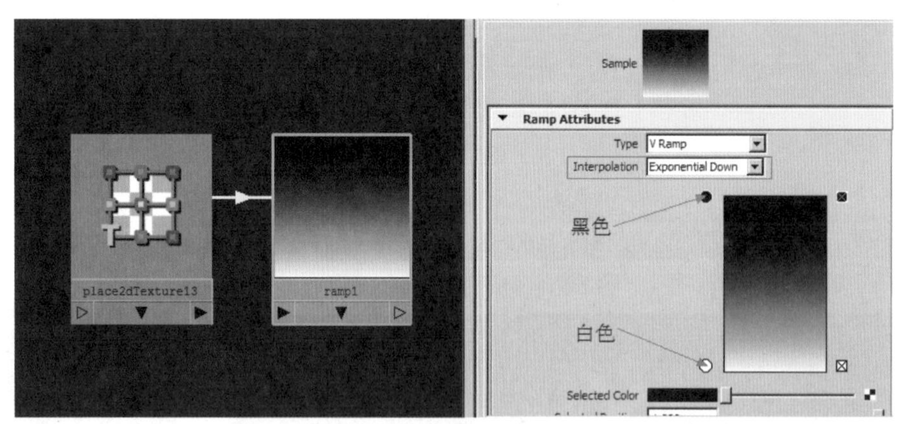

图　6-254

中键拖动 Sampler Info 节点到 Ramp 节点上，在弹出的菜单中选择 Other 项，然后将 facingRatio（面比率）和 vCoord（V 方向）两个属性相连接，如图 6-255 所示。

然后中键拖动 Ramp 节点到材质球的 Ambient Color（环境色）属性上，如图 6-256 所示。

完成后的节点网络如图 6-257 所示。

渲染结果如图 6-258 所示。

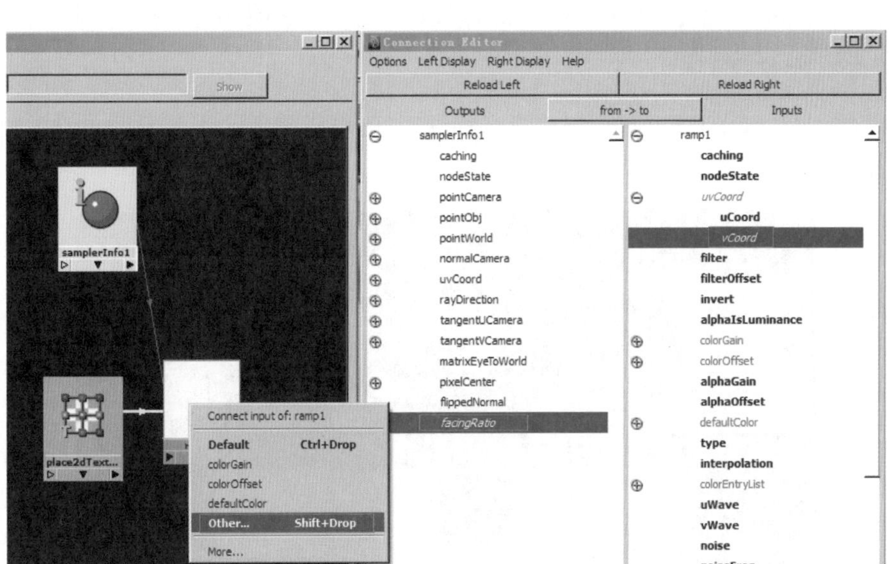

图　6-255

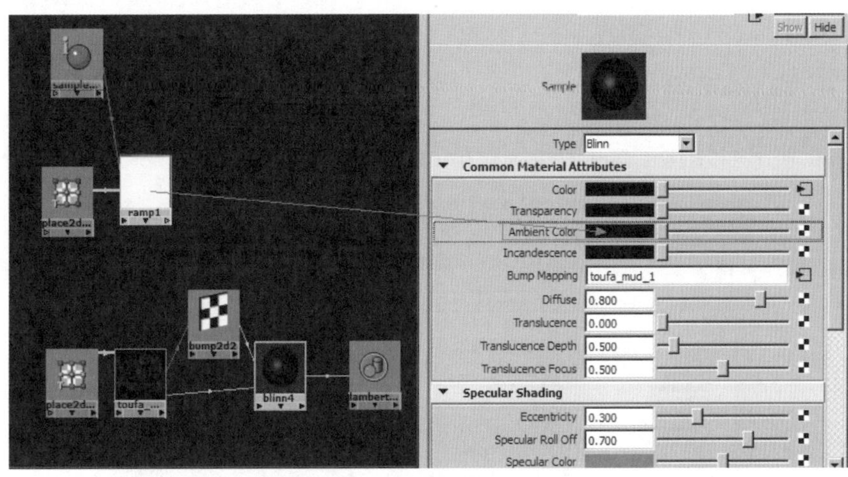

图　6-256

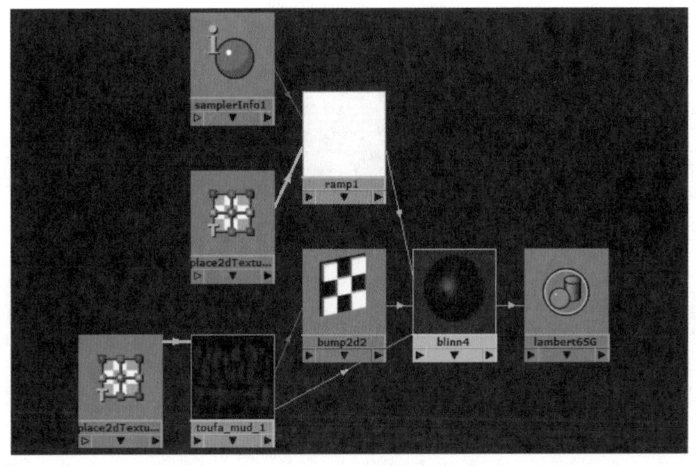

图　6-257

图　6-258

6.5.5 衣服、裤子调试

衣服和裤子的材质调节比较简单，布料没有特殊属性，材质球为默认 Lambert 只需要一些凹凸细节，参数设置如图 6-259 所示。

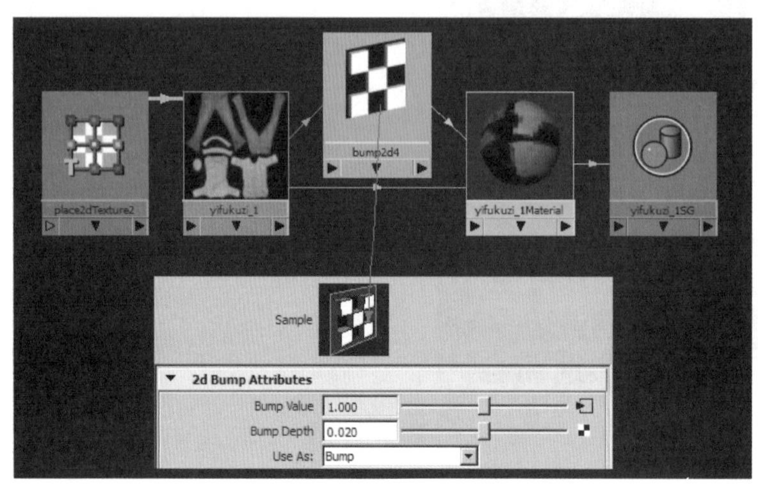

图 6-259

6.5.6 鞋子、腰带调试

皮革材质这里使用的是 mia_material_x 材质，如图 6-260 所示。

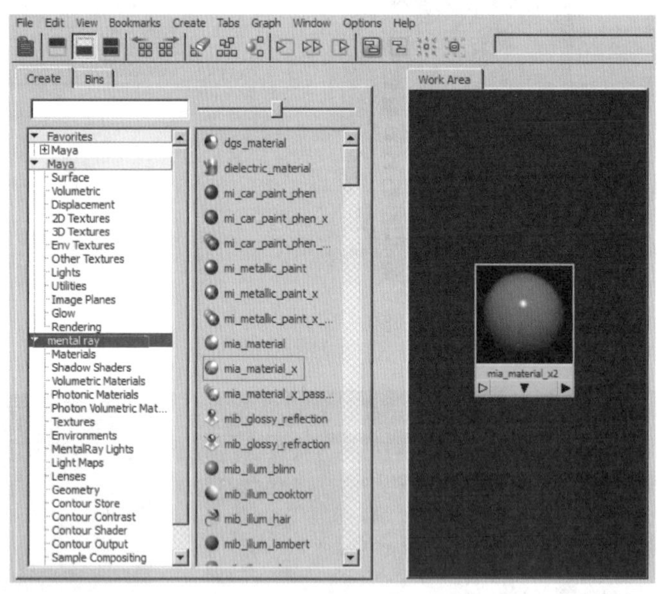

图 6-260

使用颜色贴图转换出一张高光贴图，如图 6-261 所示。

高光贴图参考文件为“D:\My File\projects_Jake\sourceimages\Jake_xie_sp. tga”。

颜色贴图和高光贴图分别连接入 Diffuse 下 Color 属性、Reflection 下 Color 属性，使用这个材质球主要是因为它会给材质带来很好的反射模糊效果。

反射模糊的选项即为 Glossiness，这里的皮革效果是属于哑光效果，所以反射模糊起着很关键的作用，连接及参数设置如图 6-262 所示。

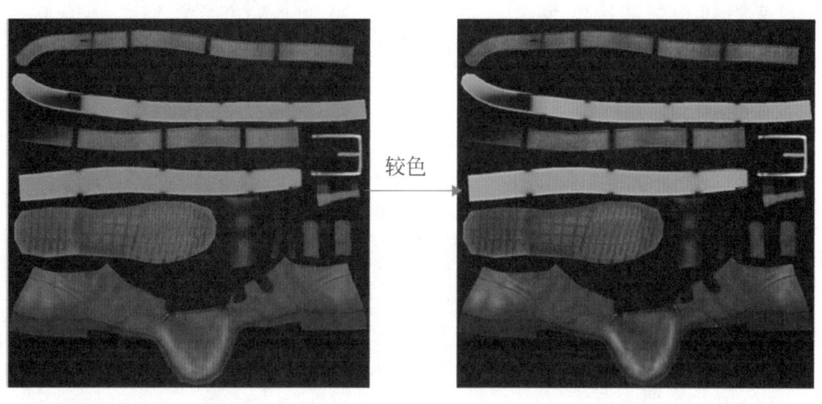

图　6-261

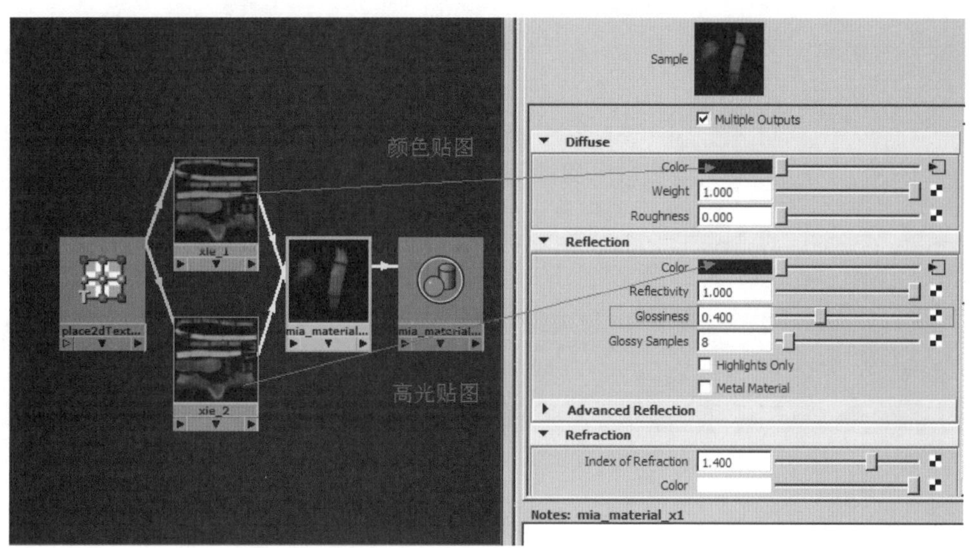

图　6-262

整合所有的调试结果，最终渲染如图 6-263 所示。

使用 Photoshop 为角色制作简单背景，如图 6-264 所示。

图　6-263

图　6-264

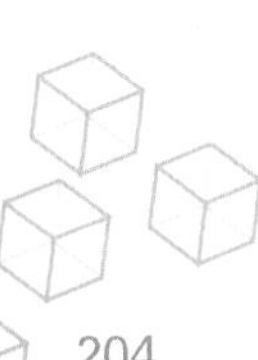

至此，本例的灯光材质全部调试完成。完成后的文件可参考配套文件“D:\My File\projects_Jake\scenes\Jake_render. mb”。

总结

本章详细地介绍了角色在动画制作流程中，材质灯光部分的工作内容，以及 UVlayout 软件拆分 UV 的方法和 mudbox 绘制贴图的方法。

需要掌握的是 UV 的分配、布光的概念、绘制贴图的技法，以及材质质感调试的方法，在操作过程中还需要注意的是在每个环节的细致处理，尽量避免为下一个环节留瑕疵。

第 7 章

Mental ray3S皮肤材质

Chapter 07

本章知识点

1. mental ray3S材质的原理。
2. 角色的布光。
3. 贴图的转换方法。
4. mental ray3S不同贴图的作用。

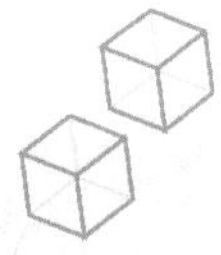

说起皮肤材质，就会联想到3S，所谓3S即Subsurface Scattering Shaders（次表面散射材质），mental ray通过两种途径生成，一种是利用光子产生次表面散射的物理模式，另外一种是用lightmap进行模拟的非物理模式。

快速方法是用一种物理上非正确的方法来模拟具有柔软、半透明感觉的材质，例如，人类皮肤或制作蜡烛的蜡。SSS物理材质使用一种在物理上正确的渲染方法，模拟被物体内部变化的深度所反射的光的效果。采用物理模式能产生真实的光线散射，但由于基于光子进行计算，所以速度很慢。

当光线进入半透明的物体时会发生散射，使周围的面被间接照亮，照亮的程度和与光线入射点的距离以及材质自身的特性相关。这种现象就是所谓“次表面散射”(SubSurface Scattering)，如图7-1所示。

真实的皮肤结构如图7-2所示。

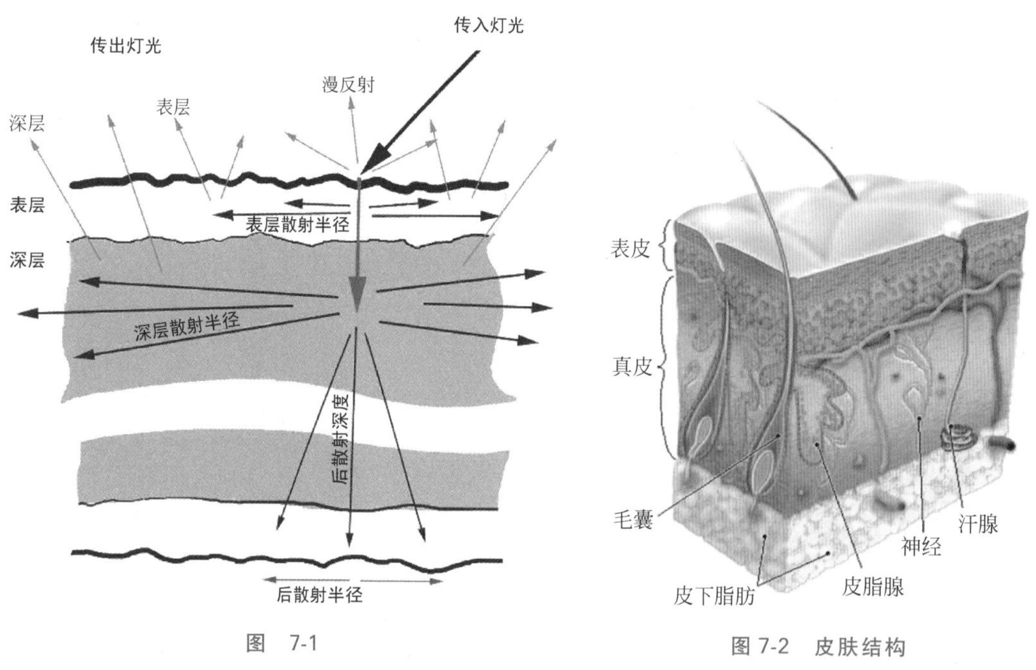

图 7-1

图7-2 皮肤结构

Maya mental ray中包含很多种材质节点，模拟皮肤的材质是misss_fast_skin_maya，如图7-3所示。

下面通过一个人物头部的案例来详细介绍misss_fast_skin_maya材质的各项属性及使用方法。

本例中要完成的头部3S效果如图7-4所示。

打开配套源文件“D:\My File\projects_head\scenes\Head_Model.mb”，本例将要用到的头部模型，如图7-5所示。

图 7-3

图 7-4

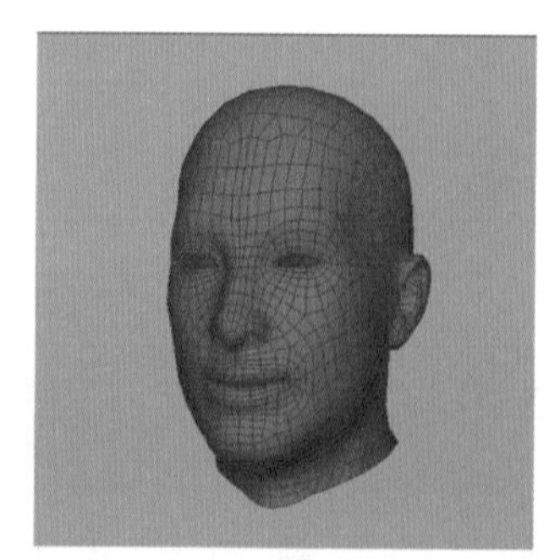

图 7-5

7.1　布光

首先为模型布置灯光，完成后的 4 盏灯光位置如图 7-6 所示。

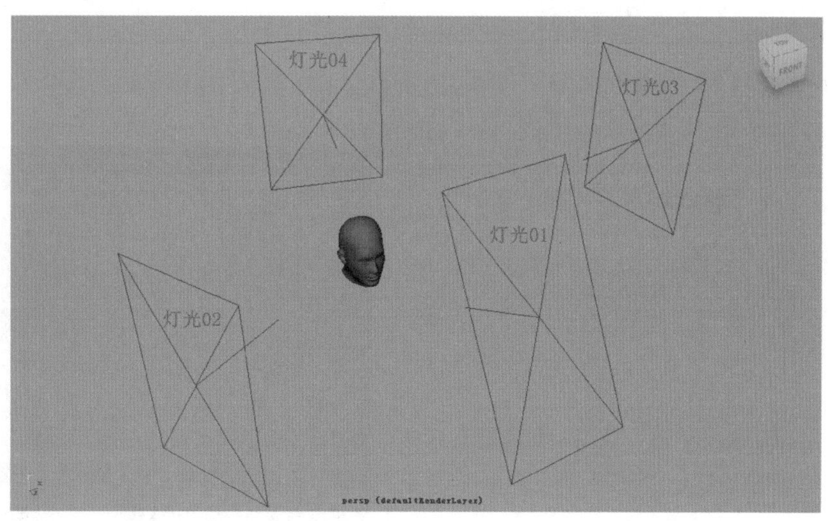

图　7-6

执行菜单命令 Create|Lights|Area Light，创建区域光（面光源），参照图 7-6 的位置摆放灯光 01，光源的参数设置如图 7-7 所示。

再次执行菜单命令 Create|Lights|Area Light，创建区域光（面光源），参照图 7-6 的位置摆放灯光 02，光源的参数设置如图 7-8 所示。

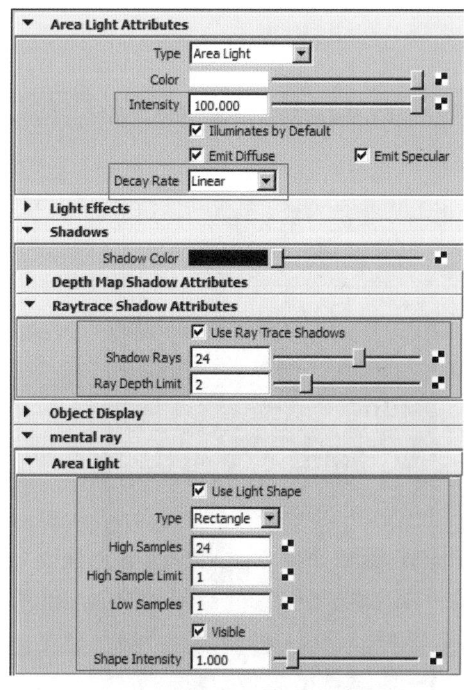

图　7-7

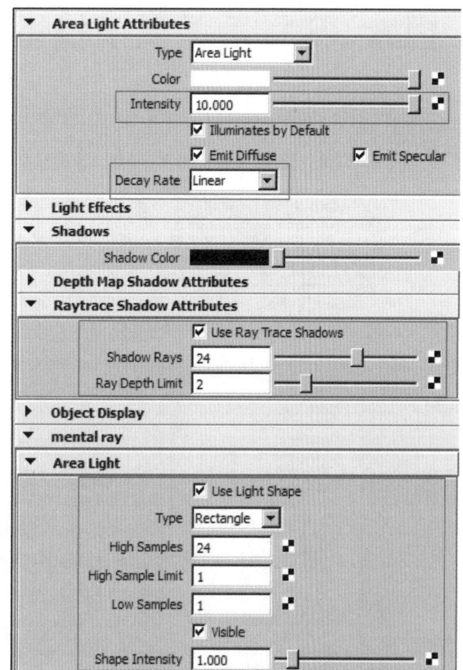

图　7-8

再次创建区域光(面光源)灯光 03 和灯光 04,参照图 7-6 摆放灯光的位置,两者参数相同,具体的参数设置如图 7-9 所示。

完成灯光布置后,灰模渲染效果如图 7-10 所示。

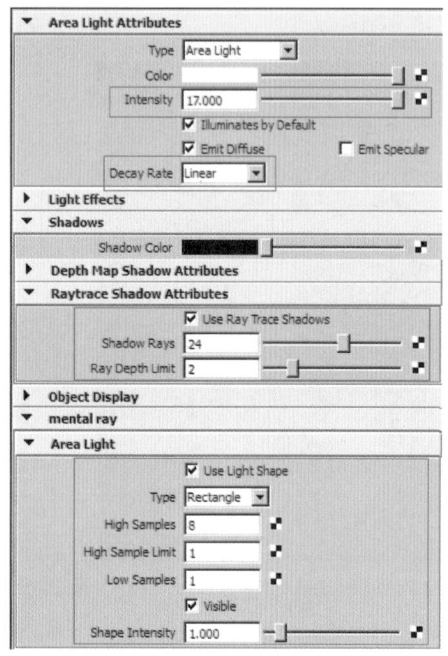

图 7-9

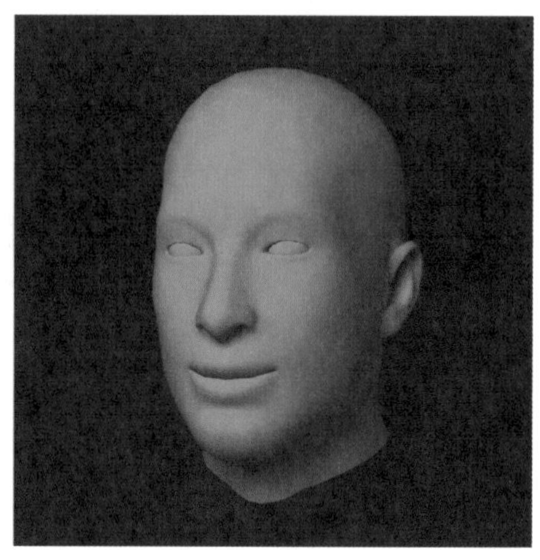

图 7-10

这部分内容可以参考配套光盘中"D:\My File\projects_head\scenes\Head_Light.mb"文件。

7.2 创建 3S 材质并赋予模型

执行菜单命令 Window|Rendering Editors|Hypershade,打开材质编辑器,创建 misss_fast_skin_maya 材质,再将此材质球赋予模型,如图 7-11 所示。

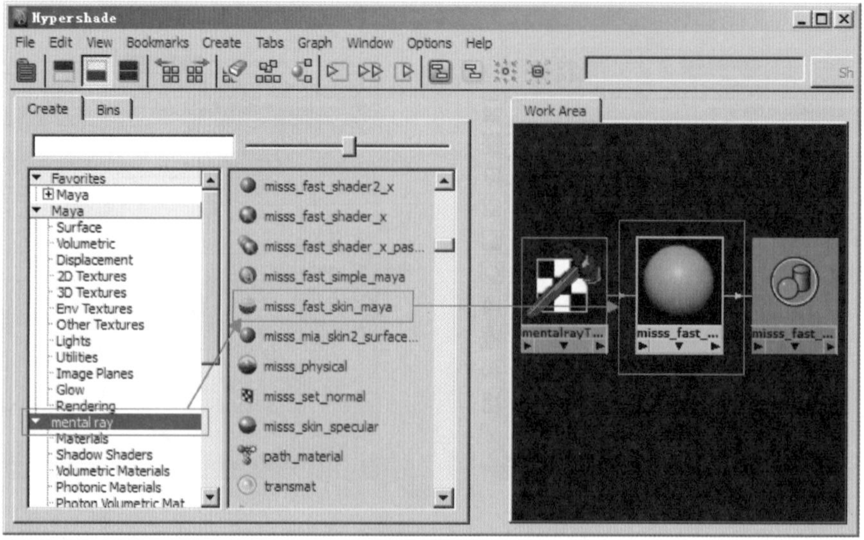

图 7-11

在卡通角色 jake 案例中，也有提到过关于 misss_fast_skin_maya 的菜单介绍，这里不再重复。

接下来，先把默认创建的 misss_fast_skin_maya 材质赋予模型上，渲染如图 7-12 所示。

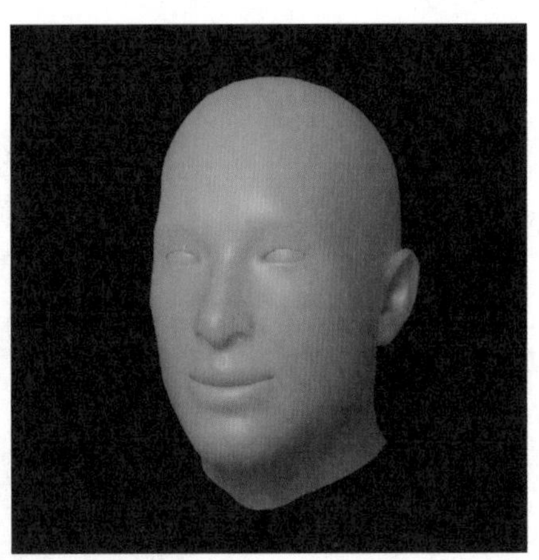

图 7-12

渲染结果不理想，参数过大，看起来更像蜡像，因为 misss_fast_skin_maya 的材质参数比较多，调节也相对复杂，所以，我们要一步一步地进行，整理出清晰的思路，以便分析。

7.3 调整各表皮层的参数

首先，观察背向散射属性（Back Scatter）效果。将 Diffuse Weight（漫反射权重）、Epidermal Scatter Weight（表皮权重）、Subdermal Scatter Weight（真皮权重）、Specularity Overall Weight（高光权重）4 个属性半径值调为零，这样，就只有 Back Scatter Weight 背向散射权重值保留，将 Back Scatter Weight 值设置为 2，如图 7-13 所示。

观察背向散射属性（Back Scatter）效果，渲染效果如图 7-14 所示。

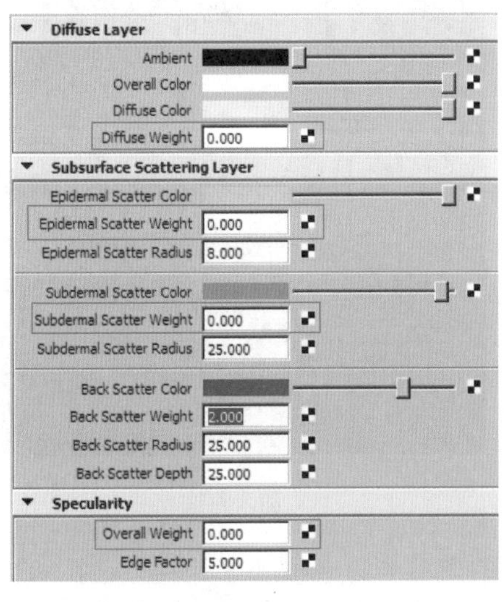

图 7-13

图 7-14

渲染结果可见，背向散射的半径及深度值过大，使得整个头部全部透光，这不是我们想要的效果，所以，要将 Back Scatter Radius 和 Back Scatter Depth 的值调小，通常这两个值的属性保持一致，此值以 Maya 网格为单位，参照 Maya 网格这里设置成 5，设置如图 7-15 所示。

调整后渲染效果如图 7-16 所示。

Diffuse Layer
Ambient
Overall Color
Diffuse Color
Diffuse Weight 0.000
Subsurface Scattering Layer
Epidermal Scatter Color
Epidermal Scatter Weight 0.000
Epidermal Scatter Radius 8.000
Subdermal Scatter Color
Subdermal Scatter Weight 0.000
Subdermal Scatter Radius 25.000
Back Scatter Color
Back Scatter Weight 2.000
Back Scatter Radius 5.000
Back Scatter Depth 5.000
Specularity
Overall Weight 0.000
Edge Factor 5.000

图 7-15

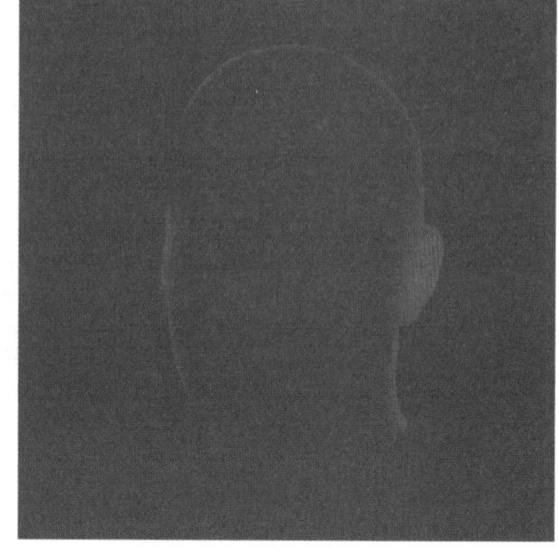

图 7-16

现在只有耳朵部分透光，半径和深度的大小都合适。接下来关闭 Back Scatter Weight，将此值设置为 0。然后将 Subdermal Scatter Weight 开启，设置为 0.4。通常 Subdermal Scatter Radiu 的值会比 Back Scatter Radiu 略小，根据之前设置 Back Scatter Radius 的值为 5，这里将 Subdermal Scatter Radiu 的值设置为 3，设置如图 7-17 所示。

渲染结果如图 7-18 所示。

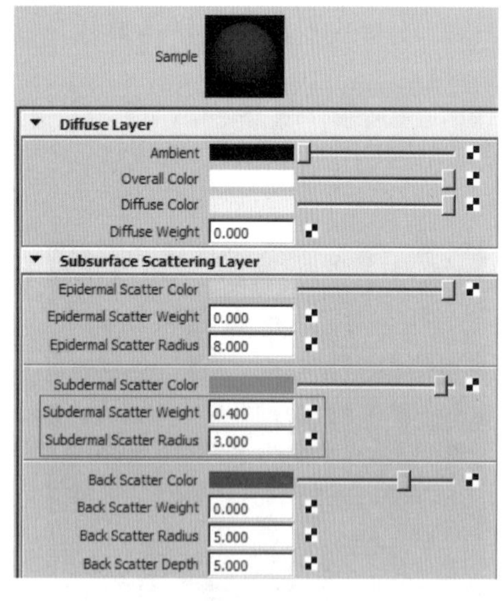

图 7-17

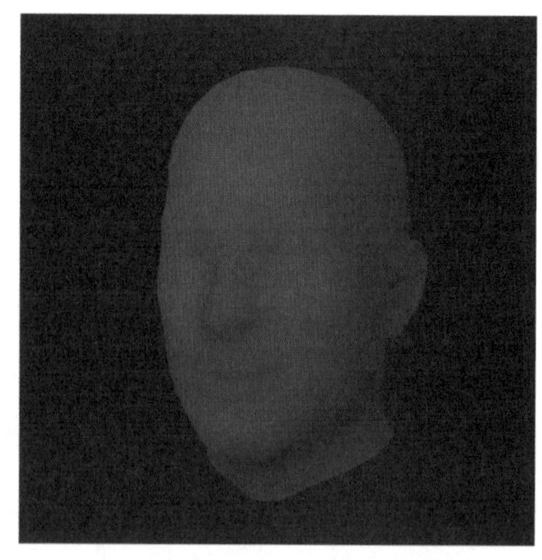

图 7-18

Subdermal Scatter 为真皮层，也称为皮下层，皮肤的肉感和血色取决于该层。由图可见，渲染出来的效果会使模型柔和，柔化了阴影和结构。所以，如果真皮层的参数过大，会导致更像蜡烛，不像皮肤。

接着继续设置表皮层，关闭真皮层，将 Subdermal Scatter Weight 设置为 0，再将 Epidermal Scatter Weight 设置一个值，可以想象，表皮就是皮肤最表面的皮层，将 Epidermal Scatter Weigh 设置为 0.4，因为表皮最薄，所以将表皮的半径 Epidermal Scatter Radius 设置较小，这里设置为 1，设置如图 7-19 所示。

渲染结果如图 7-20 所示。

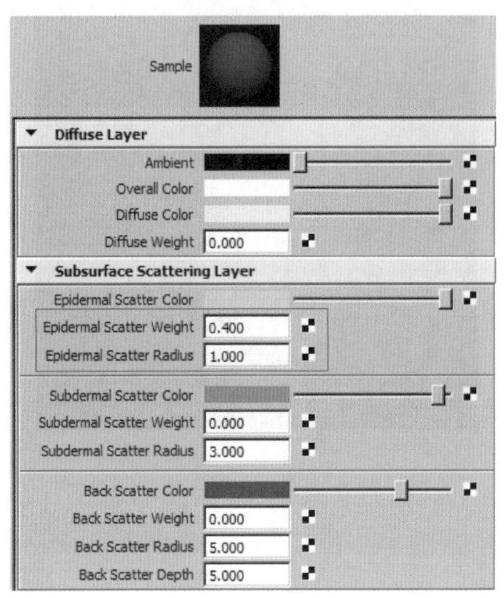

图 7-19

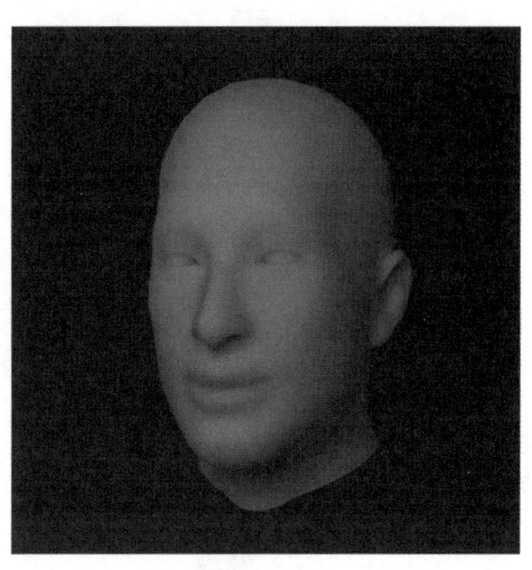

图 7-20

表皮最薄颜色也最浅，它主要负责皮肤表面的细节，这三层分别的单独设置完成后，将三层叠加在一起，参数如图 7-21 所示。

渲染结果如图 7-22 所示。

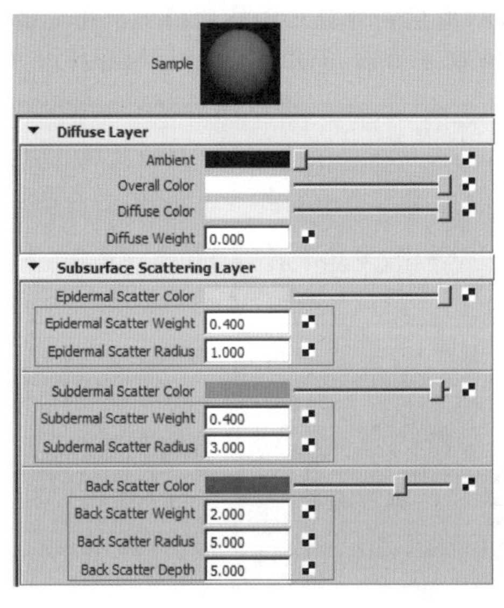

图 7-21

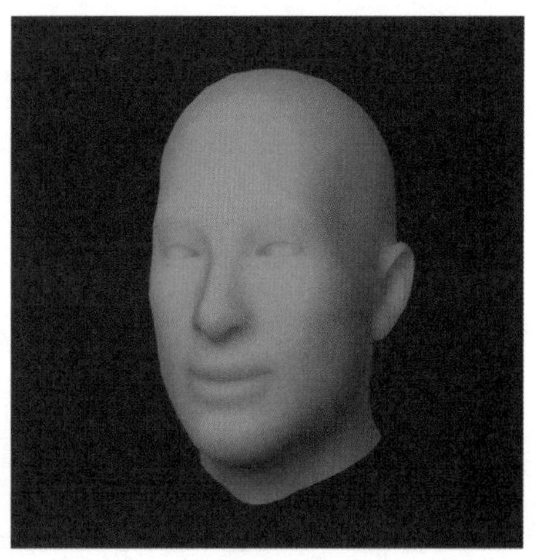

图 7-22

现在看起来模型就赋予了肉感，但是还有很重要的一个层没有开启，Diffuse Color，固有色，在颜色为默认白色的状态下，先将值设置为 0.4，如图 7-23 所示。

渲染结果如图 7-24 所示。

这部分内容可以参考配套源文件“D:\My File\projects_head\scenes\ Head_Shade01.mb”。

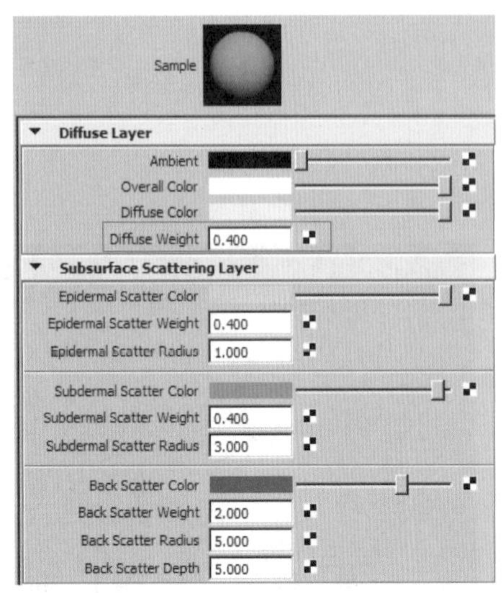

图 7-23

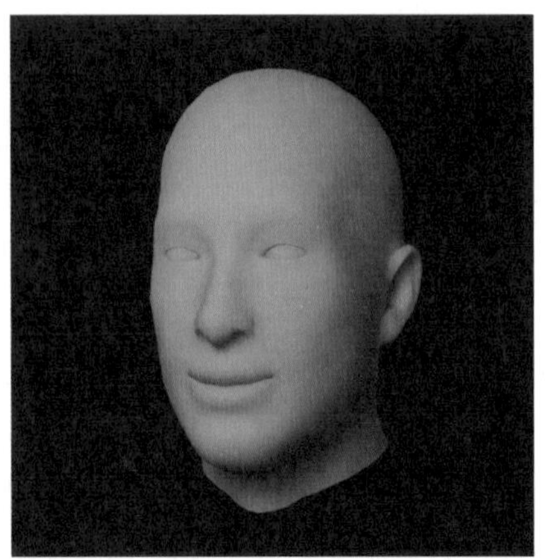

图 7-24

7.4 给模型贴图

1. 法线贴图

材质球的基本参数调整后，下面为模型贴一张法线贴图，法线贴图是一种显示三维模型更多细节的重要方法，它解决了模型表面因为灯光而产生的细节。

这是一种 2 维的效果，所以它不会改变模型的形状，但是它计算了轮廓线以内的极大的额外细节，法线贴图可以在 Zbrush 或 Mudbox 等雕刻软件中绘制，然后输出到 Maya 等三维软件中。本例中的法线贴图如图 7-25 所示。

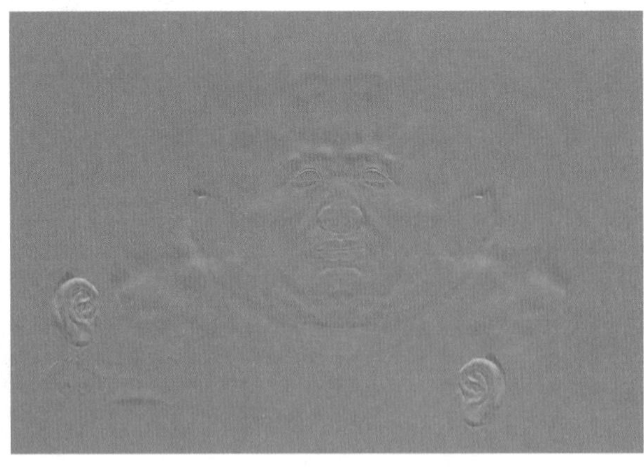

图 7-25

从配套源文件"D:\My File\projects_head\sourceimages\normal_map. tif"中，将这张法线贴图调入 Maya(可以直接从文件夹中，将法线贴图拖入到材质编辑器中)，并将其使用中键拖曳到 misss_fast_skin_maya 材质的 bump 上，节点如图 7-26 所示。

设置 bump 节点如图 7-27 所示。

因为贴了法线贴图，现在看起来面部的细节加强了很多，渲染结果如图 7-28 所示。

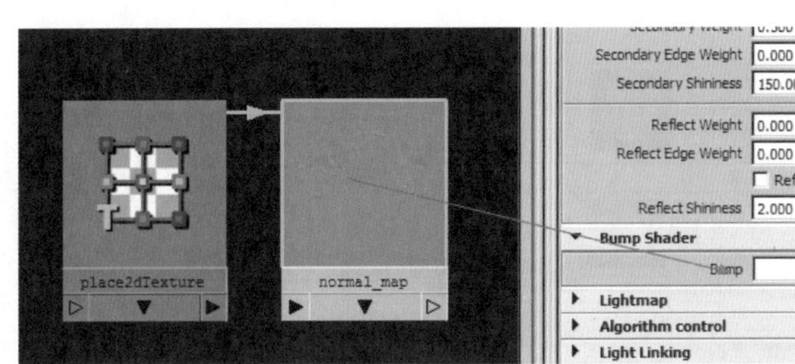

图　7-26

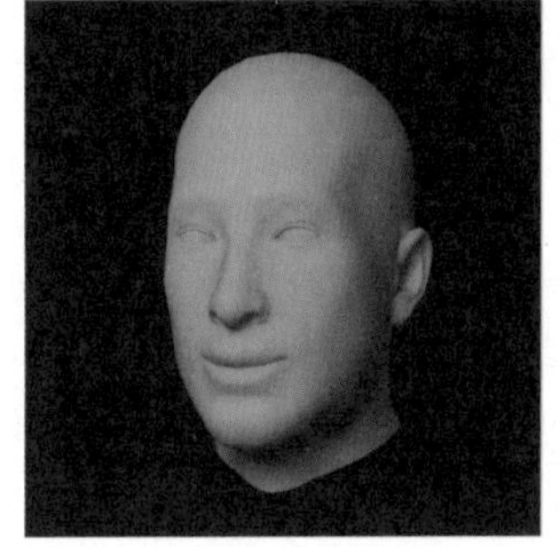

2d Bump Attributes

Bump Value	1.000
Bump Depth	1.000
Use As:	Tangent Space Normals

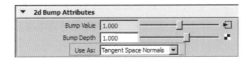

图　7-27

图　7-28

2. 固有色和表皮颜色贴图

接着要为模型贴颜色贴图，以上的制作过程中我们共调节了4种属性，固有色、表皮层、真皮层和背向散射层，首先是固有色贴图。

本例中已经绘制好的固有色贴图，如图7-29所示。

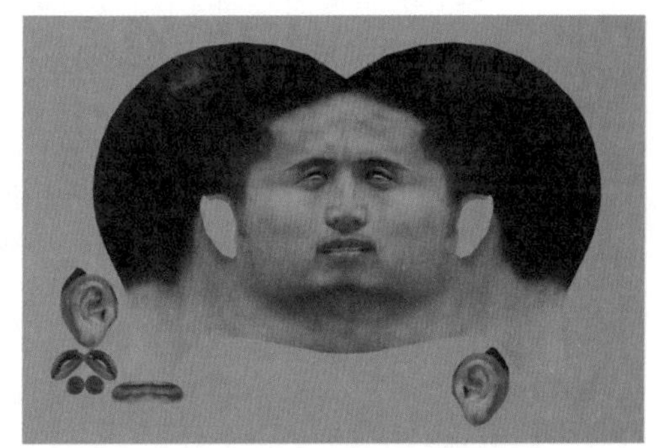

图　7-29

从配套源文件"D:\My File\projects_head\sourceimages\diffuse_color.tif"中，将固有色贴图拖入到材质编辑器中，直接将贴图中键拖曳到misss_fast_skin_maya材质的Diffuse Color属性上，如图7-30所示。

渲染结果如图7-31所示。

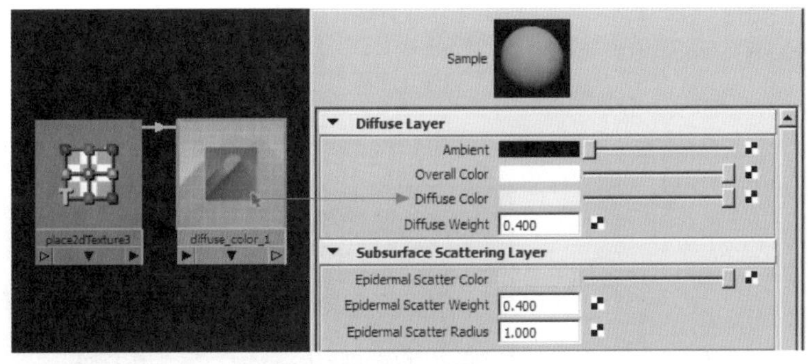

图　7-30

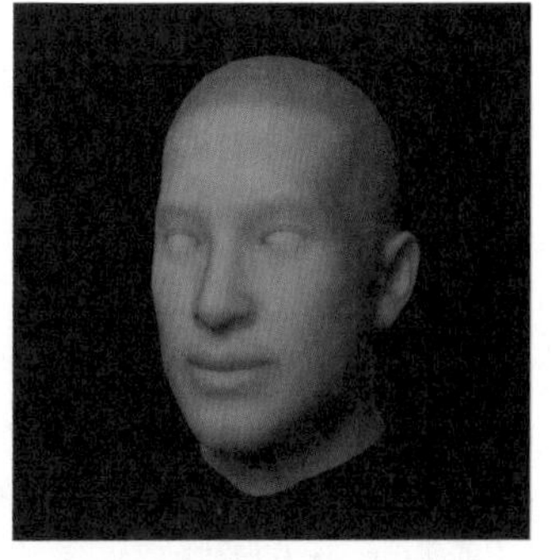

图　7-31

渲染后，模型上只有很浅的贴图纹理，没错，这只是贴了皮肤的固有色。然后再贴表皮贴图，表皮贴图一般和固有色贴图类似，或者比固有色贴图颜色要浅一些，这里同样将固有色贴图贴到表皮颜色上，如图7-32所示。

渲染结果如图7-33所示。

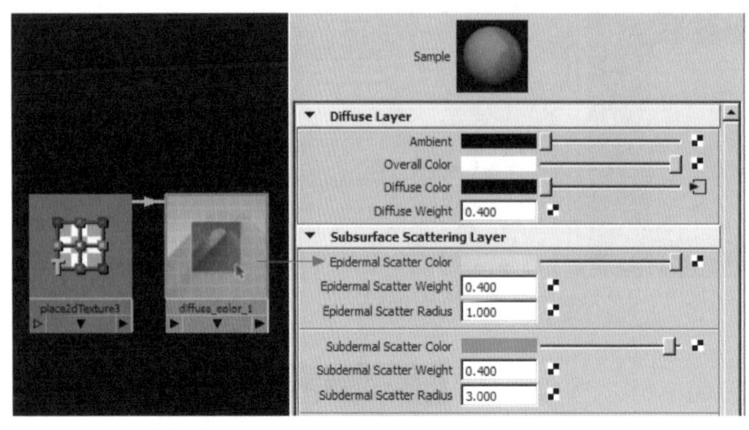

图 7-32

图 7-33

3. 真皮颜色和背向散射颜色贴图

现在看上去，皮肤纹理就比较明显了，但是缺少血色，这时就要贴入真皮颜色，真皮的颜色偏橘红色，在保留皮肤纹理细节的情况下，将贴图用 Photoshop 调成橘红色。所以利用固有色贴图，使用 Photoshop 的色彩平衡工具，调色参数如图 7-34 和 7-35 所示。

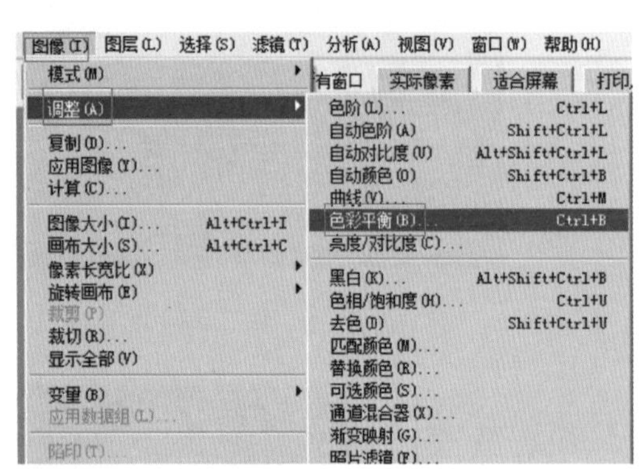

图 7-34

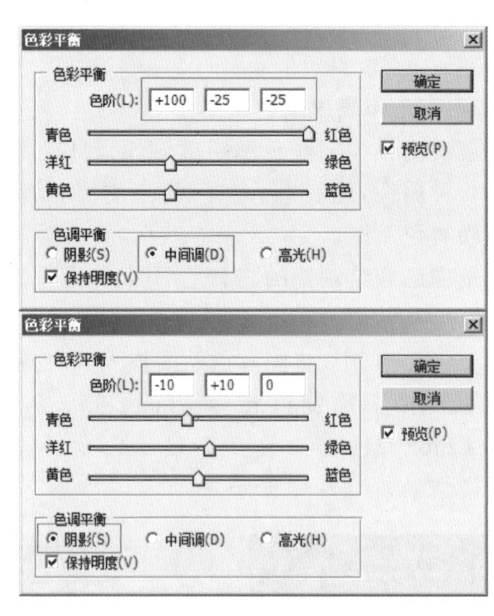

图 7-35

调整图片后，重新命名文件为 subdermal_scatter.tif。贴图调整结果如图 7-36 所示。

这张贴图可以参考配套源文件"D:\My File\projects_head\sourceimages\subdermal_scatter.tif"。

将调节好的图贴入真皮颜色属性上，如图 7-37 所示。

渲染结果如图 7-38 所示。

现在皮肤赋予了血色，看上去更为自然真实，但是我们会发现，头发的位置会出现背向散射的半透效果，如图 7-39 所示。

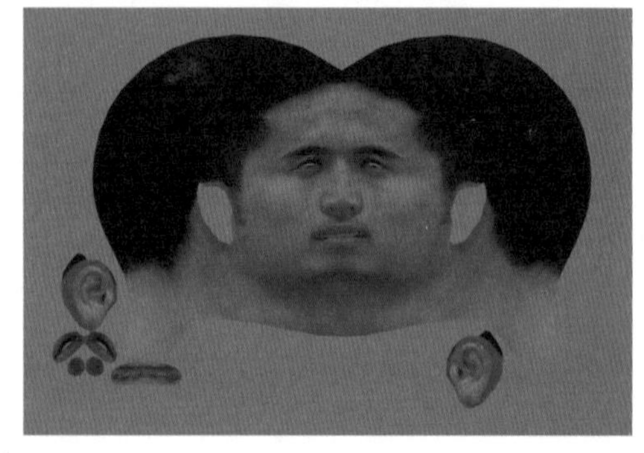

图 7-36

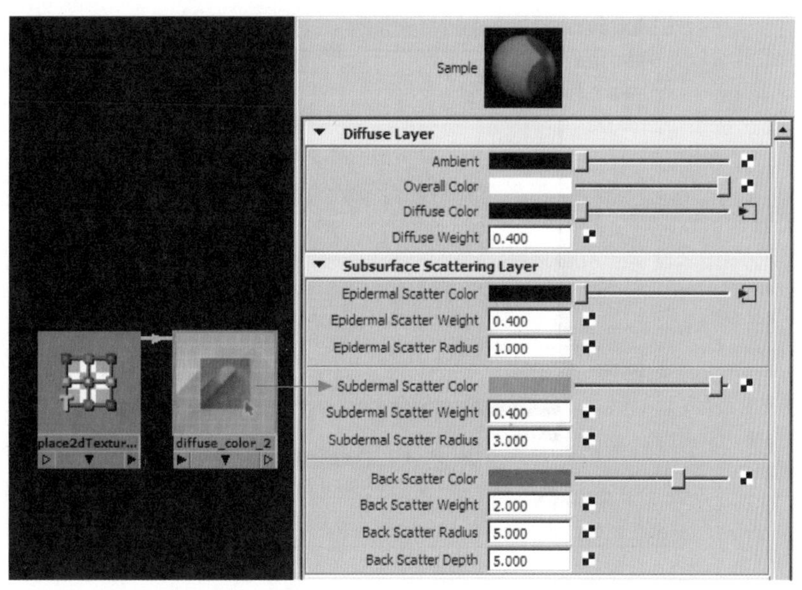

图　7-37

图　7-38

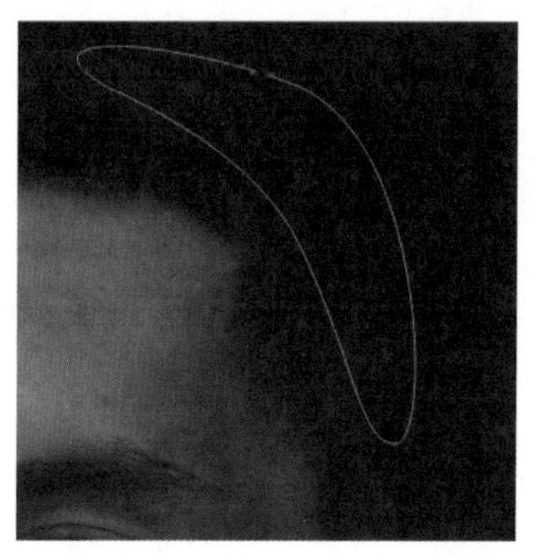

图　7-39

这个效果是不正确的，头发处应该不具备半透现象，所以头发区域要使用黑色，黑色等于数值 0，这样头发区域就不会产生任何影响。

接下来为背向散射颜色选项贴图，来局部控制这些细节。背向散射颜色应该是暗红色，同样，使用 Photoshop 来调色，调整参数如图 7-40 所示。

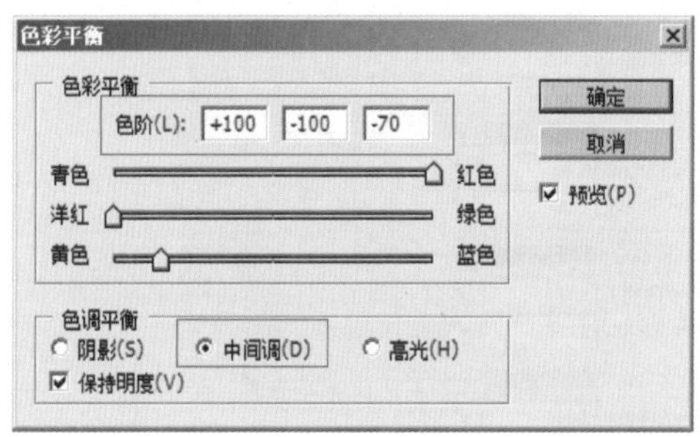

(a)

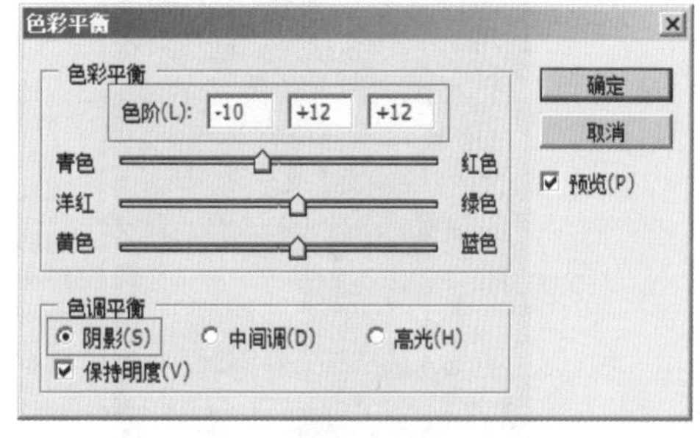

(b)

图　7-40

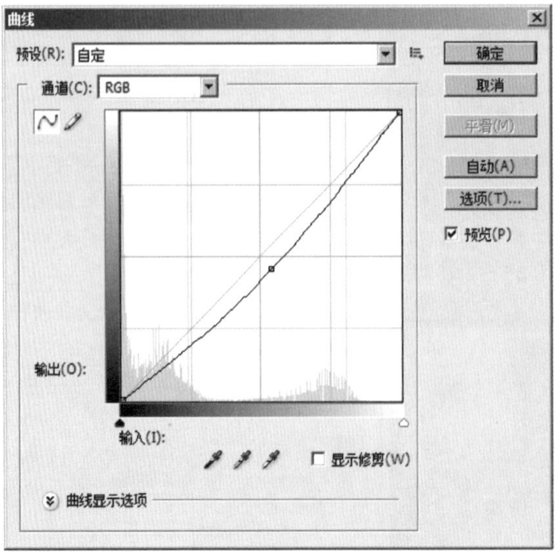

(c)

图 7-40 （续）

调整完成后，将贴图存储，名称为 back_scatter. tif，贴图调整结果如图 7-41 所示。

图 7-41

这张贴图可以参考配套源文件“D:\My File\projects_head\sourceimages\back_scatter. tif”。

将调节好的贴图贴入背向散射颜色属性上，如图 7-42 所示。

渲染效果如图 7-43 所示。

4. 高光贴图

现在需要处理皮肤的高光。看上去皮肤显得有些干燥，下面先将之前关闭的高光属性打开，如图 7-44 所示。

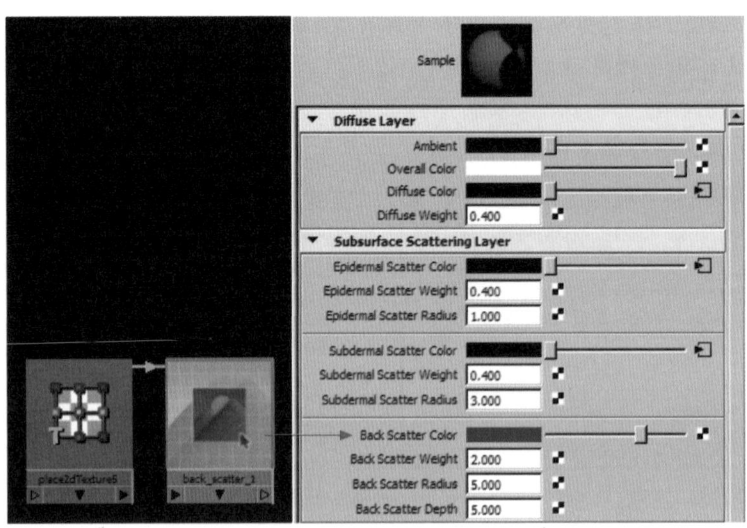

图 7-42

图　7-43

Specularity
Overall Weight 1.000
Edge Factor 5.000
Primary Specular Color
Primary Weight 0.300
Primary Edge Weight 0.800
Primary Shininess 5.000
Secondary Specular Color
Secondary Weight 0.300
Secondary Edge Weight 0.000
Secondary Shininess 33.000
Reflect Weight 0.000
Reflect Edge Weight 0.000
Reflect Environment Only
Reflect Shininess 2.000

图　7-44

渲染结果如图 7-45 所示。

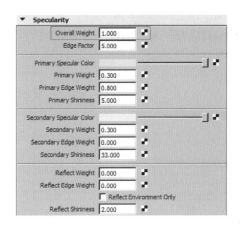

高光开启后，看上去过于油亮，皮肤面部是有毛孔及纹理的，所以，皮肤的高光应该是不平滑表面高光。由于现在没有高光贴图，看上去面部平滑光亮，接下来将固有色贴图处理成一张高光贴图。

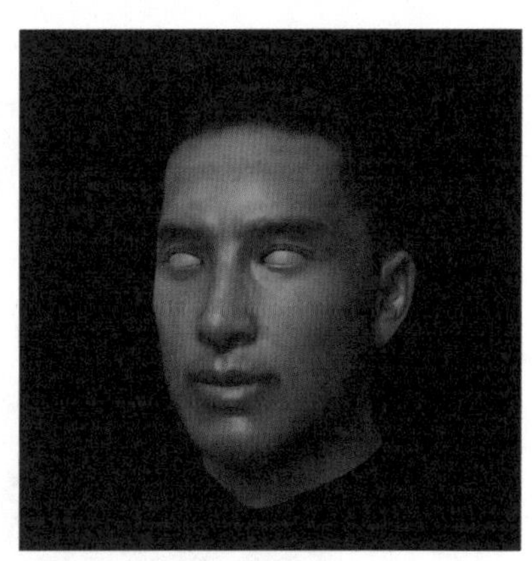

图　7-45

首先去色，在 Photoshop 中调整，如图 7-46 所示。

然后，色阶调整对比，如图 7-47 和 7-48 所示。

最后使用减淡工具，提亮局部，另存文件为 specular. tif，贴图调整结果如图 7-49 所示。

这张贴图可以参考配套源文件“D:\My File\projects_head\sourceimages\specular. tif”。

在贴图之前先来看一下首次高光（Primary Specular）和二次高光（Secondary Specular）的区别。

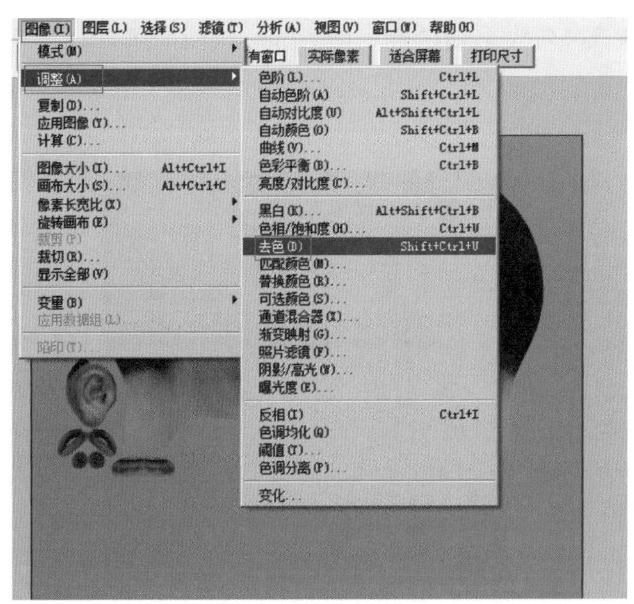

图　7-46

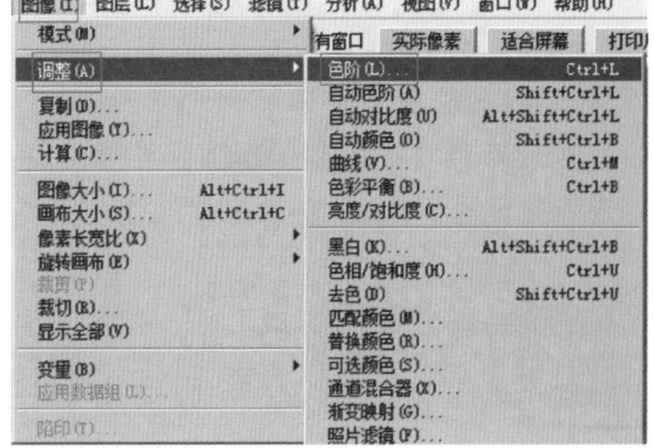

图　7-47

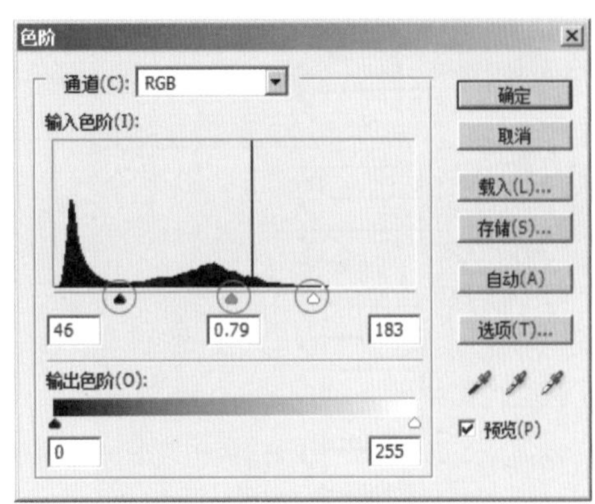

图 7-48

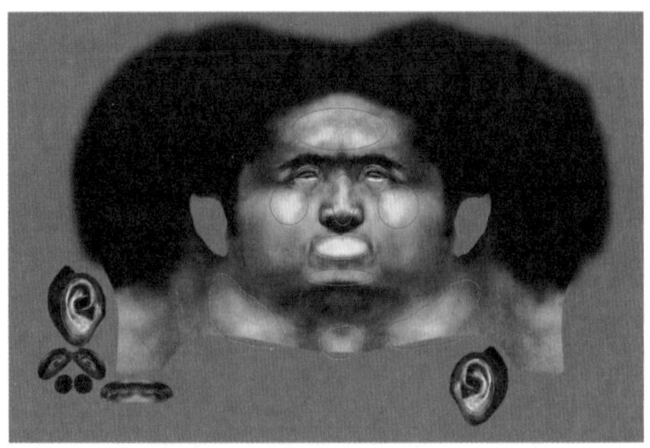

图 7-49

首次高光(Primary Specular)效果如图 7-50 所示。

二次高光(Secondary Specular)效果如图 7-51 所示。

图 7-50

图 7-51

通常这两个高光效果是叠加使用,分别控制高光亮点和高光扩散。现在将调节好的高光贴图分别与首次高光颜色(Primary Specular Color)和二次高光颜色(Secondary Specular Color)相连,如图 7-52 所示。

渲染效果如图 7-53 所示。

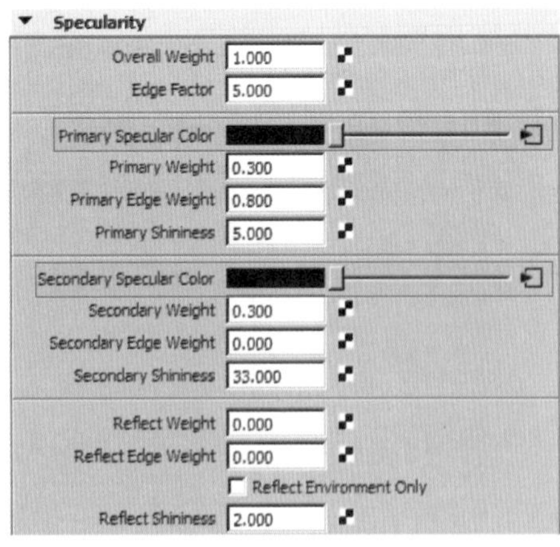

图 7-52

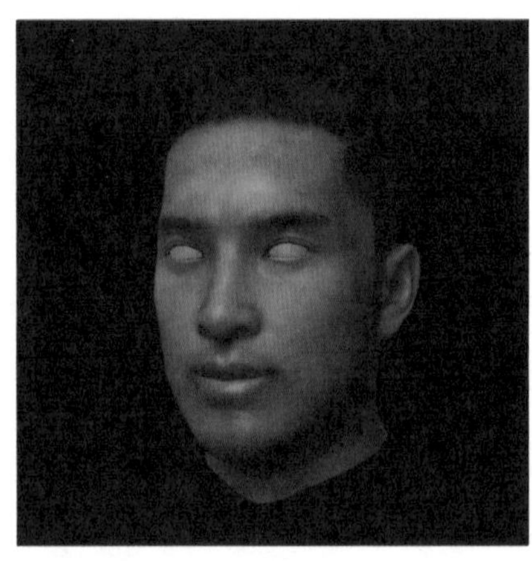

图 7-53

再将二次高光的强度和范围稍微调整，以达到理想效果，如图 7-54 所示。

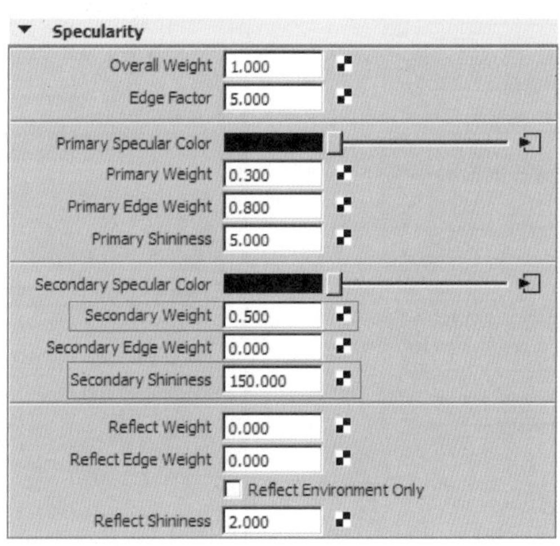

图　7-54

这部分内容可以参考配套源文件“D:\My File\projects_head\scenes\ Head_Shade02. mb”。

7.5　给眼睛贴图

现在为眼睛贴图，调整材质，眼睛的模型结构如图 7-55 所示。

图 7-55 中的 1 为反射膜，主要接受高光和反射，本例中使用 blinn 材质来模拟这个效果。

执行菜单命令 Window|Rendering Editors|Hypershade，打开材质编辑器，创建 blin 材质，再将此材质球赋予两个眼球的反射膜模型，如图 7-56 所示。

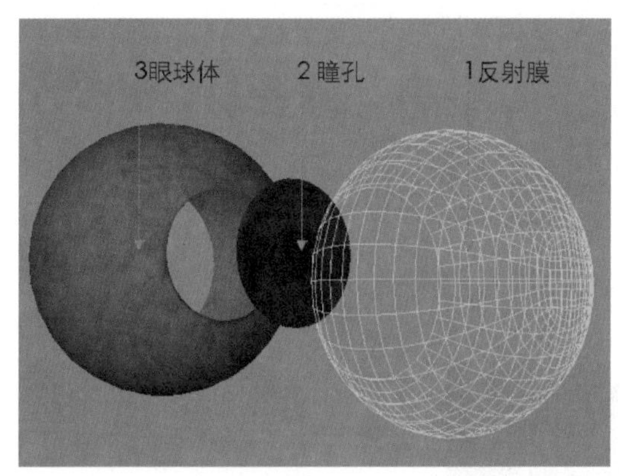

图　7-55

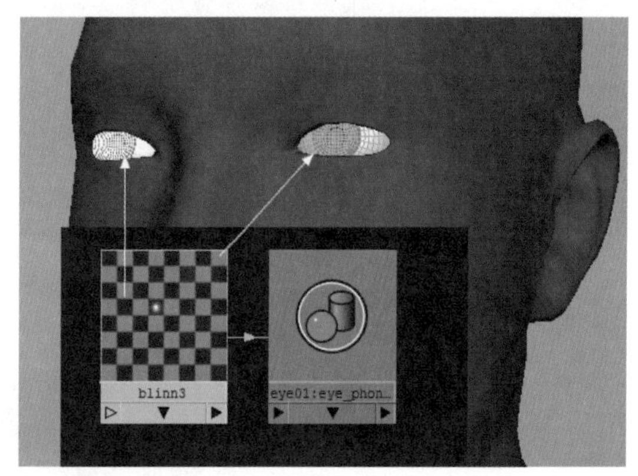

图　7-56

blinn 材质参数设置如图 7-57 所示。

图 7-55 中的 2 是瞳孔，本例中使用 lambert 材质，直接将眼球贴图贴入 lambert 材质的 Color 属性即可，眼球贴图在配套源文件“D:\My File\projects_head\sourceimages\eye. tif”中，如图 7-58 和图 7-59 所示。

图 7 55 中的 3 为眼球体，也同样使用的 misss_fast_skin_maya 材质，参数设置如图 7-60 所示。

最终渲染效果如图 7-61 所示。

这部分内容可以参考配套源文件“D:\My File\projects_head\scenes\ Head_Shade03. mb”。

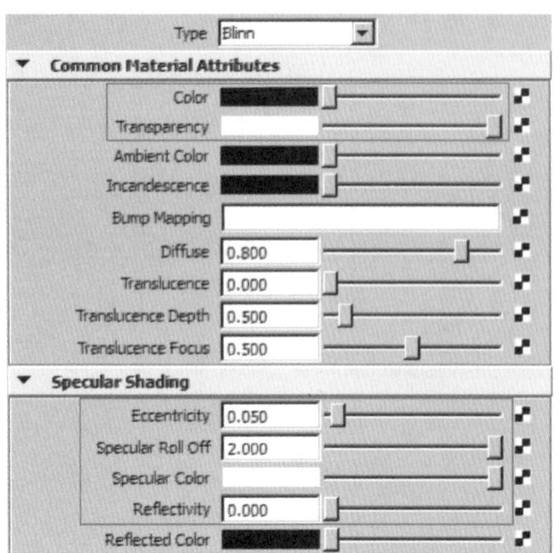

图 7-57

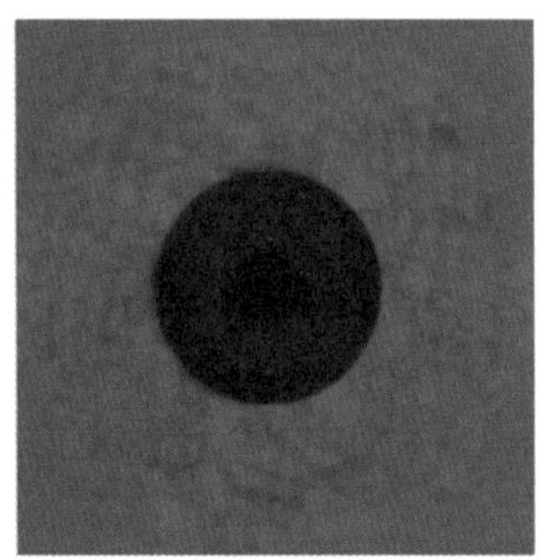

图 7-58

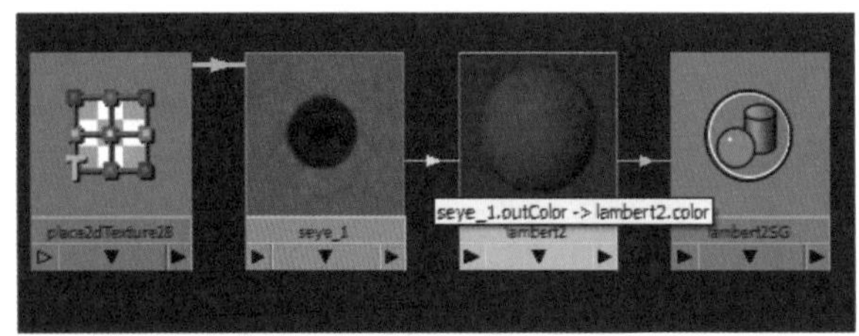

图 7-59

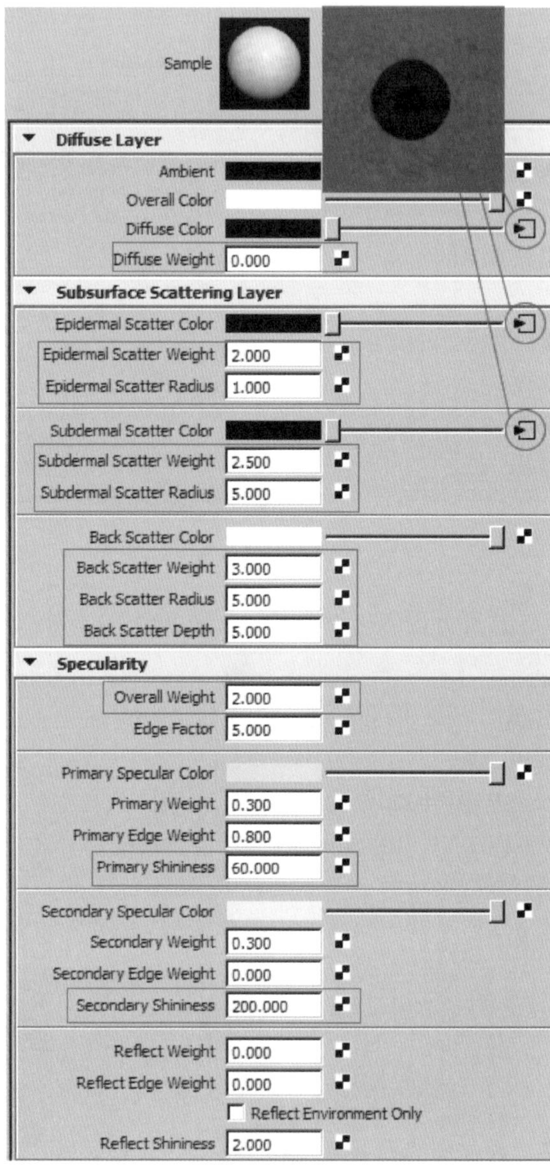

图 7-60

图 7-61

总结

本章主要讲解皮肤材质的制作流程和方法，明确关于皮肤每一层的作用，调整参数时也要考虑达到理想效果的元素有哪些。当然，灯光影响皮肤也起着很关键的作用，制作时千万不要忽略了反光板的作用，没有灯光的反光，皮肤的光泽是无法体现的。SSS材质的属性较多，调节起来也是较为麻烦的一种材质。所以，参数要逐步调节，清晰思路，以便于更准确地完成效果。

第 8 章

室外场景布光

Chapter 08

本章知识点

1. mental ray物理天光。
2. 实例外景布光。

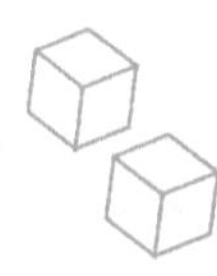

在实际生产中,人们经常要进行户外场景的制作。制作这样的场景的灯光,早期的做法是手动布光,这样的操作对于灯光流程中人员的要求比较高,效果也比较难把控。本章将使用另外一种方法——mental ray 天光,来完成天光的制作。

8.1 mental ray 天光原理

在渲染器设置中,创建 mental ray 物理天光,如图 8-1 所示。

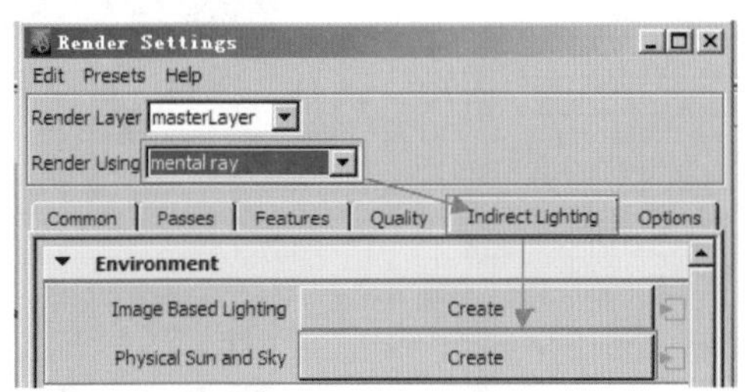

图 8-1

单击 Create 按钮后,在 Hypershade 中会出现 4 个节点,如图 8-2 所示。

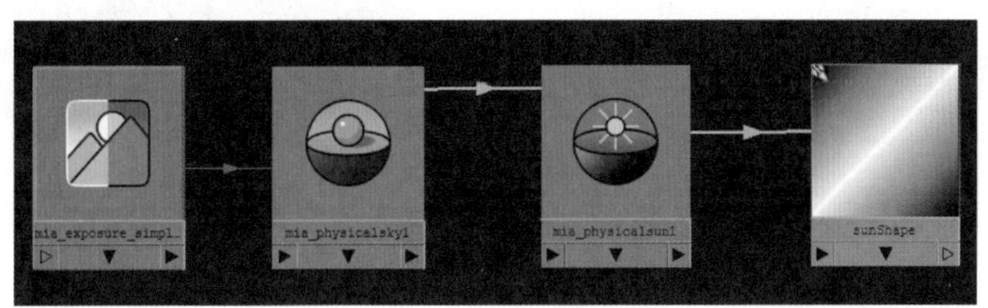

图 8-2

从左至右,分别是控制相机节点、物理天光环境节点、阳光节点和阳光定向节点。mia_physicalsun 和 mia_physicalsky 同时控制着天光属性,包括大气效果、环境天空信息等,连接一盏平行光代表太阳,控制位置及方向。

mia_exposure_simple 作为相机控制节点连接 mia_physicalsky,在这些环境着色器的帮助下,最终聚集 Fianl gathering(必须启用)被用来照亮场景,反弹来自太阳发出的光照信息通过最后处理,收集弥漫性反弹或通过 GI(全局照明光子)。

8.1.1 通用参数部分

在天光属性中有部分参数是 mia_physicalsun 和 mia_physicalsky 节点共同控制的,这是要确保物理正确性,以保持这些参数在天光和阳光中彼此同步。

常用参数带动了整个渲染和着色控制,下面对参数逐步分析,如图 8-3 所示。

1. Haze(薄雾)

设置在空气中的雾度量。范围是 0(完全没有雾效,清晰的天空)~15(极度阴沉,类似沙尘效果)。Haze 影响着天空强度和颜色、阳光的强度和颜色、阴影的强弱。

Haze=0 时,效果如图 8-4 所示。

Haze=3 时,效果如图 8-5 所示。

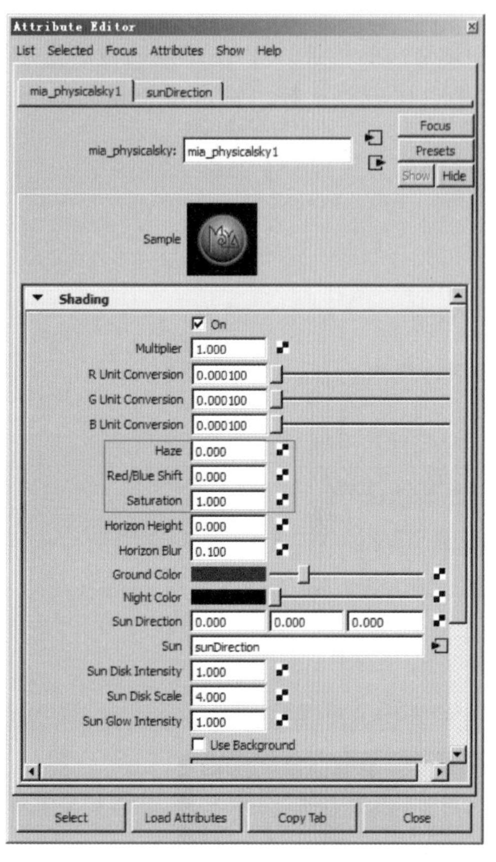

图 8-3

图 8-4

图 8-5

Haze=8 时,效果如图 8-6 所示。

Haze=15 时,效果如图 8-7 所示。

图 8-6

图 8-7

2. Red/Blue Shift(红/蓝偏移)

此参数是对光的红色程度进行艺术控制。可以理解为色温,取值范围为−1～1,−1 为蓝色(高色温),1 为红色(低色温)。Red/Blue Shift=−0.3 时,效果如图 8-8 所示。

Red/Blue Shift=+0.3 时,效果如图 8-9 所示。

3. Saturation(饱和度)

控制色彩程度,1 为物理计算的正常饱和度水平,参数范围从 0.0(黑白)至 2.0(浓烈的色彩)。

图　8-8

图　8-9

8.1.2　阳光属性部分

mia_physicalsun 节点参数设置如图 8-10 所示。

mia_physicalsun 是负责太阳光的颜色和强度以及发射光子。正如上面提到的，mia_physicalsun 也包含在 mia_physicalsky 中通用的参数，如 Haze、Red/Blue Shift 等。

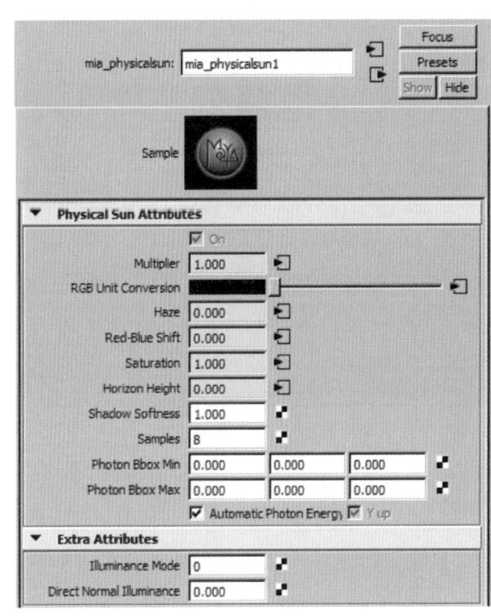

图　8-10

mia_physicalsun 节点的特定参数说明如下。

(1) Samples 是阴影的采样数量，去除噪点。如果值被设置成 0，则是不产生软阴影。

(2) Shadow Softness 是软阴影的柔和度。如果值为 1.0，是最准确的匹配太阳所投射的阴影的柔和度的值。值越低，阴影越锐利；值越高，阴影越柔和。

(3) Photon_Bbox_Min 和 Photon_Bbox_Max 是约束光子边框，默认值是 0、0、0。光子边界是自动计算，如果对它们进行设置，它们在灯光坐标系中定义光子的目标边界框。此设置可以用于将 GI 光子"聚焦"在关注区域上。

例如，模拟一座巨大的城市为背景，主体只看其中的一个房间，mental ray 默认情况下将分布光子在整座城市，但仅要渲染房间内部，可能仅少数光子可找到该房间。使用 Photon_Bbox_Max 和 Photon_Bbox_Min 参数可以聚焦 mia_physicalsun 的光子发射，使其仅指向关注的窗，从而大大地加快速度且增强内部渲染的质量。

(4) Automatic_Photon_Energy 启用自动光子能量计算。启用此选项后，光源不需要使有效能量值与太阳的能量值匹配(但是，一定需要非零能量值或 mental ray 禁用光子发射)。将自动计算光子正确的能量和颜色。如果禁用该参数，光子能量将由光能值定义。

(5) Illuminance_Mode 选择设置太阳强度的方式。如果 Illuminance_Mode 为 0，则使用与早期版本库兼容的默认太阳强度(基于 Haze、太阳角度、光学空气质量等在内部计算)。如果 Illuminance_Mode 为 1，太阳光将通过 Direct_Normal_Illuminance 参数设定直接法线照度(以勒克斯为单位)。太阳光颜色和以前一样由 Haze 决定，只有强度被修改。

8.1.3 天光属性部分

天光属性部分如图 8-11 所示。

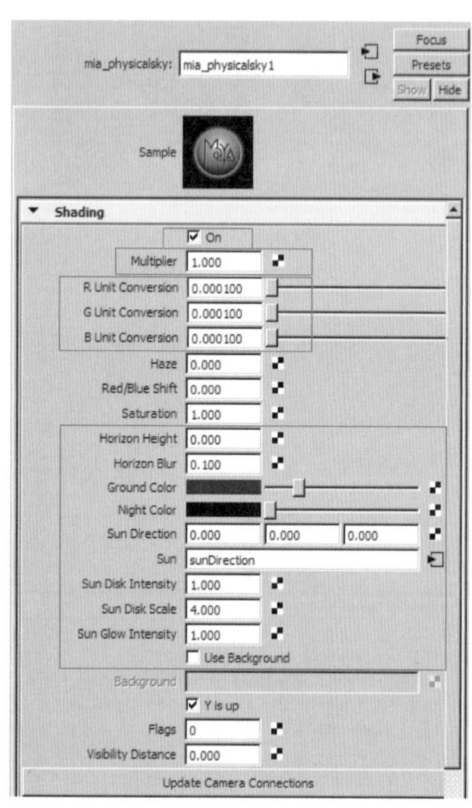

图 8-11

mia_physicalsky 着色器负责创建渐变颜色，模拟大气环境的圆形天空，配合最终聚集 FinalGathering，为场景起到照明作用。mia_physicalsky 还创建了一个虚拟地平面，这使得不必创建实体模型的几何体来产生天际线。

天光属性说明如下。

(1) On 开关，在默认情况下是开启。

(2) Multiplier(倍增值)，是一个标量倍增器的光的输出，增强亮度值，默认值为 1。

(3) R/G/B_Unit_Conversion 是 R、G、B 单位偏移。

(4) Horizon_Height 设置地平线的高度，默认值是 0.0，是地平线的标准高度，地平线是无限远，请注意，地平线并不是实际存在于 3D 空间中的任何特定高度，它是光线从低于某个特定的角度照射而产生的着色效果。

参数范围是−10.0(地平线为"直下")～10.0(地平线处于最高点)。实际上，只有很小的值才有用，例如，值−0.2 可以将地平线向下推动到有限可视地平面边的正下方。

(5) Horizon_Blur 设置地平线的模糊，默认值是 0.1。当值为 0.0 时，地平线是完全清晰的。参数范围是 0.0～10.0(为完全模糊，没有实际地平线)。

参数 Horizon_Height＝0.0，Horizon_Blur＝0.0 时的效果如图 8-12 所示。

参数 Horizon_Height＝−0.3，Horizon_Blur＝0.2 时的效果如图 8-13 所示。

图 8-12

图 8-13

(6) Ground_Color 是虚拟地平面的颜色。注意：这个值会参与漫反射，颜色会影响场景中的模型光照颜色。

Ground Color 为红色时的效果如图 8-14 所示。

Ground Color 为绿色时的效果如图 8-15 所示。

注意：图 8-13 光从地平面反弹颜色到房子，由此说明，虚拟地平面会影响亮度，场景中不仅有天空的照射亮度，还有地面模拟的反射光亮度，若只想产生天空照射的亮度，则把 Ground Color 设置为纯黑色。另外，虚拟地平面是不接受阴影的。

图　8-14

图　8-15

(7) Night_Color 是夜晚天空颜色，天空永远都不会是黑色，当我们把阳光落到地平面下时，天空是变得很暗，这时可以使用这个选项来为天空着色。

(8) Sun_Direction 是太阳方向，如果太阳被手动指定，则该参数被忽略。

(9) Sun 设置平行光与 mia_physicalsky 连接，自动设置太阳方向。将太阳的圆盘自动跟踪平行光所指向的位置。

(10) Sun_Disk_Intensity 和 Sun_Glow_Intensity 是太阳表面强度和太阳辉光强度，分别控制太阳圆盘显示的强度和光晕的强度。参数 Sun_Glow_Intensity=5 时的效果如图 8-16 所示。

参数 Sun_Glow_Intensity=0.1 时的效果如图 8-17 所示。

图　8-16

图　8-17

(11) Sun_Disk_Scale 是太阳表面比例，控制太阳圆盘的大小。参数 Sun_Scale=1 时的效果如图 8-18 所示。

参数 Sun_Scale=4 时的效果如图 8-19 所示。

图　8-18

图　8-19

(12) Use_Background 使用自定义背景。

(13) Y_is_up 是向上轴向 Y。

(14) Flags 是为以后扩展测试使用，设置为 0.0，不做修改。

以上是物理天光的基本原理和功能介绍，在实际制作中不一定会全部使用到，不过当人们掌握了这些内容后，就更能为人们创作作品时提供方便。

8.2 室外场景实例

下面使用具体案例来讲解室外灯光的布置方法，首先来看看最终效果，如图 8-20 所示。

图 8-20 所表现的是黄昏，这里先来分析几点要素。

- 光源颜色为黄色；
- 光源位置要放低，以便产生拉长的阴影；
- 阴影要相对大的模糊，体现黄昏后阳光较柔和；
- 补光很关键，使图片的细节更多；
- 由于太阳落山，这个时间段的图片调子会比较重；
- 能见度的雾气效果(所谓的空气透视)也比较重要，能更好地体现空间关系。

以上是在制作中需要考虑的几个要点，下面是具体的操作步骤。

步骤 1　创建天光

打开配套源文件“D:\My File\projects_CheZhan\scenes\CheZhan.mb”，在这个文件中已经设置好角色的动作和场景，但所有的模型现在没有材质，如图 8-21 所示。

图　8-20

图　8-21

单击渲染设置图标，打开渲染设置，在其中单击 Create 按钮，创建 Physical Sun and Sky，如图 8-22 所示。

因为使用的是物理天光，所计算的颜色空间不一致，所以需要更改颜色的输入及输出，如图 8-23 所示。

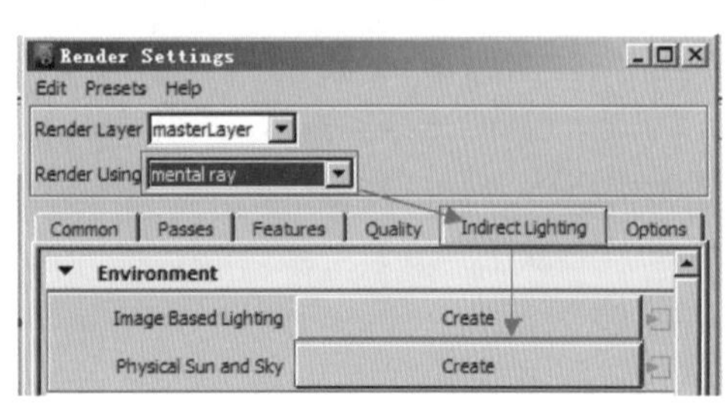

图　8-22

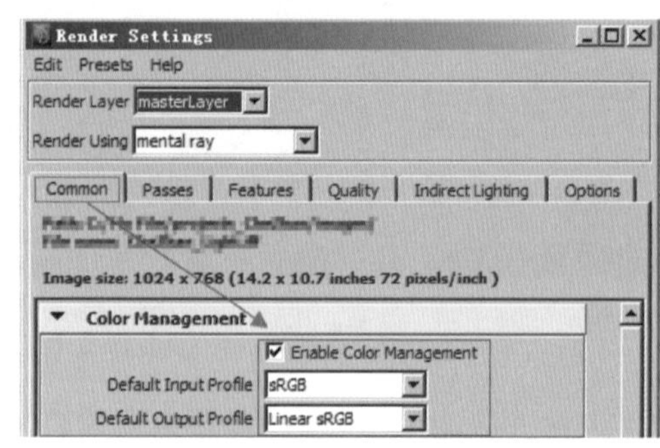

图　8-23

创建后，在坐标中心位置出现一盏平行光，如图 8-24 所示。

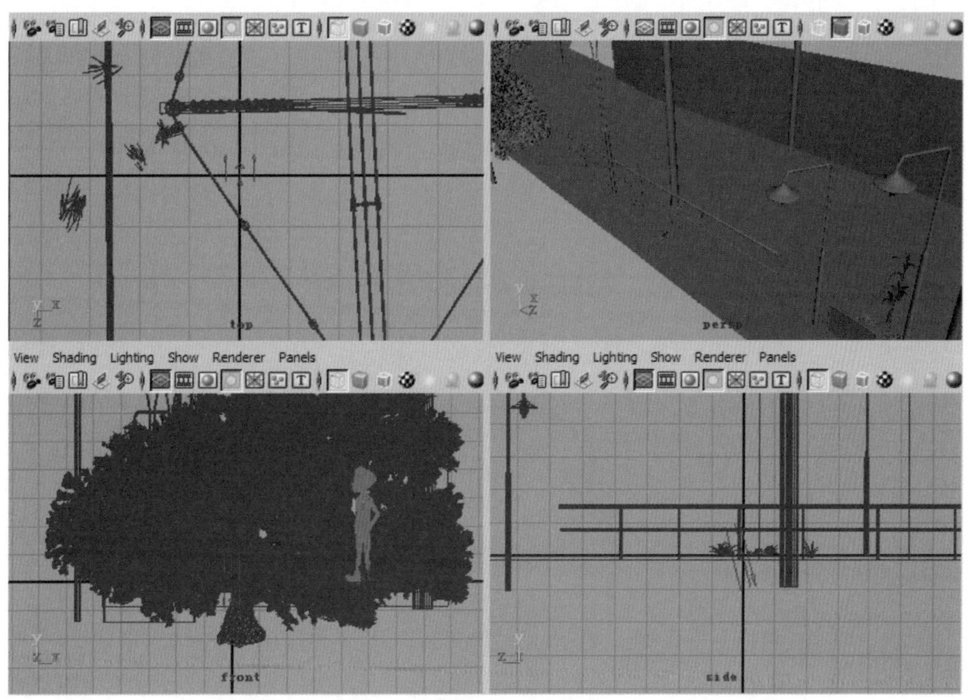

图　8-24

渲染，查看效果，如图 8-25 所示。

图　8-25

得到一个晴朗中午的效果，这是因为平行光角度控制着太阳位置，现在平行光是朝下照射，表明太阳在头顶，即中午。

接下来需要调整平行光位置及方向，使相机角度看来是侧逆光，如图 8-26 所示。

说明：物理天光包括天光和阳光(主光)，这个一定要分清楚，在这里只需要它的天光照明，并没有做太多的设置，由于 mental ray 的物理天光提供的阳光会影响整体环境亮度，所以要根据环境的亮度来控制阳光的亮度，也就是阳光照射强度，不要设置的太强，因为后面会单独创建主光阳光。

mia_physicalsky 属性设置如图 8-27 所示。

mia_physicalsun 属性设置如图 8-28 所示。

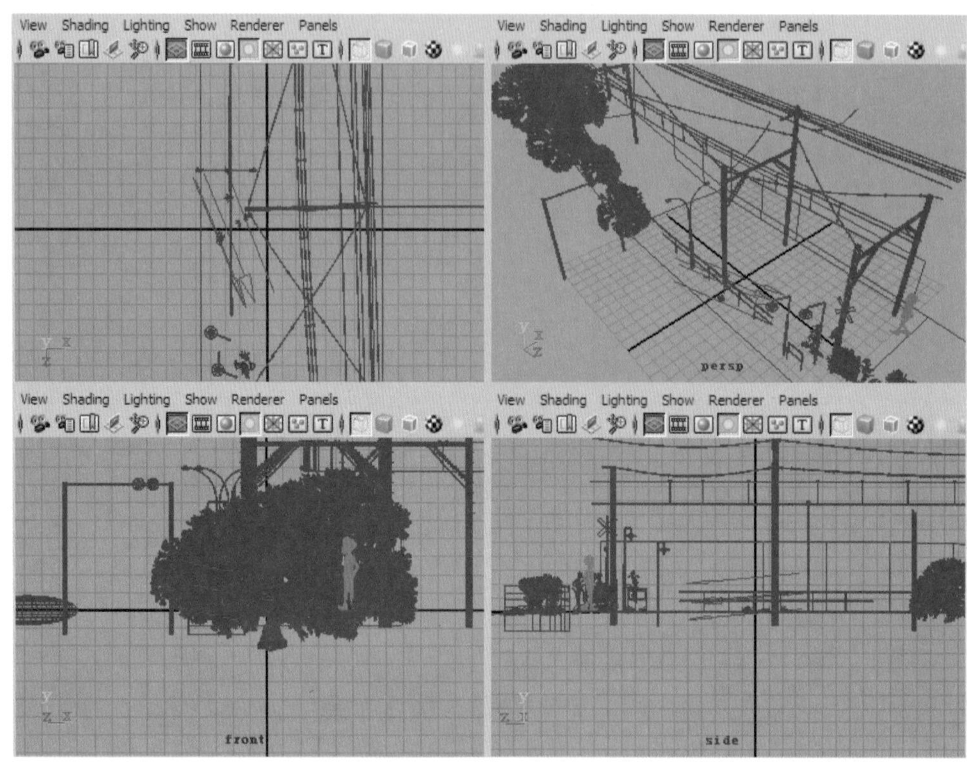

图 8-26

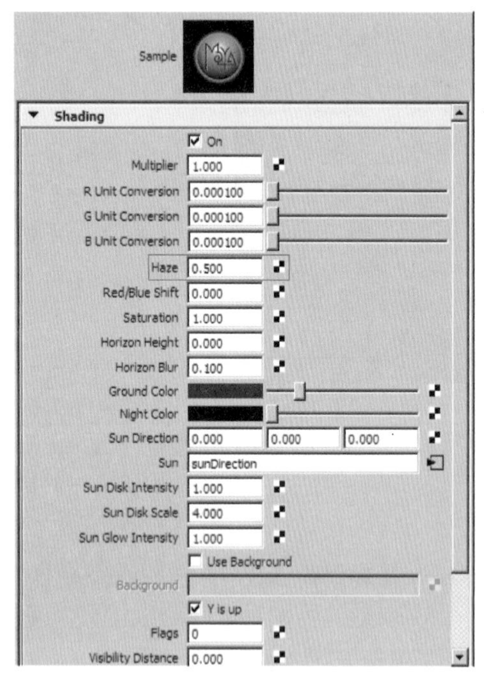

图 8-27

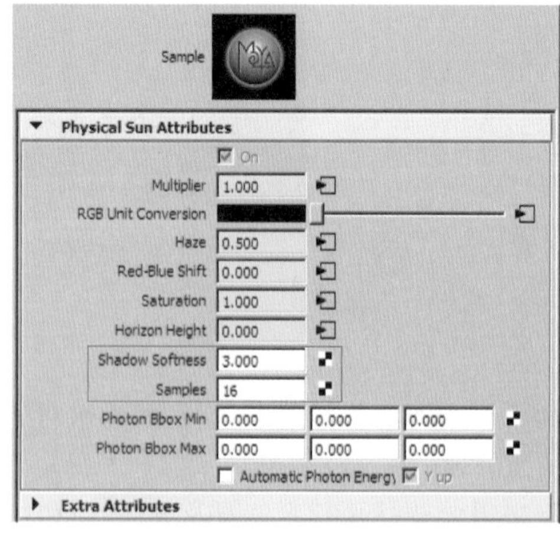

图 8-28

再次渲染，效果如图 8-29 所示。

现在的亮度比较合适，接着为场景加一束暖暖的阳光，执行菜单命令 Create|Light|Spot Light，创建一盏聚光灯，方向大致匹配阳光的平行光，如图 8-30 所示。

图　8-29

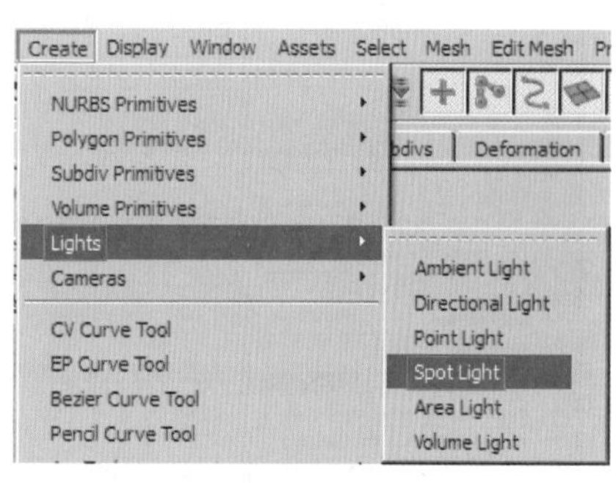

图　8-30

灯光位置如图 8-31 所示。

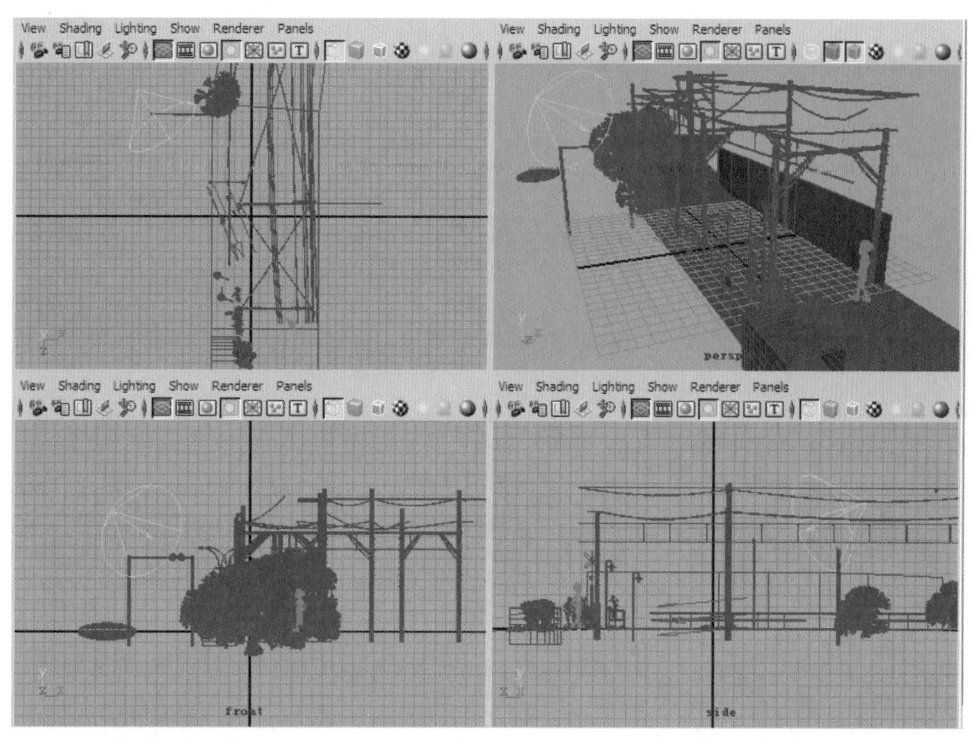

图　8-31

聚光灯参数如图 8-32 所示。

渲染结果如图 8-33 所示。

现在主光太阳的投射制作完毕，接下来需要注意的是一些细节。如现在场景是侧逆光，但人们会发现，场景中的物体并没有太明显的侧面受光照明，对比最终效果图可见，如图 8-34 所示。

步骤 2　添加补光

补光有两种，一种为整体补光，使用平行光（平行光照射范围广，适用整体照明）；第二种是局部补光，使用聚光灯（聚光灯是区域照明，适用于局部照明）。

首先，创建整体补光，执行菜单命令 Create|Light|Directional Light，创建平行光，如图 8-35 所示。

调整平行光位置，如图 8-36 所示。

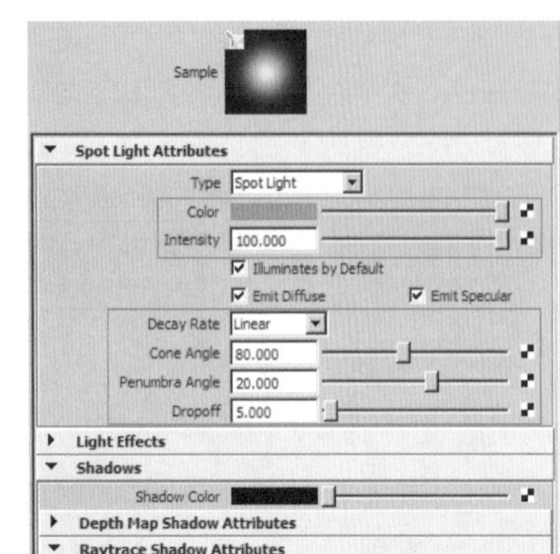

图 8-32

图 8-33

图 8-34

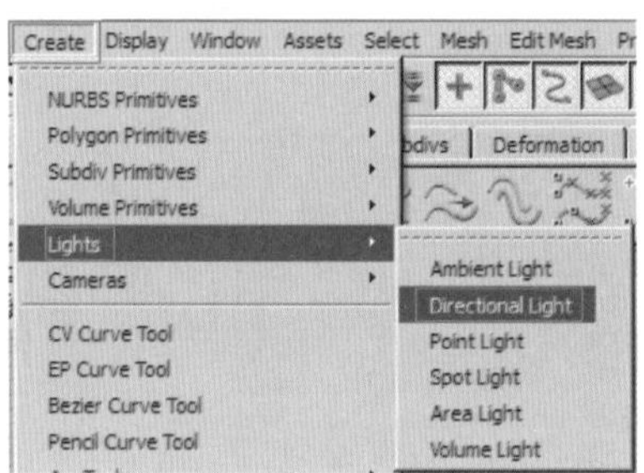

图 8-35

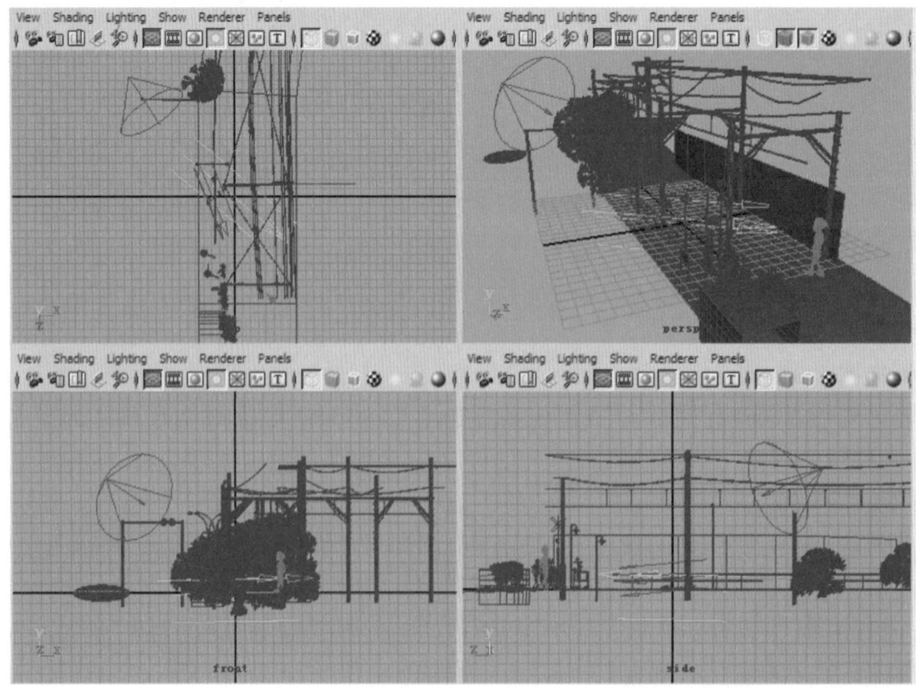

图 8-36

调整平行光参数，如图 8-37 所示。

渲染结果如图 8-38 所示。

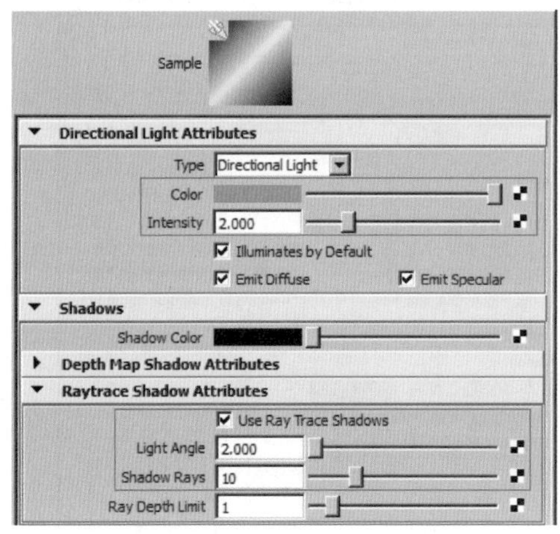

图　8-37

图　8-38

步骤 3　创建局部补光

执行菜单命令 Create|Light|Spot Light，创建聚光灯，命令如图 8-39 所示。

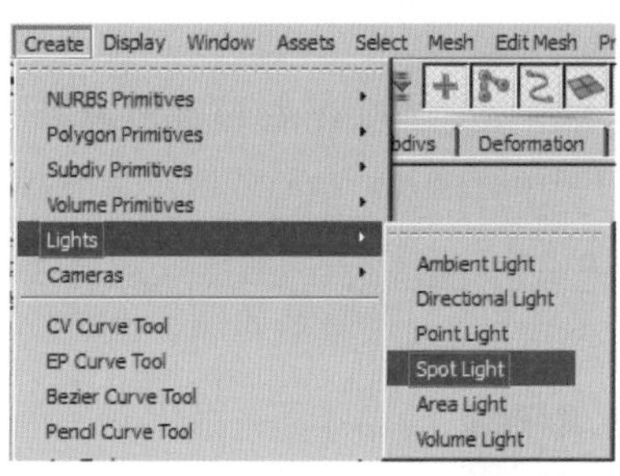

图　8-39

这里共创建了四盏补光，位置关系及照射范围分别是图 8-40 上所示 A、B、C 和 D。

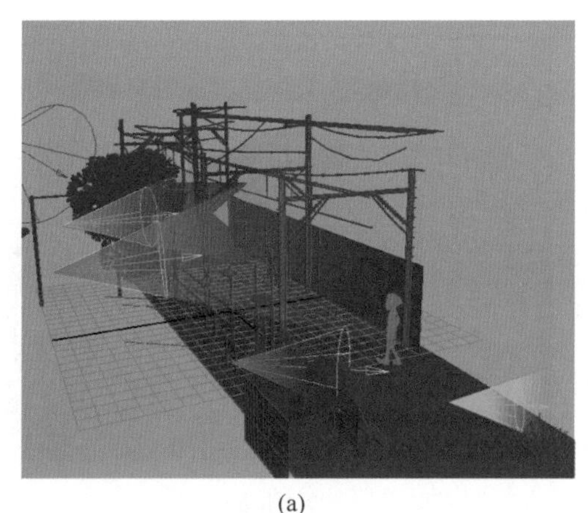

(a)

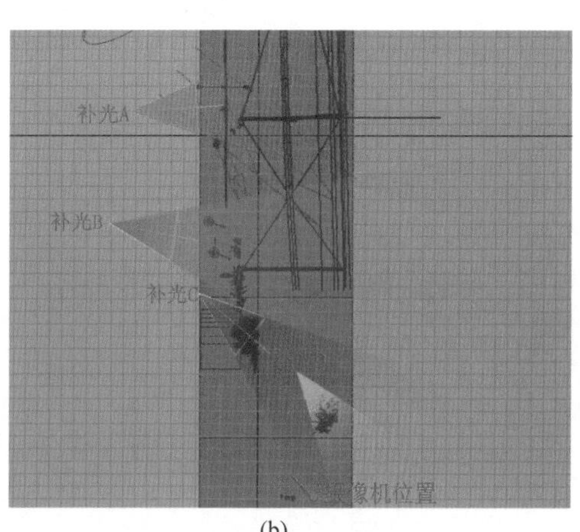

(b)

图　8-40

补光 A 灯光参数如图 8-41 所示。

补光 B 灯光参数如图 8-42 所示。

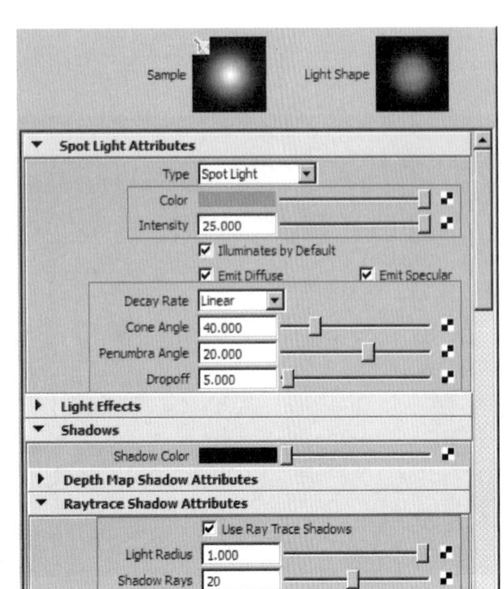

图 8-41

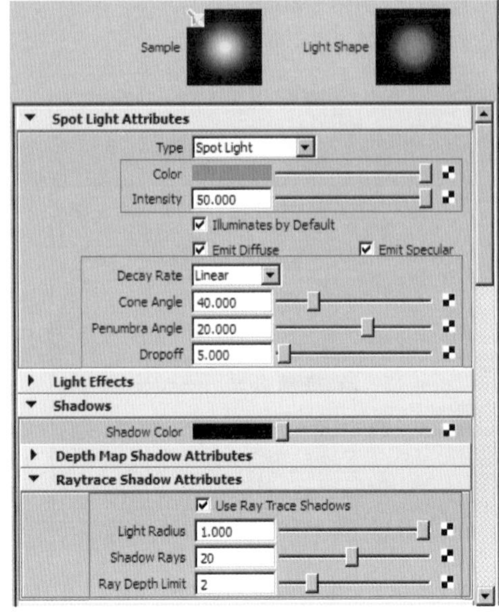

图 8-42

补光 C 和 D 灯光参数如图 8-43 所示。

注意：补光 B 的亮度最强，是因为补光 B 所在的区域正是画面中焦点位置，也是光区重点观看的位置，所以这里适当的提亮。另外，当开启衰减，灯光和被照射物体距离的远近会影响照射强度，比如，补光 C、D，两盏灯，看上去只给了 10 的强度，但是它们距离被照射物体很近，所以它们的强度可以说和补光 A 相近。

此时就产生理想的侧光照射效果，渲染查看结果如图 8-44 所示。

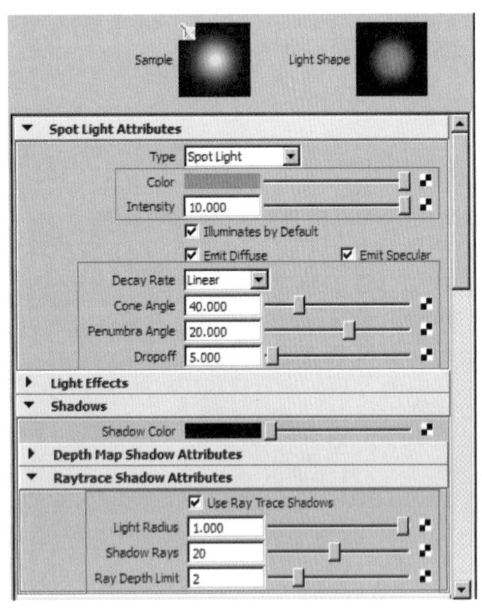

图 8-43

图 8-44

步骤 4　给植物加入补光

远处的植物采用同样的做法，也加入补光，其作用不只是增加边缘光，还会让植物模型的层次更加明显，这里我们称为层次光。

聚光灯位置及照射范围如图 8-45 所示。

层次光 A、C 灯光参数如图 8-46 所示。

图　8-45

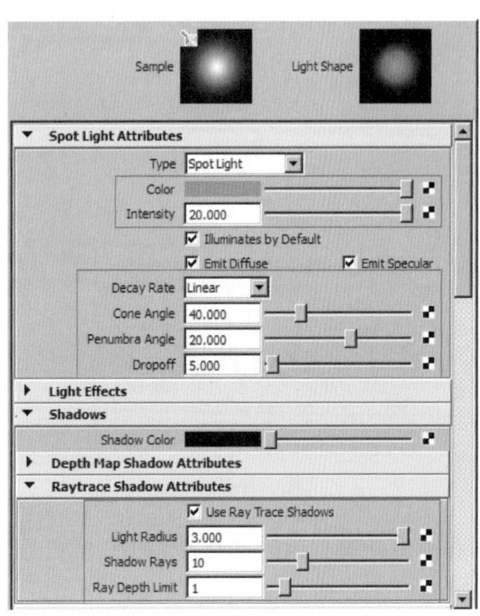

图　8-46

层次光 B 灯光参数如图 8-47 所示。

渲染结果如图 8-48 所示。

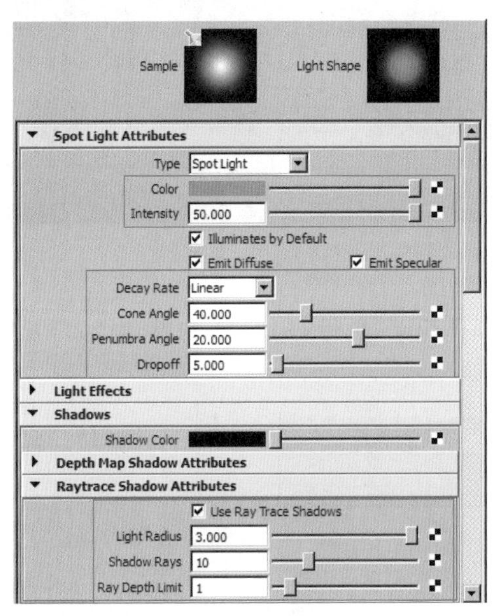

图　8-47

图　8-48

注意，这里给层次光 B 的亮度略强，目的是表现一些随机性层次感。

步骤 5　添加雾效

再为氛围加最后一道工序，为场景添加雾效，下面称体积雾，之前在物理天光的讲解中提到过薄雾选项，这里的体积雾跟薄雾有一定的区别。体积雾是创建一个容器，容器中充满了雾气，移动容器，方便调整雾气的可见度，更灵活方便；薄雾则属于整体环境笼罩的大气效果。

执行菜单命令 Create|Volume Primitives|Cube,创建立方体形体积雾,(体积雾的形态有 3 种,分别是球形、立方体和圆锥体),如图 8-49 所示。

选择 Cube 立方体,利用移动缩放工具,摆放到适当的位置,避开人物的位置,保证人物所在的位置是不受雾气影响的,如图 8-50 所示。

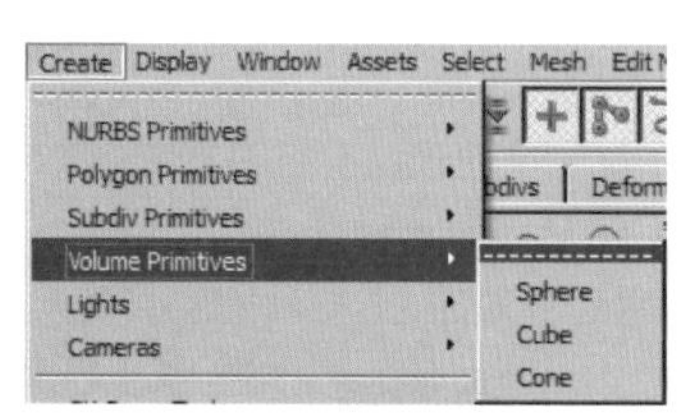

图 8-49

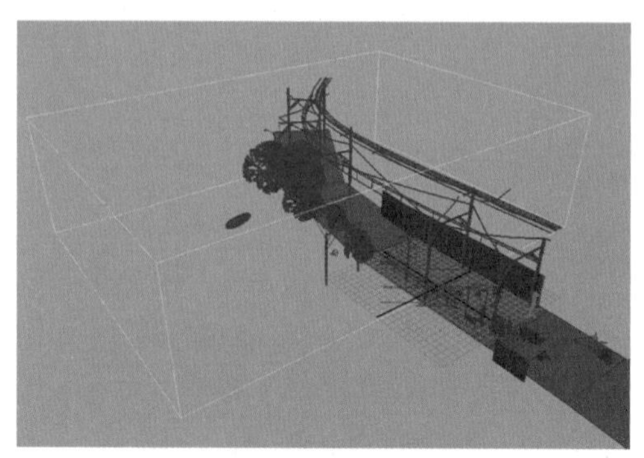

图 8-50

容器所包含雾气的时间体积,如图 8-51 所示。

默认参数渲染效果如图 8-52 所示。

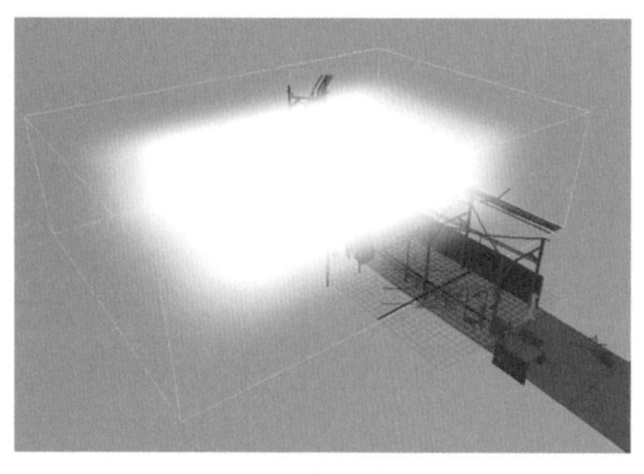

图 8-51

图 8-52

现在的雾气效果看起来太重,需要更改下设置,选择体积雾,执行 Ctrl+A 快捷命令,打开体积雾属性,在 cubeFog 标签下,如图 8-53 所示。

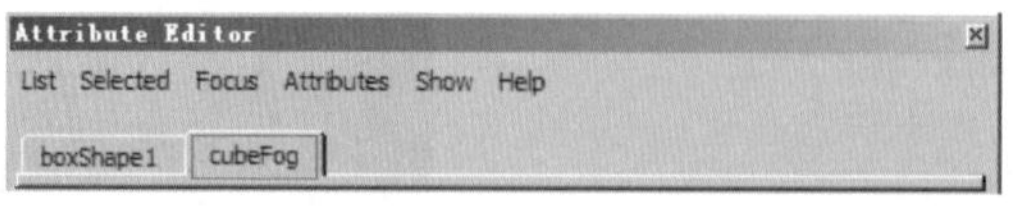

图 8-53

这里是体积雾材质的所有属性,这里只需要调节它的颜色和透明度,如图 8-54 所示。

参数修改之后,雾气呈现出薄薄淡黄色状态,如图 8-55 所示。

渲染结果如图 8-56 所示。

以上是这个场景的灯光氛围制作,在制作过程中灯光的参数设置都很简单,灯光就像画笔,利用它为画面增加亮度和色彩,重要的是在制作过程中怎么去把握整体画面效果。

此处可以参考配套源文件“D:\My File\projects_CheZhan\scenes\CheZhan_Light.mb”。

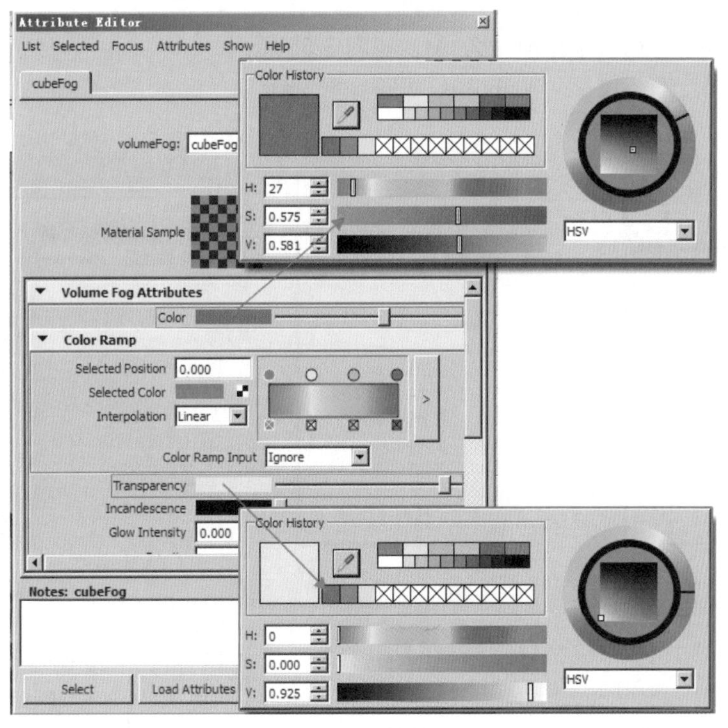

图　8-54

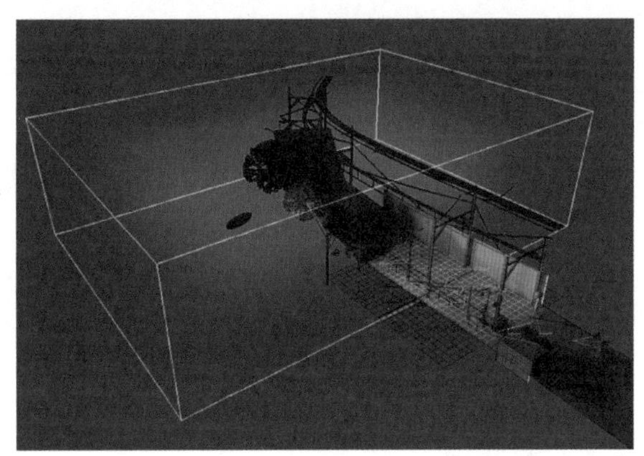

图　8-55

图　8-56

在配套源文件“D:\My File\projects_CheZhan\scenes \CheZhan_Textures. mb”中，是本例中的场景和角色有材质但是没有灯光的源文件，读者可以使用这个文件将上述步骤中添加的灯光导入，查看有材质、有灯光的效果。

步骤 6　渲染 Ambient Occlusion 层

渲染完颜色层后，还需要再渲染一层 Ambient Occlusion，这个层属于辅助层，为后期合成校色时提供阴影和暗部细节。

首先，选择场景中所有模型，如图 8-57 所示。

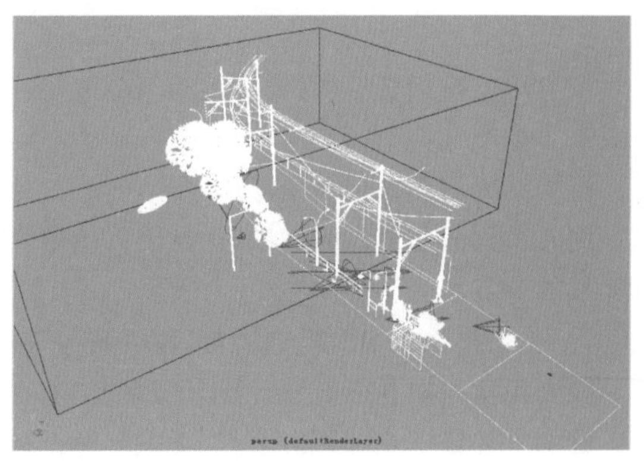

图　8-57

在右下方渲染层区域，单击“创建新层并指定选定对象"按钮，如图 8-58 所示。

双击渲染层，为新层命名，这里简写为 AO，如图 8-59 所示。

选择 AO 层，右击，选择属性 Attributes，如图 8-60 所示。

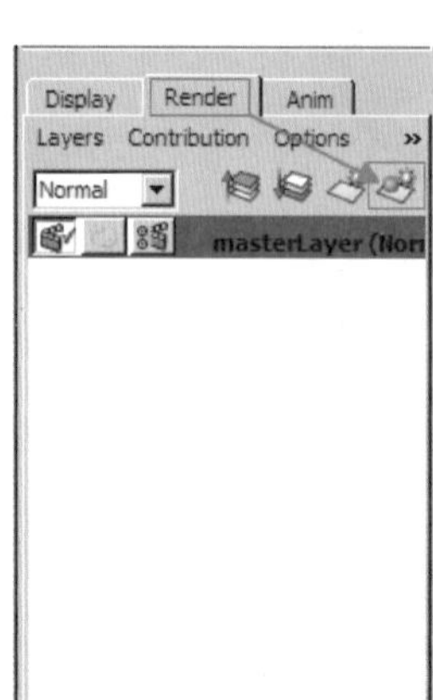

图 8-58

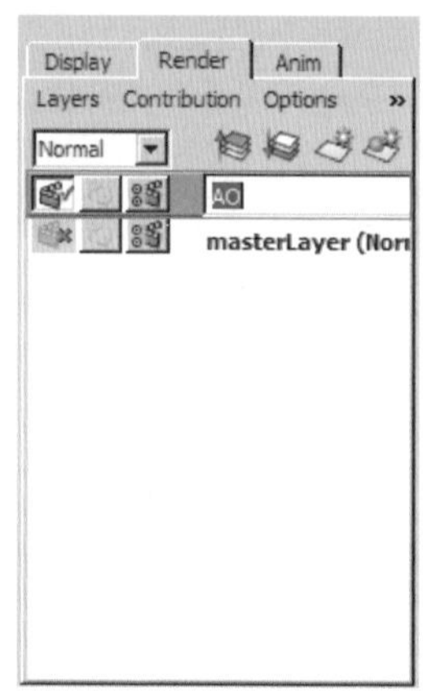

图 8-59

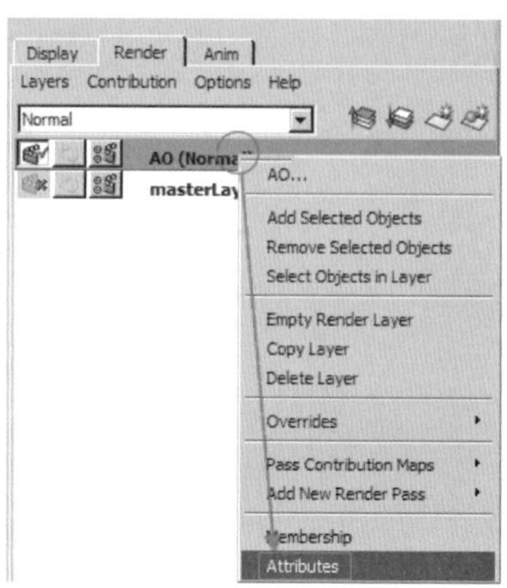

图 8-60

在属性标签中，单击 presets 预置按钮，在弹出的菜单中选择 Occlusion，如图 8-61 所示。

这时会新创建出一个 surfaceShader 节点，而且在 Out Color 属性上有连接，这个连接是 mental ray 的 Occlusion 节点，单击"连接"按钮 ，如图 8-62 所示。

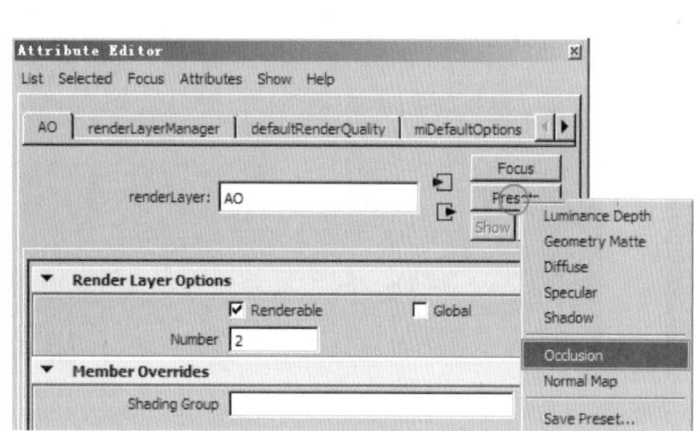

图 8-61

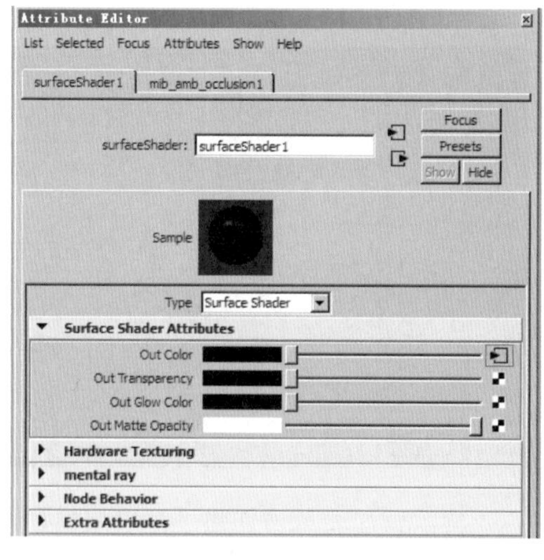

图 8-62

进入后节点面板后，需要更改两个参数，一个是 Samples(采样质量)，另一个是 Max Distance(最大距离)，如图 8-63 所示。

渲染结果如图 8-64 所示。

此时得到的是错误的效果，这是因为使用物理天光的原因。因此，此刻需要断开物理天光与摄像机连接的节点。

首先，在摄像机视图中选择"摄像机属性"按钮 ，如图 8-65 所示。

找到摄像机属性下的 mental ray 标签，有两个连接，如图 8-66 所示。

分别是环境节点和相机节点，正是这两个属性的连接，导致渲染的 Occlusion 变为灰色和蓝色天空背景，想要去掉这些效果，需要将它们断开。

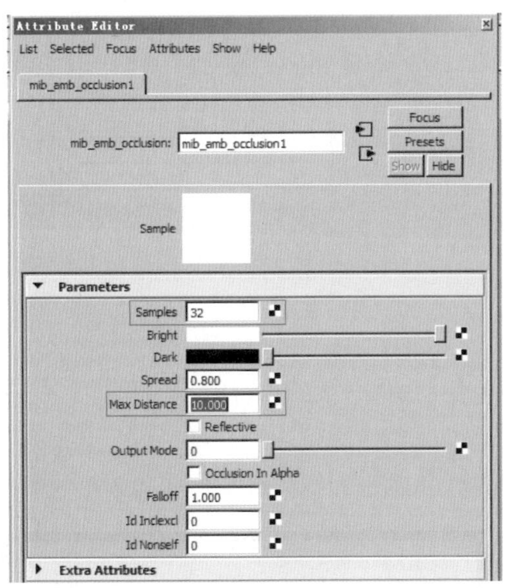

图 8-63

图 8-64

图 8-65

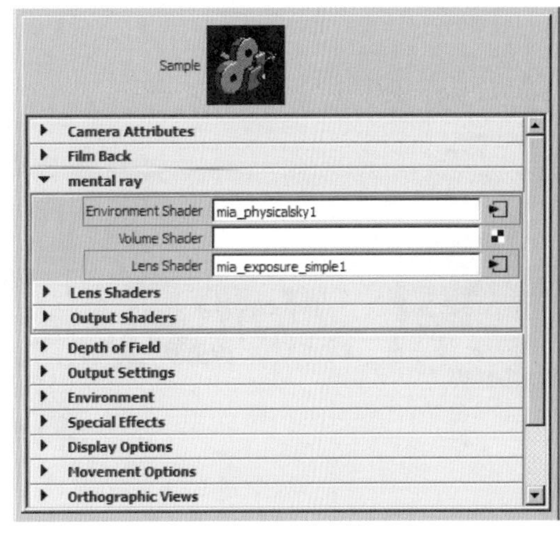

图 8-66

分别在这两个属性上右击，在弹出菜单上单击 Create Layer Override 按钮，创建渲染层属性，如图 8-67 所示。这表示当创建了渲染层属性，再更改属性参数或链接的时候，只在这个渲染层中生效。

当把这两个属性都创建完渲染层属性后，它们的名称会变为橙色，如图 8-68 所示。

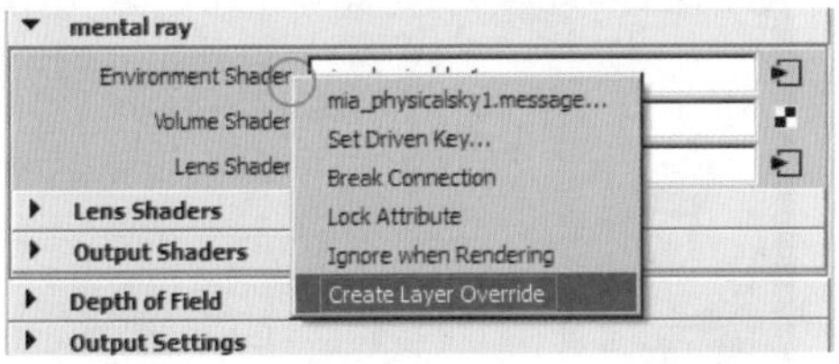

图 8-67

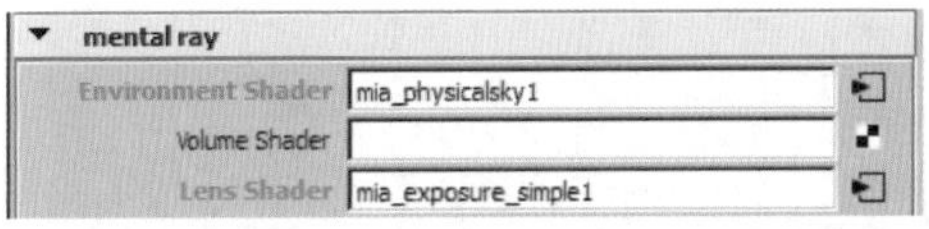

图 8-68

这时，再更改这两个属性就不会改变之前我们设置好颜色层中的效果。同样，分别右键单击这两个属性，选择 Break Connection 断开连接，如图 8-69 所示。

断开后如图 8-70 所示。

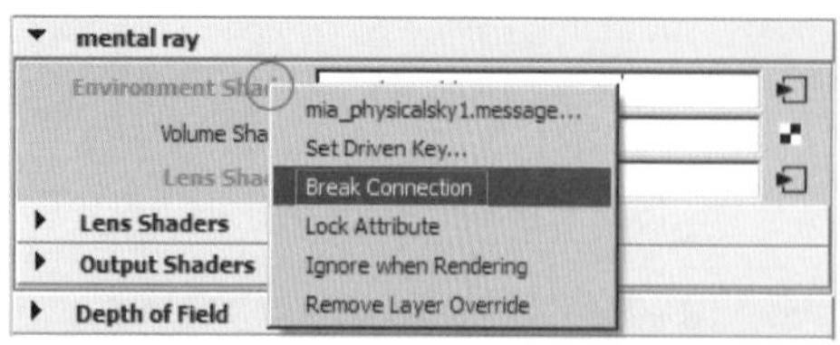

图 8-69

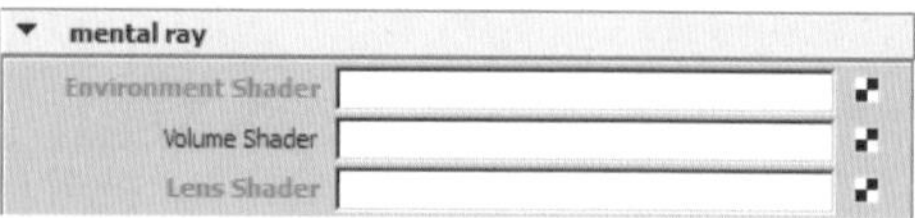

图 8-70

AO 层渲染结果如图 8-71 所示。

masterLayer 颜色层渲染结果如图 8-72 所示。

最终文件可以参考配套源文件"D:\My File\projects_CheZhan\scenes \CheZhan_Final.mb"。

步骤 7　后期合成

现在得到了一张基本的颜色图和一张 Occlusion 图，将 Occlusion 和颜色图做合并，如图 8-73 所示。

图 8-71

图 8-72

图 8-73

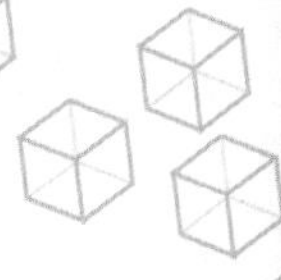

图 8-72 叠加后的效果的阴影处比较重，这样会显得画面有些脏，所以，在叠加的时候需要适当更改透明度。一般给 50%透明度即可。图 8-72 的叠加结果背景天空变亮也不是理想效果，渲染的天空只是参考，需要在后期中更换，天空图片在配套源文件“D:\My File\projects_CheZhan \sky. tiff”，如图 8-74 所示。

校色完成后的最终效果，可参考配套源文件“D:\My File\projects_CheZhan\images\Chezhan_final. tiff”，效果如图 8-75 所示。

图　8-74

图　8-75

关于后期合成校色软件很多，每个软件都可完成此效果合成，这里不重点介绍。可参考最终效果进行合成校色。

总结

本章中重点需要理解物理天光特性，天光、阳光节点的各个属性使用方法和外景布光的思路。制作过程中注意细节的处理，在控制画面宏观效果时要综合考虑每个影像画面的元素，以便丰富画面效果。

第 9 章

室内灯光制作

Chapter 09

本章知识点

1. 室内场景的制作思路。
2. Final Gathering在室内灯光的应用。
3. 室内场景中灯光的制作方法。

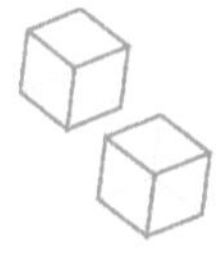

本章将讲解室内灯光的制作。在前面的章节中，提到过角色灯光、静物灯光和外景灯光，每种打灯光的方式都不太一样，但之前的这 3 种打灯方法更依赖直接照明，也就是灯光直接给予的照射产生亮度。室内灯光和它们有一些区别，它比较依赖间接照明。在一个几乎封闭的空间内，由主要的光源发出的光子与空间的墙壁碰撞反弹（反弹次数越多，则越亮）产生照明。

这里我们会用到渲染器中的 Final Gathering（最终聚集），如图 9-1 所示。

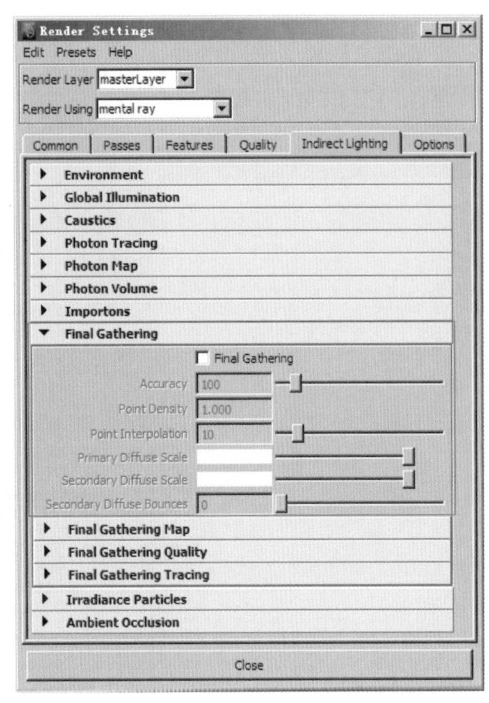

图 9-1

Final Gathering 是一种间接照明的类型，它是根据直接照明信息投射的最终聚集点。每个最终聚集点都能发出射线，这些射线会对环境信息进行采样，比如亮度、色彩以及距离信息，得到这些信息后，再返回给这个最终聚集点，最后这个点会根据得到的这些信息来决定它的亮度、色彩。

这一过程在场景中的所有最终聚集点发生，之后就能得到场景中每一个最终聚集点的明暗初步效果，每一点都会把它的强度色彩融合到一起，然后用特别柔和的方式显示出来，这就是 Final Gathering 最终聚集的计算过程。由此可见，最终聚集只是一个显示的假象，正是这样，它可以快速地出效果，它是间接照明的一种代理。所以它并不是准确地模拟间接照明效果，但它的效果也不错，是一款非常实用的间接照明类型。

9.1　灯光布置

下面就利用学过的物理天光配合 Final Gathering（最终聚集）来制作一个室内案例。首先看一下完成后的效果，如图 9-2 所示。

图 9-2

打开配套源文件“D:\My File\Project_Huashi\scenes\Huashi_huimo.mb”，在这个文件中已经完成了所有模型的制作，但所有的模型没有材质和灯光。

步骤 1　创建天光

选择所有模型，为场景所有模型赋予一个 lambet 材质，颜色为纯白色，方便间接照明观察，lambet 材质参数设置如图 9-3 所示。

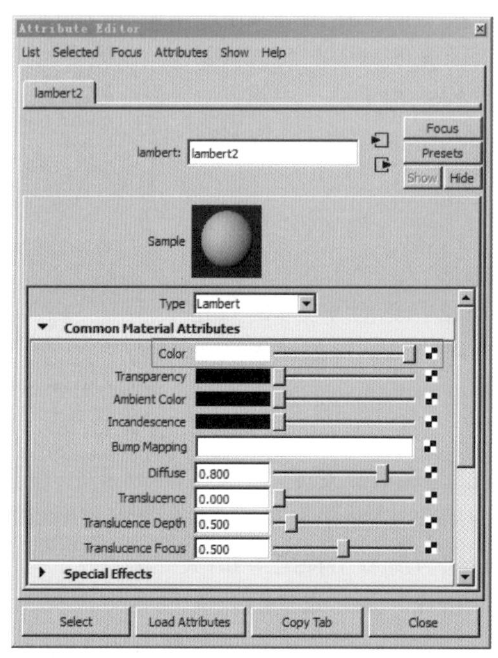

图　9-3

场景中模型效果如图 9-4 所示。

图　9-4

在 Render Settings 窗口中，创建 Physical Sun and Sky 物理天光，如图 9-5 所示。

单击 Create 创建按钮后，会发现 Final Gathering 会自动开启，如图 9-6 所示。

调整天光位置及照射方向，让阳光照射到屋子内，如图 9-7 所示。

创建完天光后，还有一个重要的选项一定要开启，就是渲染器中 Enable Color Management 选项。由于使用天光的原因，所以要把色彩空间进行转换，如图 9-8 所示。

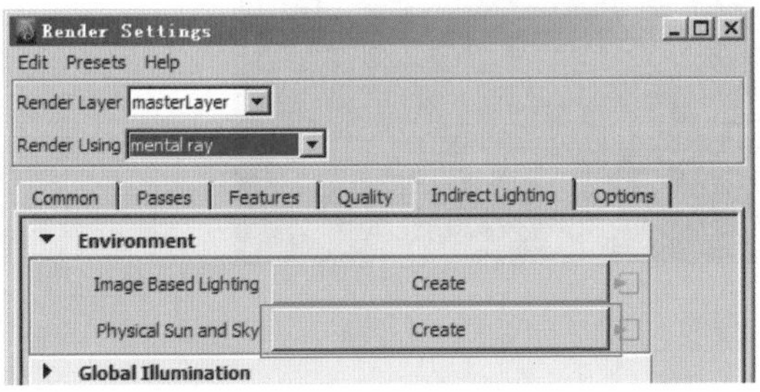

图　9-5

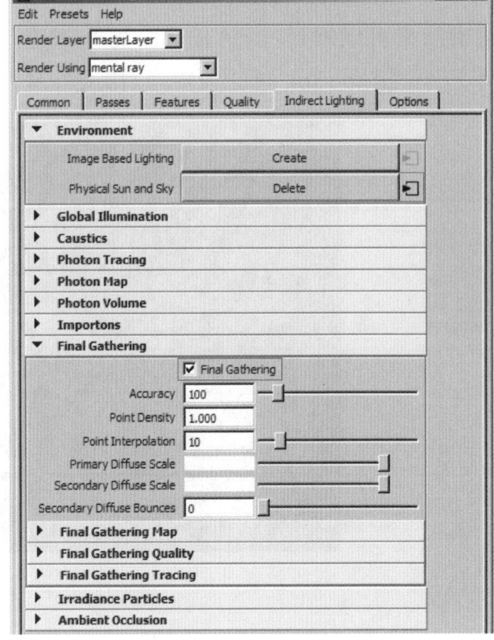

图　9-6

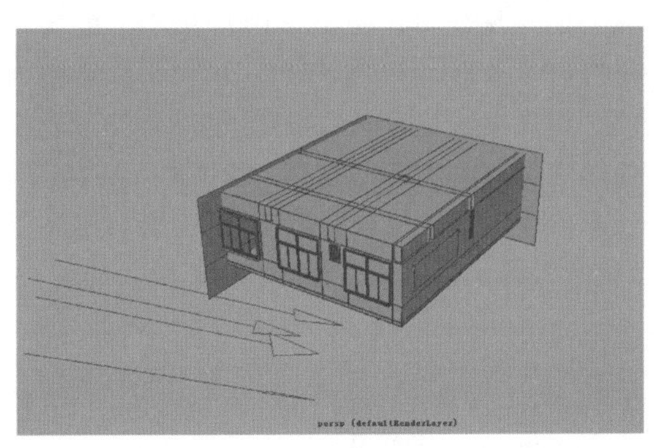

图　9-7

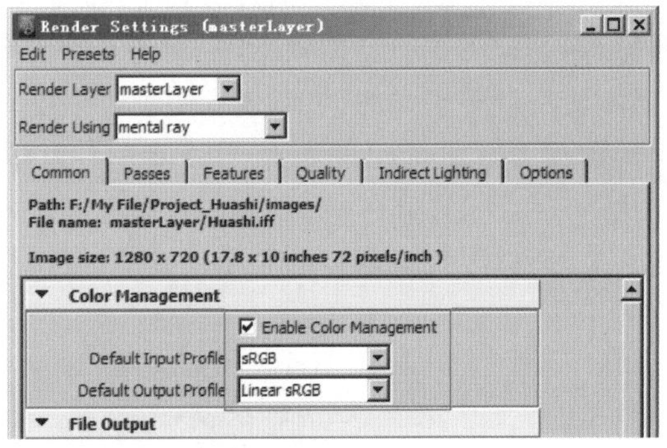

图　9-8

调整后渲染如图 9-9 所示。

图　9-9

步骤 2　在窗口创建面光源

渲染结果可以看到，虽然只有一盏天光，但室内已经被照亮了，这就是 Final Gathering 起作用了。下面将 Fianl Gathering 暂时关掉，只用天光来照明，观察一下效果，如图 9-10 所示。

图　9-10

当把 Final Gathering 关掉后，屋子全部都黑掉了，只有天光投影的位置是亮的，由此可以看出 Final Gathering 的作用，它会带来非常柔和的光能传递效果。

接下来继续完善场景中的灯光，把 Final Gathering 打开，场景再次被 Final Gathering 的间接照明照亮，但整体的照明显得较暗，尤其是近景的物体，还有斑点太多，不够柔和。这里先来提高室内亮度，但不要去调整天光的强度，现在的投影强度比较合适，如果去调整天光的强度，也只会让天光投到地面的光强度更加强，而间接照明效果并不会有很大的影响，所以，我们先考虑为场景加入灯光。

执行 Create|Lights|Area Light，创建区域光(面光源)，移动灯光位置到窗口，因为窗口是主要的进光入口，所以要加入更多的光线让光子进行照明，创建面光源到窗口位置，如图 9-11 所示。

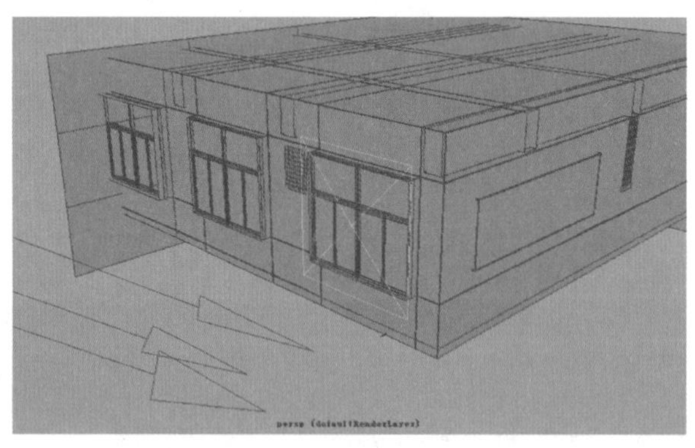

图　9-11

面光源参数设置如图 9-12 所示。

这里使用 mental ray 的 light shape，开启 mental ray 标签下 Area Light 中的 Use Light Shape，提高灯光阴影质量，把 High Samples 值提高到 40。

步骤 3　为面光源加入 mia_portal_light 灯光入口节点

接着要为此面光源加入一个 Mental ray 的 mia_portal_light 灯光入口节点，打开 Custom Shaders 标签，单击 Light Shader 后面的棋盘格按钮，为 Light Shader 加入 mia_portal_light 属性，如图 9-13 和图 9-14 所示。

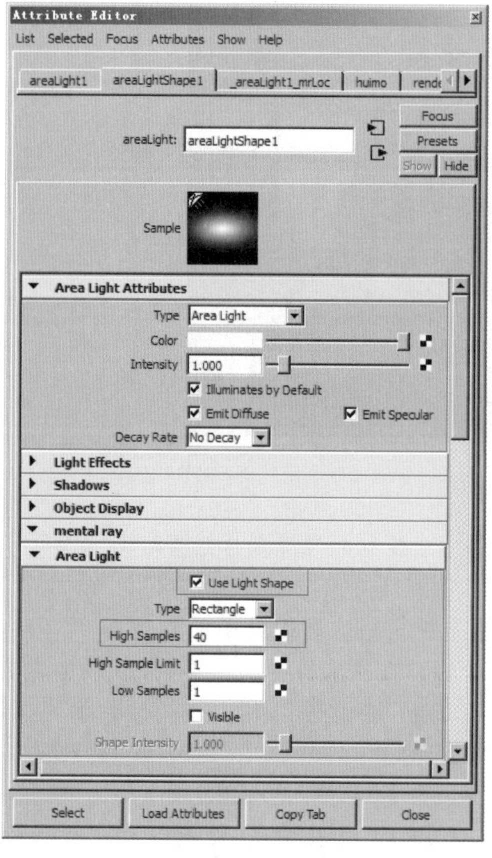

图 9-12

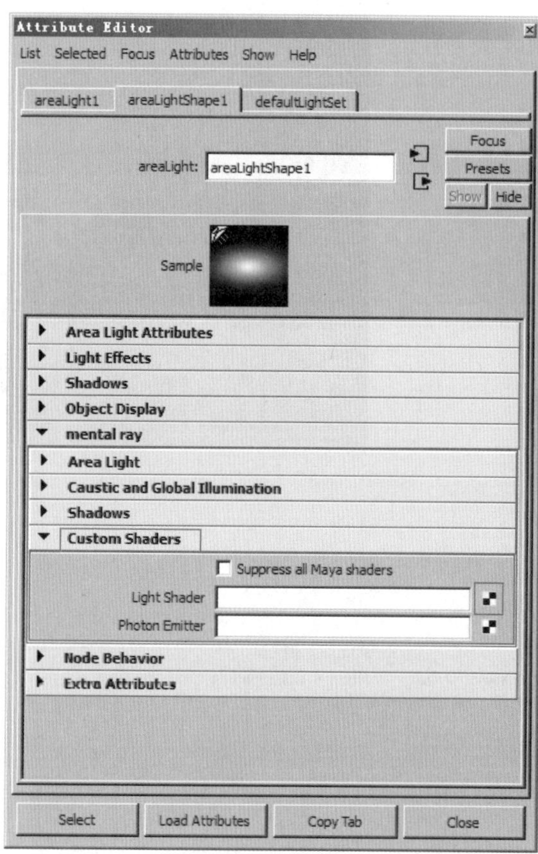

图 9-13

将 mia_portal_light 节点的强度设置为 5，如图 9-15 所示。

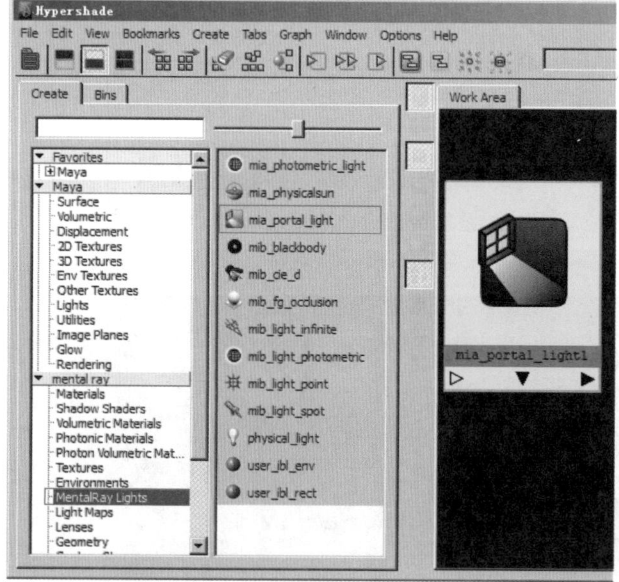

图 9-14

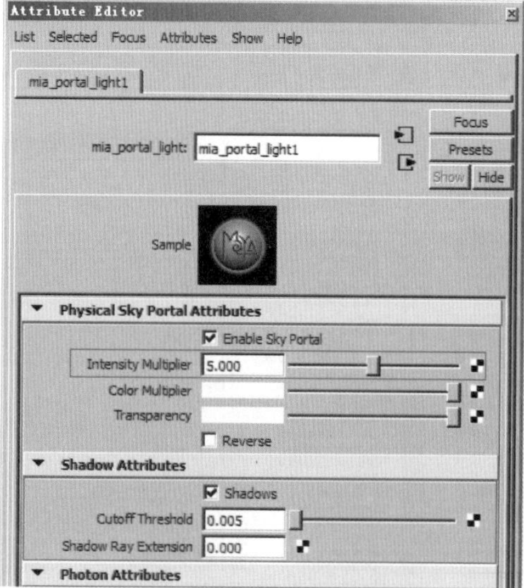

图 9-15

渲染结果如图 9-16 所示。

图 9-16

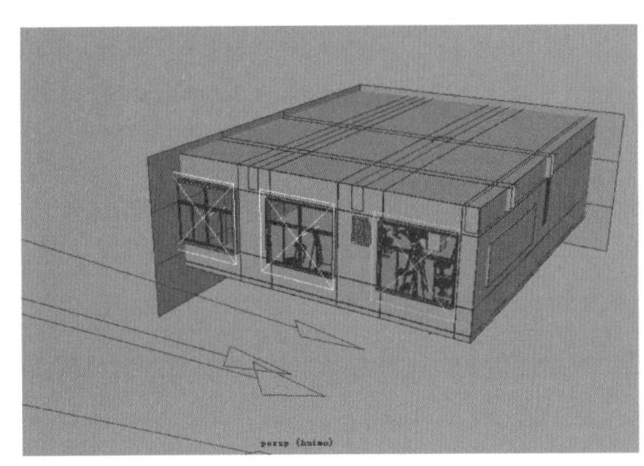

图 9-17

步骤 4 复制面光源到其他窗口

可以明显地看出，左边这个窗口已经增亮了很多，接着需要复制这盏面光源给其他两个窗口，虽然有一个窗口在摄像机视图看不到，但它会影响室内的亮度，为了照明充足，所以也要为它加一盏灯，如图 9-17 所示。

注意：当复制完灯光后并没有复制我们之前加入的 mia_portal_lihgt 节点，但是我们不需要重新再创建，只要把刚才做好的节点连接入复制出的灯光即可，选中第一盏灯光，在 Hypershade 窗口中单击 按钮，展开输入输出节点，找到 mia_portal_light 节点，如图 9-18 所示。

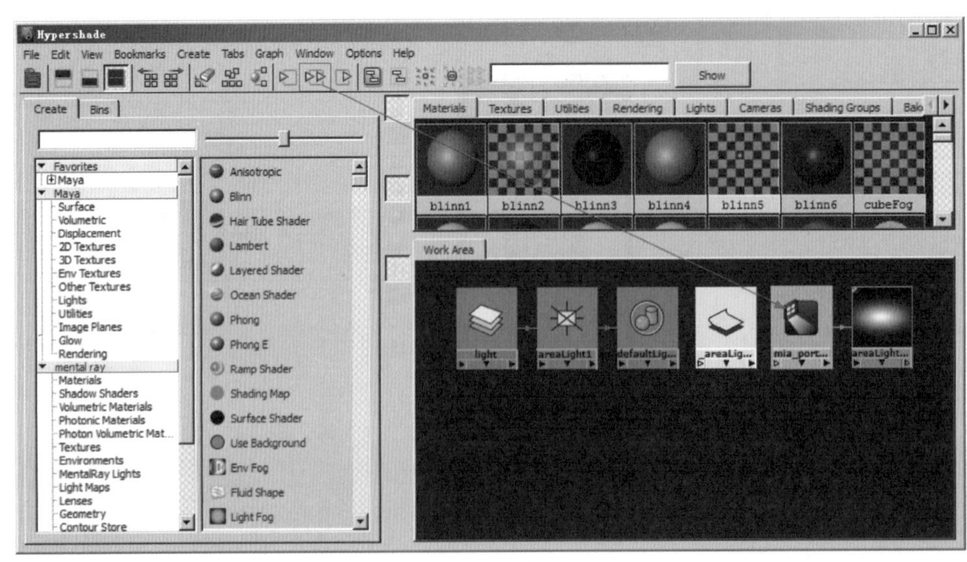

图 9-18

先选中灯光，然后将 Hypershade 中的 mia_portal_light 节点拖动到灯光的 Light Shader 中，如图 9-19 所示。两盏灯光使用相同操作。

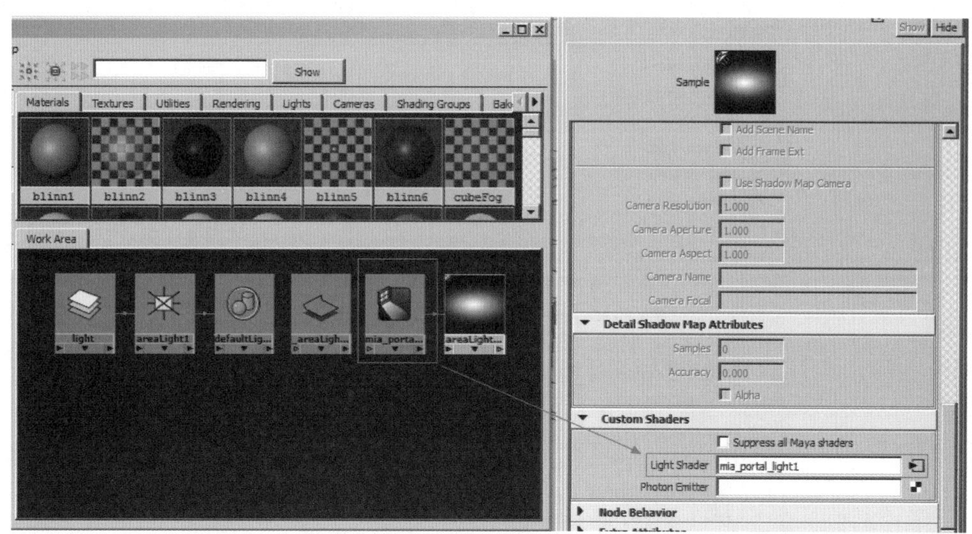

图　9-19

当把 mia_portal_light 分别连接三盏面光源后，再次渲染，如图 9 20 所示。

图　9-20

步骤 5　更改渲染设置中 Final Gathering 中的参数

渲染后场景比之前亮了许多，最后更改一下渲染设置中 Final Gathering 中的参数，提高 Final Gathering 的品质，如图 9-21 所示。

图 9-21 说明如下。

(1) Accuracy(精度值)用来控制每个最终聚集点发射射线的数目。值越高，每个最终聚集点发射的射线越多，渲染速度越慢。

(2) Point Density(点密度)控制发射射线的最终聚集点的数量。密度越高 Final Gathering 的精确度越高，渲染速度越慢。

(3) Point Interpolation 用来平滑和模糊最终聚集效果。值越高，得到的效果越平滑。但如果值过大，损失的细节就越多，也可以增加 Accuracy 值来增加细节，这两个参数相互配合可达到适中理想的效果。

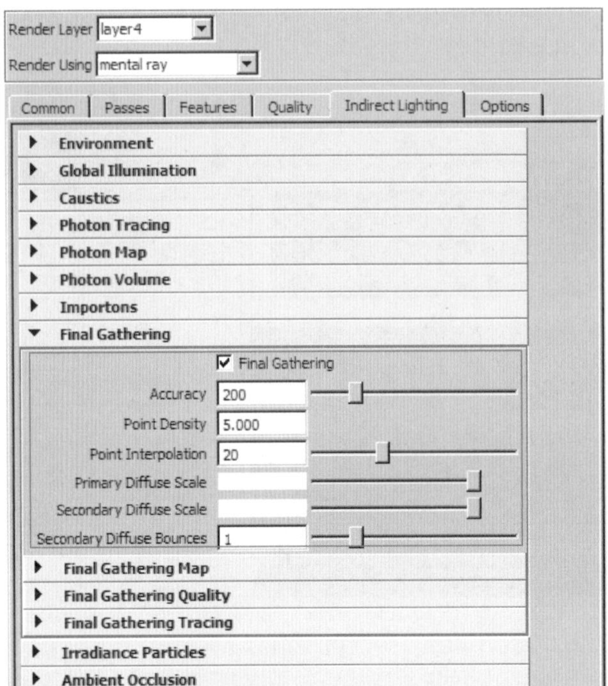

图　9-21

(4) Primary Diffuse Scale(首次漫射)可用来调整 Final Gathering 首次传递的颜色和强度。

(5) Secondary Diffuse Scale(二次漫射)可用来调整 Final Gathering 二次传递的颜色和强度。

(6) Secondary Diffuse Bounces(二次漫射次数)次数越多,二次漫射的间接照明亮度越强。

调整 Final Gathering 设置后,渲染如图 9-22 所示。

图　9-22

对比调整 Final Gathering 设置的前后,如图 9-23 所示。

最后我们可以看到,现在场景的亮度和精度比较适中,这时候的渲染速度已经比较慢了,当然精度可以继续增加,同样渲染速度也会变慢,所以增加精度的同时也要把渲染时间控制在可以接受的范围内。

此处可以参考配套源文件"D:\My File\Project_Huashi\scenes\ Huashi_light. mb。"

(a)

(b)

图　9-23

9.2　材质设置

这里的材质都比较简单,大多是我们之前在静物案例中所用过的(如图 9-24 所示),所以,读者可以回顾一下之前的知识点。下面是各个参数的详细设置,供大家参考。

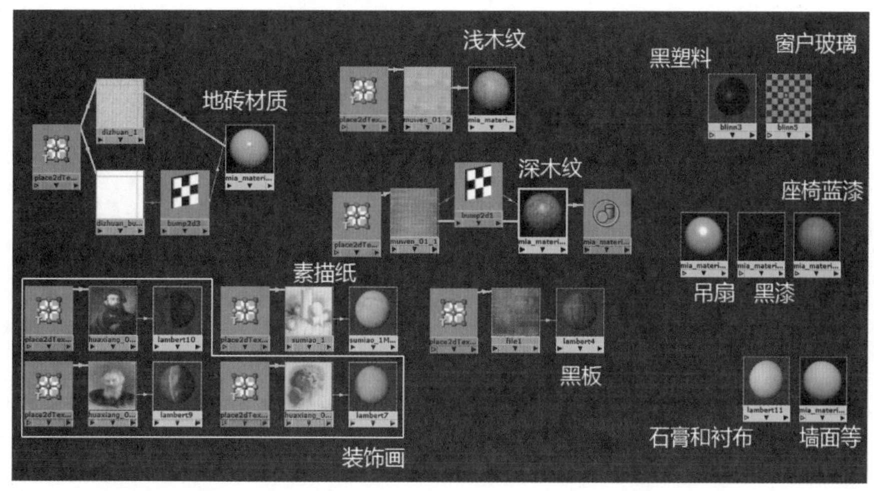

图　9-24

步骤 1　地砖材质

地砖使用 mia_material_x_passes 材质，最终完成的效果如图 9-25 所示。

图　9-25

执行菜单命令 Window|General Editors|Hypershade，打开材质编辑器，创建一个 mia_material_x_passes 材质球，如图 9-26 所示。

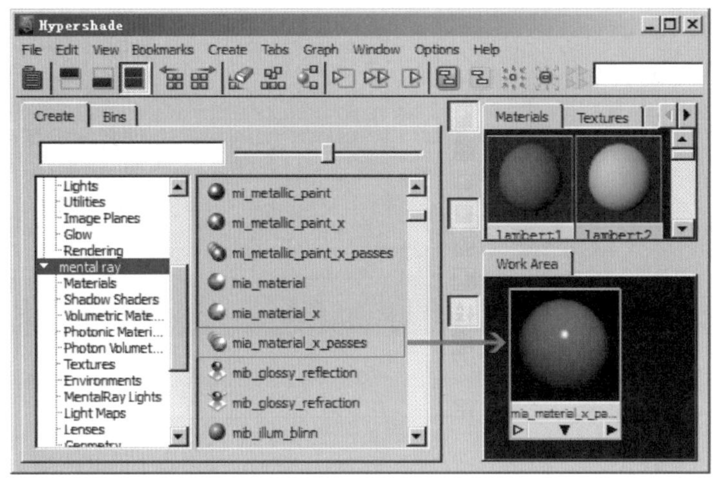

图　9-26

执行 Ctrl+A 快捷命令，打开材质球的属性面板，在 Diffuse 选项下单击 Color 参数右边的棋盘格图标，打开 Create Render Node 窗口，在其中选择 File 选项，如图 9-27 所示。

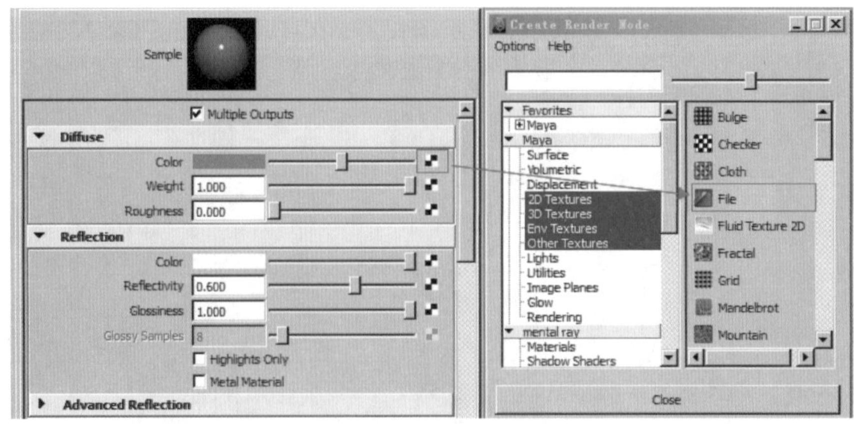

图　9-27

在 File 节点中，单击 Image Name 后的文件夹图标，在"D:\My File\Project_Huashi\sourceimages"文件夹中选择大理石的贴图 dizhuan.jpg，如图 9-28 所示。

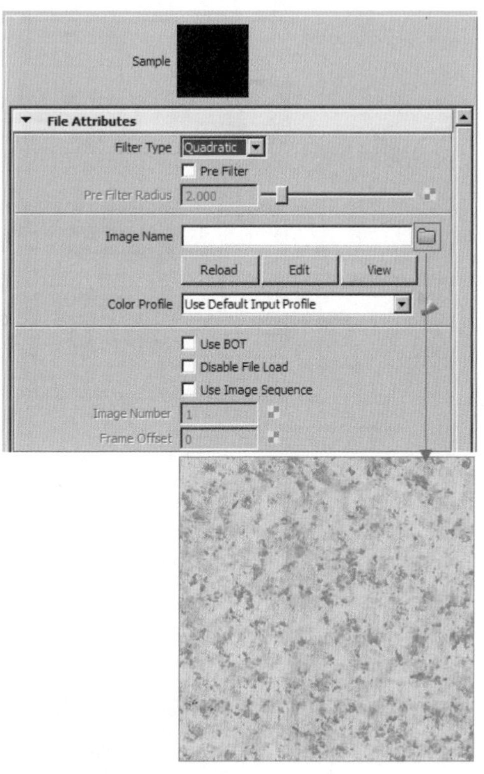

图　9-28

材质球的 Reflection 选项下的 Color 也添加同样的大理石贴图，拖动贴图到 Reflection 选项下的 Color 上即可，如图 9-29 所示。

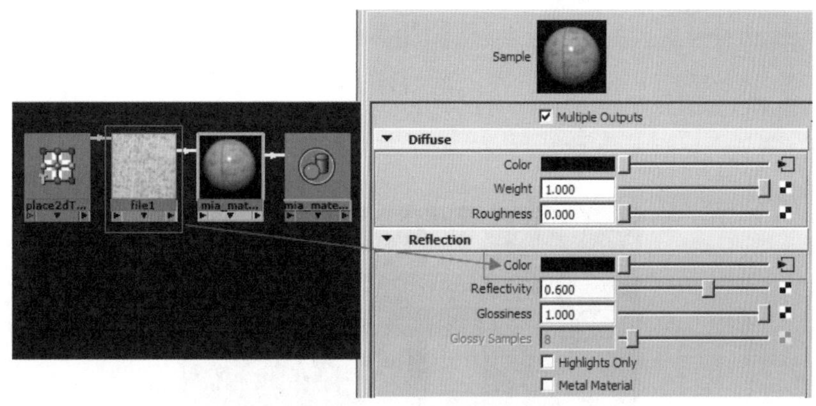

图　9-29

调整 mia_material_x_passes 材质的参数，如图 9-30 所示。

接下来添加凹凸效果，在 Bump 选项下单击 Overall Bump 右侧的棋盘格图标，打开 Create Render Node 窗口，在其中选择 File 选项，如图 9-31 所示。

在 File 节点中单击 Image Name 后的文件夹图标，在"D:\My File\Project_Huashi\sourceimages"文件夹中选择大理石的凹凸贴图 dizhuan_bump.jpg，如图 9-28 所示。

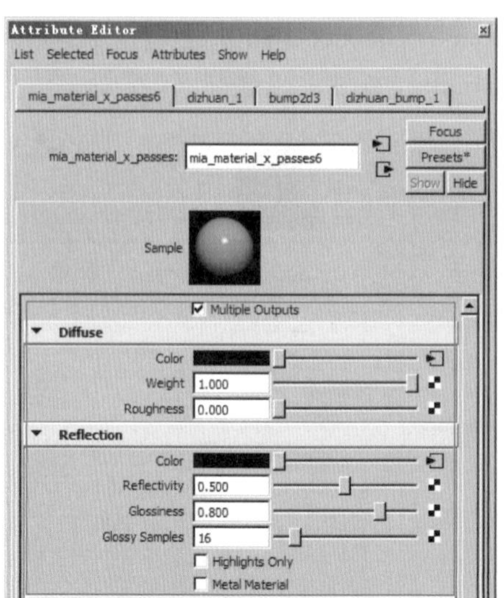

图 9-30

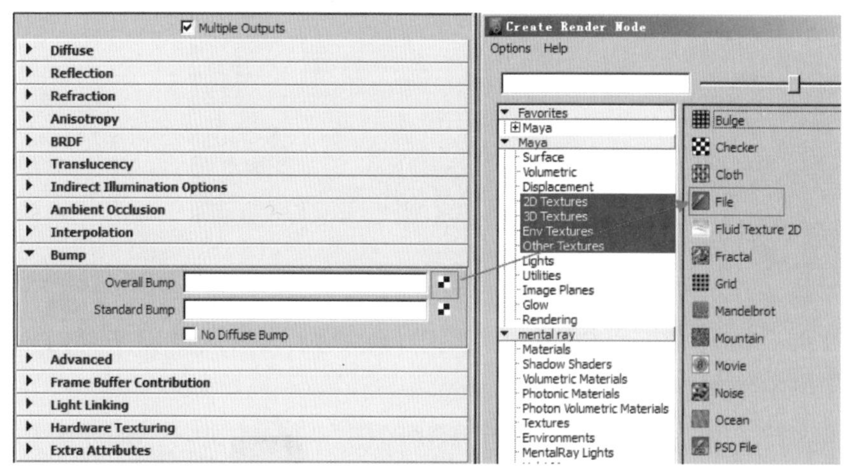

图 9-31

修改凹凸值为 0.05，如图 9-32 所示。

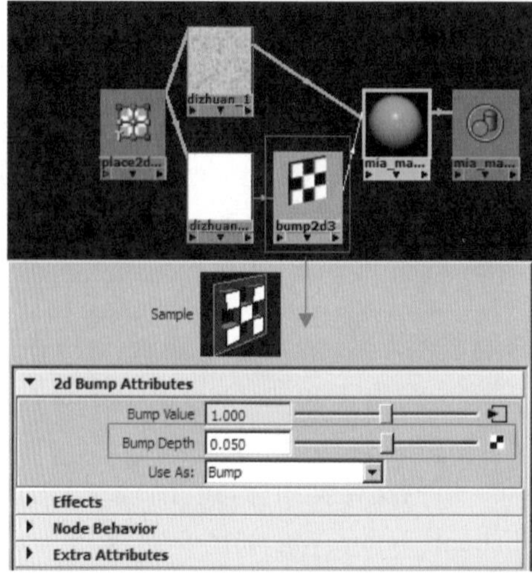

图 9-32

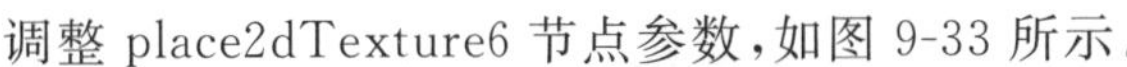

调整 place2dTexture6 节点参数，如图 9-33 所示。

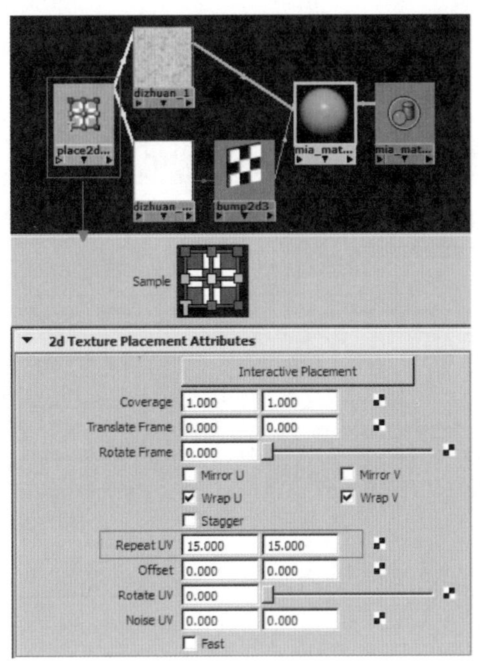

图　9-33

步骤 2　画架的浅木纹和座椅的深木纹材质

画架的浅木纹材质使用 mia_material_x_passes 材质，完成的效果如图 9-34 所示。

图　9-34

在材质编辑器中，创建一个 mia_material_x_passes 材质球。执行 Ctrl＋A 快捷命令，打开材质球的属性面板，在 Diffuse 选项下单击 Color 参数右边的棋盘格图标，打开 Create Render Node 窗口，在其中选择 File 选项，如图 9-27 所示。

在 File 节点中，单击 Image Name 后的文件夹图标，在“D:\My File\Project_Huashi\sourceimages”文件夹中选择浅木纹的贴图 muwen_02.jpg，如图 9-35 所示。

画架浅木纹材质参数设置如图 9-36 所示。

在材质编辑器中，打开浅木纹的节点链接，调节 place2dTexture4 节点参数，如图 9-37 所示。

座椅的深木纹材质也使用 mia_material_x_passes 材质，完成的效果如图 9-38 所示。

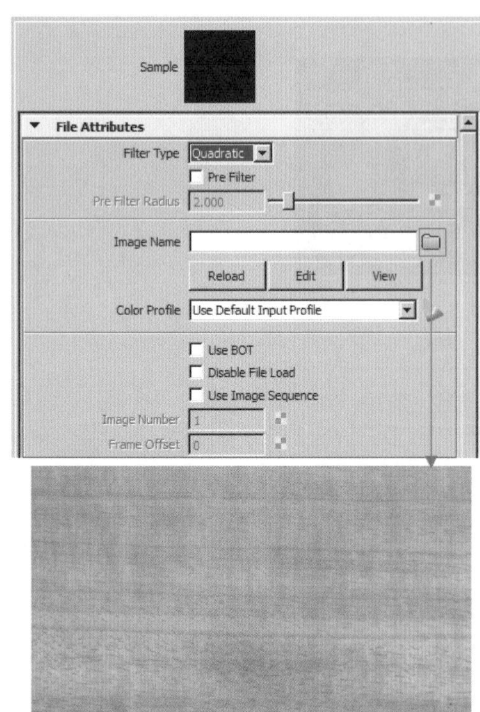

图 9-35

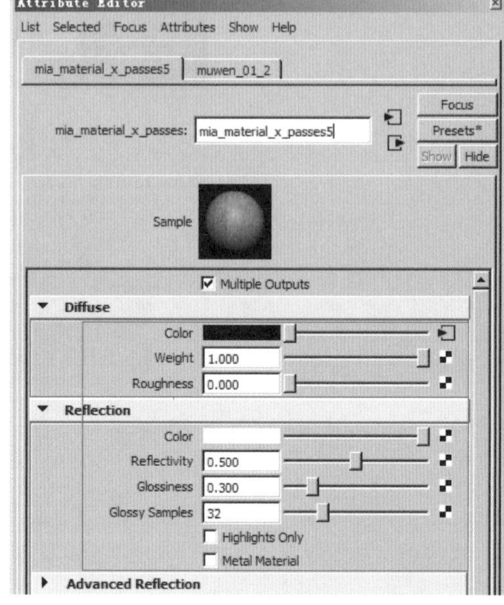

图 9-36

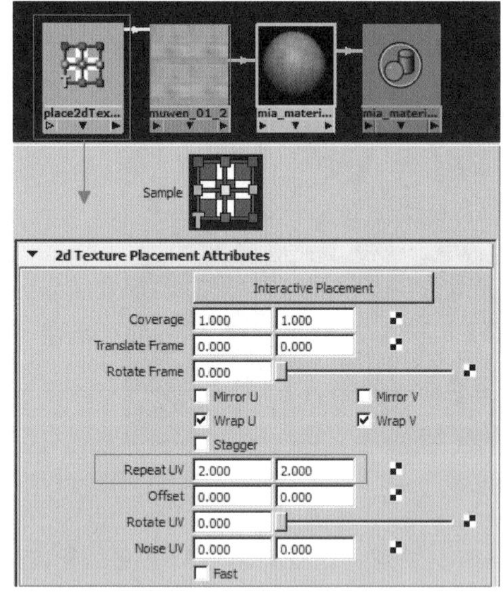

图 9-37

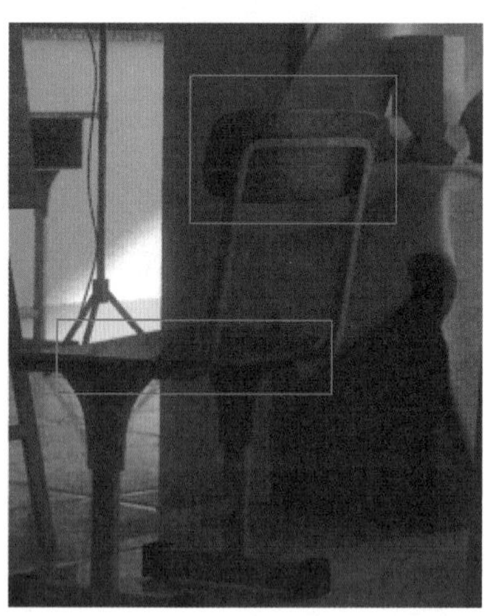

图 9-38

在材质编辑器中创建一个 mia_material_x_passes 材质球。执行 Ctrl+A 快捷命令，打开材质球的属性面板，在 Diffuse 选项下单击 Color 参数右边的棋盘格图标，打开 Create Render Node 窗口，在其中选择 File 选项。

在 File 节点中单击 Image Name 后的文件夹图标，在"D:\My File\Project_Huashi\sourceimages"文件夹中选择深木纹的贴图 muwen_01.jpg，如图 9-39 所示。

椅背深木纹材质参数设置如图 9-40 所示。

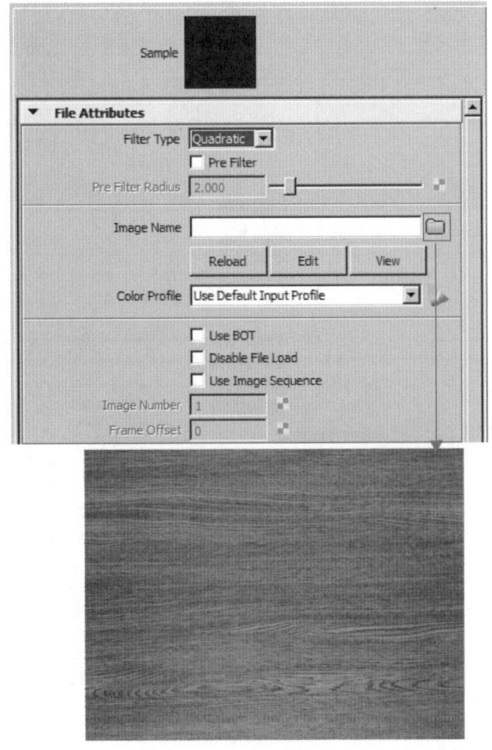

图　9-39

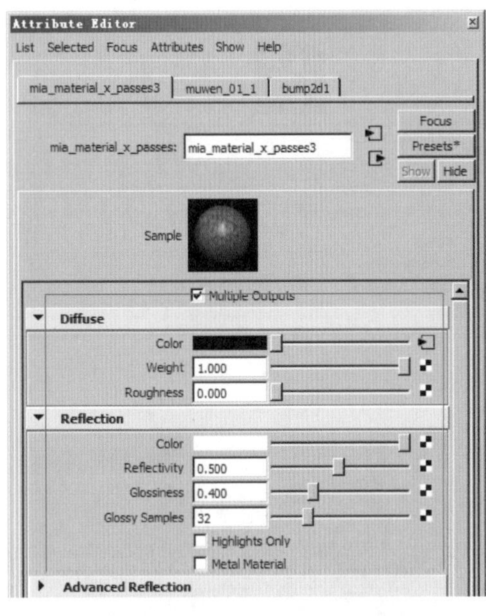

图　9-40

凹凸贴图也添加同样的深木纹贴图，拖动贴图到 Bump 选项下的 Overall Bump 上即可，如图 9-41 所示。

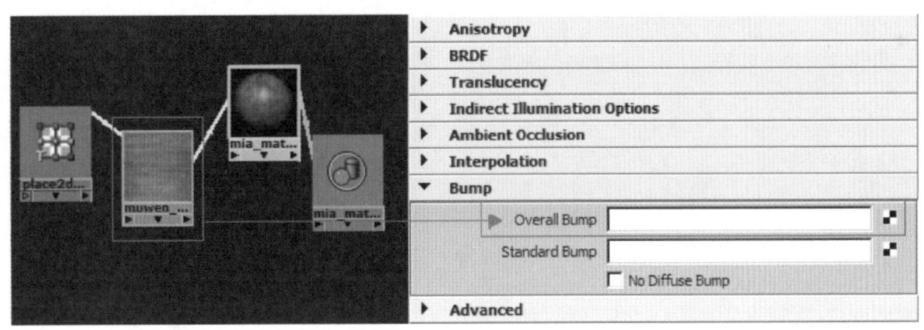

图　9-41

凹凸值设置为 0.1，如图 9-42 所示。

步骤 3　座椅脚的黑塑料和窗户玻璃

座椅脚的黑塑料使用 Blinn 材质，完成后的效果如图 9-43 所示。

Blinn 材质，创建材质球的方法同上，这里就不赘述了。打开 Blinn 材质球的操作面板，调整 Color 的颜色为黑色，Eccentricity 的参数为 0.2，Specular Roll Off 参数为 0.5，Specular Color 调整为灰色，参数设置如图 9-44 所示。

窗户玻璃也使用 Blinn 材质，完成的效果如图 9-45 所示。

打开 Blinn 材质球的操作面板，调整 Color 的颜色为黑色，Transparency 的颜色为白色，Eccentricity 的参数为 0.05，Specular Roll Off 参数为 1，Specular Color 调整为白色，Reflectivity 参数设置如图 9-46 所示。

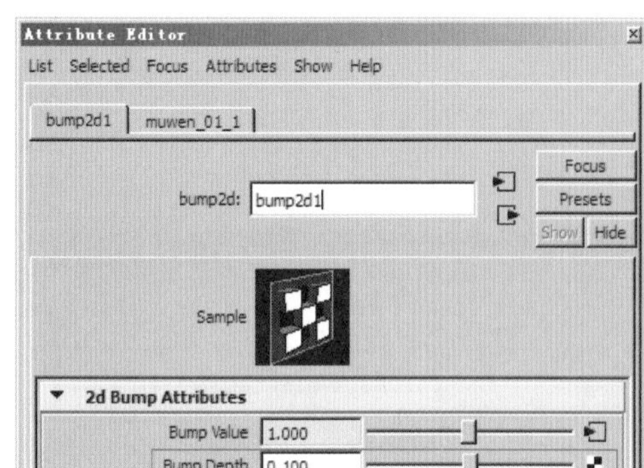

图 9-42

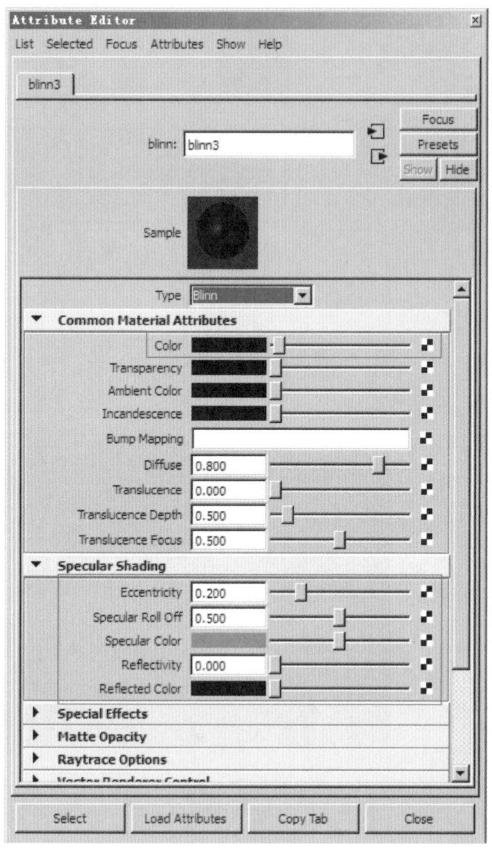

图 9-43

图 9-44

图 9-45

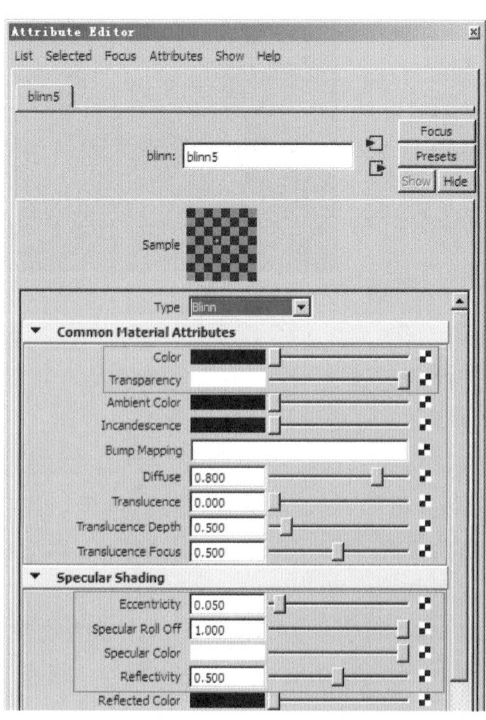

图 9-46

需要注意的是，要将玻璃模型的渲染属性中的产生阴影和接受阴影去掉，不然会阻挡阳光进入。选择模型，执行 Ctrl＋A 快捷命令，打开属性面板，在 RenderStats 标签下，取消对 Casts Shadows 和 Receive Shadows 两个属性的选中，如图 9-47 所示。

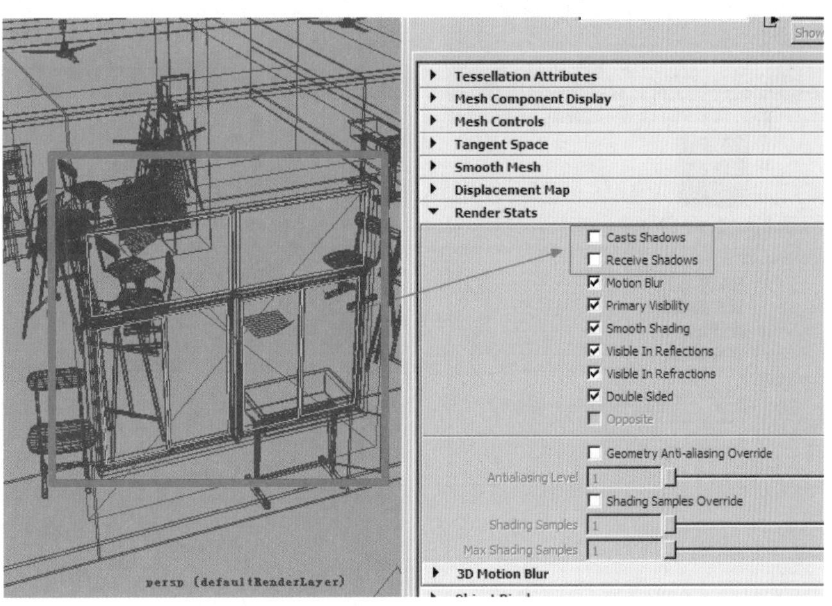

图　9-47

步骤 4　装饰画、黑板和素描纸

装饰画和黑板没有反射效果(如图 9-48 所示)，所以使用 Lambet 材质。

创建 Lambet 材质球的方法同上，这里就不赘述了。

执行 Ctrl＋A 快捷命令，打开材质球的属性面板，在 Common Material Attributes 选项下，单击 Color 参数右边的棋盘格图标，打开 Create Render Node 窗口，在其中选择 File 选项。

在 File 节点中，单击 Image Name 后的文件夹图标，在“D:\My File\Project_Huashi\sourceimages”文件夹中选择黑板的贴图 heiban.jpg，再将 Filter Type 选项改为 Off，如图 9-49 所示。

图　9-48

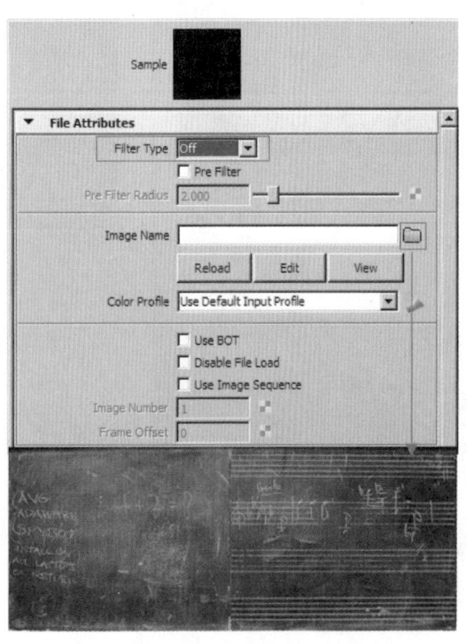

图　9-49

黑板材质的其他属性，使用默认，完成后的黑板材质球连接和属性面板，如图 9-50 所示。

装饰画的材质，只需将贴图给颜色属性即可，材质设置如图 9-51 所示。具体操作这里就不赘述了。

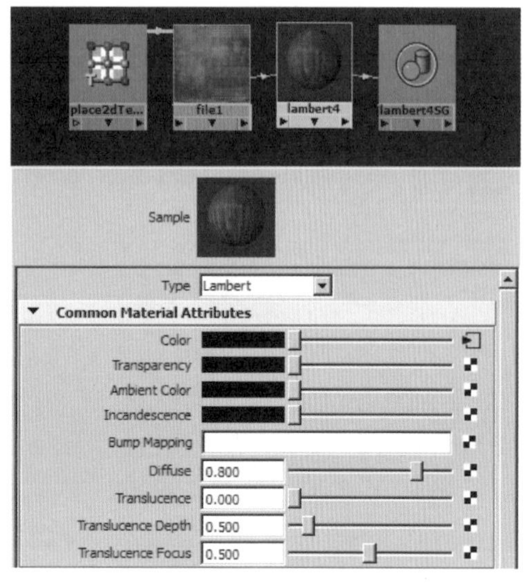

图 9-50

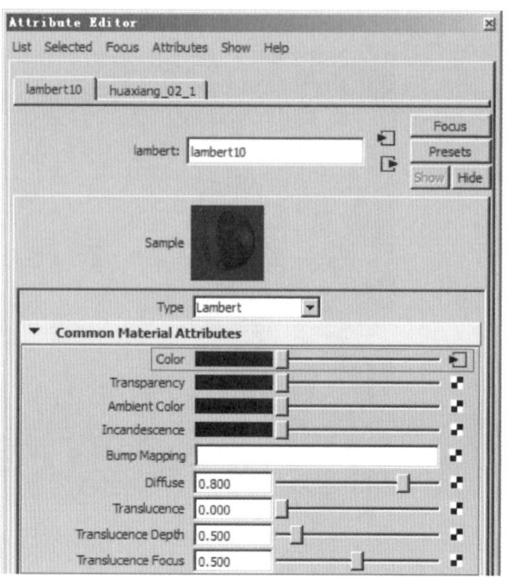

图 9-51

装饰画贴图在“D:\My File\Project_Huashi\sourceimages”文件夹中。

装饰画贴图 huaxiang_01.jpg 如图 9-52 所示。

装饰画贴图 huaxiang_02.jpg，如图 9-53 所示。

装饰画贴图 huaxiang_03.jpg，如图 9-54 所示。

图 9-52

图 9-53

图 9-54

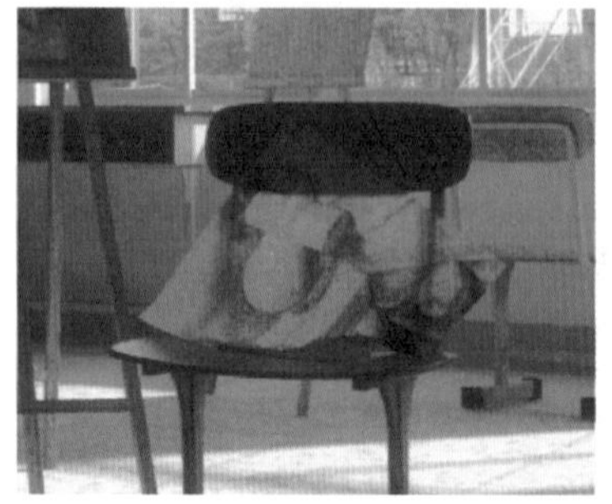

图 9-55

素描纸使用 lambet 材质，完成后的效果如图 9-55 所示。

由于纸被光照射会有半透效果，所以这里注意要把半透属性设置为 0.5。素描纸材质参数设置如图 9-56 所示。

在“D:\My File\Project_Huashi\sourceimages”文件夹中存放素描纸的颜色贴图，如图 9-57 所示。

步骤 5　吊扇、画框和射灯的黑漆材质

吊扇使用 mia_material_x_passes 材质，完成后的效果如图 9-58 所示。

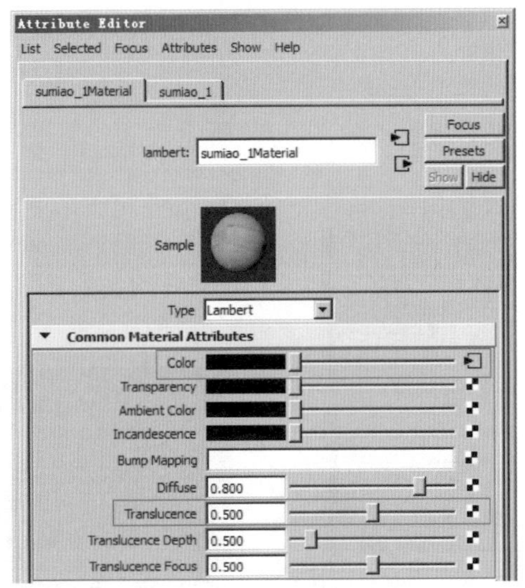

图　9-56

图　9-57

图　9-58

在材质编辑器中，创建一个 mia_material_x_passes 材质球。执行 Ctrl＋A 快捷命令，打开材质球的属性面板，设置材质参数如图 9-59 所示。

画框、射灯的黑漆使用 mia_material_x_passes 材质，效果如图 9-60 所示。

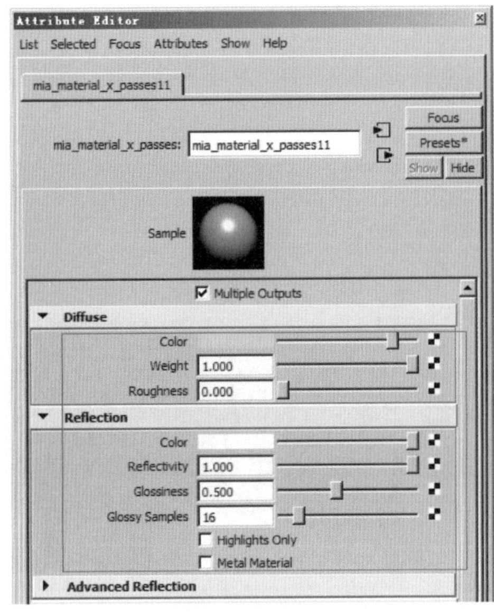

图　9-59

图　9-60

材质参数设置如图 9-61 所示。

步骤 6　衬布和石膏模型

衬布使用 Lambet 材质，完成后的效果如图 9-62 所示。

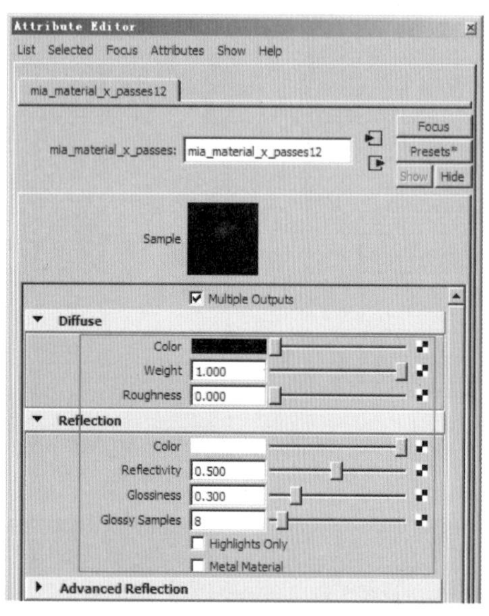

图　9-61

图　9-62

衬布材质参数设置如图 9-63 所示。

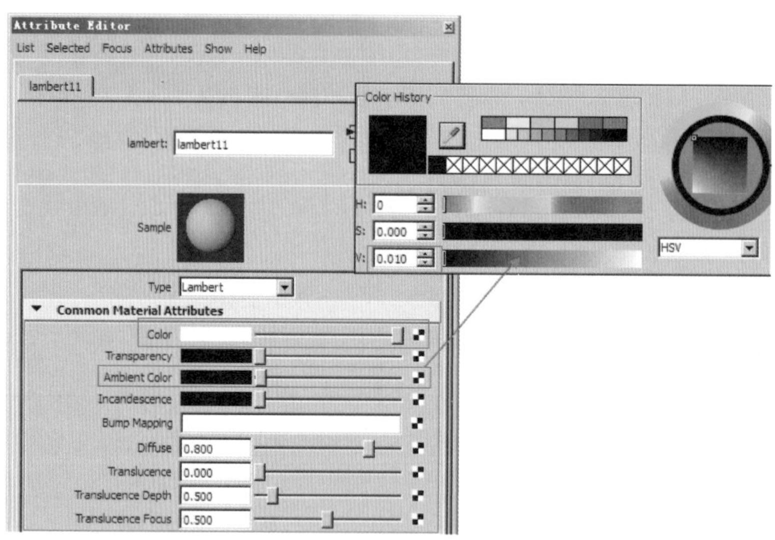

图　9-63

桌面上的石膏模型和墙面使用 mia_material_x_passes 材质，由于墙面的漫反射，需要在 Diffuse 下的 Color 属性上加了一点亮度，如图 9-64 所示。

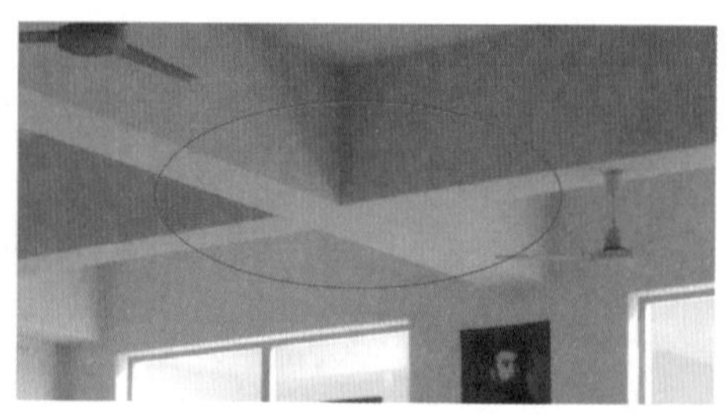

图　9-64

材质参数设置如图 9-65 所示。

步骤 7　座椅蓝漆、窗框和踢脚线

座椅蓝漆也使用 mia_material_x_passes 材质，效果如图 9-66 所示。

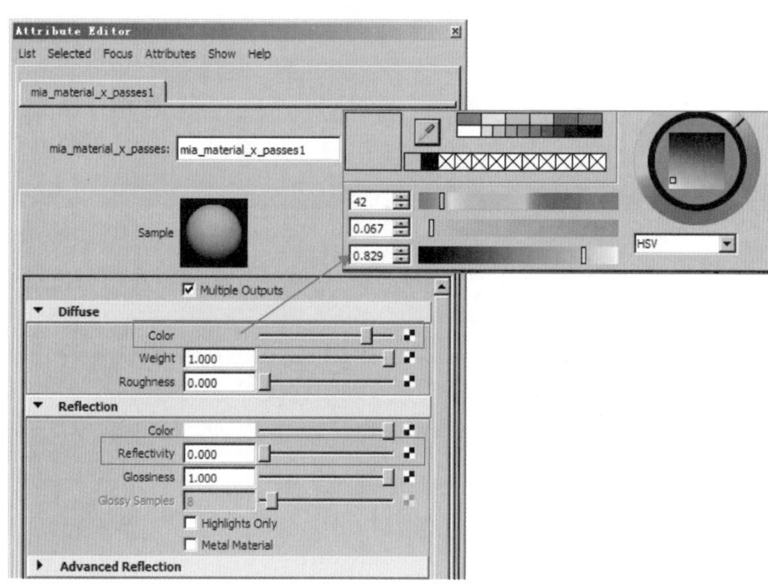

图　9-65

图　9-66

材质参数设置如图 9-67 所示。

窗框和踢脚线就使用默认的 Lambet1 材质，效果如图 9-68 所示。

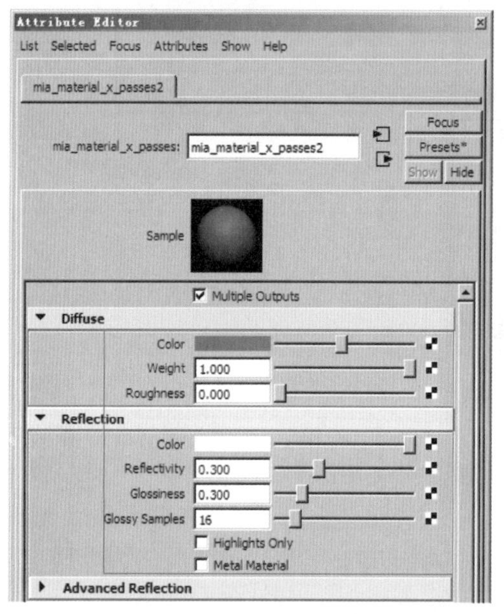

图　9-67

图　9-68

以上就是场景全部的材质设置，此处可以参考配套源文件“D:\My File\Project_Huashi\scenes\Huashi_textures.mb”。

9.3　添加氛围效果和后期合成

接着要为场景加入一层薄薄的灰尘，单击 Create 菜单下 Volume Primitives 中的 Cube，创建一个立方体体积雾，如图 9-69 所示。

将 Cube 放大并笼罩相机视图内的所有物体，摆放位置，如图 9-70 所示。

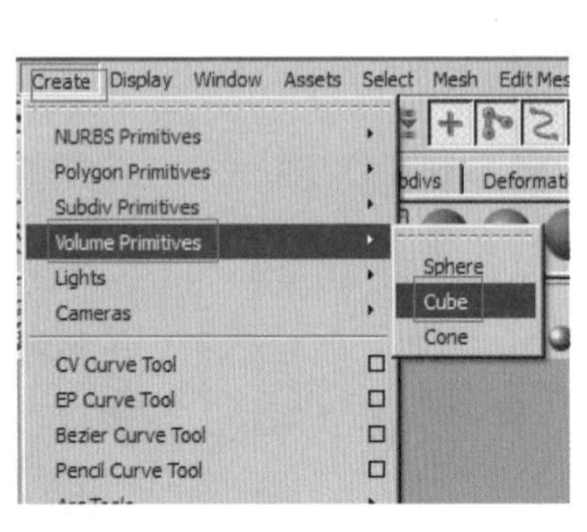

图 9-69

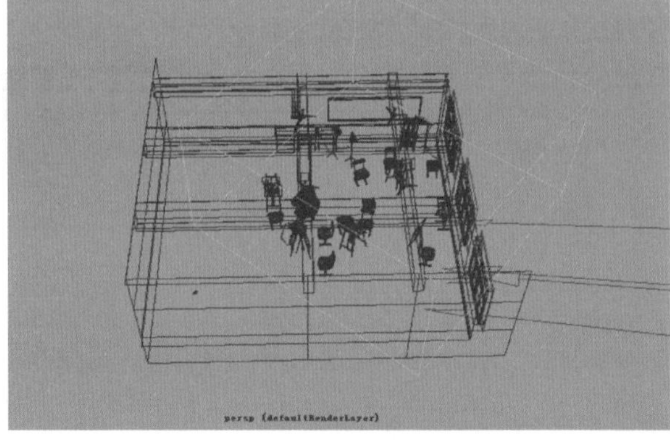

图 9-70

Cube 体积雾的材质设置如图 9-71 所示。

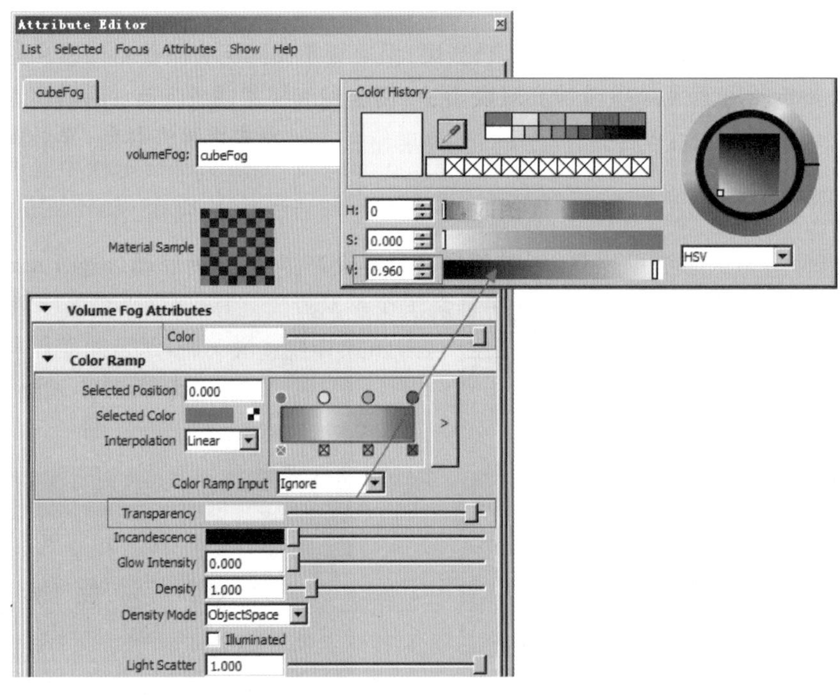

图 9-71

最后我们还需要把渲染设置的品质调整一下，如图 9-72 所示。

最终渲染，效果如图 9-73 所示。

此处可以参考配套源文件“D:\My File\Project_Huashi\scenes\ Huashi_final.mb”。

渲染后的效果略有些偏灰，不要紧，这便于人们在后期软件中进行调整，不建议在渲染时把对比做得太大，那样后期校色的空间就较小。

最后要在后期软件中完成最终合成、校色工作，不仅可以使用视频合成软件，也可使用比较广泛使用的 Photoshop。本例使用的是 nuke，为渲染图加入窗外背景和整体校色。

配套源文件“D:\My File\Project_Huashi\sourceimages\BG.jpg”是本例的背景图片，如图 9-74 所示。

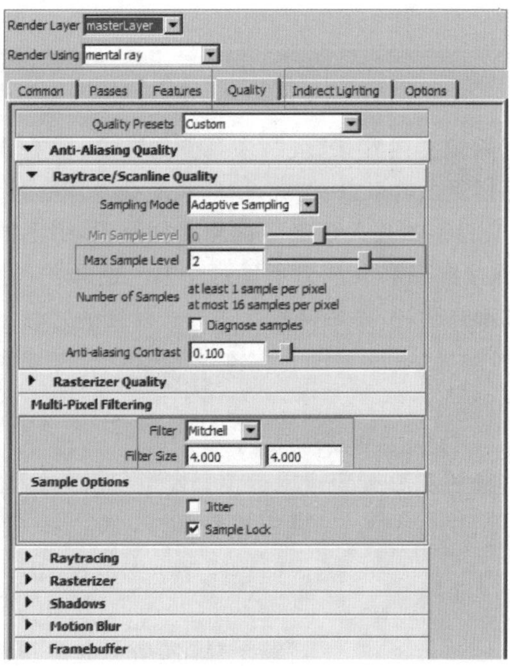

图　9-72

图　9-73

图　9-74

nuke 节点连接参考如图 9-75 所示。

图 9-75

后期部分，大概的合成思路是，将背景图片放在底层，渲染图片放在上层，使用位移工具将背景图片移至适当的位置，合成后，首先对渲染图片进行调色，再对背景图片进行调色，最后将整体加入 Glow（辉光）节点，这样会使画面的光感丰富，最终输出。

最终完成的效果如图 9-2 所示。

本章重点了解了渲染器中 Final Gathering 的工作原理及使用方法，配合物理天光共同使用，能给人们带来漂亮的光能传递效果，只需几盏灯就可以把室内照亮，达到理想的效果。虽然 Final Gathering 的计算不是非常精确，但它的渲染速度相对要快一些，在工作流程中不失为一个性价比高的间接照明选择。

本章节的材质相信大家也能熟悉和掌握，主要就是颜色、反射、反射模糊、凹凸这几个元素的使用，不同的强度就会做出不同质感，当然这些还只是基础设置，希望大家能熟练掌握更多的属性，这样在细节的把握上就会更轻松。灯光也会为材质质感加分，所以前期在制作灯光的时候也要为材质部分考虑，尤其是灯光造成材质高光反射的属性。

第 10 章

Maya渲染层作用及运用

Chapter 10

本章知识点

1. 分层渲染。
2. 渲染分层命令菜单。
3. 分层渲染的操作流程和方法。

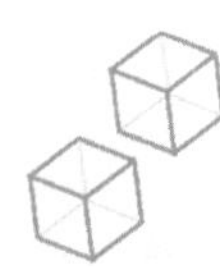

本章对分层渲染进行讲解，首先了解为什么要分层渲染？

在生产流程中，在材质灯光流程完成后，就该进行渲染输出了。在项目流程中的渲染可以单独列为一个渲染模块，也就是说一些公司配置中可以分为渲染组，这意味着渲染其实并不是按一下渲染键就能搞定的，这里面到底有什么门道呢？

分层渲染的目的是将我们已经在灯光材质环节调试好的画面进行拆分，分层方式大概可以分为3种类型，一是按画面中景物（远近、主次、特殊要求、遮挡关系等）来进行分层；二是分通道，按材质的元素进行分离，比如将其反射、折射、高光等元素分离出来；三是按一些辅助性的制作提取出来，比如ZDepth（深度通道）、Motion Vector（运动模糊适量通道）等一些在渲染中不要完成但需要为给后期合成准备的通道。

之所以我们要将一张图按以上种类分解出来，就是为了我们可以在后期合成工作中自由的操作，更灵活、更大空间地处理我们理想的效果。

10.1 根据什么来分层

在分层前人们需要考虑如何分层，根据不同类型影片的需求，制作不同的渲染分层方案。分层并不是绝对的，可以根据想要完成的效果来判断需要哪些渲染层和材质元素。在进行制作渲染层时，一般在项目流程中都需要在分层渲染前由灯光和合成两个组共同讨论具体分层思路，以达到最合理的分层方案。

10.2 渲染分层命令菜单

分层渲染的方式可以分为两种，一种为分物体渲染层，另一种为分渲染通道，统称分层渲染层。

首先了解一下Maya软件的渲染层，在Maya界面的右下方，这个区域是层的菜单，包括显示层、渲染层和动画层，如图10-1所示。

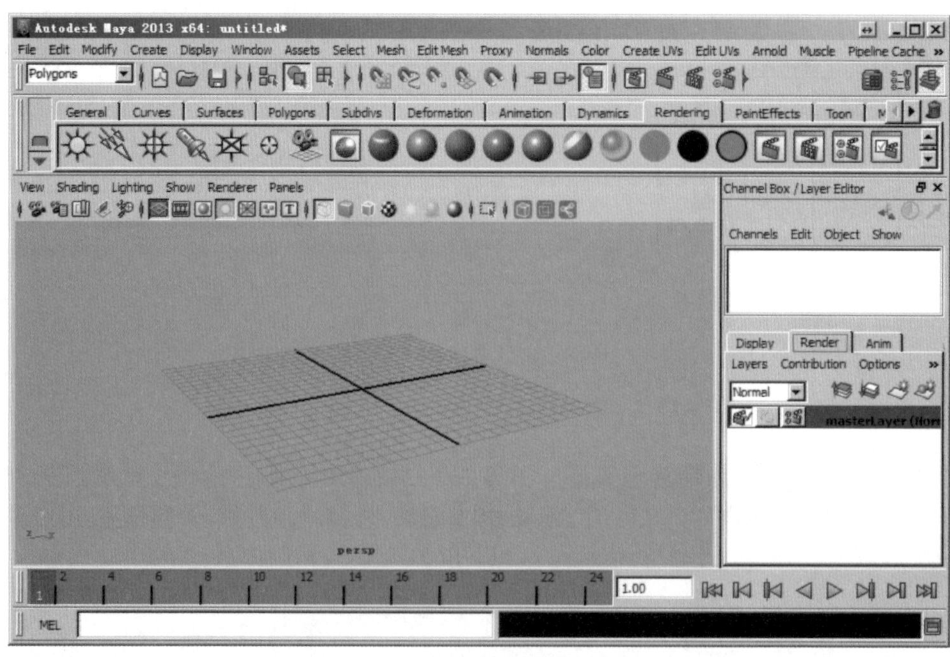

图 10-1

我们也可以通过菜单找到渲染层面板,执行菜单命令 Window|Rendering Editors|Render Layer Editor,打开渲染层面板,如图 10-2 所示。

注意:*在右下方存在渲染层的时候,单击菜单中的渲染层面板是弹不出来窗口的。*

首先看一下渲染层标签中的几个菜单,首先是 Layers,如图 10-3 所示。

单击 Layers 命令,弹出的菜单如图 10-4 所示。

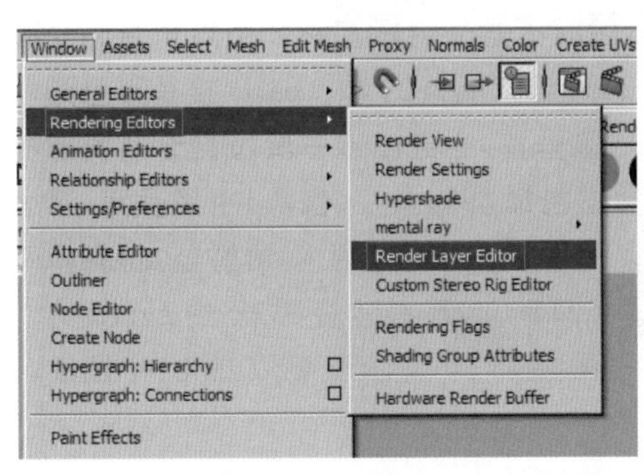

图 10-2

图 10-3

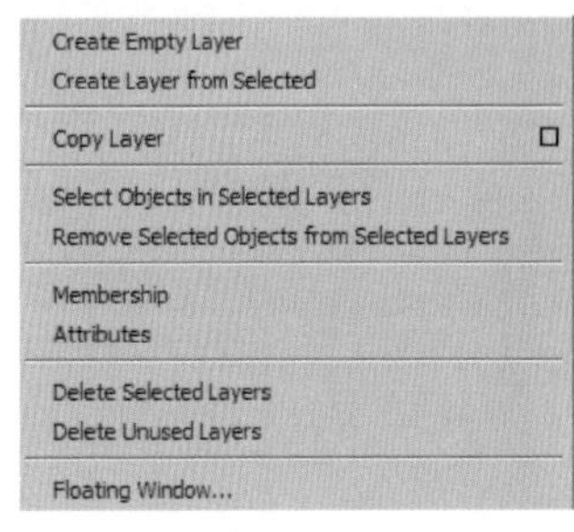

图 10-4

图 10-4 中的命令说明如下。

(1) Create Empty Layer 创建空渲染层。

(2) Create Layer from Selected 将选择物体创建渲染层。

(3) Copy Layer 复制层,有两种方式,如图 10-5 所示,其选项说明如下。

- With membership and overrides(连同成员身份和覆盖):选择该选项将对象和渲染层特性都复制到新层中。
- With membership(连同成员身份):选择该选项只将对象复制到新层中并为复制的层创建新覆盖。

(4) Select Objects in Selected Layers 将选择物体加入到选择的层中。

(5) Remove Selected Objects from Selected Layers 从选择的层中移除选择物体。

(6) Membership 是打开层关系编辑器,如图 10-6 所示。

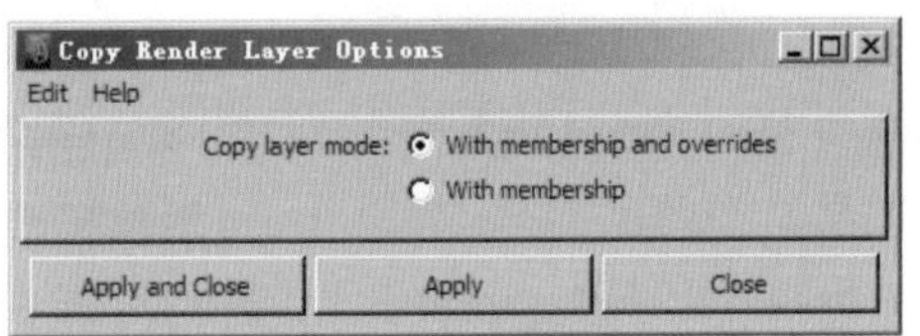

图 10-5

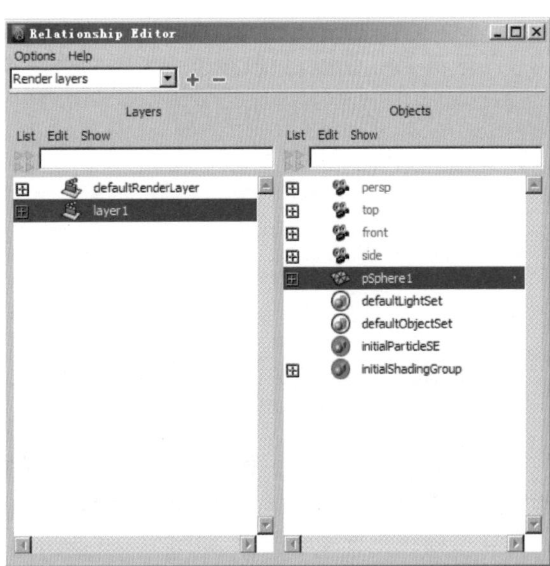

图 10-6

左边为层信息列表，右边是场景物体列表，分别选择左边的层和右边的物体，将它们连接，这样所选物体就会被加入到所选择的层中，如图 10-7 所示。

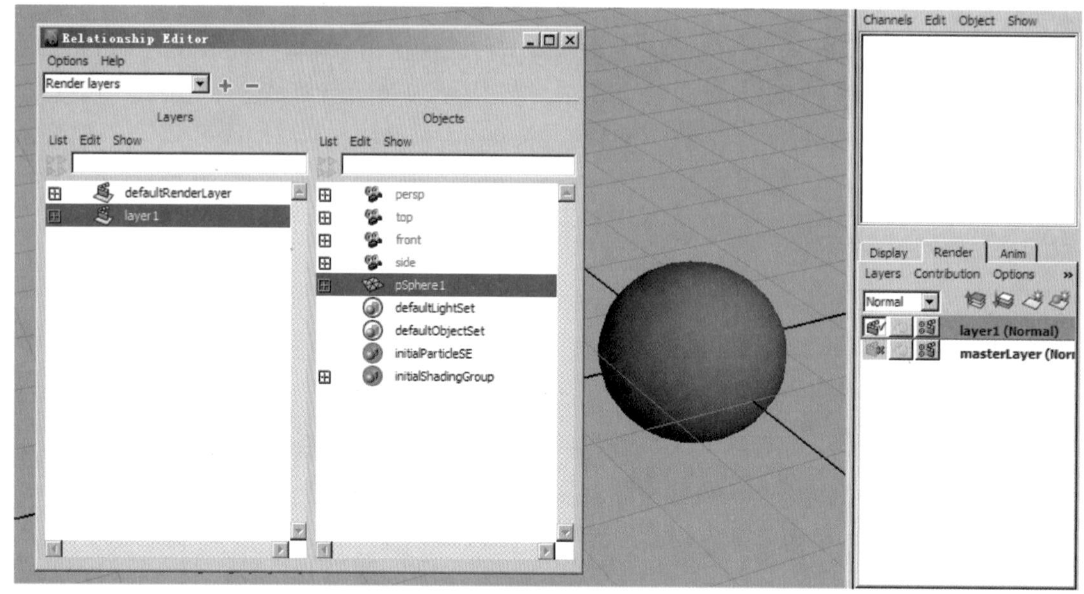

图　10-7

(7) Attributes 层属性，为选定层打开“属性编辑器”(Attribute Editor)。属性编辑器中有一些属性无法通过“编辑层”(Edit Layer)窗口进行访问。

(8) Delete Selected Layers 删除选择层，但不删除层中的对象。

(9) Delete Unused Layers 删除未使用的层(删除空层)。

(10) Floating Window 打开一个单独的、浮动渲染层编辑器窗口，如图 10-8 所示。

图　10-8

10.3　Layers 菜单下的命令

这些命令在渲染操作中会经常用到。在渲染层面板上可以看到，默认是有一个 masterLayer，这个层是包含场景所有信息的层，如图 10-9 所示。

在渲染层面板上有 4 个按钮，如图 10-10 所示，它们的功能说明如下。

- ：向上移动选择的渲染层；

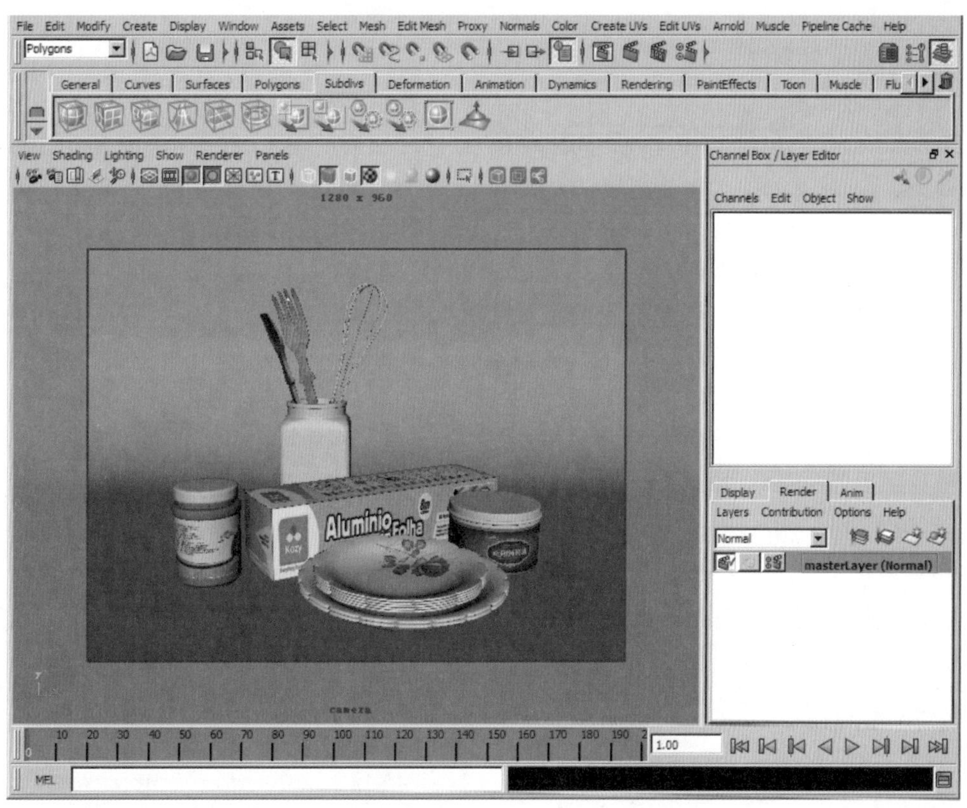

图 10-9

- ：向下移动选择的渲染层；
- ：创建空层；
- ：将选择的物体创建层。

向上移动选择层和向下移动选择层比较好理解，作用是调整层的排序，这些按钮仅在选中一个渲染层时处于活动状态。此外，也可以向上和向下拖动层。在渲染时，渲染层是从下至上渲染。

当创建空白层后，选择该层，右击，弹出的菜单如图 10-11 所示，其中的命令说明如下。

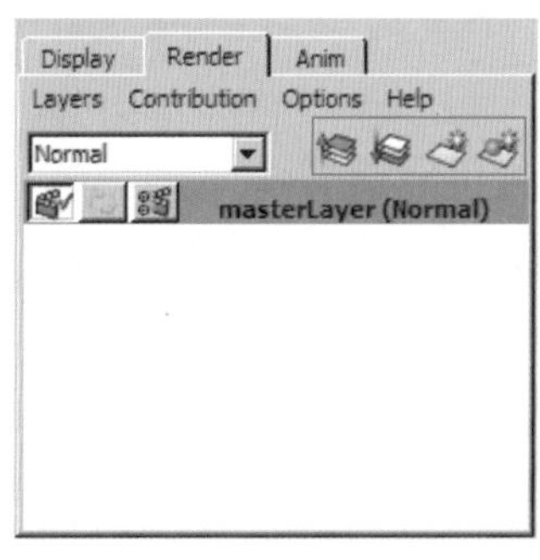

图 10-10

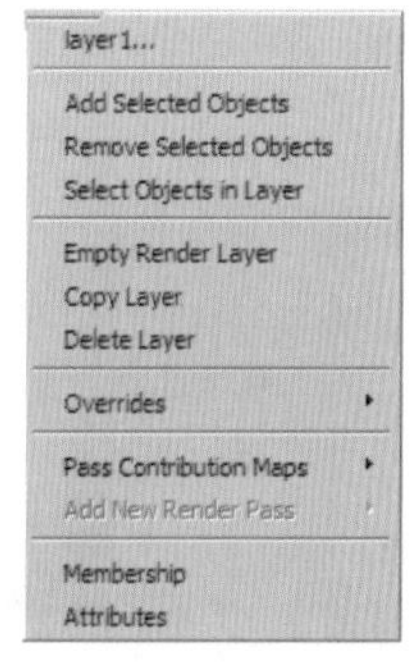

图 10-11

(1) Add Selected Objects 在渲染层中添加选择的物体。

(2) Remove Selected Objects 在渲染层中移除选择物体。

(3) Select Objects in Layer 选择属于当前层的物体。

(4) Empty Render Layer 从层中移除所有物体以使其留空。

(5) Copy Layer 复制层。

(6) Delete Layer 删除层。

(7) Overrides(覆盖)有多种覆盖，展开子菜单，以选择所需的覆盖，如图 10-12 所示。其中的菜单命令说明如下。

- Remove Render Setting Overrides：移除当前层的所有渲染设置覆盖；
- Remove Render Flag Overrides：移除当前层的所有渲染标志(层属性)覆盖；
- Remove Material Override：移除选定对象在当前层的当前材质覆盖；
- Create New Material Override：允许选择当前层的新材质覆盖；
- Assign Existing Material Override：允许选择当前层的现有材质覆盖。

(8) Pass Contribution Maps(过程贡献贴图)

有多个选项展开子菜单，以选择所需的覆盖，如图 10-13 所示。

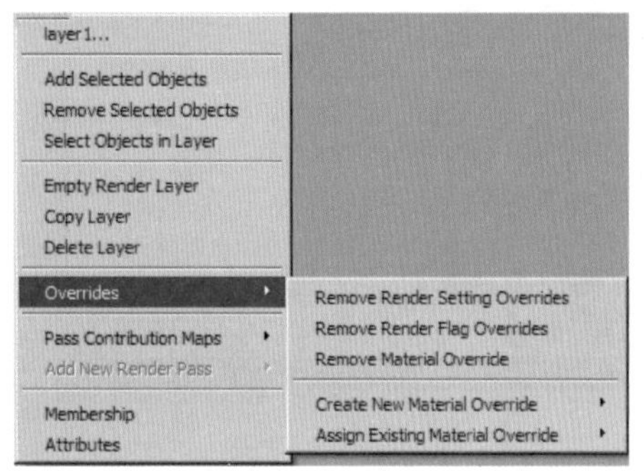

图 10-12

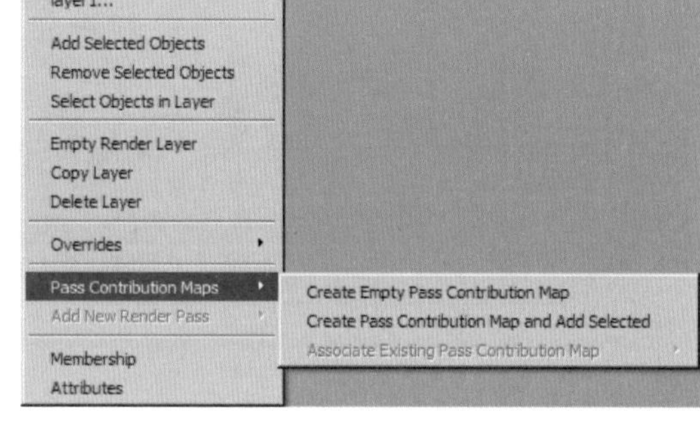

图 10-13

其中：

- Create Empty Pass Contribution Maps：为选定层创建新的空贡献贴图；
- Create Pass Contribution Maps and Add Selected：为包含选定对象的当前层创建新的贡献贴图；
- Associate Existing Pass Contribution Maps：该子菜单可提供场景中可用的过程贡献贴图的列表。选择所需的贡献贴图以将其与当前层关联。

(9) Add New Render Pass 允许将新的渲染过程添加到层中。展开子菜单，以从可用的渲染过程中选择一个。

(10) Membership 将打开“关系编辑器”(Relationship Editor)，以从层中移除对象或将对象添加到层中。

(11) Attributes 为选定层打开“属性编辑器”(Attribute Editor)。“属性编辑器”中的某些属性不能通过“编辑层”(Edit Layer)窗口使用。

10.4 分层情况分析

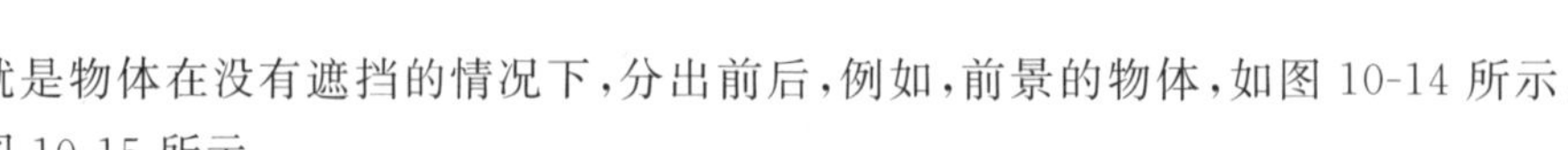

最简单的分层就是物体在没有遮挡的情况下，分出前后，例如，前景的物体，如图 10-14 所示。

中景的物体如图 10-15 所示。

背景如图 10-16 所示。

叠加分层如图 10-17 所示。

图　10-14

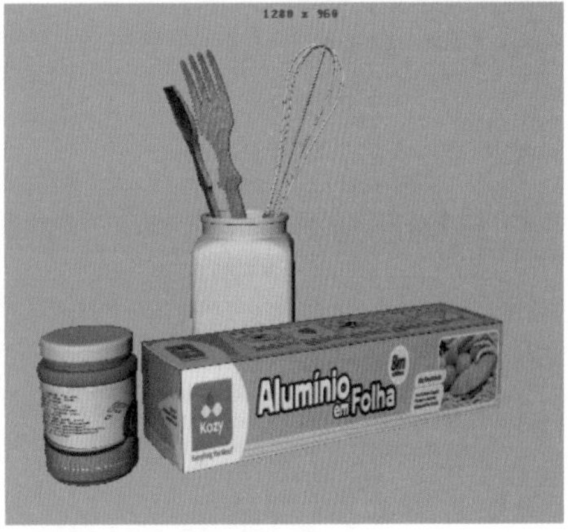

图　10-15

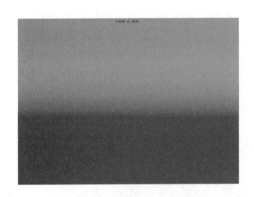

图　10-16

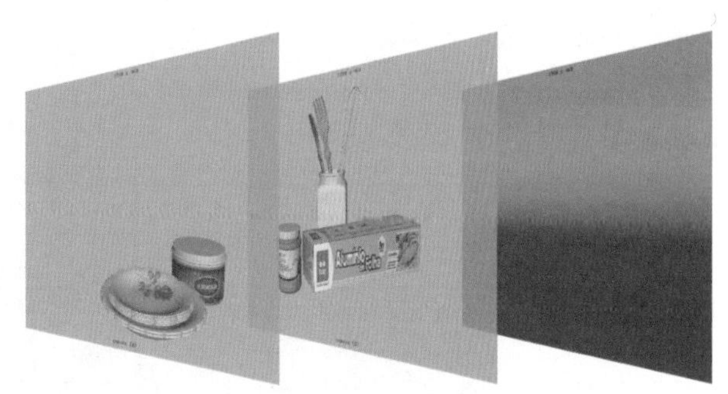

图　10-17

合成后的效果如图 10-18 所示。

图　10-18

10.5　物体渲染属性

在选择某个物体时，执行 Ctrl＋A 快捷命令，打开属性面板，可以在 Render Stats 中更改渲染属性，如图 10-19 所示。

首先来看一张包含这些属性的图片，如图 10-20 所示。

图 10-19

图 10-20

图 10-19 中的属性说明及操作效果说明如下。

(1) Casts Shadows(产生阴影)控制物体是否产生阴影,不选中此选项则使物体不产生阴影。取消对玻璃球的 Casts Shadows 产生阴影属性的选中,如图 10-21 所示。

图 10-21

对比默认效果与取消选中此选项后的效果如图 10-22 所示。

(a) (b)

图 10-22

取消对 Casts Shadows 属性的选中后，玻璃球就不会产生阴影，无论在任何物体上。

(2) Receive Shadows(接受阴影)控制被投射阴影，取消对此选项的选中，则不接收任何物体投射到该物体上的阴影。

取消对罐子的 Receive Shadows 接受阴影属性的选中，如图 10-23 所示。

图　10-23

对比默认效果与取消选中此选项后的效果如图 10-24 所示。

(a)　　(b)

图　10-24

取消对 Receive Shadows 接受阴影属性的选中后，渲染，观察罐子，已经没有任何阴影投射在上面。在取消对玻璃球的 Casts Shadows 的选中后，产生阴影时只是玻璃球的阴影不投射到罐子上，但现在取消对罐子的 Receive Shadows 接受阴影属性的选中后，会发现连勺子投到罐子上的阴影也不见了，这时罐子已经不接收任何物体投射阴影。

(3) Motion Blur(运动模糊)控制是否产生运动模糊。

这个选项产生效果的前提是要开启渲染设置中的运动模糊选项，如图 10-25 所示。

此刻将物体设置一个简单的旋转动画，如图 10-26 所示。

开启渲染设置中的运动模糊选项后，渲染效果，如图 10-27 所示。

取消对 Motion Blur 产生运动模糊属性的选中，如图 10-28 所示。

取消对 Motion Blur 运动模糊属性的选中后，对比效果如图 10-29 所示。

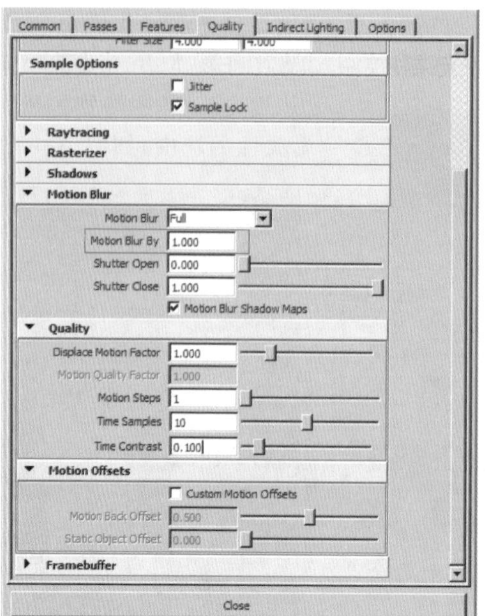

图 10-25

图 10-26

图 10-27

图 10-28

(a)　　　　　　　　　　　　(b)

图　10-29

运动模糊则不产生效果。

(4) Primary Visibility(渲染可见)控制物体是否渲染可见,不选中则不被渲染。

取消对小球的 Primary Visibility 渲染可见属性的选中,如图 10-30 所示。

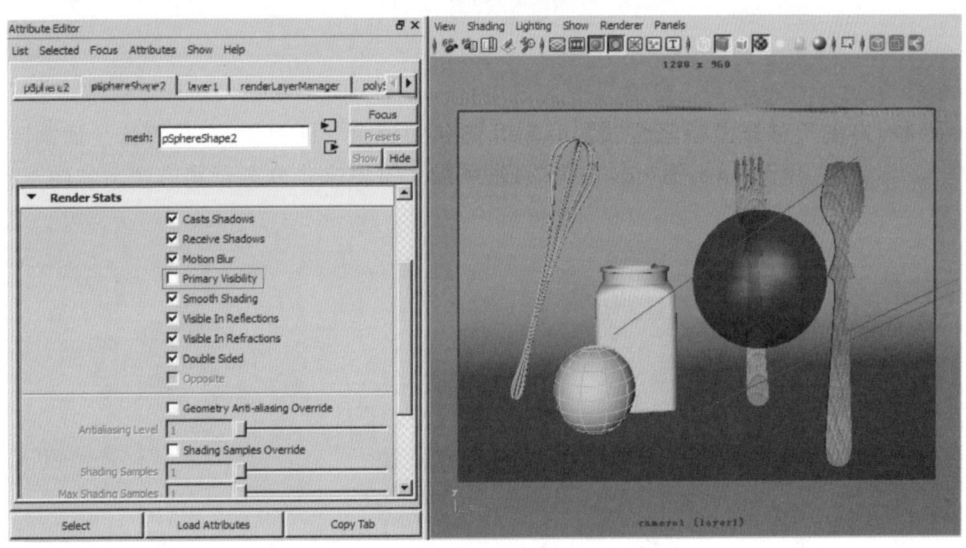

图　10-30

对比默认效果与取消选中此选项后的效果如图 10-31 所示。

(a)　　　　　　　　　　　　(b)

图　10-31

渲染后小球不可见，但阴影依然保留。

(5) Smooth Shading(圆滑属性)控制几何体表面圆滑。

取消对小球的 Smooth Shading 圆滑属性的选中，如图 10-32 所示。

图 10-32

对比默认效果与取消选中此选项后的效果如图 10-33 所示。

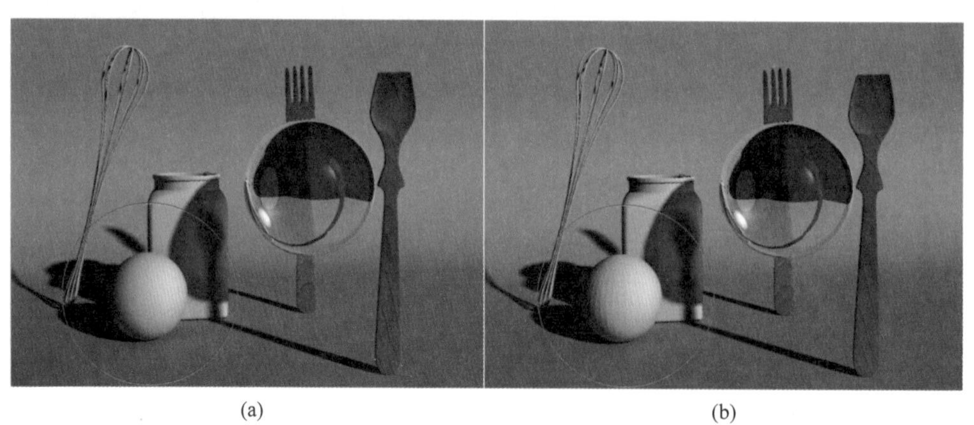

(a) (b)

图 10-33

取消选中此选项后，小球表面变成网格状，去掉了圆滑显示。

(6) Visible In Reflections(反射)控制物体是否被反射。

取消对 Visible In Reflections 反射属性的选中，如图 10-34 所示。

对比默认效果与取消选中此选项后的效果如图 10-35 所示。

渲染后可以看到，勾选掉 Visible In Reflections 反射属性后，玻璃球上已经反射不到勺子。

(7) Visible In Refractions(折射)控制物体是否被折射。

取消对 Visible In Refractions 反射属性的选中，如图 10-36 所示。

对比默认效果与取消选中此选项后的效果如图 10-37 所示。

渲染后可以看到，取消对 Visible In Refractions 折射属性的选中后，玻璃球上折射不到叉子。

图　10-34

(a)　　(b)

图　10-35

图　10-36

(a)　　　　(b)

图　10-37

(8) Double Sided(双面显示)。对比效果如图 10-38 所示。不选中时只是单面显示。

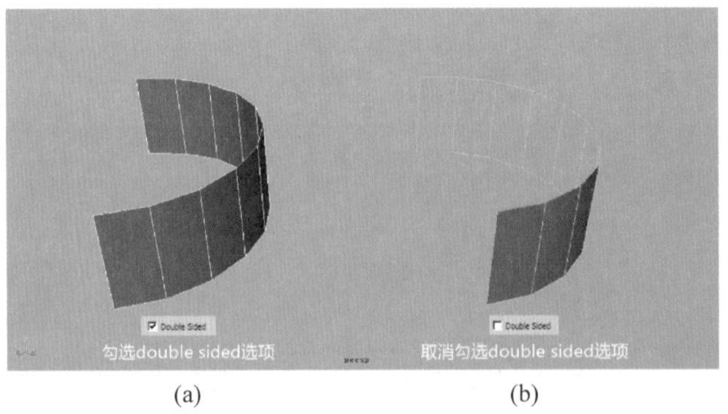

(a)　　　　(b)

图　10-38

(9) Opposite(反转)在 Double Sided 不选中后才可使用,可将显示的单面反转,如图 10-39 所示。

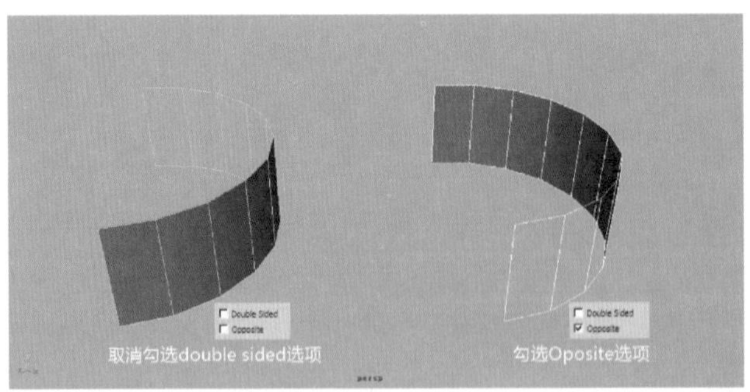

图　10-39

10.6　层中单独控制属性

创建渲染层和物体的渲染属性,这两块是分层比较常用的。当我们创建了渲染层,就相当于可以在这个层里单独操作和更改参数,在某个渲染层中更改选项或参数时会发现此选项变为橘黄色,如图 10-40 所示。

橘黄色代表这些参数的改变只对这个渲染层起作用。

我们也可以单独更改物体材质或灯光的参数，不过，如果直接去更改参数时会发现，更改后参数选项并没有变为橘黄色，那就意味这个参数在所有层中都改变，这不是我们想要的。

如果想单独在某一个渲染层中单独改变材质或灯光参数属性，需要在此选项上右击，选择 Create Layer Override，如图 10-41 所示。

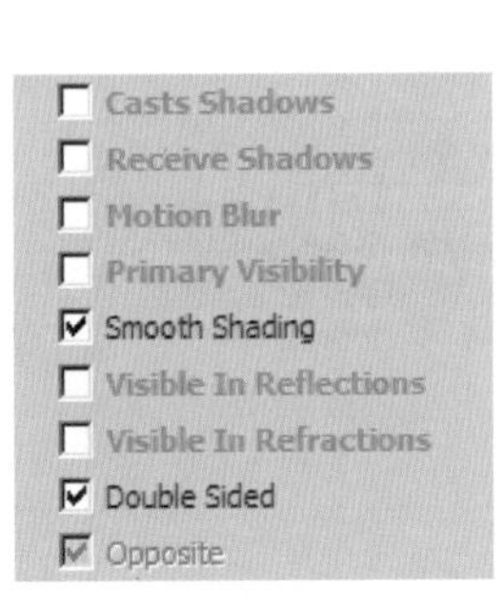

图　10-40

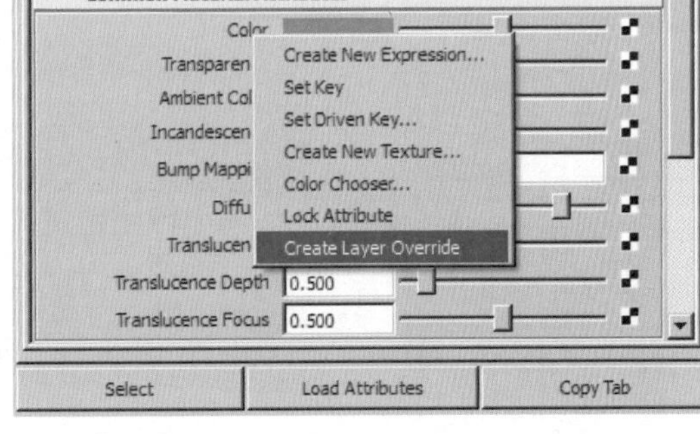

图　10-41

右击后，该属性变成橘黄色，现在它就只在这一层中改变。

10.7　遮挡

遮挡是在简单的前、中、后景分层的基础上需要相对复杂考虑的，有时我们在分层的时候不单纯的是分前、中、后景这么简单。

首先，再来看一下如图 10-42 所示的景物图。

图　10-42

现在需要将图中的保鲜膜盒子这个模型单独分为一层，其他的所有模型分为一层，假设我们用最简单的操作来完成分层，分别是 Layer_A 和 Layer_B。

Layer_A 渲染层如图 10-43 所示。

Layer_B 渲染层如图 10-44 所示。

此处可以参考配套光盘中的“renderlayer_001.mb”文件。

渲染后，合成得到的结果如图 10-45 所示。

从图 10-45 中可以看出，这种分层是错误的，没办法将保鲜膜和其他物体合成，我们需要用保鲜膜前的盘子和罐子挡住它，如图 10-46 所示。

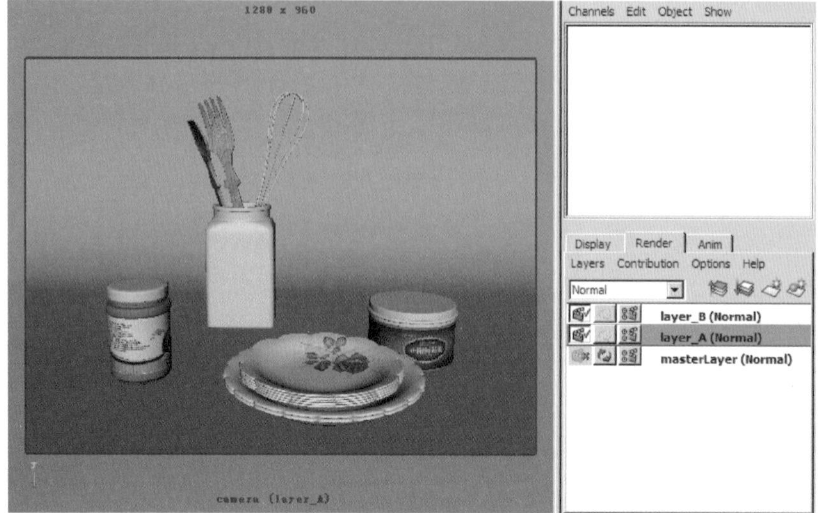

图 10-43

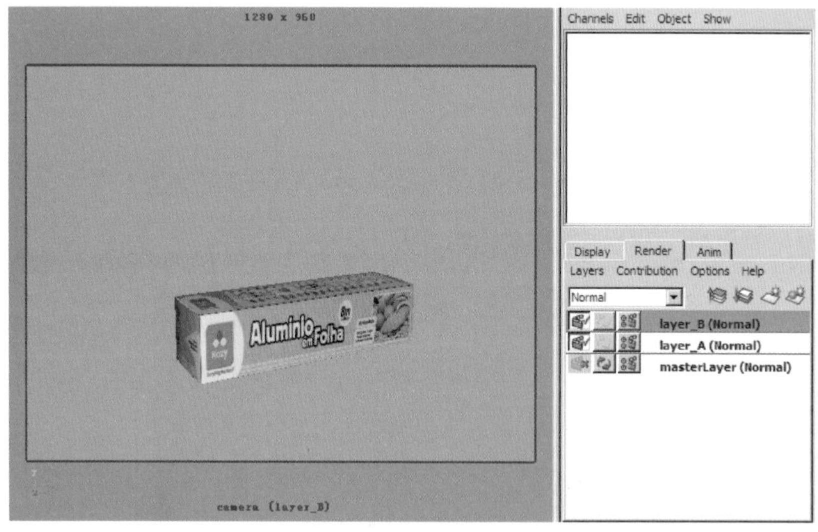

图 10-44

图 10-45

图 10-46

所以，我们需要在分层中做一些更改，将遮挡物体加入 Layer_B，挡住保鲜膜物体，在 masterlayer 层中选择这两个模型，然后在 Layer_B 层上右击，在菜单上选择命令 Add Selected Objects 添加选择模型到层，如图 10-47 所示。

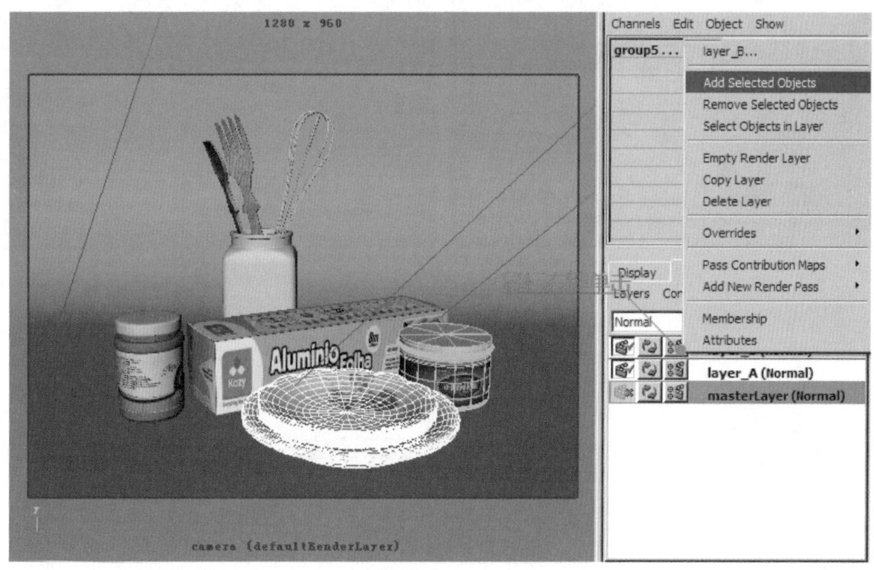

图　10-47

单击 Layer_B 这层，盘子和罐子已经加入，如图 10-48 所示。

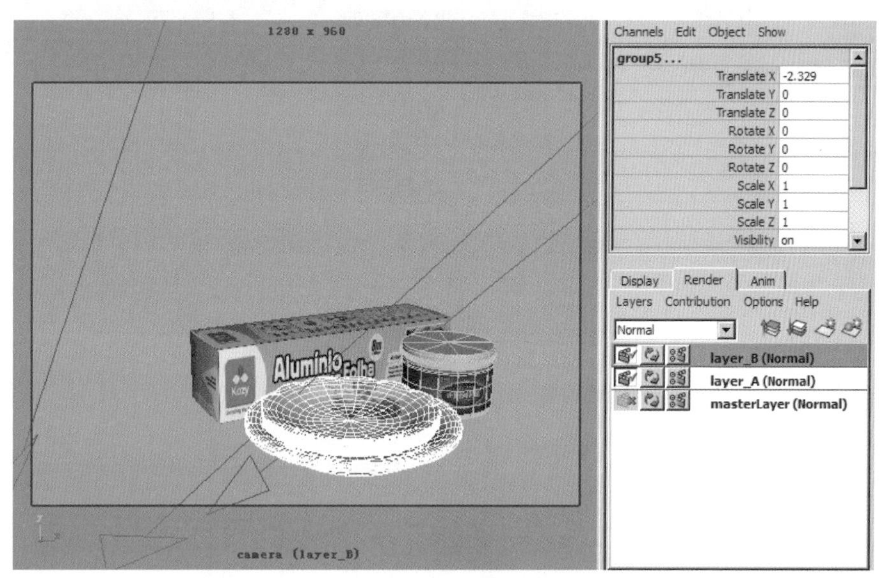

图　10-48

渲染效果如图 10-49 所示。

现在来观察渲染图的通道，这个结果不是我们想要的，现在是保鲜膜、盘子和罐子 3 个物体的通道加在了一起，我们需要的是从保鲜膜通道中减去盘子罐子的通道，所以，要用去掉盘子和罐子的通道。选择盘子和罐子模型，给它们一个 Surface Shader 材质，如图 10-50 所示。

将材质属性中的 Out Matte Opacity 颜色调成黑色，如图 10-51 所示。

此处可以参考配套光盘中的"renderlayer_002. mb"文件。

(a) 颜色层

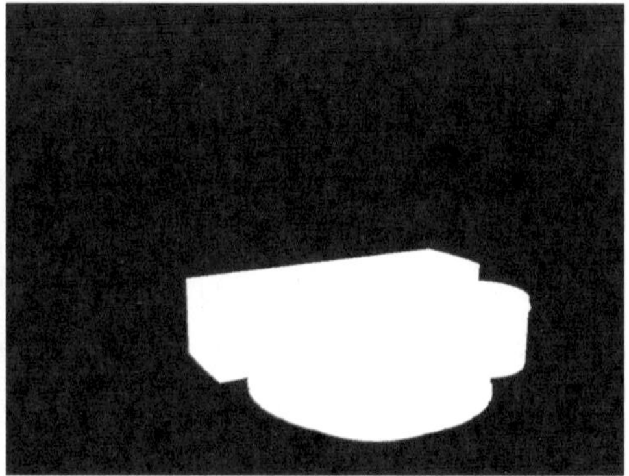
(b) 通道层

图 10-49

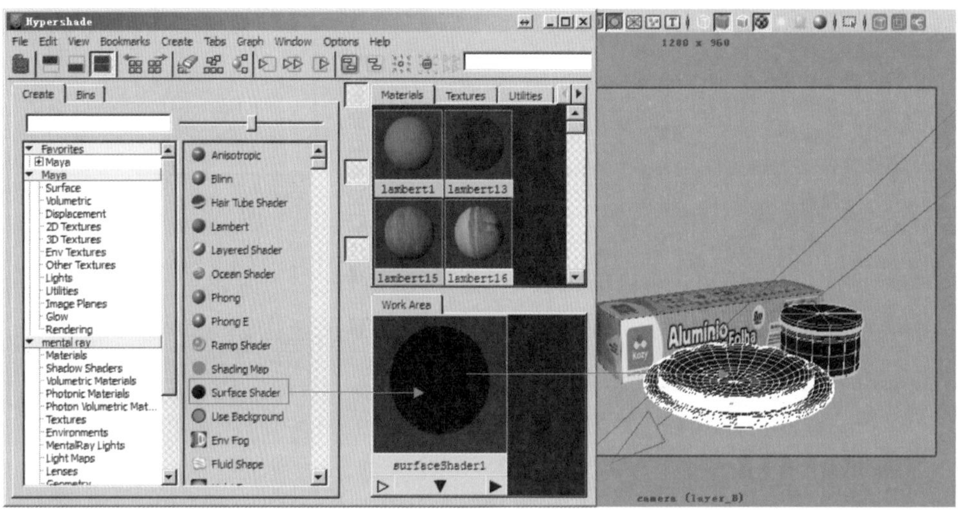

图 10-50

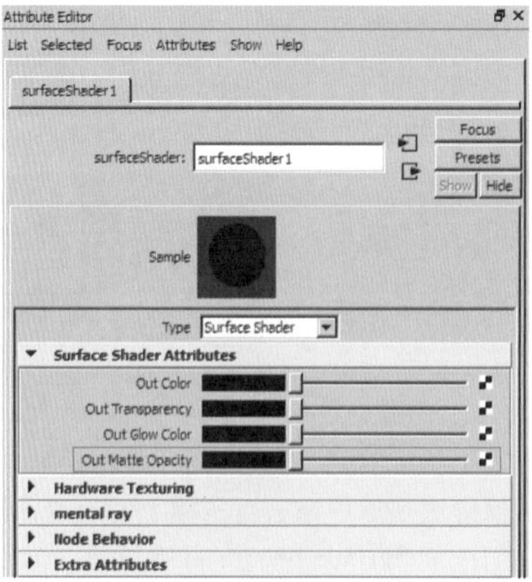

图 10-51

这时我们再来渲染观察通道，如图 10-52 所示。

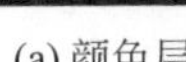
(a) 颜色层　　(b) 颜色层

图 10-52

得到了我们需要的效果，将 Layer_B 和 Layer_A 合成，如图 10-53 所示。

图 10-53

现在再与此前整体渲染出来的效果进行对比，如图 10-54 所示。

对比可以看出，左图中的保鲜膜会稍亮一些且有阴影在地面上，右图阴影投射的位置，保鲜膜较黑。

渲染直出的图中保鲜膜较亮是因为在渲染设置中，开了 Final Gathering 最终聚集，所以会产生间接照明，当光源到达地面然后反弹到物体上，所以会亮一些，解决这个问题就需要将影响保鲜膜的模型都加入到 Layer_B 中，让它们渲染不可见，这样它们不被渲染，但利用它们光源反弹，产生影响。

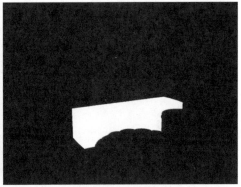

(a)　　(b)

图 10-54

将地面和左边高罐子加入到 Layer_B 中，如图 10-55 所示。

取消对地面和高罐子的渲染属性中的渲染可见选项的选中，但这里包含多个模型，如果每一个都去调整一回比较麻烦，这里只有几个模型还比较好操作，但若有成百上千的模型那就没法手动操作设置。

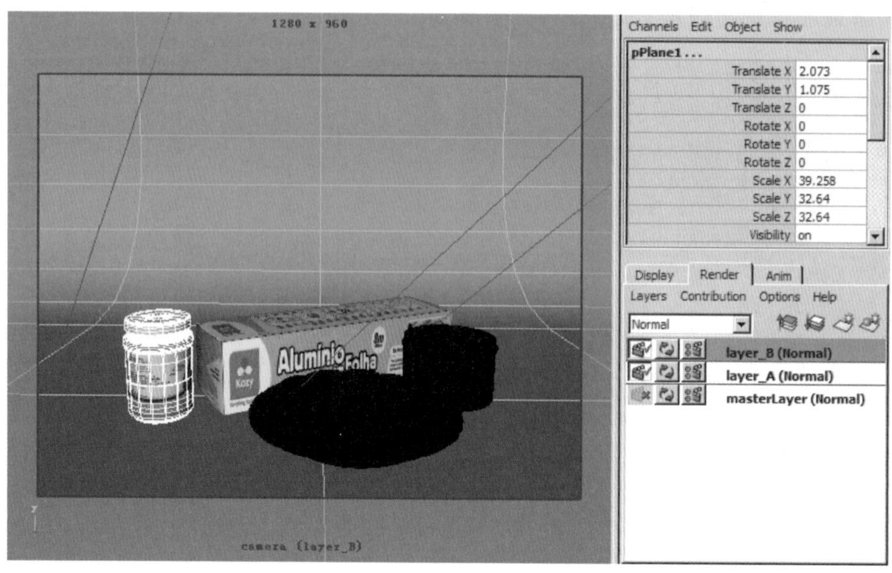

图 10-55

我们就要用到批量修改的编辑器，执行菜单命令Window|General Editeors|Attribute Spread Sheet，如图 10-56 所示。

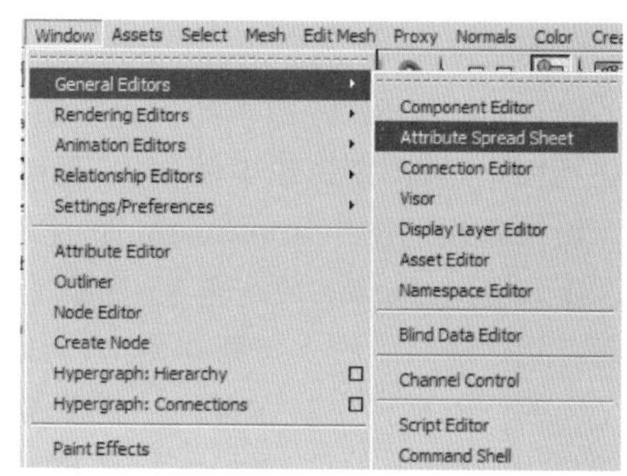

图 10-56

打开编辑器窗口，找到 Render 标签下 Primary Visibility 渲染可见选项，单击 Primary Visibility 按钮，可以批量修改设置，数字 1 为 on(开启)，0 为 off(关闭)，如图 10-57 所示。

设置完成后，渲染效果如图 10-58 所示。

接着需要继续解决地面缺少保鲜膜所投射的阴影问题，因为在 Layer_A 中没有加入保鲜膜的模型，所以没有产生它的影子，所以，加入保鲜膜到 Layer_A 中，并取消对它的渲染属性中的 Primary Visibility 渲染可见选项的选中，让它渲染不可见，只保留影子投射到地面，如图 10-59 所示。

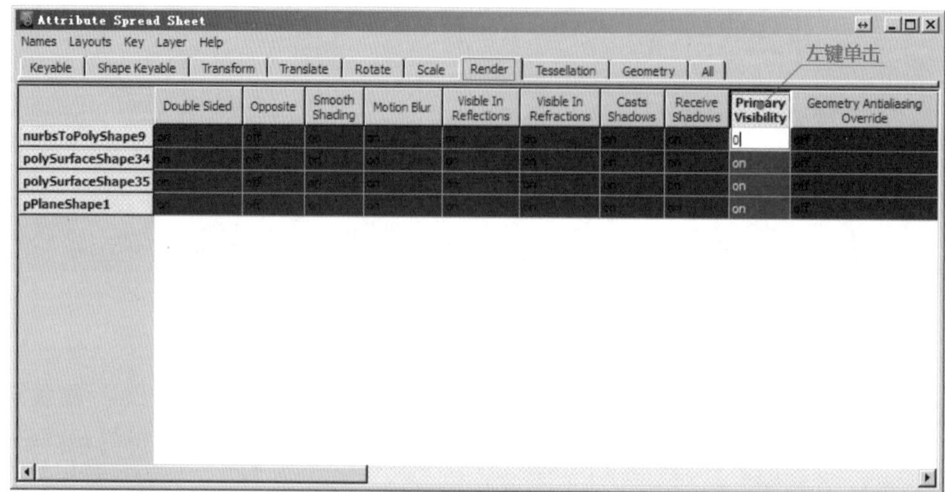

图 10-57

图 10-58

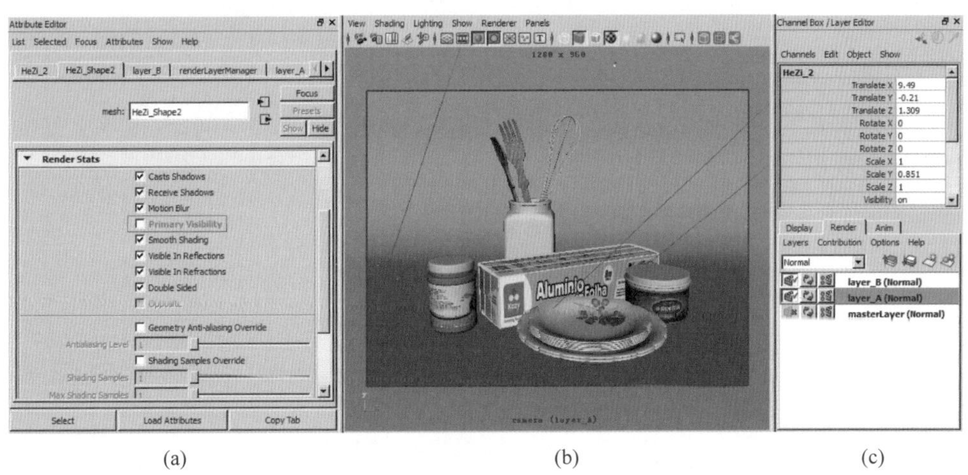

(a) (b) (c)

图 10-59

此处可以参考配套光盘中的“renderlayer_003.mb”文件。

渲染结果如图 10-60 所示。

将 Layer_A 和 Layer_B 再次合成，如图 10-61 所示。

图 10-60

图 10-61

与渲染直出图片进行对比，如图 10-62 所示。

此刻已完成了正确的分层。

通过前面的操作，我们了解了关于简单的创建层和物体的渲染属性，以及结合渲染层来单独改变物体属性和分层中遮挡的应用。这些都是关于分层的基本操作，需要根据不同的需求灵活运用。分

(a) (b)

图 10-62

层是项目流程中很重要的一个环节，在效果上给予后期软件更大的调整空间，在效率上好的分层能使项目批量生产提高效率，是一个关键环节，希望读者不要忽视渲染分层。

完美动力影视基地商业项目

完美动力教育成立“完美动力实训中心”，为学员提供“商业项目实习”学员可在完美动力制作公司体验真实的工作环境，参与商业项目制作，毕业后，相当于具有一年制作的工作经验！

2014年奇侠3D再生《冰封侠》

2013年武侠网游巨作《天龙八部》——神兵海域

武侠经典巨作《神雕侠侣》

公司部分荣誉奖项

2008年奥运会《希腊火炬传递》

2011西安世界园艺博览会《梦想成真》

2010年上海世博会中国馆主展影片《历程》

2010年第16届广州亚运会视频

课程展示

影视动画专业 Animation

就业方向：广告公司、影视后期公司、各类制造业、服务业等从事影视特效工作；制片厂、电视剧制作中心等各类事业单位从事影片特效、影片剪辑等工作；影视公司，电视台，动画制作公司从事二维动画，三维动画制作等工作；游戏公司、次时代游戏工作室等工作；

课程介绍：完全按照国际影视动画制作流程定制专业化的授课方案，完美动力多年来的商业案例作为授课方案。学习内容更具专业化，授课案例为相当高的电影级别，画面效果和复杂程度达到业内较高的高度，使学生充分掌握数字模型，虚拟现实及表演动画三大动画制作环节的全部精髓，亚运会，世博会等各类大型案例的深入实践，充分提高学生的手动能力与虚拟空间逻辑思维能力，以应付一流公司的用人要求。

影视后期专业 Film and television post

就业方向：电视台，电影制作公司，广告公司，影视公司，杂志社，教育机构，出版社，网络媒体，相关院校及科研单位，创立个人工作室，栏目包装师，影像合成师，视频制作师，剪辑师等。

课程介绍：着重讲解电视包装，电视广告和动画短片等方面的专业知识，并按照国际标准流程进行高强度专业化训练。利用大量实用的案例讲解，达到活学活用的效果，在进阶到深入分析商业案例，进行实战综合能力的训练。学员可直接参与公司保密项目的制作，不仅可以亲身体验项目制作流程，更有机会与影视明星面对面，参与前期的拍摄工作，累计完整的商业项目制作经验。

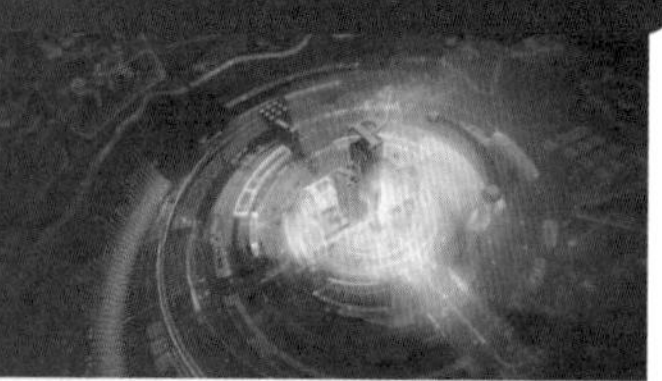

建筑动画专业 Architectural animation

就业方向：建筑动画设计专业毕业生可在影视动漫制作及电视传媒行业、广告传播等商业制作公司、游戏、网络动漫等互联网互动娱乐领域、房地产开发与销售等领域服务，从事动漫设计师、动画绘制员、三维动画人才、平面设计师等工作。

课程介绍：由浅入深讲述了建筑动画方面的专业知识，这其中讲解了从前期脚本创作，镜头预演，到场景细化，灯光渲染和后期制作的一整套流程。重点讲解了插件应用，scanline渲染和vray渲染，并进行各阶段流程的高强度专业化训练,利用典型实用的案例讲解一些专业知识，达到活学活用的效果。

UI设计专业 User Interface

就业方向：UI界面设计师，移动产品UI设计师，UI/UE设计师/用户体验设计师/交互设计师，UI及用户交互设计师，平面广告设计师，淘宝美工，网页设计师，网页前端工程师，3G产品经理等。

课程介绍：UI设计课程主要采用实战与实际大型商业案例教学，将传统美术，平面设计，Web端设计，移动端UI设计完美集合。在移动端将主流的OS(操作系统)为线索详尽讲解iOS.Android,Windows Phone等不同终端设备，如手机界面，app界面，iPhone端，iPad端等等都有相关课程。学员毕业后可以直接对接实际项目制作与研发。

游戏美术专业 Game Art

就业方向：动画公司，游戏公司，电视台，影视特效公司，广告公司，游戏场景原画设计师、游戏角色原画设计师、游戏UI设计师、游戏场景设计师、游戏海报设计师等岗位；

课程介绍：游戏美术专业，创建颠覆生活的人物形象和匪夷所思的故事情节。在这个游戏产业不断壮大的时代里，对于动漫，游戏人才的需要更将呈爆炸式增长，你敢迈出第一步，完美动力教育随时会为你打开这个朝阳产业大门。

游戏特效专业 Game effects

就业方向：UDK游戏特效师；次时代网游特效师；Unity3D游戏特效师；次时代单机游戏特效师；2D手机特效师 3D手机特效师；2D网游特效师 3D网游特效师。

课程介绍：学习后期动画合成的技巧，如何将合成应用到游戏中，为动画添加更加绚丽的视觉效果。完整的动画特效制作流程讲解，是动画进阶者的必修课程。

原画设计专业 original painting

就业方向：到游戏制作公司从事游戏场景原画设计师、游戏角色原画设计师、游戏场景设计师、游戏海报设计师等岗位；到动画制作公司从事原画师一职；从事概念设计师、插画设计师、也可以自己创建一个工作室。

课程介绍：系统学习CG产业链前端的原画课程，通过对原画设计中的角色，场景设定及气氛图绘制各模块的专业训练，使学员能够将正确的设计理念运用到原画行业的工作中。

栏目包装C4D专业 Column packing

就业方向：在电视台、电影制作公司、广告公司、影视公司、教育机构、杂志社、出版社、网络媒体、相关院校及科研单位、创立个人工作室，任栏目包装师、影像合成师、视频制作师、剪辑师等。

课程介绍：本课程根据国内一线视频设计公司，工作流程制定的专业化课程。以近期电视媒体或者网络媒体播出的商业案例，作为课程案例。学习内容更加专业，商业化。

Unity 3D程序开发专业 original painting

就业方向：各大动画公司，游戏公司。程序开发；测试。教育研究项目；可视化及虚拟现实。

课程介绍：完美动力就业部拜访各合作游戏企业，常年与游戏开发总监保持同步沟通，掌握最新用人企业需求“风向标”，我们的勤奋与坚持，造就最实用、含金量超高、易快速掌握的Unity 3D工程师就业课程。